DIE PREUSSISCHE SPRACHE.

TEXTE, GRAMMATIK, ETYMOLOGISCHES WÖRTERBUCH.

DIE

PREUSSISCHE SPRACHE.

TEXTE, GRAMMATIK, ETYMOLOGISCHES WÖRTERBUCH.

VON

DR. ERICH BERNEKER.

STRASSBURG.
VERLAG VON KARL J. TRÜBNER.
1896.

G. Otto's Hof-Buchdruckerei in Darmstadt.

MEINEM LIEBEN VATER.

VORWORT.

Ein halbes Jahrhundert gerade ist verflossen, seit die preussischen Katechismen zum ersten Mal in einer brauchbaren Ausgabe der wissenschaftlichen Welt erschlossen wurden: 1845 erschien „die Sprache der alten Preussen an ihren Überresten erläutert von Dr. G. H. F. Nesselmann". Diese Ausgabe enthält die Texte des Enchiridions und der beiden Katechismen, eine Art Grammatik, dazu ein Wörterbuch: sehr ausführlich ist die Einleitung, wo man ausser Erörterungen historischer Natur auch pg. XX—XXX eine genaue Aufzählung der Litteratur über das Preussische vor Nesselmann findet.

1853 widmete Altmeister Bopp dem Preussischen eine besondere Abhandlung: „Über die Sprache der alten Preussen" (Abhdlg. d. Berl. Ak. d. Wiss. aus d. J. 1853), in der er es zum ersten Mal in scharfsinniger Weise im Licht der vergleichenden Sprachwissenschaft betrachtet.

Neuen Anstoss zur Beschäftigung mit dem Preussischen gab die Auffindung des Elbinger Vokabulars, dieses unschätzbaren Denkmals preussischer Sprache, durch welches der preussische Wortschatz um 800 Vokabeln vermehrt wurde. Auch seine Ausgabe ist Nesselmanns Verdienst. „Ein deutsch-preussisches Vokabularium aus dem Anfange des fünfzehnten Jahrhunderts. Nach einer Elbinger Handschrift mit Erläuterungen herausgegeben von G. H. F. Nesselmann. Königsberg 1868"; es war Friedr. August Pott gewidmet, der 1870 (KSB VI 108—127) in einer ausführlichen Anzeige dadurch seiner Dankbarkeit den besten Ausdruck geben zu können glaubte, dass er in seinem unerschöpflichen Spürsinn den preussischen Wortschatz zum grossen Teil in trefflicher Weise etymologisch aufklärte. Im gleichen Bande erschien auch ein Aufsatz Wenzel Burdas „Zum deutsch-preussischen Vocabular" pg. 393–407, der manche wertvolle Etymologie oder grammatische Bemerkung brachte. Hier begann auch Pauli in seinen „Preussischen Studien I. Lautlehre" pg. 411—459, der in Bd. VII, pg. 155—227 die Formenlehre folgte, eine sehr umfassende und erschöpfende Behandlung der Sprache des Vokabulars.

1873 fasste Nesselmann in dem „Thesaurus linguae prussicae" den gesamten bekannten preussischen Wortvorrat zusammen: dieses Werk entsprach nicht den berechtigten Erwartungen, wie die ausführlichen Kritiken von Bezzenberger GGA 1874, pg. 1221 ff. und Joh. Schmidt, Jenaische Lit.-Ztg. 1874, No. 33, art. 438, die ich beide oft zu Rate gezogen zu haben mit Dank bekenne, deutlich zeigen.

1875 erschien Pierson, Altpreussischer Wörterschatz, der durch die eine Bemerkung, dass der Verfasser das Preussische hier direkt aus dem Gälischen zu erläutern sucht, „da das Preussische, zwar der lett. Sprachfamilie verwandt, durch den Einfluss keltischer Ureinwohner und slavischer Nachbarn ein eigenes Gepräge bekommen habe", genugsam als unbrauchbar charakterisiert wird (rec. Bezzenberger, GGA 1875, 1132 ff.).

1876 behandelte Leskien in der „Deklination im Slasisch-Litauischen und Germanischen" auch die preussische

Nominalflexion, soweit dies überhaupt möglich ist; das Preussische wird auch in seinem „Ablaut der Wurzelsilben im Litauischen" 1884 und in „Bildung der Nomina im Litauischen" 1891, soweit es in Betracht kommt, berücksichtigt.

1889 erschien endlich „die 3 altpreussischen Katechismen nach Nesselmann neu herausgegeben und mit Anmerkungen versehen" von Uhlenbeck: der Text ist ein genauer Abdruck des Nesselmannschen mit dessen Fehlern; leider fehlt auch hier die deutsche Übersetzung, die Anmerkungen sind dürftig und nicht derart, dass die Erkenntnis des Preussischen durch sie einen irgend nennenswerten Fortschritt macht.

In der vorliegenden Abhandlung werden zunächst die Texte des Enchiridions und der Katechismen in diplomatisch getreuêm Abdruck nach den Originalen, mit Hinzufügung der deutschen nebenstehenden Übersetzung gegeben, die, wie man sehen wird, geradezu unentbehrlich ist. Auch das Vokabular ist zu dem hier erfolgten Abdruck sorgfältig verglichen worden; das Vokabular des Grunau ist nach Perlbachs Ausgabe gegeben. Es folgt eine grammatische Analyse dieser Quellen; endlich ein ganz knapp gehaltenes etymologisches Wörterverzeichnis des Preussischen.

Von einer Benutzung der Orts- und Personennamen, der Provincialismen und der dürftigen preussischen Glossen aus Urkunden habe ich gänzlich abgesehen. Zuerst glaubte ich das zusammenstellen zu müssen, was sich für die Grammatik des Preussischen aus diesen fünf Hauptquellen gewinnen liess. Vielleicht ist es mir vergönnt, auf das jetzt Ausgelassene später in grösserem Zusammenhang zurückkommen zu können. Ich hoffe, dass Niemand darin einen Mangel der Darstellung zu sehen geneigt sein wird.

Schon 1874 erklärte Joh. Schmidt, dass nach wie vor

auf der Liste der sprachwissenschaftlichen Desiderien eine kritische Sammlung aller altpreussischen Sprachreste nebst einer dem heutigen Stand der Wissenschaft genügenden grammatischen und etymologischen Erklärung bestehen bliebe.

Niemand indes hat bisher versucht, diese Lücke auszufüllen. Dass die Arbeit überhaupt unternommen wurde, bedarf demnach wohl kaum der Rechtfertigung.

Mein hochverehrter Lehrer, Herr Professor Leskien in Leipzig, dessen geneigtes Wohlwollen unausgesetzt meine gesamten sprachwissenschaftlichen Studien begleitete, hat mich auch zu dieser Arbeit angeregt und mir, dem Anfänger, bei der Ausführung derselben niemals seinen Rat und seine Hülfe versagt. Was ich ihm verdanke, das können Worte nicht ermessen.

Leipzig, August 1895.

E. B.

INHALT.

Catechismus

jn preüssnischer sprach, vnd da gegen das deüdsche.

1. 5. 4. 5.

ES hat Got der Heylige geyst jm xix. auch jm lxxxvij. psalmen von der zeyt des Newen testaments klarlich weyssagen lassen, Das die prediget des heyligen Euangelions aussgehen würde jnn alle weldt, Vnd das jnn allen sprachen vnd gezüngen solt gepredigt werden, Vnd die leütte bey allerley nation dadurch zu gottes erkentnis kommen, Vnd also ist auch verkündigt von Christo, das alle weldt jhn preysen, und jhme jnn seynem Reyche dienen sölte. Welche grosse treffliche gnade anfenglich vō der Aposteln zeyt, durch vnd durch manigfeldig gangen, Vnd auch nu jnn diesen letzten zeyten vns jn Preüssen, aus lauter, blosser götlicher barmhertzigkeit, reichlich widderfaren ist, dafür wyr alle, billich mit allem fleiss vnd rechtem ernst, gote danckbar sein, vnd allenthalben dienen söllen, vnd seyne ehre helffen fördern vnd fortsetzen. Derwegen auch dieser alte vnd gemeyn Catechismus ist jnn vndeüdscher Peüssnischer (!) sprach, wie die vff Samland, sonderlich am rechten preüssnischen orth vnd strich gebreüchlich, aus F. D. vnsers gnedigsten herrn beuelch jn druck verordnet. Damit die pfarhern vnd Seelsorger auffm lande, denselbigen alle Sonntage von der Cantzel, von wort zu wort, one Tolken, selbs ablesen vnd dem vndeüdschen preüssnischen volcke, jn derselbigen sprache, mit fleys fürsprechen söllen, das also die pfarrer selbs mögen bede jungen vnd alten jm gebet vnd andern stücken des Katechismi, zu gelegner zeyt: wie es die kirchen ordnung vnd F. D. bevelch mitbringt, verhören, Vnd können also auch jnn kranckheiten hiemit den leütten jnn diesem stück tröstlich sein. Vnd ob wol die pfarhern der selbigen sprache nicht kündig, können sie doch von jhrem eygnen gesind daheim, wenn sie das vater vnser sprechen denselbigē preüssnischen accent, vnd die pronunciation, soviel den Katechismū betrifft, wol mercken vnd leychtlich fassen. Solchs aber alles, wird durch götliche hülff vnd gnad, vngezweyfelt nutz und frucht schaffen, dazu verleyhe Gott der Vater vnsers lieben herrn Jesu Christi seynen segen. Amen.

Es ist auch zu mercken, Wiewol die preüssen vff Natangen, etliche wort jm Vater vnser, verkürtzen und anders aussprechen, ist doch keyne sonderliche enderung der wort, sondern nur das sie etliche sylben contrahieren oder zusamen zyhen, vnd ist alleyn die pronunciation etwas anders vnd kan doch leychtlich von allen teylen vernommen werden.

Dergleychen ists auch mit den Preüssen vmb Welaw, die jhre accent etwas nach dem Littawischen lencken. Es ist aber derhalben von vnnöten, sölche geringe enderung, jm druck am rande aussen anzuzeygen. Die Sudawen aber, wiewol jhre rede etwas nyderiger, wissen sich doch jnn diese preüssnische sprach: wie sie allhie im Katechismo gedruckt ist: auch wol zuschicken, vñ vernemen alle wort. *) Wo aber ein Wort bisweylen geendert wirt, als zum Exempel, da die vff Natangen jn der vierde bitt, des Vater vnsers, für das wort Heütte, sagen Vnser teglich brod gib vns diesen tag vnd alle tage. Item. Da die vff Sambland, jm anfang des Glaubens für das wort Allmechtigen schepffer, brauchen ein sölchs wort preüssnisch welchs heyst, der alls kan vnd weyss. Sölchs aber ist aus vngeschicklichkeit der Tolcken erstlich eingefüret, Die haben nicht fleyss gethan, eygeneliche wort dazu zufinden. Vnd weyl sölche eingemengte preüssnische wort, nicht so deüdlich, eygentlich vnd vollkömen aussdrucken die art vnd den verstant der wort, was sie zu latein vnd deüdsch bedeütten, lest mans billich alleyn bey dem rechten preüssnischen bleyben, wie es allhie gedruckt stehet.

Die Zehen gebot Gottes.

Das Erste.

Du solt nicht ander götter haben.

Das Ander.

Du solt den namen Gottes nicht vnnützlich füren.

Das Dritte.

Du solt den feiertag heiligen.

Das Vierde.

Du solt deinen vater vnd mutter ehren.

Das Fünffte.

Du solt nicht tödten.

Das Sechste.

Du solt nicht Ehebrechen.

Das Siebende.

Du solt nicht stelen.

Das Achte.

Du solt nicht falsch gezeügnis reden wider deinen negsten.

Das Neünde.

Du solt nicht begeren deines negsten haws.

Staey dessempts pallapsaey.

Pirmas.

Thou ni tur kittans deiwans turrettwey.

Anters.

Thou ny tur schan emnen twaise deiwas ny anterpinsquan menentwey.

Tirts.

Thou tur schan lankenan deinan swintintwey.

Ketwerts.

Thou tur twaian thawan bha muttin somonentwey.

Penckts.

Thou ny tur gallintwey.

Wuschts.

Thou ny tur pattiniskun lembtwey.

Sepmas.

Thou ny tur rancktwey.

Asmus.

Thou ny tur falsch widekausnan waitiatun preiken twaien tawischen.

Newints.

Thou ny tur pallapsittwey twaisei tawischis buttan.

Das Zehende.

Du solt nicht begeren deines negsten weib, knecht, magt, vihe, oder alles was sein ist.

Der Glaube.

Ich glewbe an Gott, Vater almechtigen, Schepffer himmels vnd der erden, Vnd an Jesum Christum seinen eynigen Sohn vnsern Herren, Der empfangen ist vom heiligen Geyst, Geborn von Maria der jungkfrawen. Gelitten vnder Pontio Pylato, gecreütziget, gestorben vnd begraben, Nidergestigen zu der helle, Am dritten tag aufferstanden von den todten. Auffgėfaren gen himmel. Sitzend zur rechten Gottes des allmechtigen Vaters, Vondannen er kommen wird zu richten die lebendigen vnd die toden.
Ich gleübe an den heyligen Geyst, Ein heylige Christliche Kirche, die gemeyne der heyligen, Vorgebung der sünden. Aufferstehung des fleysches, Vnd ein ewiges leben. Amen.

Das Vater vnser.

VAter vnser der du bist jm himmel. Geheyliget werde dein name. Zukomme dein Reich.
Deyn wille geschee auff erden als

Dessimts.

Thou ny tur pallapsittwey twaisei tawischis gennan, waikan, mergwan, pecku, ader katanassen asch.[1]

Stas Dröffs.

As drowe an Deiuan, Thawan wismosing, kas ast taykowuns dangon bah semmin, Bah an Jesum Christū swaian aian sunun nusun rekian, kas patickots ast assastan swintan naseilen, gemmons assastan jungkfrawen Marian. Stenuns po Pontio Pylato, scrisits, aulawns bah encops. Sam may lesuns preipekollin, Tirtin deinam[2] att skiwuns assa gallans. Vnsey gobuns andangon, sindats preitickray Deiuas wismosingis Thawas, Stwendau pergubuns wirst prey leiginwey stans geiwans bha aulauwussens.
As drowe an swintan naseilen, Ainan swintan krixstianiskun kirkin, Ainan perroniscon swintan, Etwerpsannan grecon, At skisenna menschon, Ba prabitscun[3] geiwin. Amen.

Sta Thawe nuson.

THawe nuson kas thu asse andangon. Swintints wirst twais emmens. Pergeis twais laeims. Twais quaits audasseisin na sem-

---

[1] ast. [2] deinan. [3] prabutscun.

jm himmel. Vnser teglich brodt gib uns hewtte. Vnd verlass vns vnsere schulde, als wir verlassen vnsern schuldigern. Vnd nicht einfüre vns jnn versuchunge. Sonder erlöse vns von dem vbel.
Amen.

Von der Tauffe.

Vnser herr Christus sprach zu seynen jüngern, Gehet hin jn alle weldt, leret alle Heyden, vnd teüffet sie jm namen des Vaters, vnd des Sohns, vnd des heyligen Geysts, wer da gleübet vnd getaufft wird, der wird verdampt.

Vom Sacrament des Altars.

Vnser herr Jesus Christus, jn der nacht do er verraten wardt, Nam er das brodt, dancket vnd brachs vnd gabs seynen jüegern, vnd sprach, Nemet hin, Esset, Das ist meyn Leyb, der fur euch gegeben wirdt. Sölches thut zu meynem gedechtnis.

Desselbigen gleychen nam er auch den Kelch, nach dem Abendmal, dancket vnd gab seynen jüngern vnd sprach, Nemet hin, vnd trincket alle daraus,

mey key audangon[1]. Nusan deininan geittin dais numons schindeinan. Bha atwerpeis noumans nuson auschautins, kay mas atwer pimay nuson auschantnikamans[2]. Bha ny wedais mans enperbandan. Sclait is rankeis mans assa wargan. Amen.

Assa stan Crixtisnan.

Nuson Rekis Christus bela prey swaians maldaisins, Jeithy en wissan swetan, mukinaity wissans poganans, bha crixtity dins en emnen Thawas, bha sunos, bha swinte Naseilis, kas drowe bha crixtits wirst, stas wirst deiwuts, kas aber ni druwe, stas wirst proklantitz.

Assa Sacramentan bietis eden.

Nusen rickis Jesus Christus, anstan nactin kadan proweladin, ymmits stan geittin, dinkowats bha limatz bha daits swaimans maldaisemans bha belats, ymaity stwen, edeitte, sta ast mais kermens, kas perwans dats wirst, staweidan segeitty prey mayan menissnan.
Stasma polleygo jmmitz deyg stan kelkan pho stan betten eden, dinkowatz bha daitz swaimans

[1] andangon. [2] auschautnikamans.

dieser kelch ist das newe Testament jnn meynem blut, das für euch vergossen wirdt, zur vergebung der sunden. Sölches thut, so offt jhrs trinckt, zu meinem gedechtnis.

Gedruckt zu Königßberg
jnn Preüßen durch
Hans Weinreich.
M. D. Xlv.

maldaisemans bha belats, jm-
maitty stwen bha pugeitty wissay
is stasma, schis kelchs ast sta
nawans testamentan, an maian
kraugen, kha perwans palletan werst,
pray att werpsannan gre-
kun, steweydan segeitty, kodesnim-
ma yous pogeitty pray maian
menisnan.

Catechismus

in preüssnischer

sprach, gecorri-

giret vnd da-

gegen das

deüdsche.

1. 5. 4. 5.

Es folgt zwei Seiten Vorrede, die sich mit der des ersten Katechismus bis auf geringe orthographische Abweichungen völlig deckt. Nur der Schlusspassus (von *) ab) ist hier anders und lautet:

Ob aber jnn diesem gecorrigireten Katechismo, etliche wort, so nicht bey allen kirchspielen oder einem jedern Tolcken zu gleych jnn übung vnd brauch gesetzt weren, Sonderlich vff Natangen da von wegen der vielfeltigen vnd langwerigen kriege, das Volck zu mermalen vertrieben vnd versetzt vnd deshalben auch die sprache zum theyl geendert vñ vermenget, ists nicht vnbillich das man sich durch vnd durch allenthalben nach der alten angebornen, des rechten preüssnischen striches, sprache: wie oben gemeldt: richte. Denn man kan es nicht nach eins jedern kopffe oder gefallen machen. Es sind nicht alleyn Wol erfarne landes tolcken, sondern auch dieser sprach verstendige leüt, die eins theyls von geburt vnd Eltern preüssnisch, vnd hernach auch deüdsch vnd Latinisch gelernt, hie zu diesem corrigiren gebraucht wurden. Got verleye allen seyne gnade, Amē.

Die Zehen gebot Gottes.

Das Erste.

Du solt nicht ander götter haben.

Das Ander.

Du solt den namen Gottes nicht vnnützlich füren.

Das Dritte.

Du solt den feiertag heyligen.

Das Vierdte.

Du solt deinen vater vnd mutter ehren.

Das Fünffte.

Du solt nicht tödten.

Das Sechste.

Du solt nicht Ehbrechen.

Das Siebende.

Du solt nicht Stelen.

Das Achte.

Du solt nicht falsch gezeügnis reden wider deinen nehisten.

Das Neunde.

Du solt nicht begeren deynes negsten haws.

Staey dessimpts Pallapsaey.

Pirmois.

Tou ni tur kittans deiwans turryetwey.

Anters.

Tou ni tur sten emnen twayse deywas nienbænden westwey.

Tirtis.

Tou tur stan lankinan deynan swyntintwey.

Ketwirtz.

Tou tur twayien thawan bhæ mutien smunintwey.

Pyienkts.

Tou ni tur gallintwey.

Vsts.

Tou ni tur salobisquan limtwey.

Septmas.

Tou ni tur ranktwey.

Asmus.

Tou ni tur reddi weydikausnan waytiaton preyken twayien tauwyschen.

Newyntz.

Tou ni tur pallapsitwey twaysis tauwyschis butten.

Das Zehende.

Du solt nicht begeren deynes negsten weyb, knecht, magt, vihe, oder alles was seyn ist.

Der Glaube.

ICH glewbe an Gott, Vater allmechtigen, Schepffer himmels vnd der erden. Vnd an Jesum Christum seinen eynigen Sohn vnsern herren, Der empfangen ist vom heyligen Geyst. Geborn von Maria der jungkfrawen. Gelitten vnder Pontio Pylato, gecreutziget, gestorben vnd begraben. Nidergestigen zu der hellen, Am dritten tag aufferstanden von den todten. Auffgefaren gen himmel. Sitzend zur rechten Gottes des almechtigen vaters, Vondannen er kommen wird zu richten die lebendigen vnd die toden. Ich gleübe an den heyligen Geyst, Ein heylige Christliche kirche, Die gemeyne der heyligen, Vorgebung der sünden. Aufferstehung des fleysches, vnd ein ewiges leben. Amen.

Das Vater vnser.

VAter vnser der du bist jm himmel. Geheyliget werde dein name. Zukomme dein Reych. Deyn wille geschehe auff erden als jm himmel. Vnser teglich brodt gib vns hewtte.

Dessympts.

Tou ni tur pallapsitwey twaysis tauwyschies, gennan, waykan, mergwan, pecku, adder katanæssen hest.

Stan Druwin.

ES drowy en Deywan, Thawan wissemokin, kas est tykynnons dængon bhe semmien. Bhæ en Jesum Christum swaien aynen sounon nouson reykyen, kas pagauts æst hæse swyntan naseylien. Gemmons æsestan jungprawan Marian. Styienuns po Pontio Pylato, Skresitzt, aulauns bhe enquoptzt. Semmay lysons prey pykullien, An tirtien deynan etskyuns hæse gallans. Vnsei gubons nadengon. Syndens preytickaray deywas wyssen mukis thawas, stwendau wirst pergubons leygenton stæns geywans bhe aulaunsins. Es drowy en swyntan naseylien, Aynan swyntan krichstianisquan kirken, Perronisquan swyntan, Etwerpsennian griquan, Etskysnan menses, Bhe prabusquan[1] geywien, Amen.

Stan Thawe nouson.

THawe nouson kas thou æsse ændengon, Swyntits wirse tways emmens, Pareysey noumans tway ia ryeky. Tways quaits audaseysin nasemmiey kay endengan, nouson

[1] prabutsquan.

Vnd verlass vns vnsere schulde. als wir verlassen vnsern schuldigern. Vnd nicht einfüre vns jnn versuchunge. Sonder erlöse vns von von dem vbel.
Amen.

Von der Tauffe.

Vnser herr Christus sprach zu seynen jüngern, Gehet hin jnn alle weldt, leret alle Heyden, vnd Teuffet sie jm namen des Vaters, vnd des Sohns, vnd des heyligen Geysts, wer da gleübet vnd getaufft wird, der wird selig, wer aber nicht gleübet, der wird verdampt.

Vom Sacrament des Altars.

Vnser herr Jesus Christus, jn der nacht do er verraten wardt, Nam er das brodt, dancket vnd brachs vnd gabs seynen jüngern vnd sprach, Nemet hin, Esset, Das ist meyn leyb, der fur euch gegeben wirdt, Sölches thut zu meynem gedechtnis.

Desselbigen gleychen nam er auch den Kelch, nach dem Abendmal, dancket vnd gab seynen jüngern vnd sprach, Nemet hin, vnd trincket alle daraus.

deyninan geytiey[1] days noumans schian deynan. Bhæ etwerpeis noumans nouson anschautins[2], kay mes etwerpymay nouson an-[3] schautinekamans. Bhæ ni wedeys mans enperbandasnan. Slait is rankeis mans æsse wargan.

Emmen.

Assæ stan Crixtisnan.

Nouson rykyes Jsus Chricstus byla prey swayiens maldaysins, Jeiti en wyssan swytan, mukineyti wyssens poganens, bhæ Crixtidi-[4] diens en emnen Thawas, bhæ sounons[5], bhæ swyntas naseylis, kas druwe bhæ crixteits wirst, stes wirst deywuts, kas nidruwe, stes wirst preclantyts.

Assa Sacramenten bydis ydi.

Nouson reykeis Isus Chricstus anstan naktin kaden proweladin, ymmeits sten geytien, dinkautzt bhe lymuczt, bhe dayts swaymans maldaysimans, bhe bylaczt, ymayti stwen, bhe ydieyti, stæ æst mays kermens, kas perwans dæczt wirst, Steweyden segeyti premayien menisnan.
Stæsmu poleygo ymmeyts deygi sten kelkan, postan bitans ydi, dinkauczt bhe daits swaymans

[1] geytien. [2] auschautins. [3] auschautinekamans. [4] Crixtiti. [5] sounous.

dieser kelch ist das newe Testament jnn meinem Blut, das fur euch vergossen wird zur vergebung der sünden. Solches thut, so offt jhrs trincket, zu meinem gedechtnis.

maldaysimans bhæ bilats, ymmay
ti stwen bhe puieyti wyssay istesmu,
Sis kelkis æst stæ neuwenen Testa-
menten en mayiey kræuwiey, ka
perwans praliten wirst, •prey et-
werpsennian griquan, Stewidan
segeyti kudesnammi joes puietti
prey mayian minisnan.

Gedruckt zu Königßberg
jnn Preüssen durch
Hans weinreich.
M. D. xlv.

Enchiridion[1]

Der Kleine Catechismus

Doctor Martin Luthers
Teutsch vnd Preussisch.

Gedruckt zu Königsperg in Preussen durch Johann Daubman.
M. D. LXI (erster Titel)

VON Gottes genaden Wir Albrecht der Elter Marggraff zu Brandenburg, in Preussen, zu Stettin, inn Pom̄ern, der Kassuben vnd Wenden Hertzog, Burggraff zu Nürenberg vnd Fürst zu Rügen, etc. Entbieten Euch vnsern Getrewen vnterthanen, wes standes jr seith, vnd allen andern, vnsern gnedigē Gruss vnd gewogen willen. Vnd geben hiemit in Gnaden zu erkennen, das nachdem, wie der Heilige Petrus auss seiner eigen erfahrung erinnert, Gott die Person nicht ansihet, sondern in allerley Volck, wer jn fürchtet, vnd recht thut, der ist ihm angenem (Acto. 10), sich auch nichts weniger denn Christen gebůren wôll, dan jrgent ein Volck, wie alber vnd einfeltig es sonsten sein mag, zuuerachten, sondern viel mer Christlicher lieb, vnd demut nach dahin zu trachten, das dem selbigen auß Gottes heiligem, vnnd allein Seligmachenden wort notturfftiger vnterricht gescheh, wie es Gott der gestalt er sich in seinem lieben Son Jhesu Christo offenbart, recht erkennen, vnnd fürchten sol, vnd also allein inn warem glauben ahn Christum vor Got angenehm vnd wolgefellig werde.

---

[1] Dieser erste Titel und die ganze darauf folgende Vorrede des Herzogs fehlt in dem Exemplar der kgl. Bibliothek in Dresden.

Derhalben wir auch in Vnserer Regierung bißher zugleich für alle vnsere liebe, vnd getrewe underthanen, vnnd die geringsten so wol, als für die fürnembsten, diese vetterliche fürsorg, welche vns von Gott aufferlegt ist stettigs getragē haben, Damit sie nicht, wie sie in mancherley Sprachē zerteilet sein also auch in mancherley Lehr, vnd Glauben vnterschieden weren, sondern nach gelegenheit vnsers Fürstenthumbs vnd Vnserer vnderthanen, vnd vntersassen höchster notturfft in mancherlei vnterschiedlichen Sprachen die einige warhaffte Götliche, Himlische lehr, so in der heiligen Propheten, vnd Apostel schrifft verfasset ist rein vnd lauter geprediget, vnd dadurch inn einigkeyt des Glaubens, auch ein einige ware Kirch, oder heilige Gemein, Gott dem Almechtigen versamblet, vnnd erbawet, vnd niemandt solches nötigen trosts seiner Seelen beraubet würde.

Vnd dieweil wir anfenglich sonderlich vnter den Sudawen, vnnd Preussen allerley heidnische aberglauben, vnnd mißbreuch befunden, haben wir zu außreutung derselben, wie auch des Antichristischen eingerissen grewels, vielfeltige Christliche mittel vnd weg, zu welchem auch Gott seinen segē gnedigst verliehen, gebrauchet, vnd je alberer vnd einfeltigere leuth sie sonst sind, dester mer jren Pfarrkindern, vnd Seelsorgern, welche wir jnen zu geordnet, befolhen, das sie in betrachtung solcher jhrer Pfarrkinder einfalt, die reine Christliche lehr auch auffs einfeltigst, vnd deutlichst, wie sie der tewer vnd hochbegabte Man D. Luther seliger gedechtnus, in seinen kleinen Katechismum verfast, fürtragen sollen, Doch kommen Wir in erfarung, das es gleichwol noch jm̄er etwas gemangelt, das wenig prediger so solcher sprachen kündig, wie auch noch, bißher bei jnen sein gewest vnd fast alle durch Tolcken not halbē haben predigen müssen, Dann ob wol die Lehr an jhr selbst klar verfast, künnen wir doch erachten, das sie vmb solcher vermengung beyderley Sprachen willen, sonderlich bey solchem einfeltigen volck sehr vnuerstendiglich lautet, vnnd souiel dester mehrer, je vnuerstendiger bißweilen die Tolcken sein, welche, wie wir berichtet werden, vielmals auch gar ein anders, dann welches die Pfarherrn im Teutschen vorgesagt, in jrer Preussischen sprach nachdolcken, Daher Wir dann bewogen sein, das Wir den kleinen Katechismum D. Lutheri für Vnsere Preussische Kirchen auß der Teutschen inn die Preussische sprach haben transferieren lassen, damit solches Tolckens je lenger je weniger von nôten sey.

Vermanen derhalben alle, vnd jedere Vnsere Ertzpriester, Pfarherrn, Prediger vnd Kirchendiener welche in jren befolhenen kirchspilen Preussische leuth vnter sich haben das sie es auch an jhnen nicht mangeln lassen, sondern in betrachtunge jres beruffs, vnd der hohen not jhres armen Preussischen kirchenvolcks, für welches der ewige Son Gottes so wol, als das allerfürnembst, sein heilig Blut vergossen hat, souiel jmmer müglich sich befleissigen, das sie nach hiemit gegebner, vnd vor angedruckter anleytung wie man die Preussische sprach verstendiglich lesen sol, auff alle Sontag auß solchē Preussischen Catechismo ein stück, als jetzt die Zehen Gebot, Das ander mal den Christlichen Glauben vnd also fortan, biss er gar zum endt gebracht, vnnd alsdenn wider angefangen werd, selbst von der Cantzel fein deutlich ablesen lernē, oder aber jre Tolcken, wo die lesen können, fürlesen lassen, Auch dester fleissiger jre Preussische Kirchkinder, was sie auss solchem stetten Ablesen gefast, zuuerhören keine beschwerd tragen, damit jnen solche nötige lehr, der sie ja, wo sie anders wollen selig werden, nicht entperen können, zum treülichsten eingebildet, Den Verechtern aber der grosse zorn Gottes, sambt der ewigen verdamnus, Darein sie sich selbst werffen, mit höchstem ernst aus Gottes wort wol außgestrichen werde.

Vnd damit auch die Kindertauff vnd Ehetrewung mit grösserm nutz vnd andacht fürohin bey dem Preusischen volck geschehen mögen, haben Wir derselben Formen, wie sie in Vnserer Kirchenordnung einuerleibet, gleicherweis in die Preussische sprach neben solchem Katechismo verdolmetschen lassen.

Sonderlich aber sollen die Pfarherrn, wo Schulen seind, fleissig auffsehen haben, das Offtgemelter kleine Catechismus Lutheri in beyderley Sprachen, als einen Sontag Teutsch, den andern Preussisch von den Schulen offentlich inn der

Kirchen vor dem Altar, eintweder zu Morgens, oder des Abendts zur Vesper, vor, oder nach der Predig, wie es an einem jeden Ort am gelegesten sein mag, lauth Vnserer Kirchenordnung recitiert werde, Das der eine Knab von einem stück des Katechismi allwegen frag, Der ander aber laut, vnd deutlich antwort geb, vnnd man also durch alle Sontag, vnnd Feyertag vonn Einem Stück zum Andern forth fahr, biß der gantze Katechismus also abwechselter weiß in beden Sprachen volendet, vnnd auff ein newes wider angefangen werd.

Vnnd wo schon nicht gemeine Schulen sein, wollen Wir vns doch zu Vnsern Pfarherrn solcher ohrt, der Gottseligkeyt, trew, vnd fleisses versehen haben, das sie darob sein werden, darmit solche Christliche vbung der jugent nicht gar vnterlassen, sondern gleichwol durch etliche Knaben, welche jn iren Kirchspilen am besten darzu zu unterweisen, oder aber auffs wenigst durch jhre eigene kinder, vnnd Haußgesind erhalten werd. Dann neben dem, das solches den Alten zu einer anreytzung billich geschicht, hoffen Wir, das auch dauon durch Gottes segen mit der zeyt, sonderlich ein feine Christliche, wolgezogene Preussische jugent erwachsen, vñ also solch Preusisch vnnd zum theil Barbarisch volck, je lenger, je mehr mit Gotseligkeyt, vnd allerley guten sitten, expolirt, oder außgeschmuckt sol werden, Sintemalen Gott zu aller zeyt am meisten auß dem mundt der vnmündigen, vnd Seuglingen, das ist solcher alberer einfeltiger leuth jhm ein lob zurichtet (Psal. 5 Mat. 21) Da dagegen seine Göttliche weißheit gemeiniglich den Weisen, vnnd Klugen dieser welt, weil sie viel zu stoltz darzu sein, dann das sie es solten annemen, verborgen bleibet (Mat. 11. 1. Cor. 1.).

Der wegen Wir auch zum beschlus die Pfarherrn hiemit widerumb vermanen, Das, wo sie inn solchem verhören, vnd fleissigem auffsehen der Jugent, Sinnreiche vñd wolgeschickte Preussische knaben, so vor andern zum Studirn tüchtig vermercken, sie jhre Eltern dahin weisen wöllen, das sie solche jre Kinder zu der Schul, wie sie von Got darzu begabet, fleissig halten, vnnd wo sie nicht des vermögẽs sein, Vns auch solches vermelden, Dann wie wir

Vns des zufürderung Götlicher Ehren, vnnd Vnserer unterthanen wolfart in Vnserer Kirchenordnung erboten, also wollen wir Vns solcher armen Preussischen Knaben in allen genaden annemen, vnd sie als Vnnsere Stipendiaten, so lang versorgen, vnd bey jhrem Studieren erhalten, biß sie endtlich zum Kirchendienst, oder Predigampt zu gebrauchen, Vnnd weyl sie der Preussischen sprach kündig, vnnd keiner Tolcken bedürffen, dester mehr nutz vnnd frucht inn Vnsern Preussischen Kirchen schaffen mögen ꝛc.

Dann Wir je nichts mehr von GOTt wündschen, oder begeren, dann das die auffgegangene reine Christliche Lehr des Heyligen Euangelij nicht wider vntergehe, sondern je lenger je mehr vnter Vnserm gantzen Fürstenthumb erbreitert werde, wachse vnd zunem, vnd der gestalt, wie Wir sie gehabt, auch auf Vnser Nachkommen, sambt allerley anderer zu gleich Zeitlicher, vnd Ewiger wolfart gebracht, vnd erhalten werd ꝛc. Gegeben zu Königsperg, im Jar, 1561. Den 4. Marti.

Der Kleine Kate-

chismus Doctor Martin Luthers
Deutsch vnd Preussisch, vor die
Pfarherr auff dem Lande, die Einfeltigen
daraus zu vnterweisen, vnd die Jugent
darinn zu üben, damit sie erlernen
mögen, was jhnen nützlich ist
zu jhrer Seligkeyt.

Darneben das Trew vnd Tauff-
büchlein, wie solches in der Kirchenordnung
jetzund im Land zu Preussen gehalten wirdt.

Stas Likuts Catechismus D.

M. L. Mixkai bhe Prūsiskai, prastans Pre-
dickerins no tautan, Stans Lāngiseilingins prei
Powaidint, bhe stan Maldūnin enstesmu prei
iaukint, kai stai ismukint massi, ka tennēi-
mons enterpon ast, prei tenneison
Deiwūtiskan.

Preistesmu stas[1] Lūbi bhe Crixtisnālaiskas,
kāigi stas subs en stesmu kīrkis teikūsnan tēnti
en Prūsiskan tantan laikūts wīrst.

Anno M. D. LXI. 1

[1] Im Exemplar der Königlichen Bibliothek zu Dresden deutlich für das überdruckt.

Dem Durchleucht-
tigisten Hochgebornen Fürsten vnnd HERRN, Herrn Albrechten dem Eltern Marggraffen zu Brandenburg, inn Preussen, zu Stettin, jnn Pomern, der Cassuben vnnd Wenden Hertzog, Burggraff zu Nürmberg, unnd Fürst zu Rügen, meinem genedigsten Herrn.

DVrchleuchtigister Hochgeborner Fürst, Genedigster Herr, E. F. D. seind meine vnderthenige vnd gehorsamschuldige dienst jeder zeit urbütig zuuor, Neben wündschung glückseliger vnd friedlicher Regierung, in langwiriger gesuntheit vnd leben, nach Gottes vätterlichem willen vnd wolgefallen, Amen. Genedigster Fürst vnd Herr, Sanct Paulus vermanet seine Collosser, Darneben auch sonst alle Christgleubige Menschen, das sie das Wortes Gottes reichlich vnter jhnen sollen wonen lassen, in aller Weißheit sich selber darinn vnter einander zu leren vnd zuuermanen, Col. 3.

Dieweil dann E. F. D. aus Christlichem vnd Fürstlichem gemüt, darinnen dieselbe, dem Götlichen vnnd allein seligmachenden Wort, sonderlich zugethan, vnnd Christlich stettigs dahin trachten, wie jren Armen vnderthanen (darundter dann mancherley sprachen erfunden werden) fürnemlich damit gedienet würde vnd das an einem jedern orth, nach des Landes gelegenheit, Gottes wort Rein, Lauter vnd Klar, inn mancherley sprachen reichlich Gepredigt werde, vñ darauff auch nicht geringen kosten gewendet, damit solche sprachen reichlich Gepredigt werde, vñ darauff auch nicht geringen kosten gewendet, damit solche sprachen, nicht allein durch geschickte Prediger vnd Dolmetschen jnen vorgetragẽ, sondern solche sprachen auch inn offentlichen Druck zuuerfertigen, sich genediglich befleissiget Wie mir dann als der geringsten Kirchendiener einem, von E. F. D. aufferlegt vnd befolhen worden den Kleinen Catechismum Lutheri, inn die

Preussische sprachen zuuertieren, vnd in Druck verfertigen lassen, Welchs ich dann in aller vnderthenigkeit zuuolziehen vnterstanden, Also das ich auff die eine Columna das Deutsch, auff die ander das Preussisch gegē über setzen lassen, Damit also die Jugent, eine kurtze instruction haben möge, sich im Wort Gottes zu üben, Bin auch in vngezweiffelter hoffnung, Gott werde mit der genaden seines heiligen Geistes, durch solche geringe arbeit, auch diesen lust vnd liebe inn meinem Vatterland, bey vielen Gotfürchtigen leuthen erregen, damit sie ihre Kinder also viel fleissiger zur Schul werden halten sintemal sie jetzundt hören vnd erfaren, wie jhr angeborne sprachen, jetzt auch inn Druck verfertiget vnd jhnen verstendiglich fürgetragen mag werden, welchs doch vormals nicht also vnter jhnen erhört worden ist.

Will auch darüber mich armen Kirchendiener in E. F. D. Patrocinium vnnd Genedigen Schutz inn aller vnderthenigkeyt ergeben haben, Demütigst bittende, E. F. D. wolten jhr solchen meinen geringen dienst, inn Genaden gefallen lassen, mit erbietung, wo ich, Erstlich Gott dem Allmechtigen zu Ehren, vnd Nachmals E. F. D. sambt meinem lieben Vatterland, inn der gleichen arbeit weiter dienen mag, darinn auffs gehorsam schuldigst will gebrauchen lassen.

Thue letzlich E. F. D. Got den Almechtigen in seinen genedigen Schutz trewlichen befehlen,

Geschrieben zu Kônigsperg in der wonung Johann Daubmanns, den 4. Marti, 1561. E. F. D.

Vndertheniger vnd gehorsamschuldiger
Abel Wil Pfarherr zu Bobeten.

Damit aber der leser, solche sprach nach jrer Natürlichen art verstendiglich lesen könne: vnd es die zuhörer auch verstehen, ist dieses fleissig zu mercken, das die Fünff Vocales gemeiniglich durch eine lange Pronunciation außgesprochen werden, Derwegen solche buchstaben jhre sondere zeychen haben müssen, Wo nun diese nachfolgende verzeychnus, an einem solchen buchstaben im wort erfunden, muss derselbige mit seinem gewohnlichen accent Pronuncijrt werden.

ā ē ī ō ū ij.

Die Zehen Gebot.

Wie sie ein Haußuater seinem gesinde einfeltig fürhalten solle.

Das Erste Gebot.

Ich bin der HERR dein Gott, du solt nicht andere Götter neben mir haben.

Was ist das? Antwort.

Wir sollen GOTT den HERREN vber alle ding förchten vnd liebhaben, vnd jm vertrawen.

Das Ander Gebot.

Du solt den Namen des Herren deines Gottes nicht vergeblich füren. Dann der HERR wirdt den nicht unschuldig halten der seinen Namen vergeblich führet.

Was ist das? Antwort.

Wir sollen GOTT den HERREN vber alleding förchten vnnd lieben, das wir bey seinem Namen nicht Fluchen, Schweren, Zeubern, Liegen oder triegen, Sondern den selben inn allen nöthen Anruffen, Beten, Loben vnd dancken.

Das Dritte Gebot.

Gedenck des Sabbaths das du jhn heyligest.

Was ist das? Antwort.

Wir sollen Gott den Herrn vber alle ding förchten, vnd lieben, das wir die Predig, vnd sein wort nicht verachten. Sondern dasselbig heylig halten, gern hören vnd fleissig lernen.

Das Vierdte Gebot.

Du solt dein Vater, vnd dein Mutter ehren, auff das du lange lebest im land, das dir der Herr dein Gott geben wird.

Stai Dessimton Pallaipsai 1[1]

kāigi stans ains Butti Tāws, swaiāsmu seimīnan preigērbt turri.

Stas Pirmois Pallaips.

Tou niturri kittans Deiwans pagār mien turrītwei.

Ka ast sta billīton? Ettrais.

Mes turrimai Deiwan stan Rikijan kirscha wissan powijstin biātwei bhe mijlan turīt, bhe stesmu auschaudītwei.

Stas Antars Pallaips. 2

Tou turri stan Emnan twaisei Deiwas ni enbāndan westwei.

Ka ast sta billīton? Ettrais.

Mes turrimai Deiwan stan Rikijan kirscha wistan powijstin biātwei, bhe milijt, kai mes sen tennēison emnen, ni nideiwiskan gunnimai, ni wertemmai, klantemmai, bebinnimai, waidleimai, adder mēntimai bhe paikemmai, Schlāit Stansubban enwissai nautei enwackēimai, Posinnimai, girrimai bhe dinkauimai.

Stas Tīrts Pallaips. 3

Tou turri stan Lānkinan Deinan Swintint.

Ka ast sta billīton? Ettrais.

Mes turrimai Deiwan stan Rikijan kirscha wissan powijstin biatwei bhe milijt kai mes stan preddikausnan bhe swaian wirdan ni perweckammai schlāit stansubban Swintan lāikumai, reide klausēmai bhe mukinnimai.

Stas Kettwirts Pallaips. 4

Tou turri twaian Tāwan bhe mūtien smūnint kai tebbe labban ēit bhe ilgi giwassi nosemien.

[1] Die Zählung der Nesselmannschen Ausgabe ist beibehalten.

Was ist das? Antwort.

Wir sollen Gott den Herren vber alle ding förchten vnd lieben, das wir vmb seinen willen vnsern Eltern vnd Herren nicht verachten noch erzürnen, Sondern sie in Ehren halten, vnd jhn dienen, gehorsam sein, vnd alle lieb vnd trew erzeygen.

Das Fünffte Gebot.

Du solt nicht Tödten.

Was ist das? Antwort.

Wir sollen GOTT den HERREN vber alle ding förchten vnnd lieben, das wir vmb seinen willen vnserm Nechsten an seinem leib keinen schaden, noch leide thun, Sondern jhm helffen vnd fördern, in allen leibsnöten.

Das Sechste Gebot.

Du solt nicht Ehebrechen.

Was ist das? Antwort.

Wir sollen GOTT den HERREN vber alle ding förchten vnd lieben, das wir vmb seinen willen, keusch vnd züchtig leben, inn wortten, wercken, vnd gedancken, vnd ein yeglicher sein gemahel lieben vnd ehren.

Das Siebente Gebot.

Du solt nicht Steelen.

Was ist das? Antwort.

Wir sollen GOTT den HERREN vber alle ding förchten vnnd lieben, das wir vmb seinen willen, vnsers nechsten Gelt noch Gut nicht nemen noch mit falscher wahr, oder bösem handel ahn vns bringen, Sondern jm sein Gut vnd Narung helffen bessern vnd behüten.

Das Achte Gebot.

Du solt kein falsche zeugnus geben wider deinen Nechsten.

Was ist das? Antwort.

Wir sollen GOTT den HERREN vber alle ding förchten

Ka ast sta billīton? Ettrais.

Mes turrimai Deiwan stan Rikijan, kirscha wissan powijstin, biātwei bhe milijt, kai mes tennēison paggan, noūsons, Vraisins bhe Rikijans, ni perweckammai neggi ernertimai, Schlāit stans en smūnin lāikumai, bhe stēimans schlūsimai, poklusmai, mijlan bhe teisīngi lāikumai.

Stas Piēncts Pallaips. 5

Tou niturri gallintwei.

Ka ast sta billīton? Ettrais.

Mes turrimai Deiwan stan Rikijan kirscha wissan powijstin biātwei bhe milijt, kai mes tennēison paggan, noūsesmu Tawischen, en swaiāsmu kermnen, ni ainan schkūdan bhe wargan seggēmai schlāits stesmu galbimai bhe brewinnimai, en wissans kermeniskans nautins.

Stas Vschts Pallaips. 6

Tou niturri sallūbanlimtwei.

Ka ast sta billīcon?[1] Ettrais.

Mes turrimai Deiwan stan Rikijan, kirscha wissan powijstin biātwei bhe milijt, kai mes tennēison paggan, skīstai bhe teisingi giwammai, en wirdemmans dīlans bhe pomijrisnans bhe erains swaian sallūban milijt bhe teisint.

Stas Septmas Pallaips. 7

Tou niturri Rānctwei.

Ka ast sta billīton? Ettrais.

Mes turrimai Deiwan stan Rikijan krscha[2] wissan powijstin biatwei bhe milijt, kai mes tennēison paggan, noūson Tawischas penningans bhe labban ni immimai, neggi sen reddisku perdāsai, adder wargasmu kāupiskan prēimans pidimai, Schlāits tennijsmu swaian labban bhe maitāsnan galbimai walnint bhe popeckūt.

Stas Asmus Pallaips. 8

Tou niturri reddewijdikausnan dātwei prijki twaian tawischan.

Ka ast sta billīton? Ettrais.

Mes turrimai Deiwan stan Rikijan, kirscha wissan

---

[1] billīton. [2] kirscha.

vnnd lieben das wir vmb seinen willen vnseren Nechsten nicht falschlichen beliegen, verrathen, affterreden, oder bösen leümut machen, Sonder jhn entschuldigen, vnd guts von jm reden vnd alles zum besten keren.

Das Neundte Gebot.

Du solt nicht begeren deines nechsten Hauß.

Was ist das? Antwort.

Wir sollen GOTT den HERREN vber alle ding förchten vnnd lieben, das wir vmb seinen willen, vnserm nechsten nicht mit list, nach seinem Erbe, oder Hause trachten, vnd nicht mit schein des Rechtens an vns bringen, Sondern jhm dasselbige zu behalten förderlich vnd dienstlich sein.

Das Zehende Gebot.

Du solt nicht begeren deines Nechsten Weib, Knecht, Magt, Viech, oder was sein ist.

Was ist das? Antwort.

Wir sollen GOTT den HERREN vber alle ding förchten vnnd lieben, das wir vmb seinen willen, vnserm Nechsten, sein Weib, Gesinde, oder Viehe, nicht abspannen, abdringen, oder abwendig machen, Sondern bey den selben anhalten, das sie bleiben, vnd thun, was sie schuldig sind.

Was sagt nun Gott von diesen Gebotten allen.

Antwort.

Er sagt also.

Ich der HERR dein Gott bin ein eiueriger Gott, der vber die, so mich hassen, die sünde der Väter heimsucht an den Kindern bis ins Dritte vnd Vierde gelied. Aber denen so mich lieben, vnd meine Gebot halten, thue ich wol in tausent Gelied.

Was ist das?

Antwort.

GOTT drowet zu straffen alle die diese Gebot vbertretten,

powijstin biātwei bhe milijt, kai mes tennēison paggan, noūson tawischan ni reddewingi epmēntimai perklantemmai, perpettas waitiāmai adder wargan girsnan tickinnimai, Schlāits turrimai stan etwinūt, bhe labbas esse stesmu waitiāt, bhe wissan prei walnennien wartint.

Stas Newīnts Pallaips.

Tou ni turri Pallaipsītwei, twaisei tawischas buttan.

Ka ast sta billīton? Ettrais.

Mes turrimai Deiwan stan Rikijan kirscha wissan powijstin biātwei bhe milijt, kai mes tenneison paggan, noūsmu tawischan, ni sen wīngriskan no tennēison weldīsnan adder buttan stallēmai bhe sen ainesmu swāigstan stēisei tickrōmiskan ēnmans pīdimai, Schlāits stesmu stansubban prei polaikūt brensingi bhe schlusingisku boūton.

Stas Dessīmts Pallaips.

Tou niturri pallapsitwei twaise Tawischas Gannan, Waikan, Mērgan, Peckan, adder ka tennēison ast.

Ka ast sta billīton? Ettrais.

Mes turrimai Deiwan stan Rikijan, kirscha wissan powijstin biātwei bhe milijt kai mes tenneison paggan noūsmu tawischan, ni swaian gennan Seimīnan adder peckan, aupaickēmai, auschpāndimai adder enwertinnewingi teckinnimai, Schlāits stanssubbans enlaikūmai, kai tennei polijnku bhe segge ka tennei skellāntei ast.

Ka billā tēnti Deiws esse wissans schins Pallaipsans? Ettrais.

Tāns billā titet.

As stas Rikijs twais Deiws, asmau ains Stūrintickrōms Deiws, kas nostans quoi mien dergē stans grīkans steisei tāwans kāimaluke, ēnstēimans malnijkans, ergi en tīrtin bhe ketwirtin streipstan, adder stēimans quai mien milē, bhe maians pallaipsans lāiku, segge as labban en tūsimtons streipstoos[1].

Ka ast sta billīton? Ettrais. 12

Deiws trinie prei sūndintwi[2] wissans quai schins pallaipsans ertreppa, Stesse paggan turrimai mes noūmas

[1] wohl streipstons. [2] sūndintwi.

Darumb sollen wir vns förchten, für seinem zorn, vnd nicht wider solche Gebot thun.

Er verheyst aber Gnade vnnd alles Guts, allen die solche Gebot halten. Darumb sollen wir jhn auch lieben vnd vertrawen, vnnd gerne thun nach seinen Geboten.

Der Glaube, Wie

ein Haußuater denselbigen seinem Gesinde auff das einfeltigest fürhalten solle.

Der Erste Artickel, Von der Schöpffung.

Ich Gleube an Gott den Vater, Allmechtigen Schöpffer Himels vnnd der Erden.

Was ist das? Antwort.

Ich gleube, das mich Gott geschaffen hatt, sampt allen Creaturen, Myr Leyb vnd Seel, Augen Ohren, vnd alle Glieder, Vernunfft vnd alle Sinn gegeben hatt, vnd noch erhelt. Dazu Kleider vnd Schuch, Essen vnnd Trincken, Haus vnnd Hoff, Weyb vnd Kind, Acker vnd Viehe, vnd alle Güter, mit aller Notturfft vnd Narung diß Leibes vnnd Lebens, Reychlich vnd Täglich versorget, vnd für allem Vbel behütet vnd bewaret. Vnd das alles aus lauter Vätterlicher, Göttlicher Güte vnnd Barmhertzigkeyt, ohn all mein Verdienst, vnnd Wirdigkeyt. Deß alles ich jhm zu dancken vnd zu loben, vnd dafür zu dienen vnnd gehorsam zu sein schuldig bin, Das ist gewißlich war.

Der Ander Artickel, Von der Erlösung.

Vnd an Jhesum Christum seinen einigen Son, vnsern Herrn, Der empfangen ist vom Heyligen Geist, geboren von der Jungfrawen Maria, Gelitten vnter Pontio Pilato, Gecreutziget, Gestorben, vnd begraben, Nidergefaren zur Hellen, Am dritten tage aufferstanden vonn den Todten Auffgefaren

biātwi per tennēison nertien bhe ni prīki stawīdans pallaipsans seggīt.

Tāns preigerdawi adder, etnijstin bhe wissan labban, wisseimans Quai stawīdans pallaipsans lāiku, Stessepaggan turrimai mes stan dijgi milijt bhe stesmu auschaudijt, bhe reide seggītna tennessei pallaipsans.

Stas Swints Cristiāniskas Druwis, 13

kāigi ains butte, tawas stansubban swaiāsmu seimīnan no vckalāngwingiskai prei laikūt turri.

Stas Pirmonnis Dellijks
essestan Teikūsnā.

As druwē en Deiwan, Tāwan Wissemusīngin kas ast teikūuns, Dangon bhe semmien.

Ka ast sta billīton? 14

As druwē, kai mien Deiws Teikūnus[1] ast, sen wissans pērgimmans, mennei kērmenan bhe Dūsin, ackins, āusins, bhe wissans streipstans, Jsspressennien, bhe wissans seilins dāuns ast, bhe dabber Jslāika[2], Prēistan rūkans, bhe kurpins īst bhe pūton, buttan bhe burwalkan, Gannan bhe Malnijkans, Laukan, Pecku, bhe wissans labbans, sen wissan prewerīngiskan bhe maitāsnan schiēise kermenes bhe gīwas, Laimiskai bhe deineniskai persurgaui, bhe prijki wissan wargan pokūnti bhe popeckuwi, bhe stan wissan is kalsīwingiskan, Tawiskan, Deiwūtiskan labbiskan bhe etnīstin Schlāit wissan maian perschlūsisnan bhe wertīngiskan, perkawīdan wissan as stēismu preidīnkaut bhe prei girtwei, bhe pērstan preischlūsitwei, bhe poklusman boūt schkellānts asmai, sta ast perarwisku arwi.

Stas Antars Dellijcks, 15
Essestan Jsranckīsnan.

Bhe en Jesūm Christum, swaian ainan Soūnon noūson Rikijan, kas pogauts ast, esse Swintan Noseilien, Gemmons esse stan Jumprawan Marīan, Stīnons po Pontio Pilato, Skrīsits, Aulauns, bhe enkopts, Semmailīsons prei Pikullien, En tīrtan deinan etskīuns esse gallan, Vnsaigūbons no

---

[1] Teikūuns. [2] Islāiku.

gen Himel, sitzende zu der rechten Gottes des Allmechtigen Vatters, von dannen er kommen wirdt zu richten die Lebendigen vnd die Todten.

Was ist das? Antwort.

Ich gleube das Jesus Christus wahrhafftiger GOTT vom Vatter inn ewigkeit geporn, vnnd auch warhafftiger Mensch von der Jungkfrawen Maria geborn, sey mein HERR, der mich verlornen vnd verdampten Menschen erlöset hat, erworben, gewonnen, vnnd von allen Sünden, vom Todt vnd von der gewalt des Teuffels, Nicht mit Goldt oder Silber, Sondern mit seinem heyligen theuren blut, vnd mit seinem vnschuldigen Leyden vnd Sterben, Auff das ich sein eygen seye, vnd in seinem Reych vnter jm lebe, jm diene in ewiger Gerechtigkeit, Vnschuld, vnd Seligkeyt, Gleich wie er ist aufferstanden vom Tode, Lebet vnd Regieret in Ewigkeyt. Das ist gewißlich war.

Der Dritte Artickel,
Von der Heiligung.

Ich gleube an den heyligen Geist, eine heylige christliche Kirche, Die gemeine der Heyligen, Vergebung der Sünden, Aufferstehung des Fleisches, Und ein ewiges Leben, AMEN.

Was ist das? Antwort.

Ich gleube, das ich nicht aus eigener Vernunfft noch Krafft, an Jesum Christ meinen Herren gleuben, oder zu jhm kummen kan, Sondern der Heylige Geyst hat mich durchs Euangelion beruffen, mit seinen Gaben erleuchtet, im rechten Glauben geheyliget vnd erhalten, Gleich wie er die gantze Christenheit auff Erden berufft, samlet, erleucht, heyliget, vnd bey Jesu Christo erhelt, im rechten eynigen glauben. In welcher Christenheyt, er mir vnnd allen Glaubigen teglich alle sünde reichlich vergibt, Vnnd am Jüngsten tage mich vnnd alle Todten aufferwecken wirdt, Vnd mir sambt allen Glaubigen in Christo ein ewiges leben geben wird, Das ist gewisslich war.

Dangon, Sīdons prei tickrōmien Deiwas steise wissemusīngin Tawas isquendau tāns pergūbons wijrst, prei līgint stans gijwans bhe aulausins.

Ka ast sta billīton? Ettrais. 16

As Druwē, kai Jesus Christus, isarwiskas Deiws esse Deiwan Tawan en prābutskan gemmons bhe dijgi isarwiskas smunents, essestan Jumprawan Marīan gemmons[1] kas mien ɪsmaitinton bhe perklantīton smunentien isrankīuns ast peldīuns, augauuns, bhe esse wissans grīkans, esse gallan, bhe esse stan warein steise Pickulas ni sen Ausin adder Sirablan, Schlait sen swaiāsmu Swinton tēmpran krawian, bhe sen swaiasmu niwinūton Stinsennien bhe anlausennien[2], Nostan kai as tennēismu subsai asmai, bhe entennēismu rīkin po tenesmu giwīt, bhe stesmu schlusilai en prabuskai[3] tickrōmiskan, niwinutiskan bhe deiwūtiskan, ainawydan, kaigi tāns ast etskīans esse gallan, giwa bhe rickawie en prabutskan, sta ast perarwiskai arwi.

Stas Tīrts Dellīks, 17

Esse Stan Swintiskan.

As Druwē ēnstan Swintan Noseilien ainan Swintan Cristiāniskan kijrkin Stan perōniskan Swintan etwerpsennian steise grijkan etskīsnan mensas, bhe ainan prābutskan gijwan, Amen.

Ka ast sta billiton? Ettrais. 18

As Druwe, kai as ni is supsai ispresnā neggi spartin, en Jesum Christum maian Rikijan druwīt, adder prēistan perēit massi. Schlāits stas Swints Nosēilis ast mien prastan Euangelion perwūkauns, sen swaians Dāians erschwāistiuns, en tickrōmiskan Druwien Swintinons, bhe er laikūuns, Ainawijdei kaīdi[4] tans stan postippin Christiāniskan, nosemmien preiwackē senrīnka, erschwāigstinai, Swintina, bhe prei Jesu Christon erlāiku en tickrōmiskan, ainawidiskan drūwien, En kawijdsmu Christianiskan, tāns mennei, bhe wissamans druwīngins, deinenisku wissans grīkans laimintiskai[5] etwiērpei, Bhe en maldaisin deinan, mien bhe wissans anlauūsins etbaudinnons wirst, bhe mennei sen wissamans Christiānans ainan prābutskan gijwan dauns, Sta ast perarwisku arwi.

---

[1] es fehlen die Worte 'sei mein Herr'. [2] aulausennien. [3] prabutskai. [4] kaīgi. [5] laimingiskai.

Das Vater Vnser,

Wie ein Haußuatter dasselbige seinem Gesinde auffs einfeltigst fürhalten solle.

Vater vnser der du bist im Himel.

Was ist das? Antwort.

GOTT will damit vns locken, das wir gleuben sollen, Er sey vnser rechter Vatter, vnnd wir seine rechte Kinder, Auff das wir getrost vnd mit aller zuuersicht jhn bitten sollen, Wie die lieben Kinder jhren lieben Vater.

Die Erste Bitte.

Geheyliget werde dein Name.

Was ist das? Antwort.

GOTTES Name ist zwar an jhm selbs heylig, Aber wir bitten inn diesem Gebet, das er bey vnns auch heylig werde.

Wie geschicht das? Antwort.

Wo das Wort Gottes lauter vnnd rein gelert wirdt, Vnd wir auch heylig, als die Kinder Gottes darnach leben. Das hilff vns lieber Vatter im Himmel. Wer aber anders lehret, vnd lebet, denn das Wort Gottes lehret, der entheyliget vnter vns den Namen Gottes, Da behüt vns für himlischer Vatter.

Die Ander Bitte.

Dein Reich komme.

Was ist das? Antwort.

Gottes Reich kombt wol on vnser Gebet von jhm selbs, Aber wir bitten in diesem Gebet, Das es auch zu vns komme.

Wie geschieht das? Antwort.

Wenn der Himlische Vatter vnns seinen heyligen Geist gibt, das wir seinem heyligen Wort, durch seine gnade gleuben, vnnd Göttlich leben, hie zeytlich vnd dort ewiglich.

Stas Tāwa Noūson, 19

Kāigi ains Butta Tawas stan subban, swaiāsmu Seiminan vcka lāngiwingiskai, preilaikūt turri.

Tāwa Noūson kas tu essei Endangon.

Ka ast sta billīton? Ettrais.

Deiws quoi sen stawīdsmu mans wackītwei kai mes Druwīt turrimai tāns ast nouson tickars Tawas, bhe mes tennēison tickrai malnijkai, Nostan kai mes glandewingei bhe sen wissan auschaudīsnan tennan madlit turrimai, kāigi stai mijlai malnijkiku swaian mijlan Tawan.

Stai Pirmoi Maddla. 20

Swintints wīrst twais Emnes.

Ka ast sta billīton? Ettrais.

Deiwas Emnes ast arwiskai en sien sups Swints adder mes madlimai ēnschien madlin, kai tāns prēimans dijgi Swints postānai.

Kai audāst sien sta? Ettrais.

Quei stas wirds Deiwas, Kaltzīwingiskai bhe skijstan mukints wīrst, bhe mes dijgi Swintai kai stai malnijkai Deiwas postesmu giwammai sta galbse mans mijls Taws endangon, Kas adder kittewidei mukinna bhe giwa, nikai stas wirds Deiwas mukinna, stas niswintina sirsdau noūmans sten emnen Deiwas, Essestan pokuntieis mans Dengnennis Tawa.

Stai Antrā Maddla. 21

Perēit twais Rijks.

Ka ast sta billīton? Ettrais.

Deiwas rīks pereit labbai essetennan subbai ir bhe noūson madlan, Mes madlimai adder ēnschan madlin kai stas dijgi prēimans pereilai.

Kai audāst sien sta? Ettrais.

Kaden stas Dengenennis Taws noūmans swaian Swintan Noseilin dast kai mes swaiasmu Swintan wirdan, pra swaian etnīstin druwēmai bhe Deiwiskai giwemmai schien kīsmingiskai bhe stwen enprābutskan.

Die Dritte Bitte.

Dein Wille geschehe, wie im Himmel, also auch auff Erden.

Was ist das? Antwort.

Gottes guter gnediger Wille geschicht wol ohn vnser Gebet. Aber wir bitten in diesem Gebet, das er auch bey vns geschehe.

Wie geschicht das? Antwort.

Wenn GOTT allen bösen Rath vnnd willen bricht vnd hindert, so vns den Namen Gottes nicht heiligen, vnd sein Reich nicht komen lassen wöllen, Als da ist des Teuffels, der Welt, vnd vnsers fleisches wille, Sondern stercket vnd behelt vns fest in seinem Wort vnd Glauben, biß an vnser Ende, das ist sein gnediger guter wille.

Die Vierdte Bitte.

Vnser tegllich Brodt gib vns heute.

Was ist das? Antwort.

GOTT gibt teglich Brodt, auch wol ohn vnser Bitte, allen bösen Menschen, Aber wir bitten in diesem Gebet, das er vns erkennen lasse, vnd mit dancksagung emphahen vnser teglich Brodt.

Was heist denn teglich Brodt? Antwort.

Alles was zur Leybs narung vnnd notturfft gehört, als Essen, Trincken, Kleyder, Schuch, Hauss, Hoff, Acker, Vihe, Gelt, Gut, frumb Gesinde, fromme vnd trewe Oberherrn, gut Regiment, gut Wetter, Friede, Gesuntheit, Zucht, Ehr, gute Freunde, getrewe Nachbaren, vnd des gleichen.

Die Fünffte Bitte.

Vnnd verlasse vns vnser schulde, Als wir verlassen vnsern Schuldigern.

Was ist das? Antwort.

Wir bitten inn diesem Gebet, das der Vatter im Himel, nicht ansehen wolt vnser Sünde, vnnd umb der

Stai tirti Maddla. 22

Twais Quāits audāsin, kagi Endangon tijt dēigi nosemien.

Ka ast sta billīton? Ettrais.

Deiwas labbīngs etnīwings quāits audāst sien labbai schlait noūsen madlan, adder mes madlimai ēnschan madlin, kai stas dijgi prēimans sien audāst.

Kai audāst sien sta? Ettrais.

Kadden Deiws wissan wargan prātin bhe quāitan lemlai, bhe kūmpinna, quai noūmans stan emnan Deiwas niswintinai, bhe swaian rīkin niquoitā daton perēit, kaigi stwi ast, stēisi pickullas, stessei Swītas, bhe noūson kermeneniskan quāits, schlāit schpartina bhe polaiku mans draktai, en swaiāsmu wirdan bhe Druwien, er prei noūson wangan, sta ast twais Etneīwings labs quāits.

Stai Ketwirta Maddla. 23

Nouson deinennien geitien dais noūmans schan deinan.

Ka ast sta billīton? Ettrais.

Deiws dāst deinennien geitan, dijgi schlāit noūson madlin, wissamans wargans smunentins adder mes madlimai enschan madlin, kai tans noūmans ersinnat dast, bhe sen dinckausnan pogaūt nouson deinennien geitien.

Kai billē dineniskas geits? Ettrais.

Wissan ka prei kermenes maitāsnan[1] prewerīsnan perlānkei kaigi stwi ast, Ist, Poūt, Rūkai, Kurpi, Buttan, Burwalkan, Laukan, Pecku, Penningans, Labbas labban seiminan, labbans bhe auschaudīwingin aucktairikijskan, labban rickaūsnan labban winnen, Packe, Kailūstiskun, Kānxtin, teischin, Labbans ginnins, auschaudīwingins kaimīnans, bhe Steison polijgu.

Stai Piencktā Maddla. 24

Bhe etwerpeis noūmans noāsons āuschantins, kai mes etwērpimai noūsons auschautenīkamans.

Ka ast sta billiton? Ettrais.

Mes madlimai ēnschan madlin, kai stas Tāws ēndangon, ni endeirīt quoitīlai noūsons grīkans, bhe tenneison paggan,

---

[1] es fehlt bhe.

selbigen willen solche Bitte nicht versagen, denn wir sind der keines werdt, das wir bitten, habens auch nicht verdienet, Sondern er wolt vns alles aus gnaden geben, Denn wir teglich viel sündigen, vnnd wol eitel straff verdienen, So wollen wir zwar denn widerumb auch hertzlich vergeben, vnnd gerne wolthun denen, die sich ahn vnns versündigen.

Die Sechste Bitte.

Und füre vns nicht in versuchung.

Was ist das? Antwort.

Gott versucht zwar niemandt, aber wir bitten in diesem Gebet, Das vns Gott wolt behüten vnd erhalten, Auff das vnns der Teuffel, die Welt, vnnd unser Fleisch, nicht betriege vnnd verfüre, inn missglauben, verzweyfeln, vnnd ander grosse schande vnd laster, Vnd ob wir damit angefochten würden, das wir doch endlich gewinnen vnd den sieg behalten.

Die Siebende Bitte.

Sondern erlöse vns von dem übel.

Was ist das? Antwort.

Wir bitten in diesem Gebet, als in der Summa, das vnns der Vatter im Himel, von allerley vbel Leibs vnnd Seele, Guts vnnd Ehre erlöse, Vnd zu letzt, wenn vnser stündlein kompt, ein seligs Ende beschere, vnnd mit genaden von diesem jamerthal zu sich neme inn den Himel.

AMEN.

Was ist das? Antwort.

Das ich soll gewiss sein, solche Bitte sind dem Vatter im Himel angeneme vnd erhöret, Denn er selbs hat vns geboten also zu beten, Vnnd verheysen, das er vns will erhören, Amen, Amen, das heyst, Ja, Ja, Es soll also geschehen.

stawijdan madlin ni perbillīton, beggi mes asmai steison neainessa wertei, kan mes madlimai, asmai stan dijgi ni perschlūsiuns, schlāit tans quoitīlai noūmans stansubban wissan, is etnijstin datwei beggi mes deininisku tūlan grīkimai, bhe labbai wissaweidin sūndanper schlūsimai Tijt quoitāmai, mes arwiskai stēimans etkūmps dijgi sīrisku etwiērpt, bhe reidei labban segīt, quai sien en mans grīkisi.

Stai Vschtai Maddla. 25

Bhe ni weddeis mans emperbandāsnan.

Ka ast sta billīton? Ettrais.

Deiws perbānda arwiskai niainonton, adder mes madlimai en schan madlan, kai noūmas Deiws quoitīlai popeckut bhe erlaikūt Nostan, kai mans stas Pickūls, stai switai bhe nousā mensai ni popaikā bhe perweddā en nidruwien perdwibugūsnan, bhe kittan, debīkan, gīdan, bhe epkieckan. Bhe ikai mes senstesmu ankaitītai wīrstmai, kai mes enwangan augaunimai, bhe stan epwarrīsnan polāikumai.

Stai Septmai Maddla. 26

Schlāit isrankeis mans, esse wissan wargan.

Ka ast sta billīton? Ettrais.

Mes madlimai en schan madlin, kāigien empijreisku, kai naūmans stas Taws endangan, esse wissawidiskan wargan, Kermenes bhe Daūsin, Labbas qhe[2] Teisin, isrāikilai[3] bhe en pansdamonnien, kaden noūson stūndicks perēit, ainan Diwūtiskan wangan polijcki, bhe sen Etnīstan esse schan powargewingiskan lindan, prēisien imlai en stan dangon.

Amen. 27

Ka ast sta billīton? Ettrais.

Kai as turri auschaudīwings boūt, stawīdas madlas, ast steismu Tāwan Endangon enimmewingi bhe poklausīmanas, Beggi tans sups ast noūmas laipinnans titat prei madlitwei bhe taukinnons, kai tans noūmans quoitē klausīton, Amen, Amen, sta ast arwi, arwi, adder Ja, Ja, sta turri sien titet audāt.

---

[1] es fehlt bhe. [2] bhe. [3] isrānkilai zu lesen.

Das Sacrament

der heyligen Tauffe, Wie dasselbige ein Haussuatter seinem Gesinde sol einfeltiglich fürhalten.

Zum Ersten.

Was ist die Tauffe? Antwort.

Die Tauffe ist nicht allein schecht wasser, Sondern sie ist das wasser in Gottes gebot gefasset vnd mit Gottes Wort verbunden.

Welches ist denn solch Wort Gottes? Antwort.

Da vnser Herr Christus spricht Marci am Letzten, Gehet hin in alle Welt, Lehret alle Heyden Vnd teuffet sie im Namen des Vatters, vnnd des Sons, vnd des Heyligen Geysts.

Zum Andern.

Was gibt oder nutzet die Tauffe? Antwort.

Sie wircket vergebung der sünden, erlöset vom Todt vnd Teuffel, vnd gibt die ewige Seligkeit, allen die es gleuben, Wie die Wort vnnd Verheyssunge Gottes lauten.

Welche sind diese Wort vnnd verheyssung Gottes? Antwort.

Da vnser Herr Christus spricht Marci am letzten, Wer da gleubet vnd getaufft wirdt, der wirdt selig, Wer aber nicht gleubet, der wird verdampt.

Zum Dritten.

Wie kan Wasser solche grosse Ding thun? Antwort.

Wasser thuts freilich nicht, Sondern das wort Gottes so mit vnd bey dem wasser ist, vnd der Glaube, so solchem wort Gottes im wasser trawet, Denn on Gottes wort, ist das wasser schlecht wasser, vnd kein tauff, aber mit dem wort Gottes ists ein tauffe, vnnd das ist, ein gnadenreich wasser des lebens, ein Bad der newen geburt im heyligen Geyst, Wie Sanct Paulus sagt, Tito am Dritten. Durch das Bad der widergeburt vnd ernewerung des heyligen Geists, welchen er ausgossen hat, vber vns reichlich durch Jesum Christ vnsern Heylandt, Auff das wir durch desselbigen

Stas Sacraments 28

stessei swintan Crixtisnan kāigi stan subban ains Buttantāws swaiāsmu seimijnan vckelāngewingiskai turri preilaikūt.

Ka ast stai Crixtisna? Ettrais.

Stai Crixtisnai ast ni, ter ains schklāits vnds Schlāit stai ast stas vnds en Deiwas pallaipsan entēnsīts, bhe sen Deiwas wirdan senrists.

Kawijdan ast stawijds wirds Deiwas? Ettrais.

Kāigi noūson Rikijs Jesus Christus bille, prei Markon en pansadaumannien, Jeiti stwen, enwissan swītan, mukināiti wissans amsin adder pogūnans, bhe Crixteiti tennans, en Emnen steise Tāwas, bhe steise Saūnas bhe steise swintan Noseilīs.

Prei Antersmu. 29

Ka dāst adder enterpo stai Crixtisnai? Ettrais.

Stai Dīlinai etwerpsennien steise grijkan, isrankinna esse gallan bhe pickullan, bhe dāst stan prābutskan Deiwūtiskan, wissamans quai stan druwē, kāigi stai wirdai bhe preibillīsnai Deiwas kelsāi.

Kawīdai ast stai wirdai bhe preibillīsnā Deiwas? Ettrais.

Kāigi nouson Rikijs Christus billē Marci en pansdaumannien, Kas stwi druwē bhe Crixtits wijrst, stas wijrst Deiwuts, kas adder ni Druwe, stas wijrst perklantīts.

Prei Tīrtsmu. 30

Kāigi massi vnds stawijdan debeīkan astin seggīt? Ettrais.

Vnds stan perarwisku ni segge, Schlāits stas wīrds Deiwas, kas sēn bhe prei stesmu vndan ast, bhe sta Druwi, kas stawidsmu wirdan Deiwas auschaudē. Beggi schlāits Deiwas wirdan, ast stas vnds ains tickars vnds, bhe niainā Crixtīsna, adder sen stesmu wirdan Deiwas, astits ainā Crixtisnā, sta ast ains etnīstislaims vnds steises geijwas, bhe aina Spigsnā steise naunan gimsenin en Swintan Noseilin, kāigi Swints Pauli billē Prei Tittum en Tīrtsmu polasīnsnan, Prastan Spīgsnan stesse ānters gimsennien, bhe ernaunīsan[1]

[1] ernaunīsnan.

gnade gerecht, vnnd Erben seien des ewigen Lebens nach der Hoffnung, Das ist je gewisslich war.

Zum Vierdten.

Was bedeut denn solch wasser tauffen? Antwort.

Es bedeut das der Alte Adam inn vns, durch tegliche rewe vnd busse sol erseufft werden, vnd sterben mit allen sünden vnd bösen lüsten, vnnd widerumb teglich heraußkommen, vnd aufferstehen, ein newer Mensch, der in gerechtigkeyt vnd reynigkeyt für Gott ewiglich lebe.

Wo stehet das geschrieben? Antwort.

Sanct Paulus zun Römern am Sechsten spricht, Wir sind sambt CHRISTO durch die Tauffe begraben in den Todt, Das gleich, wie Christus ist von den Todten aufferwecket durch die herrligkeyt des Vaters, Also sollen wir auch inn einem newen leben wandeln.

Wie man die einfeltigen soll leren Beichten.

Was ist die Beicht? Antwort.

Die Beicht begreifft zwey stück in sich. Eins, Das man die Sünde bekenne. Das Ander, Das man die Absolutio oder Vergebung vom Beichtiger empfahe als von Gott selbs. Vnd ja nicht daran zweyffeln, Sondern feste glauben, die sünde seien dadurch vergeben für Gott im Himmel.

Welche Sünde sol man denn Beichten?

Für Gott sol man aller Sünden sich schuldig geben, auch die wir nicht erkennen, Wie wir im Vatter unser thun.

Aber für dem Beichtiger sollen wir allein die sünde bekennen, die wir wissen vnd fülen im hertzen.

stēise Swintan Noseilie[1], kawīdan tāns islīuns ast no mans laimisku, pra Jesum Christum noūson Retenīkan, Nostan kai mes prei stessei supsas etnīstin tickrōmai bhe weldūnai asmai stēisei prābutskan gijwan postesmu nadruwīsnan, Sta ast iau perarwisku arwi.

Preī Ketwirtsmu. 31

Ka powaidinnei stawyds Vndas Crixtisna? Ettrais.

Sta powaidinne, kai stas Vrs Adams ēn mans pra deineniskan pawargan bhe powartīsnan turei auskandints postātwei, bhe aulāut sen wissamans grīkans bhe wargan poquoitīsnau,[2] Bhe etkūmps deinenisku etskīmai, bhe winna perēimai, Ains nauns smūnets, kas en tickrōmiskan bhe skistiskan[3] pirsdau Deiwan prābutskai giwa.

Quei stallā sta peisaton? Ettrais.

Swints Pauli prei Rômerins en Vschtan polasinsnan billē, Mes asmai sen Christo prastan Crixtisnan enkopts ēnstan gallan kai ainawīdai kāigi Christus ast esse stans Gallans etbaudints, prastan Rikijwiskan stessei Tāwas, Tīt turrimai mes dijgi, en ainesmu nawnan gijwan neikaut.

Kāigi stans Lāngiseilingins turri mukint Grikaut. 32

Ka ast stā Grikausna? Ettrais.

Stai Grikausna ebimmai dwai dellīkans ēnsien, Ains, kāidi stans grīkans posinna, sta Anters kāidi stan etwerpsennin esse stesmu klausīwingin pogāunai, kāigi esse Deiwan subban, Bbe[4] niquei en stesmu dwibugūt, schlāit drūcktai druwīt stai grīkai ast prastan etwierpton pirsdau Deiwan Endangon.

Kawīdans Grīkans turedi Grikaut? Ettrais. 33

Pirsdau Deiwan turridi wissans Grīkans sien skellānts dātunsi, dīgi stans kans mes digi ni ersinnimai, kāigi mes en Tawa nouson seggēmai. Adder pirsdau stesmu Klausijwingin, turrimai mes ter ains stans grijkans posinnat, kawijdans mes waidimai bhe poprestemmai en nousson sijran.

---

[1] Noseilis. [2] poquoitīsnan. [3] Nesselmann liest *skīstieskan*. Ich halte das *e* für etwas verdruckte Trennungsstriche: *skīsti- skan*. Das *e* hätte doch auch keinen Sinn. [4] Bhe.

Welche sind die?

Da sihe deinen Standt an, nach den Zehen Geboten, Ob du Vatter, Mutter, Son, Tochter, Herr, Fraw, Knecht seyest, Ob du vngehorsam, vngetrew, vnfleyßig gewest seyest, Ob du jemandt leyd gethan habest, mit wortten oder wercken, Ob du gestolen, verseumet, verwarloset, schaden gethan habest.

Lieber stelle mir ein kurtze weise zu Beychten?

Antwort.

Wirdiger lieber Herr, Ich bitte euch, wollet meine Beicht hören, Vnd mir die Vergebung sprechen, vmb Gottes willen.

Sage an.

Ich armer Sünder, bekenne mich für Gott aller sünden schuldig, In sonderheyt bekenne ich für euch, Das ich ein Knecht, Magdt, etc. bin, Aber ich diene leyder vntrewlich meinem Herrn. Denn da vnd da, hab ich nicht gethan, was sie mich hiessen, Habe sie erzürnet. vnd zu fluchen bewegt, Habe verseumet vnd schaden lassen geschehen.

Bin auch in wortten vnnd wercken schampar gewest, Habe mit meines gleichen gezürnet, wider meine Frawe gemurret vnd gefluchet, etc. Das alles ist mir leydt, Vnnd bitte vmb gnade, ich will mich bessern.

Ein Herr oder Frawe
sprechę also.

Inn sonderheyt bekenne ich für euch, Das ich mein Kindt vnd Gesinde, Weib, nicht trewlich gezogen habe zu Gottes Ehren. Ich habe geflucht, böse Exempel mit vnzüchtigen wortten vnnd wercken gegeben. Meinem Nachbar schaden gethan, vbel nachgeredet, zu thewr verkaufft, falsche vnnd nicht gantze Wahr gegeben, Vnd was er mer wider die gebot Gottes vndt seinen Standt gethan, etc.

Wenn aber jemandt sich nicht befindet beschweret, mit solcher oder grössern sünden, der soll nicht sorgen

Kawīdai ast stai? 34

Stwi endirīs twaian bausennien, posteimans Dessimtons Pallaipsans, Anga tu Tāws, Mūti, Soūns, Duckti, Rikijs, Supūni, Waix assai, Anga toū nipoklusmings, ni isarwis niseilewingis assai boūuns, Anga tou ainontsmu wargan assai seggīuns, sen wirdemmans adder dīlins, Anga tu ranguns, pertennīuns, nipokūntuns, schkūdan assei seggīūns.[1]

Mijls Brāti Teīks mennei ainan īnsan isspressennen prei Grikaut. 35

Tīt turri tū prēistan Klausīwingin bilītwei.

Wertīngs mīls Rickijs, as madli wans, Quoitīlaiti maian Grikausnan kirdītwei, bhe mennei stan etwerpsennien billīt Deiwas paggan.

Gerdaus schan.

As gurīns Grīkenix, posinna mien pirsdau Deiwan, wissans grīkans skellants en schlaītiskai posinna as pirsdau Joūmas, kai as ains Waix, Mergu, etc. asmai, Adder, Deiwa engraudīs, as schlūsini isarwi maiāsmu Rikijan, Beggi schan bhe stwen asmu as ni seggīuns, ka stai mennei laipinnons, Asmai stans ernertiuns, bhe prei klantīsnan pobanginnons, asmai pertennīuns bhe skūdan dāuns seggit.

Asmu dijgi en wirdans bhe dīlans nigīdings baūuns, Asmai sen maisei pollīgun ernertīuns, Prīki maian waispattin murrawuns bhe klantīwuns, Sta wissa warge mien, bhe madli etnijstin as quoi mien walnennint.

Ains Rikijs adder Supūni billi titet. 36

En schlāitiskan posinna as pirsdau Joūmans kai as maians malnijkans, bhe seimīnan ni isarwi asmai auginnons prei Deiwas Teisin, As asmai klantīuns, wargans perwaidinsnans sen niteisīwingins wirdans bhe seggīsnans dāuns, Maiāsmu kaimīnan schkudan seggīuns, wargu nowaitiāuns, per tēmprai perdauns, reddau[2] bhe ni pilnan perdāisan dauns, bhe ka tans toūls prīkan Deiwas pallaipsans bhe swaian bousennien ast seggīuns.

Kadden adder ains sien ni aupallai tīt pobrendints sen stawīdsmu adder muisieson grīkans, Stas niturri surgaut 37

---

[1] seggīūns ein kursives, ungewöhnliches i. [2] reddan.

oder weiter sünde suchen, noch ertichten, vnd damit ein marter auß der Beicht machen, Sondern erzele eine oder zwo die du weissest. Also, In sonderheit bekenne ich, das ich ein mal gefluchet. Item einmal vnhübsch mit wortten gewest, ein mal dis N. verseumet habe, etc. Also lasse es genug sein.

Weyssestu aber gar keine (welches doch nicht wol solt möglich sein) So sage auch keine in sonderheyt, Sondern nim die vergebung auff die gemeine Beicht, so du für Gott thust gegen dem Beichtiger.

Darauff soll der Beichtiger sagen.

GOTT sey dir genedig, vnnd stercke deinen Glauben, AMEN.

Weiter.

Gleubest du auch das meine Vergebung Gottes Vergebung sey?

Ja lieber Herr.

Darauff spreche er.

Wie du gleubest, So geschehe dir. Vnnd ich auß dem befehl vnsers Herrn Jhesu Christi, Vergebe dir deine sünde, Jm namen des Vatters, vnd des Sons, vnd des Heyligen Geysts, Amen.

Gehe hin im Friede.

Welche aber grosse beschwerung des Gewissens haben oder betrübt vnd angefochten sind, die wird ein Beichtuater wol wissen mit mehr Sprüchen zu trösten, vnnd zum Glauben reytzen. Das soll ein gemeine weise der Beicht sein, für die einfeltigen.

adder tāls grijkans laukīt adder ermīrit, bhe sen stawijdsmu ainan lailīsnan esse stesmu Grikausnan tickint, schlaits engerdaus ainan adder dwai kawijdaus[1] tou waisei, Titet, En schlāitiskan posinna as, kai as ainan reisan klantīuns, adder ainawārst nikanxts sen wirdans boūuns, aina warst stan pertennīuns asmai, etc. Bhe tīt dāis pānsdau zuit bouton.

Waisse tu adder postippan niainan (kawids ni labbai musīngin massi bouton) Tīt gerdaus dijgi niainan schlāitiskai, schlāit imais stan etwerpsennien nostan perōnin grikausnan, kawijdan tou pirsdan[2] Deiwan seggēsei prīki stessemu Klausīweniki.

Nostan turri stas Klausiwinks billītwei. 38

Deiws seisei tebbei Grīkenikan etnijwings bhe spartina twaian druwien, Amen.

Tāls.

Druwēse tu dīgi kai maia etwerpsna, Deiwas etwerpsna ast?

Ettrais.

Ja mijls Rikijs.

Nostan billi tans.

Kāigi tou drūwese, tit audasei tebbei, Bhe as is polaipīnsnan noūson Rikijs Jesu Christi etwerpe tebbei twaians grīkans, en Emnen steise Tawas, bhe steise soūnas bke[3] steise Swintan Noseilin, Amen.

Jeis preipaus en Packan 39

Kawīdai adder debbīkan pobrandisnan stetse[4] powaisemnen[5] turri, adder auminius adder enkaitītai ast, stans wīrst ans Klausīwings labbai waist sen toūls billijsnans prei glandint, prei Druwien tiēnstwei, sta turri ter ains aina perōnisku enteikūsna steison Grikausnan boūt pērstans Lāngiseilingins.

---

[1] kawijdans. [2] pirsdau. [3] bhe. [4] steise. [5] powaisennien.

Das Sacrament Des Altars,

Wie ein Haußuatter dasselbige seinem Gesinde einfeltigklich fürhalten soll.

Was ist das Sacrament des Altars? Antwort.

Es ist der ware Leib vnd Blut vnsers HERrn Jhesu Christi, vnter dem Brodt vnnd Wein, Vns Christen zu Essen vnnd zu Trincken vonn Christo selbs eingesetzt.

Wo stehet das geschrieben? Antwort.

So schreiben die Heiligen Euangelisten, Mattheus, Marcus, Lucas, vnnd Sanct Paulus, Vnser HERR Jhesus Christus, inn der Nacht, da er verrathen ward, Nam er das Brodt, dancket, vnnd brachs, vnnd gabs seinen Jüngern vnnd sprach, Nemet hin, Esset, das ist mein Leyb, der für euch gegeben wirdt, Solchs thut zu meinem gedechtnus.

Desselbigen gleichen nam Er auch den Kelch, nach dem Abentmal, dancket, vnd gab jhn den vnd sprach, Nemet hin, vnd trincket alle darauß, Dieser Kelch ist das Newe Testament inn meinem Blut, Das für euch vergossen wirdt, zur vergebunge der Sünden, Solchs thut so offt jhrs trincket, zu meinem gedechtnus.

Was nützet denn solch Essen vnd Trincken? Antwort.

Das zeygen vns diese wort, Für euch gegeben, Vnnd vergossen, zur vergebung der Sünden, Nemlich, das vnns im Sacrament vergebung der Sünden, Leben vnnd Seligkeyt durch solches wort gegeben wirdt, Denn wo Vergebung der Sünden ist, da ist auch Leben vnd Seligkeyt.

Wie kan leiblich Essen vnd Trincken solche grosse ding thun? Antwort.

Essen vnnd Trincken thuts freilich nicht, sondern die Wort, so da stehen, Für euch gegeben vnd vergossen zur vergebung der Sünden.

Welche Wort sind neben dem leiblichen Essen vnnd Trincken, als das Haubtstück im Sacrament. Vnd wer

Stas Sacraments Steisei Altari, 40

kaigi ains Buttastaws stansubban swaiāsmu seimīnan ukalāngewingiskān preilaikūt turri.

Ka ast stas Sacramēnts steise Altars? Ettrais.

Sta ast stas arwis kērmens bhe krawia, Noūson[1] Rikijas Jesu Christi, Po stesmu geitin bhe wijnan, Noūmas Crixtiānans prei īst bhe prei poutwei esse Christo sups ensadinton.

Quei stalle sta Popeisāton? Ettrais:

Tit peisāi stai Swintai Euangelistai, Matteus, Marcus, Lukas, bhe Swints Paulus Noūson Rikijs Jesus Christus, 41
ēnstan Nacktien, kaden tans prawilts postāi, imma tans stan geitin dīnkauts bhe līmauts, bhe dai swaimans, maldaisimans, bhe billāts, immaiti stwen, īdeiti, sta ast mais kērmens, kas pērwans dāts wīrst, Stawīdan seggītei prei maian pominīsnan.

Stesmu empolijgu immats dijgi stan kelkin pobītas īdin, Dinkauts, bhe dai stan steimans bhe billāts, Imaiti stwen, bhe poieiti wissai isstesmu, schis kelks ast stas nauns Testaments en maian krawian, kas perwans pralieiton wīrst, prei etwerpsennien stēison grijkan, stawijdan Seggītei prei maian pominīsnan.

Ka ast enterpen stawīds īdis bhe poūis? Ettrais. 42

Sta waidinna noūmans schai wirdai, Pērwans dāton bhe prolieiton prei etwerpsennin stēison grīkan, Issprettīngi, kai noūmas en Sacramenten etwerpsnā steison grikan, gijwan bhe Deiwutiskai prastawīdans wirdans dāts wirst, Beggi quei etwerpsnā steison grīkan ast, stwi ast dijgi giwei bhe Deiwūtisku.

Kāigi massi Kērmeniskai īdai bhe poūton, stawīdan debīkan astin seggīt? Ettrais. 43

Ist bhe poūton stan arwiskai ni segge, schlāit stai wirdai, ka stwi stallē, Prēiwans podaton bhe Proleiton, prei etwerpsennien, steison grīkan. Kawīdai wirdai ast, sirsdau stesmu[2] kērmeniskan īstai bhe poūton, kāigi stas

---

[1] noūson. [2] stesmu.

denselbigen Wortten gleubet, der hat was sie sagen, vnd wie sie lauten, Nemlich, Vergebung der Sünden.

Wer empfehet denn solch Sacrament Wirdiglich? Antwort.

Fasten vnd Leiblich sich bereyten, ist wol eine feine eusserliche zucht. Aber der ist recht wirdig vnd wol geschickt, Wer den Glauben hat an diese Wort Für euch gegeben, Vnnd vergossen, zur vergebunge der Sünden, Wer aber diesen Wortten nicht Gleubet, oder zweyffelt, der ist vnwirdig vnnd vngeschickt, Denn das Wort (Für Euch) fordert eitel Glaubige hertzen.

Wie ein Hausuater sein Gesinde sol leren, Morgens vnd Abends sich Segnen.

Des Morgens, so du auß dem Bette fehrest, soltu dich segnen mit dem Heiligen Creutz, vnnd sagen

Das walt GOTT Vatter, Sohn, Heiliger Geyst, AMEN.

Darauff kniendt oder stehendt den Glauben vnd Vater vnser, Wiltu so magst du dis Gebetlein darzu sprechen.

Ich dancke dir mein Himlischer Vater, durch Jesum Christum, deinen lieben Sohn, das du mich diese Nacht für allem schaden vnnd fahr behütet hast. Vnnd bitte dich, Du wöllest mich diesen tag auch behüten, für Sünden vnd allem vbel, das dir alle mein thun vnnd leben gefalle, Denn ich befehle Mich, mein Leib vnnd Seele, vnnd alles inn deine Hende, Dein heyliger Engel sey mit mir, das der böse Feindt keine macht an mir finde, Amen.

Vnd als denn mit freuden an dein werck gegangen, vnd etwa ein Lied gesungen, Als die Zehen Gebot, oder was dein andacht gibt.

Des Abends, wenn du zu Bette gehest, soltu dich segnen mit dem Heiligen Creutz, vnd sagen.

Das walt GOTT Vatter, Son, vnnd Heyliger Geyst, AMEN.

Galwasdellīks en Sacramenten, Bhe kas stesmu wirdan druwe, tans turri kan stai billē, bhe kāigi stai kaltzā, Isspresennien, Etwerpsennien stēisai Grīkan.

Kas pogaunai stawīdan Sacramentan wertīwings? Ettrais. 44

Pastauton, bhe kērmeniskan sien pogattawint ast aina kanxta iswinadu kanxtinsna, adder stas ast tickars wertīngs bhe labbai pogattawints kas stan Drūwien turri en schans Wirdans Pērwans podaton bhe Prolieiton, prei etwerpsennien steisons grīkans, kas adder steīmans wirdans ni Druwē, adder dwigubbū stas ast niwertīngs bhe nipogattawints, Beggi stas wirds (Pēr Wans) wūkawi wissans druwīngins sirans.

Kaigi ains Buttas Taws swaian Seimīnan turri mukint 45
Angsteina bhe Bītai sien Signāt.

Angstainai, Kaden toū is twaiāsmu Lastin etskīsai, turri tou tien Siggnat sen stesma[1] Swintan Scrisin bhe bīllīt.

Stwi galbse Deiws, Taws, Soūus[2], bhe Swints Noseilis. Nostan poquelbton adder stānintei stan Druwien bhe Tawa Nōson, Iquoitu, tīt massi tu schin madlikan prēistan gerbt.

As dīnckama tebbei mais Dengnennissis Taws pra 46
Jesum Christum twaian mīlan soūnan, kai tu mien schen Naktin pirschdau wissan skūdan bhe wargan assei pokūntuns, Bhe madli tien, Tou quoitīlaisi mien schan deinan Deigi pokūnst pirsdau grīkan bhe wissan wargan, kai tebbei wissa maia segisna bhe giwan podingai, Beggi as polaipinna mien, maian kermenen bhe Doūsin, bhe wissan en twaians rānkans, twais swints Engels baūsei sen māim kai stas wargs prēisiks, ni ainan warrin ēnmien aūpallai, Amen.

Bhe pansdau titet sen wesliskan, prei twaian Dīlan gubas, bhe ainan grīmikan grīmons, kaigi, stans Dessimtons pallaipsans adder ka twaiā Seilisku d st.

Bītai kaden tu prei lastan ēisei turei toū tien Siggnat 47
sen stesmu Swintan Scrijsien bhe billīt.

Stwi Galbsai Deiws Tāws bhe Soūns bhe Swints Noseilis.

[1] stesmu. [2] Soūns.

Darauff kniendt oder stehendt den Glauben vnd Vater vnser, Wiltu so magst du dis Gebetlein darzu sprechen.

Ich dancke dir mein Himlischer Vatter, durch Jesum Christum deinen lieben Sohn, das du mich diesen Tag genedigklich behütet hast, Vnnd bitte dich, du wollest mir vergeben alle meine Sünde, wo ich vnrecht gethan habe. Vnd mich diese nacht genediglich behüten, Denn ich befelhe mich, mein Leib vnd Seele, vnd alles inn deine Hende, Dein Heiliger Engel sey mit mir, das der böse Feindt keine macht an mir finde, Amen. Vnnd als denn flugs vnnd frölich geschlaffen.

Wie ein Haußuater sein Gesinde sol leren das Benedicite vnd Gratias sprechen.

Die Kinder vnd Gesinde sollen mit gefalten henden, vnd züchtig für den Tisch tretten, vnd sprechen:

Aller Augen warten auff dich HErr, vnd du gibst jnen jre Speyse zu seiner zeit. Du thust deine handt auff, vnd settigest alles was lebet mit wolgefallen.

Darnach das Vater vnser, vnd diß folgende Gebet.

HErr Gott himlischer Vatter, segne vns vnd diese deine Gaben, die wir von deiner milden Güte zu vns nemen, durch Jesum Christum vnsern HErrn, Amen.

Also auch nach dem essen, sollen sie gleicher weise thun, züchtig, vnd mit gefalten henden sprechen.

Dancket dem Herrn, denn er ist freuntlich, vnd seine Güte wehret ewiglich. Der allem Fleisch speise gibet, Der dem Vihe sein Futter gibet, Den jungen Raben die jhn anruffen. Er hat nicht lust an der stercke des Rosses, noch gefallen an jemandes Beinen. Der Herr hat gefallen an denen die jn förchten vnd auff seine Güte wartten.

Nostan poquelbton adder stāninti stan Druwien bhe Tawe Nouson Jquoi tu, tīt massi ton[1] schin Madlikan prēistan gerbt.

As Dīnkama tebbei mais Dengenennis Tāws pra Jhesum 48
Christum twaian mijlan Saunan kai tou mien schan Deinan Etniwingisku assei pokūntons, bhe madli tien, tou quoitīlaisi mennei etwīerpt[2] wissans maians grīkans, quei as nitickran seggīuns asmai, Bbe[3] mien schen nacktin etnijwingiskai popekūt, Beggi as polaipinna mien, maian Kērmnen bhe Daūsin, bhe wissan en twaians rānkans, Twais Swints Engels baūsei sen maim, kai stas wargs Prēisicks, ni ainan warrien ēnmien aupallai.

Bhe pansdau entickrikai bhe wesselingi enmigguns.

Kāigi ains Buttas Taws Swaian Seimīnan turri mukint 49
stan Benedicite bhe Gratias gerbt.

Stai malnijkai, bhe Seimīns turri sen senditmai rānkān bhe kanxtei, pirschdau stan stallan trapt bhe billit.

Wissas Ackis giēidi notien Rikijs, bhe tu dāse stēimans, tennēison landan, prei swaian kerdan, Toū etwēre twaian rānkan, bhe stuāinei wissan ka stwi giwe sen labbapodingausnan.

Pansdau stan Tawa noūson bhe schan rīpintinton madlin.

O Deiwe Rikijs Dengnennis Taws, Signāts[4] mans bhe schiens twaians Dâians, kawīdans mes esse twaian deigiskan labban preimans immimai Pra Jesum Christum nouson Rikijan, Amen.

Tit dijgi po idin turri Stai ainawidisku siggit, kānxtai 50
sen senditans rānkans stallit bhe billitwei.

Dīnkauti stesmu Rikijan, beggi tans ast ginnewings, bhe swaia labbisku, wēraui Enprābutskan kas wismu mensen landen dast, kas stesmu Pecku swaian pērdin dāst, stēimans maldans Warnins, quai tennen enwackē, Tans ni turri podīngan en stessei spartisku steiseisei[5] russas, neggi podingausnan no ainontsi kaulan Stas Rikijs turri podīngan en stēimans quoi tennan bia, bhe quai no swaian labiskan gēide.

---

[1] tou. [2] etwiērpt. [3] Bhe. [4] signāis. [5] steisei.

Darnach das Vater vnser, Vnnd diß folgende Gebet.

Wir dancken dir Herr Gott Vatter, durch Jesum Christum vnsern Herrn, für alle deine wolthat, der du lebest vnd regierest in ewigkeyt, Amen.

Die Haußtafel etlicher Sprüche,
für allerley heylige Orden vnnd Stende, dadurch dieselbigen, Als durch eygen Lection jhres Ampts vnd Diensts zu ermanen.

Den Bischoffen, Pfarrherrn vnnd Predigern.

Ein Bischoff sol vnstrefflich sein, Eines weibes Man, Nüchtern, sittig, messig, gastfrey, leerhafftig, als ein Haußhalter Gottes, nicht ein Weinseuffer, nicht beyssig, nicht vnehrliche hantierung treiben, sondern gelinde, nicht haderhafftig, nicht geitzig, der seinem eigen Hause wol für stehe, der gehorsame Kinder habe, mit aller Erbarkeit, nicht ein Newling. Der halte ob dem wort, das gewiß ist, vnd leren kan, auff das er mechtig sey, zu ermanen durch die heilsame Lere, vnd zu straffen die Widersprecher. 1. Timo. 3 Tit. 1.

Was die Christen jhren Lerern vnd Seelsorgern zu thun schuldig seyen.

Esset vnd trincket was sie haben, Denn ein Arbeiter ist seines lohns werd, Luce 10. Der HERR hat befohlen, Das, die das Euangelium predigen, sollen sich vom Euangelio neeren. 1. Cor. 9.

Der vnterricht wird mit dem Wort, der theile mit allerley Gutes, dem, der jn vnterrichtet. Irret euch nicht, Gott lesst sich nicht spotten, Galat. 6.

Die Eltesten, die wol fürstehen, die halte man zwifacher Ehren werdt, sonderlich die da arbeiten im wort vnnd inn der Lehre.

Denn es spricht die Schrifft, Du solt dem Ochsen der da Dreschet, nicht das maul verbinden. Item, Ein Arbeiter ist seines lohns werdt, I Timotheo am 5.

Pansdan stan Tawe Nouson bhe schan rīpintin Madlin. Mes Dīnkaumai tebbe Rikijs Deiws Taws, Pra Jesum Christum, per wissan twaian labbasegīsnan, kas du[1] Gīwu bhe Rikawie en Prabutskan, Amen.

Stai Buttas Tapali 51

Delli billīsna pra wissans Swintans Enteikūsnans bhe bousenniens prakawīdans stanssubbans kāigi per ainan mukīnsnan tenneison perstallīsnas bhe schlusisnas prei poskulīt.

Steimans Bīskopins Pappans bhe Preddikerins.

Ains Biskops turei niebwinūts būton, ainassei gennas wijrs, Alkīns, Rāms, Aulāikings, Reidewaisines, Mukinewis, kai ains Butsargs Deiwas ni ains rundijls, ni grēnsings, ni niteisīngiskan dīseitiskan guntwei, Schlāit preitlāngus, nirīgewings, ni āūgus, kas swaiāsmu supsei buttan labbai perstallē, kas boklusmans[2] malnijkans turei, sen wissan teisīwingiskan ni ains naunīngs kas nostan wirdan lāiku, kawīds arwis ast, bhe mukint massi, nostan kai tans sparts astits prei paskulīton, prastan Rettīweniskan mukinsnan, bhe pro pobaiint stans emprijki waitiaintins; 1. Timot. 3. Tito. 1.

Ka stai Crixtianai swaimans Mukinnewingins bhe Dūsai- 52
surgawingi preiseggīt skellāntai ast.

Idaiti bhe poieiti ka tennei turri, beggi ains dīlants ast swaisei ālgas werts, Lucas en dessīmton polasinsnon. Stas Rikijs ast polaipinnons, kai stai quai stan Ebangelion pogerdawie, Turei sien essestan Ebangelion maitātunsin, I Corint. 9.

Kas pomukints wīrst sen stesmu wirdan, stes dellieis stesmu kas stan mukinna, ni kurteiti ains āntran, Deiws ni dast sien bebbint, Gallat 6.

Stans Vraisans, quai labbai perstalle, lāikutei dwigubbus teisis werts, bhe schkliāts quai stwi gewinna en wirdan, bhe enstan mukinsnan.

Beggi stwi bille stai peisālei tu turei stesmu kurwan kas arrien tlāku ni stan āustin perrēist. bhe ains dīlants ast swaisei ālgas werts, En Pirmonnien, 1. Timoth. 5.

---

[1] tu. [2] poklusmans.

Wir bitten euch lieben Brüder, das jhr erkennet, die an euch arbeiten, vnd euch fürstehen in dem Herrn, vnd euch vermanen, habt sie deste lieber vmb jhres wercks willen, vnnd seid friedsam mit jhnen, 1. Tessalonier. am 5.

Gehorchet ewern Lehrern, vnd folget jhnen, Denn sie wachen vber ewer Seelen, als die da Rechenschafft dafür geben sollen, Auff das sie es mit freuden thun, vnd nicht mit seufftzen, Denn das ist euch nicht gut, Ebreern am 13.

Von Weltlicher Obrigkeit.

Jederman sey vnterthan der Obrigkeyt, die gewalt vber jn hat, Denn es ist kein Obrigkeit, ohn Gott. Wo aber Obrigkeyt ist, die ist vonn Gott geordnet. Wer sich nun wider die Obrigkeyt setzet, der widerstrebet Gottes Ordnung. Die aber widerstreben, werden vber sich ein Vrtheyl empfahen.

Denn sie tregt das Schwerdt nicht vmb sonst, Sie ist Gottes Dienerin, eine Racherin zur straffe vber den, der böses thut, Romano. am 13.

Von den Vnterthanen.

Gebet dem Keyser, was des Keysers ist, Matth. 22.

So seid nun auß not vnterthan, nicht allein vmb der straffe willen, sondern auch vmb des Gewissens willen. Derhalben müsset jr auch Schoß geben, Denn es sind Gottes Diener, die solchen Schutz sollen handhaben. So gebet nu jedermann, was jr schüldig seid, Schos, dem der Schos gebürt, Zol, dem der Zol gebürt, Ehre, dem die Ehre gebürt, Roma, 13.

So ermane ich nun das man für allen dingen, zu erst thue, Bitte, Gebet, Fürbit vnd Dancksagung, für alle Menschen, für die Könige, vnd für alle Oberkeit, Auff das wir ein gerüglich vnd stilles leben füren mügen, in aller Gottseligkeyt vnd Erbarkeyt, Denn solches ist gut, dazu auch angeneme für Gott vnserm Heylandt. 1. Timot. 2.

Ermane sie, das sie dem Fürsten vnnd der Oberkeyt vnterthan vnnd gehorsam sein, etc. Tito 3.

Seyd vnterthan aller menschlicher Ordenung, vmb des

Mes madlimai wans mīlai bratrīkai, kai ioūs ersinnati, 53
quai ēnwans gewinna, bhe ioumas perstallē, enstesmu Rikijan bhe wans poskulēwie, turriti dins ste mijls stēison dīlas paggan, bhe seīti packawingi sen stēimans. 1. Tessalon. 5.
Klausieiti ioūsons mukinnewins, bhe rīpaiti tennēimans, beggi tennei budē kirscha iousan Dusin, kai quai stwi reckenaūsnan pērstan dāt turri, Nostan, kai tennei stan sen tuldīsnan seggē, bhe ni sen nādewisin, Beggi sta ioumas ni ast labban.

Esse Swītewiskan Auckstimmiskan. 54

Erains boūsei poklusman steisei Aucktimmiskan, quoi warein kirsa din turri, beggi stwi ast niainā aucktimmisikai, schlāits esse Deiwan, Quei adder aina aucktimmiskū ast, stai ast esse Deiwan Enteikūton.

Kas sien teinu prīki stan Auktimmiskan sedinna, stas emprīki stallē Deiwas enteikūsnan, Quai adder emprīki stalle, wīrst kerscha sien ainan lijgan gauuns. Beggi stai ni pīdai stan kalbīan ensus, stai ast Deiwas schlūsnikai, aina Trintawinni prei sūndin, nostan kas wargan, segge, Roma. 13.

Esse Steimans Poklusmingins. 55

Dāiti stesmu keiserin, ka steisei keiserin ast, Matthe. 22.

Tīt seiti tēnti is nautin poklusman, niains stessei sūndis paggan, schlaits digi steisei Powaisennis paggan, Stessepaggan, turriti ious dīgi kassin dāt, beggi stāi ast Deiwas schlūsinikai, quai stawidan absergīsnan turri erlaikūt, Tīt daiti teinu erainesmu, kai ioūs skellānts astai, kassin, kasmu stas kasschis perlānki, Tollin kasmu stas Tols perlānki Teisin kasmu stai teisi perlānki, Roma. 13.

Tīt paskulē as teinu, kai dei pirsdau wissan powijstin, 56
En pirmannin segge, Madlan Pramadlin bhe Dīnkausegīsnan, per wissans smunentins, pērstans Wāldnikans bhe Perwissan Aucktimmiskan, Nostan kai mes ainan packīwingiskan bhe tusnan gīwan west massimai, en wissan Deiwutiskan, bhe Teisiskan Beggi sta ast labban, bhe dijgi enimumne prīki Deiwan, nousesmu pogālbenikan, 1. Timo 2.

Poskulleis tennans, kai stai stesmu mistran bhe steise 57
Aucktimmiskan poklusmai bhe poseggīwingi boūsei, Tito 3.
Seīti pomettīwingi, wissai smūnenisku enteikūsnan, esse

HErrn willen, Es sey dem Könige als den Obersten, oder den Heubtleuten, als den gesandten von jm, Zur Rach vber die Vbeltheter, vnd zu lobe den frommen, 1. Pet. ij.

Den Ehemennern.

Ir Menner wonet bey ewern Weibern mit vernunfft, Vnd gebet dem weibischen, als dem schwechesten werckzeug seine ehre, als miterben der Gnade des Lebens, Auff das ewer Gebet nicht verhindert werde. 1. Pet. 3.

Vnd seid nicht bitter gegen sie, Koloss. 3.

Den Ehefrawen.

Die Weiber seyen vnterthan jren Mennern, als dem HErrn, Wie Sara Abraham gehorsam war, vnd hies jn Herr, Welcher Töchter jr worden seyt, So jr wolthut, vnd nicht so schüchter seyt, 1. Petr. 3.

Den Eltern.

Ir Väter reitzet ewre Kinder nicht zu zorn, das sie nicht schew werden, Sondern ziehet sie auff in der zucht vnd vermanunge zu dem HERRN. Ephe. 6.

Von den Kindern.

Ir Kinder seydt gehorsam ewren Eltern inn dem HERREN, Denn es ist billich, Ehre Vater vnd Mutter, Das ist das erste Gebot, das Verheyssung hat, Nemlich, das dirs wolgehe vnd lange lebest auff Erden, Ephe. 6.

Den Knechten, Magden, Taglönern vnd Arbeitern, etc.

Ir Knechte seyd gehorsam ewren leiblichen Herrn, mit furcht vnd zittern, in einfeltigkeit ewers hertzen, als Christo selbs, Nicht mit dienst allein für augen, als Menschen zu gefallen, sondern als die knechte Christi, das jr solchen willen Gottes thut von hertzen, mit gutem willen,

stesse Rikijas paggan Sta bousei stesmu Waldniku kāigi stesmu Aucktimmien, adder stesmu Höfftmannin, kāigi stesmu pertengnin-pertengninton[1] esse stesmu pri trinsnan nostans warguseggīentins[2], bhe prei girsnan steimans labbans, 1. Petri am 2.

Steimans Sallūbaiwīrins. 58

Jaūs Wijrai buwinanti[3] prei ioūsans gennans sen isspresnān bhe dāiti steismu genneniskan, kāigi stesmu vcka kuslaisin dijlapagaptin, swaian teisin kaige sendraugiwēldnikai steisei etnīstin stesse gīwas, nostan kai iousā madlisna ni andeiānsts wīrst 1. Petri 3. Bhe ni astai kārtai krīki[4] tennans, Colo 3.

Steīmans Sallūbi gennāmans. 59

Stai Gennai boūsei poklūsmingi swaisei Wīrans, kāigi stesmu Rikijan, kai Sara Abraham poklūsmai bhe, bebillē[5] din Rikijs, kawijdsa duckti ious postāuns asti, ikai ious labban seggēti, bhe ni tijt būrai asti, 1. Petri 3.

Stēimans Vraisins. 60

Ious Tawai ni tenseiti ioūsans malnikans prei nertien, kai stai ni dūrai postānai, Schlait poauginneiti stans, en Kanxtisku preistan Rikijan. Ephe. 6.

Esse Steimans Malneijkans.

Ioūs Malnijkai seiti poklusmingi ioūsmu vraisin en Rikijan, beggi sta ast preistallīwingi Smuninais Tawan bhe Mutien, Sta ast stas pirmonnis pallaips kuwijds[6] potaukīsnan turei issprettīngi, kai tebbei labban ēit, bhe ilga gīwasi nosemmien, Ephe. 6.

Steimans Waikammans Mergūmans Deināalgenikamans bhe 61
Dīlnikans.

Ious waikai seiti poklusmai, iouson kermeneniskans Rikijans, sen biāsnan bhe dirbinsnan, bhe Lāngiseiliskan iousai sīras kaigi, Christo subbsmu, ni sen schlusien ter ains pirschdau ackins, kāigi steimans smunentins prei podingan, schlāits kaigj[7] stai waikui[8] Christi, kai ious stawīdan quāitin Deiwas seggītei esse sīran, sen labban quāitin,

[1] pertengnin- doppelt gesetzt: auf der neuen Seite noch einmal. [2] wieder ī, vgl. p. 51. [3] buwinaiti. [4] prīki. [5] be, bhe billē. [6] kawijds. [7] kaigi. [8] waikai.

Last euch düncken, Das jr dem HERRN vnnd nicht den Menschen dienet, Vnd wisset, was ein jeglicher gutes thut, das wird er empfahen, Er sey Knecht oder Frey.

Den Haußherrn vnd Haußfrawen.

Ir Herrn thut auch dasselbige gegen jnen, vnd lasset ewer drewen, Vnd wisset das jr auch einen HErrn im Himel habt, vnd ist bey jm kein ansehen der Person.

Der gemeinen Jugent.

Ir Iungen seyt den Alten vnterthan, vnd beweyset darinn die demut, Denn Gott widerstehet den hoffertigen, Aber den demütigen gibt er gnade. So demütiget euch nun vnter die gewaltige Handt Gottes, das er euch erhöht zu seiner zeit, 1. Pet. 5.

Den Widwen.

Welche eine rechte Widwe vnd einsam ist, die stellet jr hoffnung auff Gott, vnd bleibet am Gebet tag vnd nacht. Welche aber in wollüsten lebt, die ist lebendig tot. 1. Timo. 5.

Der Gemeine.

Liebe deinen Nehesten, als dich selbst. In dem Wort sind alle Gebot verfasset. Rom. 13. Vnd haltet an mit Beten für alle Menschen, 1. Timot. 2.

Ein jeder lern sein Lection,
So wird es wol im hause ston.

Ein Trawbüchlein,

wie das in vnser Kirchenordnung stehet.

Auffbietung.

N. und N. wöllen nach Götlicher Ordnung zum heiligen Stand der Ehe greiffen, Begern zu sölchem ein gemein Christlich Gebet, das sie diesen Christlichen, Ehelichen Stand, in Gottes Namen

Daiti ioumas pomīrit, kai ious stesmu Rikijan, bhe ni steimans smunentins schlūsiti,. bhe waiditi, kai erains labban segge, stan wīrst tans pogauuns, stas bousai waix adder powīrps.

Steimans Butta Rikians bhe Bnttas[1] waispattin. 62

Joūs Rikijai, seggīta stansubban Deigi prīkin tennans, bhe powiērptei iouson trēnien, bhe waiditi, kai ioūs dijgi ainan Rikijan endangon turriti bhe ast pirsdau stesmu ni aina endirisna steison smūni.

Steismo Perōnin Maldūnin. 63

Jous Maldai seiti poklusman steimans vraisins, bhe powaidinneiti en stesmu stan lāustīngiskan beggi Deiws emprikistallaē steimans labbatīngins, Adder steimans Lāustingins dast tans etnīstin, tesse paggan laustineiti wans teinu, pōstan warewingin rānkan Deiwas, kai tans wans erlāngi prei swaian kērdan, I. Petri 5.

Steimans Widdewūmans. 64

Kawida aina tickra widdewū bhe ainaseilingi ast, stai saddinna swaian auschaudisinan no Deiwan, bhe polīnka en madlin, deinan bhe nacktien, kawida adder en labbaiquoitīsnan giwa, sta ast giwāntei aulausē, 1. Tessalo. 5.

Steismu Piru. 65

Mijlis twaian Tawisen kai tien subban enstesmu wirdai ast wissai pallaipsai entensītei, Rom. 3.

Bhe enlāikuti sen madlan prei wissans smunentiuaus,[2] 1. Timoth. 2.

Erains mukinsusin[3] swaian mukinsnan,
Tīt wīrst labbai stalliuns enstan buttan.

Ains Sallūbs Laiskas, 66

Kai stas en noūson kīrkis teikūsnan stalle.

Powackīsna.

N. Bhe N. Quoitē po Deiwūtiskan Enteikūsnan, preistan Swintan busennien, steise Salaūban kackint, Pallapse preistan subban, ainan peronin Crxtiāniskan[4] madlin, kai stai schian Crixtiāniskan Salūbiskan busennien en Deiwas

[1] Buttas. [2] smunentinans. [3] mukinse(i)sin. [4] Crixtiāniskan.

anfahen, vnnd seliglich zu Gottes Lob volenden mögen. Vnd hat jemands darein zu sprechen, der thue es bey zeit oder schweige darnach, vnd enthalt sich etwas zu uerhindern, dawider für zunemen, Gott gebe inen seinen Segen.

Die Trewung vor der Kirchen.

N. N. wilstu N. N. zu einem Eheligen Gemahel haben.

Wenn sie antworten Ja, So sol der Priester inen weiter sagen, Also:

Dieweil jr denn zum heiligen Stand der Ehe wolt greiffen, auff das jr das nicht one verstandt des Worts Gottes thut, wie die Vngleubigen, So hört zum ersten das Wort Gottes, wie der Ehestand von Gott ist eingesetzt worden.

Also schreibt Moses im ersten Buch, am andern Capitel.

Vnd Gott der HERR sprach: Es ist nicht gut, das der Mensch allein sey, Ich will jm einen Gehülffen machen, die vmb jn sey. Da liess Gott der HERR einen tieffen Schlaff fallen, auff den Menschen, vnd er entschlieff, vnd nam seiner Rieben eine, vnd schloss die stet zu mit fleisch, Vnd Gott der HERR bawet ein Weib auß der Riebe, die Er von dem Menschen nam, vnd bracht sie zu jm. Da sprach der Mensch: Das ist doch Bein von meinen beinen, vnnd Fleisch von meinem fleisch, man wird sie Mennin heissen, Darumb das sie vom Manne genommen ist. Darumb wird ein Man seinen Vater vnd Mutter verlassen, vnd an seinem Weib hangen, vnnd sie werden sein ein Fleisch.

Darnach wende er sich zu jnen beiden, vnd rede sie an, Also:

Weil jr euch beide in den Ehestandt begeben habt, in Gottes Namen, So höret auffs erste das Gebot Gottes, vber diesen Stand. So spricht S. Paulus.

Ir Menner liebet ewre Weiber, gleich wie Christus

Emnen enlaipinne bhe Deiwutiskai, prei Deiwas girsnan wangint massi, bhe ickai ainonts ēnstan turīlai preiwaitiat, stas segē stan en kērdan, adder tussīse pansdau bhe etlāikusin deickton prei kitawidintunsin, priki stansubban, prei īmt, Deiwas dase steimans swaian etnīstin.

Stai Salūbsna pirschau[1] kīrkin. 67

N. Quoi tu N. prei twaian Salubiskan Salūbin turrit. Kaden stai abbai ia ettrai, Tīt turri stas Lūbeniks steimans tals gerdant[2] titet.

Stankīsman ious prēistan swintan bausennien steise Salūban kakīnt, bhe kai ious stan ni schlāit isspresnan steison wirdan Deiwas segijtei, kāigi stai nidruwīngi, Tīt kīrdeiti en Pirmannin stan wirdan Deiwas kāigi stas Sallubai busennis esse Deiwan ensadints ast.

Tīt peisai Moises en pirmannien laisken en antersmu sklaitinsnan. 68

Bhe Deiws Rikijs billa: Sta ast ni labban, kai stas smunents ains ast, As quoi stesmu ainan pogalban teckint, kawida surgi tennen boūsei, Stwi dai Deiws ainan gillin maiggun krūt nostan smunentinan, bhe tans ismigē bhe immats swaise grēiwakaulin ainan, bhe pertraūki stan deickton sen mensan, bhe deiws Rikijs kūra ainan gennan, essestan Greiwakaulin, kawijdan tans esse stesmu smunentin immats, bhe weddēdin prēistan. Stwi billa stas smunents, sta ast ainawijdi kaulei esse maians kaūlins, bhe mensā esse maian mensan, stwi wīrsti dien wijrinan billīuns, stesse paggan, kai tenna esse wijrau[3] imtā ast, Stesse paggan wīrst ains wirs, swaian Tawan, bhe mūtin powiērpuns, bhe en swaiasmu gennan kabīuns, bhe stai wīrst boūuns ains mensas.

Pansdau wartinna sin tans prei abbans, bhe enwaitia tennans, Titet. 69

Stankisman kai ious wans abbai ēnstan, Salaūbai boūsennien podāuns astai en Deiwas Emnen, Tīt kirdijti en Pirmannien stan pallaipsan Deiwas, noschan bausennien, Tīt billa Swints Pauli.

Jous Wijrai, milijti iousans Gennans, kāigi Christus

---

[1] pirsdau oder pirsohdau. [2] gerdaut. [3] wiiran.

geliebet hat die Gemeine, vnnd hat sich selbst für sie gegeben, auff das Er sie Heiliget, vnd hat sie Gereiniget, durch das Wasserbad im Wort, auff das Er sie Im selbest zurichtet, eine Gemeine die Herrlich sey, die nicht habe einen Flecken, oder Runtzel, oder des etwas, sondern das sie Heylig sey, vnd vnstrefflich.

Also sollen auch die Menner jre Weiber lieben, als jre eigene Leibe, Wer sein Weib liebet, der liebet sich selbst, Denn niemandt hat jemal sein eigen fleisch gehasset, Sonder er neeret es, vnd pfleget sein, Gleich wie auch der HErr die Gemeine.

Die Weiber sein vnterthan jren Mennern, als dem HErrn, Denn der Man ist des Weibs Heupt, Gleich wie auch Christus das Heupt ist der Gemeine vnd Er ist seines Leibs Heiland. Aber wie nu die Gemeine ist Christo vnterthan, Also auch die Weiber jren Mennern in allen dingen.

Zum andern, hört auch das Creutze, so Gott auf diesen Stand geleget hat.

So sprach Gott zum Weibe: Ich wil dir viel Schmertzen schaffen, wenn du Schwanger wirst, Du solt mit Schmertzen Kinder geberen, vnd dein Will soll deinem Manne vnterworffen sein, vnnd er soll dein Herr sein.

Vnd zum Man sprach Gott: Die weil du hast gehorchet der Stimme deines Weibs, vnd gessen von dem Baum, dauon Ich dir gebot, vnd sprach: Du solt nicht dauon Essen, Verflucht sey der Acker vmb deinet willen, mit Kummer solstu dich darauff nehren, dein lebenlang, Dorn vnd Disteln soll er dir tragen, vnnd solt das Kraut auff dem Felde Essen. Im schweiß deines Angesichts soltu dein Brot Essen, biss das du wider zur Erden werdest, dauon du genommen bist, Denn du bist Erde, vnd solt wider zur Erden werden.

milijuns ast stan perōnin, bhe ast sien sups pērstan dāuns, Nostan kai tans tennan Swintina bhe ast tennan Skijstinnons, prastan vndas spagtan ēnstan wirdan, Nostan kai tans stan sebbei pagattewinlai ainan pijrin, Quai Rikijiskai baulai Quai niturrīlai ainontin mīlinan adder senskrempūsnan, adder steison deicktas, Schlait kai stai Swintai bousei bhe niebwinūtei,

Tīt turri dijgi stai wijrai swaians gannans milijt kaigi 70
swian[1] subban kērmenen, kas swaiau[2] Gannan milē, stas mile sien subban, beggi niaintonts[3] ast ainontin reisan swaian subban mensan dergēuns, Schlaits tans maitā stan bhe kūnti stan, Ainaweydi kaigi stas Rikeis stan perōnin. Stai gannai bousei pomeston swaain[4] wijrin kāigi stēsmu[5] Rikijan, Beggi stas wijrs ast steisei Gennas gallū, Ainawīdai kai Christus sta gallu ast steison perōniskan, Bhe tāns ast swaise kermenes pogalbenix, Adder kāigi stai perōni Christo ast poklusman, Tīt dijgi stai gannai swaimans wijrimans en wissans poweistins.

Prei Antersmu kirdijti dijgi stan skrijsin kawīdan 71
Deiws noschan bausennien lassīnnuns ast.

Tīt billa Deiws prei Gennan as quoi tebbe toūlan Gulsennin teickut, kantou sen brendekermnen postāsei, Tu turri sen Gulsennien malnijkans gemton, bhe twais quāits turri twaiāsmu wijran pomests baūton, bhe tāns turei twais Rikijs bout.

Bhe prei Wiran billa Deiws, Stankīsman kai tou assai 72
klausiuns stesmu tārin twaiasei Gennan, bhe īduns esse stesmu garrin, Esse kawīdsmu as tebbei laipinna, bhe billai, Tu niturei esse stesmu īst, Perklantīts bouse stas laucks twaise paggan, Sen Alkīnisquai, turei tou tien nostan pomaitat kuilgimai giwassi, kaāubri bhe strigli turrei tans tebbei pijst, Bhe turei stan Salin nostan laukan istwei, En prakāisnan twaise prosnan turri tu twaian geitin istwe, stu ilgimi kai tu etkumps prei semman postāsei, esse kawīdsmu tou animts assai, beggi tou asse semmē bhe turei prei semmien postātwei.

[1] swaian. [2] swaian. [3] niainonts. [4] swaian. [5] steismu.

Zum Dritten.

Zum dritten, so ist das ewer Trost, das jr wisset vnd gleubet, wie ewer Standt für Gott angeneme, vnd gesegnet ist, Denn also stehet geschrieben: Gott Schuff den Menschen, Im selbst selbst zum Bilde, Ja zum Bilde Gottes schuff er jn. Er schuff sie ein Menlein vnd Frewlein, Und Gott segnet sie, vnd sprach zu jnen: Seid fruchtbar vñ mehret euch, vnd erfüllet die erden vñ macht sie euch vnterthan, vnd Herschet vber Fisch im Meer, über die Vögel vnter dem Himel, vnd vber alles Thier, das auff Erden kreucht. Vnd Gott sahe alles, was Er gemacht hatte, vnd sihe da, Es war alles sehr Gut, Darumb spricht auch Salomon: Wer ein Ehefraw findet, der findet was guts, vnnd schöpffet Segen vom HERRN.

Wolt jr nun solche Trew vnd Pflicht einander leisten, so gebt einander die Ringe drauff (haben sie anders Ringe) vnnd gebt einander die hende.

Darnach spreche er dem Manne für, vnnd lasse jn nachsprechen, Also:

Ich N. neme dich N. mir zu einem Ehelichen Gemahel, vnd gelobe dir meine Christliche Trew, dich nimmermehr zu lassen, Darzu mir Gott helff.

Desgleichen sol er der Braut auch fürsprechen, Vnd darnach weiter sprechen.

Diese Eheliche pflicht, die ihr da für Gott, vnd seiner Gemein einander gelobt habt, Bestetige ich auß befelh der christlichen Gemein, vnd spreche euch Ehelich zusamen, Im Namen Gottes des Vaters, vnd des Sons, vnd des heiligen Geists, Amen. Was Gott zusamen gefüget hat, sol kein Mensch scheiden.

Darauff sol er also vber sie Beten.

HErr Gott, der du Man vnd Weib geschaffen, vnd zum Ehestandt verordnet hast, darzu mit Früchten des

Prei Tīrtsmu. 73

Tīt ast sta ioūsan Glands, kai ious waiditi bhe druwētei, kai ioūs bousennis pirsdau Deiwan enimts bhe ebsignāts ast, Beggi titet stalli peisāton, Deiws teikū stan smunentin sebbei supsmu en prusnan polīgon, ja prei prusnas polīgun Deiwas teiku tāns tennan, Tāns teiku tennans Ainan Wijrikan bhe Gannikan bke[1] Deiws signai tennans, bhe billāts prēidins seiti weijsewingi bhe tūlninaiti wans, bhe erpilninaiti stan semmien, bhe tickinnaiti ioumas stansubban, pomettewingi. Bhe rikauite kirscha suckans en iūrin, kirscha stans Pippalins pō Dangon, bhe kirscha wissans swīrins kas nosemmien līse, Bhe Deiws endeirā wissan, kan tans bei teikūuns, bhe dereis stwi sta bēi wissan sparts labban, Stessepagan billā dijgi Salomon kas einan[2] Salaūbaigannan aupallai, stas aupallai ainan labban powijstin, hhe[3] kniēipe signassen[4] esse Rickijan.

Quoitēti ious teinu stawijdan Ausaudīsnan bhe skal- 74
līsnan ains antersmu laikūt, Tīt dāiti ains antersmu stans prēipīrstans, bhe rānkans.

Pansdau turei stas Lūbnigs prei Grandan billīt Gerbais pomien titet.

As N. imma tin N. māim prei ainan Salūbin bhe tankinne[5] tebbe, maian Crixtianiskan auschaudīsnan, tien niqueigi prei powiērpt, Preikawidan mennei Deiws galbse.

Titet digi prei Martin. 75

Schan Sallūbiskan skallīsnan kawijdan ious stwi pirsdau Deiwan bhe swaiāsmu perōnien ains antersmu taukinnons astai, Podrūktinai as is polaipinsnan stēison Crixtianiskan perōnien bhe billi wans Salūbiskai emperri, en Emnen Deiwas stesse Tawas, bhe stesse Soūnas bhe stesse Swintan Noseilis Aman, Ka Deiws emperri sendāuns ast, skan[6] turei niains smunents sklaitint.

Nostan turei stas Lūbeniks tittet kirscha stans Madlit. 76

O Deiwe Rikijs kas tou Wijran bhe Gannan teikūuns, bhe prei sallaūbiskan enteikūuns, ir prēistan sen Wēisin

---

[1] bhe. [2] ainan. [3] bhe. [4] signasnen. [5] taukinne. [6] stan.

Leibes gesegnet, vnd das Sacrament deines lieben Sons Jesu Christi, vnd der Kirchen seiner Braut darin bezeichnet. Wir bitten deine grundlose Güte, du wöllest solch dein Geschöpff Ordnung vnd Segen, nicht lassen verrucken, noch verderben, Sondern gnediglich inn vns bewaren, Durch Jesum Christum vnsern HErrn, Amen.

Gott gebe euch seinen Friede, AMEN.

Das Tauffbüchlein.

Die Form aber wie man Tauffen sol, ist diese.

Der Pfarherr oder Teuffer spreche:

Es ist vns hie ein Kindlein fürgetragen, vnd von seinet wegen begeret, das es dem Gebet gemeiner Christlichen Kirchen befohlen, vnd nach Ordnung vnnd Einsetzung Jesu Christi Getaufft werde.

Damit wir aber Bericht entpfangen, aus was grund Götlicher Schrifft, wir vns des Kindleins annemen, vnd es durch das Gebet, Gottes Angesicht fürstellen, Auch In vmb Gnade vnd Gabe der Tauff bitten sollen, So lasset vns hören das Euangelion von den Kindlein, wie es S. Marcus am 10. Cap. beschrieben hat.

Zu der zeit brachten sie Kindlein zu JHESV, das er sie sollt anrhüren, Aber die Jünger furen sie an, die sie trugen, Da es aber Jesus sahe, ward Er vnwillig, vnd sprach zu jnen: Last die Kindlein zu Mir komen, vnd wehret jnen nicht, den solcher ist das Reich Gottes, Warlich ich sage euch, Wer das Reich Gottes nicht emphehet, als ein Kindlein, der wird nicht hinein kommen. Vnd Er hertzete sie, vnd leget die hende auff sie, vnd Segenet sie.

Lieben Freunde, Wir hören auß diesem Euangelio, wie freundtlich sich der Son Gottes vnser lieber HErr JESVS CHRISTVS gegen den Kindlein stellet, damit Er offentlich, vnd gewisslich zuuerstehen gibt,

stesse kermenes ebsignāuns, bhe stan Sacramentan swaise
mijlas Soūnas Jhesu Christi, bhe steisei kīrki swaise mārtan,
enstesmu ebsentliuns. Mes madlimai twaian grunt powīr-
pingin labbiskan, tu quoitīlaisi stawīdan twaian teikūsnan,
ensadinsnan, bhe absignasnen, ni dāt kumpint neggi poga-
dint, schlāits etnijwingisku en noūmans popeckūt, pra Jesum
Christum nouson Rikijan, Amen.

Deiws dase ioumas swaian packun, Amen.

Stas Crixti Lāiskas. 77

Sta Enteikūsna kai Prūsiskai turri Crixtitwi.

Stas Paps adder Crixtnix billē.

Stwi ast nūmas ains malnijkixs perpists, bhe stesse-
paggan poquoitīton, kai tāns stesmu madlin peroniskan
Crixtiāniskun kijrkin enlaipints bhe no enteikūsnan, bhe
ensadinsnan Jesu Christi, Crixtits postānai.

Kai mes adder waisnan pogaunimai, is kawijdsmu 78
gruntan Deiwūtiskan peisālin mes mans schiēison malnijki-
kai enimmimaisin, bhe stan prastan madlin Deiwas prosnan
preistattinnimai, bhe dei tennan etnīstis bhe Dāiai stesses
Crixtisnas madlit turrimai, Titet dāiti nūmans kirdīt, stan
Ebangelion esse stans malnijkikans kāigi stan Swints Marx
en Dessīmton ast popeisauns.

Enstan kērdan perpīdai tennei malnijkikans prei Iesum, 79
kai tāns tennans turrīlai enkausint, Adder stai maldaisei
driāudai quai tannans perpīdai, kaden adder Jesus stan
widdai, postai tans niquāitings bhe billāts prei tennans.
Dāiti stans malnijkikans prēmien perēit, bhe nidraudieiti
steison, beggi stēimans[1] ast stas Rīki Deiwas, Perarwi as
gerdawi iūmans kas stan rīkin Deiwas ni pogauni, kāigi
ains malnijkix, stas ni wīrst ēnstan pergūbans, bhe tans
poglabūdins bhe lasinna rānkan nodins bhe ebsignādins.

Mijlas ginnis, mes kīrdimai is schismu Ebangelion kāigi 80
ginnewīngiskan, sien stas Soūns Deiwas, noūson mijls rikijs
Jhesus Christus, prīki stans malnijkikans waidinnasin, sēnku
tans ackijwistu bhe perarwisku prei issprestun dāst, en

[1] steison und stēimans haben wohl, der deutschen Übersetzung nach, ihre Plätze vertauscht.

in was grosser Not vnd Gefahr die armen Kindlein stecken. vnnd das sie darauß, one seine sonderliche Gnade vnd Barmhertzigkeit, nicht Erlöset werden mögen. Denn wir hörens auch sonst täglich auss Gottes Wort, erfarens auch, beide, an vnserm Leben vnd Sterben, das wir von Adam her allesampt inn Sünden empfangen vnnd geboren werden, darinnen wir denn vnter Gottes Zorn, in Ewigkeit verdampt, vnd verlorn sein müsten, wo vns nicht durch den Eingebornen Son Gottes, vnsern lieben HErrn Jesum Christum, darauss geholffen were.

Dieweyl denn dieses gegenwertig Kindlein, in seiner Natur, mit gleicher Sünde, inn massen wie Wir auch, vergifftet vnnd verunreinigt ist, darumb es auch des Ewigen Todes, vnnd Verdamnuß, sein vnd bleiben müste. Vnnd aber Gott der Vater aller Genaden vnd Barmhertzigkeyt, seinen Sohn Christum der gantzen Welt, vnnd also auch den Kindlein nicht weniger, denn den Alten verheisen, vnnd gesandt hat, welcher auch der gantzen Welt Sünde getragen, vnnd die armen Kindlein gleich so wol, als die Alten, von Sündt, Todt, vnd Verdamnis, Erlöset, vnd selig gemachet hat, vnnd befohlen, man sol sie zu Ihm bringen, das sie gesegnet werden.

Derhalben so Vermane, vnnd Bitte ich euch Alle, die jhr alhie versamlet seid, auß Christlicher Liebe vnnd Trewe, das jhr ernstlich zu Hertzen nemen, vnnd mit Fleiss bedencken wolt, in was grossem Jammer vnnd Noth diß Kindlein, seiner Art vnd Natur halben, stecket, Nemlich das es sey ein Kind der Sünden, des Zorns, vnnd der Vngenad, vnnd das jhm nicht anders geholffen werden möge, denn das es durch die Tauffe auß Gott Newgeboren, vnnd von Gott an eines Kindes stat, vonn wegen vnsers Herrn Jesu Christi angenommen werde.

Hierauff so wöllet euch dieses gegenwertigen armen

kawijdsei, debijkun nautin bhe wargan stai gurijnai malnijkiku embaddusisi, bhe kai tennei stwendau, slāit Deiwas schklāitewingiskan etnīstin bhe engraudijsnan nimassi isrankīt postāt, bhe mes kīrdimai dijgi schklāits deininiskan is Deiwas wirdan, serrīpimai dijgi abbaien, en noūson gijwin bhe aulausennien, kai mes esse adam, wissawidei en grīkans pogautei, bhe gemmons postānimai, Enkasmu mes tijt po Deiwas nertien en prābutskan perklantīt bhe ismaitint turrīlimai boūt, kaden noūmas ni pra stan ainangimmusin Soūnan Deiwas, noūson mijlan rikijan Jesum Christum isstwendan[1] pogalbtou[2] boūlai.

Stankīsman tēnsi schis emprijkisins malnijkinks en swaiai 81
pergimie, empolijgu grīku, en mattei kaigij gi[4] mes erdērkts, bhe niskijstints ast, stessepagan tans dijgi, stēison prābutskan gallan, bhe perklantīsnan boūt bhe polāikt turrīlai. Teinu adder, Deiws Tāws wissas etnīstis, bhe engraudīsnas swaian Soūnon Christon, stēismu gāntsan swītan, bhe tīt dijgi steimans malnijkikamans, ni massais kai stēimans vremmans, potaukinnons bhe pertengginnons ast, kawijds dijgi, stesse gāntsas switas grijkans ast pūdauns, bhe stans gurīnans malnijkikans, ainawīdai titet, kai stans vrans, esse grīkans, Gallan, bhe perklantīsnan isrankīuns bhe deiwūtai potickinnuns, bhe polaipinnons kāidi tennans prēidin perpīdai, kai stai absignātai postanai.

Stessepaggan paskollē bhe madli as wans, wissans, 82
quai ious schai empijrint estei is Crixtianiskun mijlan, bhe auschaudīsnan, kai ious stūrnawingisku prei sīru immati, bhe sen seilin pomīrit quoitēti en kawīdsu debijkan powargsennien, bhe nautien, schis malnijkiks, swaias prēigimnis bhe pērgimnis paggan embaddusisi. Sen isspressennien, kai tans ast, ains malnijks steisan grīkan, steises nierties, bhe nieteīstis[5] bhe kai stesmu nimassi kittawidin pogalbton boūt, ter kai tans prastan Crixtisnan es Deiwan naunagimton, bhe esse Deiwan, en ainassei malnijkas deicton esse nouson Rikijas Jhesu Christi pausan enimts postanai.

Nostan subban tijt quoitīlaiti ious wans, emprīkisentismu 83

[1] isstwendau. [2] pogalbton. [3] malnijkiks. [4] kaigi dijgi. [5] nietneīstis.

Kindleins gegen Gott dem HERRn mit ernst annemen, dasselb dem HErrn Christo fürtragen, vnd bitten, Er wölle es zu Gnaden auffnemen, jm seine Sünde vergeben, vnd für einen Miterben der ewigen Himlischen Güter erkennen, auch nicht allein von des Teufels Gewalt, dem es der Sünden halb vnterworffen, erledigen, Sondern auch also durch den Heiligen Geist stercken, das es dem Feinde, im Leben vnd Sterben, statlichen widerstandt thun, vnd in dem zum seligen Sieg erhalten werden möge.

Last vns also Beten.

O Almechtiger ewiger Gott, ein Vater vnsers HErren Jesu Christi, Wir ruffen dich an, vber diesen deinen Diener N. der (oder diese deine Dienerin N. die) die Gabe deiner Tauff bittet, vnd deine ewige Gnad, durch die Geistliche Widergeburt begeret, Nim̃ jn (oder sie) auff HErr, vnd wie du gesagt hast, Bittet, so werdet jr nemen, Suchet, so werdet jr finden, Klopfet an, so wirdt euch auffgethan, So reiche nun ewiger Gott dein Güte vnnd Gnade dem der (oder der die) da bittet, vnnd öffne die Thür dem, der (oder der, die) da an klopffet, das Er (oder Sie) den ewigen Segen, deines himlischen Bades erlange, vnnd das verheissene Reich deiner Gaben entpfahe, durch Christum vnsern Herrn, Amen.

Ein ander Gebet.

Almechtiger Ewiger GOTt, der du hast durch die Sündflut, nach deinem gestrengen Gericht, die vngleubige Welt verdampt, vnd den gleubigen Noe, selb Acht nach deiner grossen Barmhertzigkeyt, erhalten, Vnd den verstockten Pharao, mit allen den seinen im Roten Meer erseufft, vnnd dein Volck Jsrael trucken hindurch gefürt, damit diß Badt deiner Heiligen Tauff zukünfftiglich be-

malnijkikun, pirsdau Deiwan steismu Rikijan, sen stūrnawiskan enimton, stansubban steismu rikijan Christu preipīst bhe madliton, Tāns quoitijlai stan prei etnīstin enimt steismu swaians grīkans etpwērpt[1], bhe per ainan draugiwaldūnen, stesses prabutskas, Dengniskans labbans ersinnat, dijgi ni ains esse stēisan pikullis warrin, kawīdsmu stes, stēison grīkas paggan pomests erkīnina, Schlāit dijgi proston Swintan Nuseilin[2] spartint, kai tāns stesmu prēisiki, en gijwan bhe aulausennien, dīrstlan emprijki stallīsnan siggīt, bhe enstesmu prei Deiwūtiskan epwarīsnan erlaikūt massi postāt.

Daiti noūmans tīt madlīt. 84

O Wissemusīngis Prabutskas Deiws ains Taws noūson Rikijas Jesu Christi, mes enwackēmai tien kirschan stan (adder kērschan schan twaian schlūsnikin)[3] twaian schlūsnikan, N. kawīds (ader kawida) stan Dāian twaisai Crixtisnan madli, bhe twaian prabutskan etnīstin, prastan Naseilliwingiskan etgimsannien poquoitēts, immais sten (adder tennan)[3] ensai[4] rikijs, kāigi tu assai billīuns, Madliti tijt wīrstai ious immusis, Laukijti tijt wīrstai aupallusis, klumstinaitai tijt wīrst ioumus[5] etwiriuns. Tijt kackinnais teinu Prābutskas Deiwa, twaian labbiskan bhe etnīstin stesmu kas (adder stessiei quai)[3] stwi madli, bhe etwerreis stan wartin stesmu kas stwi klumstinai, kai stas (adder tenna) stan Prābutskan ebsignāsnan, twaias Dengniskas spagtas sengijdi, bhe stan potaukinton rīkin twaisei etnīstin engaunei, pra Christum Jesum nouson Rikijan, Amen.

Daiti noumans tālis Madlit. 85

Wissemusīngis prābutskas deiws, kas tuo[6] assai prastan auskaudinsnan switas, notwaian drūcktawingiskan līgan, stan nidruwīntin Swītan perklantīuns bhe stan Druwīngin Noe subban Asman, no twaian debijkan engraudīsnan islaikūuns, bke[7] stan pertrincktan Pharao, sen wissan swaieis, en vrminan iūrin auskandinnons, bhe twaian amsin Israel sausā prastan praweddūns, senkawīdsmu sien spagtun twaisei Swintan Crixtisnan pareiīngiskai ebsentliuns, bhe enwaidin-

[1] etwērpt. [2] Noseilin. [3] Im Original am Rande. [4] unsai. [5] ioumas. [6] tou. [7] bhe.

zeichnet, vnnd bedeutet, Dessgleichen durch die Tauff, deines lieben Kindes vnsers HERrn Jhesu Christi, den Jordan, vnd alle Wasser zur seligen Sindtflut vnnd reichlichen Abwaschung der Sünden, geheyliget, vnnd eingesetzt.

Wir bitten dich, durch dieselbe deine grundlose Barmhertzigkeyt, du wöllest diesen N. (oder diese) gnediglich ansehen vnnd mit rechtem Glauben im Geyst beseligen vnd stercken vnd das durch diese heilsame Sündflut an jm ersauffe vnd vntergehe, alles was jm (oder jr) von Adam angeborn ist, *(Nota: Wenn ein Altes getauft wirt soll man diese wort (vnnd er) (oder sie) selbs darzu gethan hat, hinzu setzen) Das er (oder sie) auß der Zal der Unglaubigen gesondert, inn der heiligen Archa der Christenheit, trucken vnd sicher behalten, allezeit brünstig im Geist, vnd frölich inn Hoffnung deinem Namen diene, Auff das er mit allen Glaubigen deiner Verheissung, Ewiges leben erlangen möge, durch Jesum Christum unsern HErrn, Amen.

Last vns auch sprechen das Gebet, so vns vnser HErr Christus selbs gelehret, vnd befolhen zu Beten, vnnd nicht allein alle vnsere, vnnd des Kindes Notturfft darinnen begriffen, Sondern auch damit vns gewißlich zu erhören verheissen hat.

Sprecht das Vater vnser, etc.

Nach dem Gebet spreche der Kirchendiener gegen dem Kinde.

Der Herr beware deinen Eingang vnnd Außgang, vonn nun an biß inn Ewigkeit.

Darauff spreche der Kirchendiener weiter gegen den Gefattern also:

Lieben Freunde inn Christo, nach dem jhr von wegen dieses N. begert habt, das Er (oder sie) in dem Namen Jesu Christi Getaufft, vnd durch die Tauff inn die heilige Gemein Gottes Volcks angenommen, vnd Eingeleibt werde, So ist euch als Christen vnuerborgen, das, welcher sich zu

nons stesmu polīgu. pra stan Crixtisnan twaias mijlas malnikas, nouson Rikijs Jhesum Christon, stan Jordānen, bhe wissans vndans prei Deiwūtiskan austkandinsnan [1] bhe laimiskan aumūsnan stēisan grijkan swintinninuns [2], bhe ensaddinnons.

Mes Madlimai tien, pra stan subban, twaian grunt- 86
powīrpun engraudīsnan, tan quoitīlaisi sten N. (adder stan) [3] etnīwingiskai endyrītwei, bhe sen tickran druwien en Noseilien epdeiwūtint, Bbe [4] pospartint. Bhe kai prastan rettīwingiskan auskandinsnan, en tennesmu (adder stessie) [3] auskiēndlai bhe semmai ēilai, wissan ka stesmu (adder tennēi) [3] esse Adam engemmons ast, kai tans dijgi (adder tennā), is stesmu gīrbin steison nidruwīngin isklaitints ēnstan Swintan Arcan stēison Crixtiāniskun, sausai bhe senpackai polaikūts, Ainat garrewingi en Noseilien, Wessals en podruwīsnan, twaismu emnen schlūsilai, Nostan kai tāns (adder tannā) [3] sen wissamans Druwīngimans, twaisei potaukinsnas, Prabutskan gēiwan sengidant musīlai pra Jesum Christum nouson Rikijan, Amen.

Daiti noūmans dijgi gērbt, stan madlin kawijden noū- 87
mas noūson Rikijs Christus sups mukinnons bhe polaipinsnan dāuns prei madlit, bhe ni ter ains wissan noūson bhe stēison malnijkas prewerīngiskan, enstēismu poteikūuns, Schlāits dijgi senstesmu noūmans arwiskai poklausijsnan potaukinnons ast.

Gerbaiti stan Tawe Nouson.

Nach dem Gebet sprech der Kirchendiener.

Stas Rikijs pokūnti twaian Eneissannien bhe iseisennien Esteinu er en prābutskan.

Darauff spreche der Kirchendiener zu den Gefattern also:

Mijlas ginnis en Christo, stan kīsman kai ioūs esse 88
steisei N. (adder stessies) [3] Pauson astai poquoitīuns kai tāns (adder tenna) [3] ēnstan emnan Jesu Christi Crixtits, bhe prastan Crixtisnan, ēnstan swintan perōnien Deiwas amsis enimts bhe enkermenints postānai, Tīt ast ioūmas, kāigi Crixtiānimans ni auklipts, kāi, kawīds sien prēistan perōnin Crix-

[1] auskandinsnan. [2] swintinnuns. [3] in Klammern am Rande. [4] Bhe.

der gemeinen Christlichen Kirchen thut, der begibt sich in einen Geistlichen Streit, darinnen wir nicht mit Fleisch vnnd Blut, Sondern mit dem bösen Geist, die Tage vnsers Lebens, hie auff Erden zu kempffen haben, Welchen Streit auch wir ohne rechten Glauben in Gott Vater, Son, vnd heiligen Geist, nicht vol führen mögen.

Hierauff, dieweil jr euch auß Christlicher Liebe vnd freuntschafft, dieses noch vnmündigen N. habet angenommen, vnd vertretet jn (oder sie) in dieser öffentlichen Christlichen Handlung, So wöllet mir an seiner (oder jrer) stat Antworten, damit öffentlichen bekant werde, worauff er (oder sie) Getaufft werde.

N. Widersagstu dem Teuffel?

Antwort.

Ja, Ich Widersag.

Vnd allen seinen Wercken?

Antwort.

Ja, Ich Widersag.

Vnd allem seinem Wesen?

Antwort.

Ja, Ich Widersag.

Darnach frage der Kirchendiener ferner.

N. Gleubstu inn Gott Vater Allmechtigen, Schöpffer Himels vnd der Erden?

Antwort.

Ja, Ich Gleube.

N. Gleubstu in Jesum Christum, seinen Eingebornen Son, vnsern Herrn, der entpfangen ist von dem Heiligen Geist, geboren von der Jungfrawen Maria, Gelitten vnter Pontio Pilato, Gecreutziget, Gestorben, vnd Begraben, Nidergefaren zur Hellen, am dritten Tage wider Aufferstanden von den Todten, Auffgefahren gen Himel, Sitzend zu der Rechten Gottes, des Allmechtigen Vaters, Von dannen Er kommen wird, zu Richten die Lebendigen vnnd die Todten?

tiāniskan kīrkin podast, stas endāst sien, en ainan Noseilewingiskan kariausnan, enkawīdsmu mes ni sen mensan bhe krawian, schlaīts sen stesmu wargan noseilien, stans deinans noūson gijwis, schien nosemmien preiūlint turrimai, kawīdan kariausnan, mes dijgi schlait tickran Drūwien en Deiwan Tawan, Saūnan, bhe Swintan Noseilien, ni isstallīt massimai.

Nostansubban, stenkijsman ioūs wans, is Crixtiāniskan 89
mijlin bhe ginniskan schisses niaubillīntis N. (adder schissai niaubillintai)[1] enimmans, bhe stallēti pērdin, en schisman ackewijstin Krixtiāniskan astin, Tyt quoitijlaiti ioūs mennei en stessei (adder en stessias)[1] deicktan attrātwei, Sēnku akiwijsti posinnāts wīrst, nokan tāns (adder tennā)[1] Crixtits postānai.

N. ni emprīkinblli[2] tou stēismu Pikullan? 90

Attrāiti.

Ja as emprijkin billi?

Bhe wissan tennēisan dijlan?

Attrāiti.

Ja as emprīkin billi?

Bhe wissan tennēisan bausennien?

Attrāiti.

Ja as emprijkin bille?

N. Druwē tu en Deiwan tāwan Wissemukin kas ast teikūuns dangon bhe Semmien.

Attrāiti.

Ja as Druwe.

N. Druwē tu, en Jesum Christum swaīan[3] ainange- 91
minton Sonnan, noūson Rikijan, kas pogauts ast esse Swintan Noseilin, gemmons esse stan skijstan iumprawan Marīan, Stīnons po Pontio Pilāto, Scrijsits, Aulauuns, bhe enkopts, Semmai līsuns prei Pickullien, en tīrtian deinan etskīuns esse gallan, vnsei gūbans nadangon, Sīdans prei tickrōmien Deiwas, stesse wissemukin Tawas Stwendau wīrst pergūbons preilīginton, stans geīwans bhe Aulausins.

---

[1] in Klammern am Rand. [2] billi. [3] swaian.

Antwort.

Ja, ich Gleube.

N. Gleubstu auch in den Heiligen Geist, eine Heilige Christliche Kirche, ein Gemeinschafft der Heiligen, Vergebung der Sünden, Aufferstehunge des Fleisches, vnd ein Ewigs Leben?

Antwort.

Ja, Ich gleube.

N. Wiltu darauff Getaufft werden?

Antwort. Ja, Ich will (fehlt im preuss.).

Alsdann Begiesse der Kirchendiener das Kindt mit Wasser, vnd spreche mit heller vnd lauter, deutlicher stimme.

N. Ich Tauffe dich in dem Namen Gottes des Vaters, vnnd des Sons, vnnd des Heiligen Geistes.

Vnd spreche darauff.

Der Allmechtig Gott, vnnd Vater vnsers Herrn Jesu Christi, der dich N. anderweit, durchs Wasser vnd den heiligen Geist, geborn, vnd dir alle deine Sünde, durch seinen lieben Son, vnsern Herrn Jesum Christum vergeben hat, der stercke dich mit seiner Gnade zum ewigen leben, Amen.

Darauff soll der Kirchendiener das Volck zur Danckbarkeit vnd Gebet vermanen also sprechende.

Ihr lieben inn Christo Jhesu, die weil der Allmechtig Gott diß Kindlein, zu der Tauff vnsers lieben Herrn Jesu Christi, hat genediglich kommen lassen, sollen wir jhm Lob vnnd Danck sagen, vnnd Bitten, das Er jhm wölle das Kindt inn allen Genaden befohlen sein lassen.

Sprecht Also.

Allmechtiger, Barmhertziger Gott, vnd Vatter, Wir sagen dir Lob vnd Danck, das du deine Kirche genediglich erheltest, vnnd mehrest, vnd diesem Kind verliehen hast, das es durch die Heylige Tauffe Widergeboren, vnnd deinem lieben Sohn, vnserm Herrn vnd einigen Heilandt, Jhesu

Attrāiti.

Ja, as Druwē.

N. Druwē tu ēnstan Swintan Noseilin Ainan Swintan 92
Crixtianiskan kīrkin, aīnan perōniskan Swintan, Etwerpsennian grīkan, bhe ainan Prābutuskan[1] geīwan.

Attrāiti.

Ja, as Druwē.

N. Quoi tu nostan Crixtits postāt.

Attrāiti.

Als denn Begiesse der Kirchendiener das Kindt mit Wasser, vnd spreche mit heller vnd lauter deutlicher Stimme.

N. As Crixtia tien, ēnstan Emnan Deiwas Stesse Tāwas, Bhe stesse Soūnas, Bhe stesse Swintan Noseilis.

Vnd spreche darauff.

Stas wisssemusīngis Tāws, noūson Rikijas Jesu Christi, 93
kas tien N. kittewidiskai, prastan vndan bhe stan Swintan Noseilien gemmans bhe tebbei wissans twaians grikans, pra swaian mijlan Soūnan noūson Rikijan Jhesum Christon etwiērpons ast, stas spartinno tien, sen swaian etnīstin, prei Prābutskan geīwan, Amen.

Darauff soll der Kirchendiener das Volck zur Danckbarkeyt vnd Gebet vermanen also sprechende:

Jous milijtai en Christo Jhesu, stan kīsman stas wis- 94
semukin Deiws, schien Malnijkan prēistan Crixtisnan, noūsan mijlas Rikijas Jhesu Christi, ast etnīwings pereit dāuns, turrimai mes tennesmu, Pogirschnan bhe Dinkausnan billītwei, bhe madlit, kai tāns sebbei quoitīlai, stan malnijkikan en wissan etnīstin polaipinton dat bout.

Bhe billītei pōmien tittet. 95

Wissemusīngis Engraudīwings Deiws bhe Taws, Mes billēmai tebbei pogirsnan bhe dīnckun kai tu twaias kīrkis etnīwingiskai islāiku, bhe tūlninai, bhe schismu Malnīku polīkins assei, kai tāns, prastan Swintan Crixtissennien, etkūmps naunagemmans, Bhe twaiāsmu mīlan Soūnan, noūsmu Rikijan, bhe ainesmu Rettenīkan, Jesu Christu, enkēr-

[1] prābutskan.

Christo eingeleibt, dein Kindt, vnnd Erbe deiner himlischen Güter worden ist.

Wir bitten dich gantz gehorsamlich, das du diß Kindt, so nun mehr dein Kindt worden ist, bey der empfangenen wolthat, gnediglich bewaren wöllest damit es nach allem deinem wolgefallen, zu Lob vnd Preyß deines heiligen Namens, auff das trewlichst vnd Gotseligst, aufferzogen werde, vnd entlich das verheissen Erbtheyl, im Himel mit allen Heyligen entpfahe, durch Jhesum Christum, Amen.

Zum Beschluss spreche der Kirchendiener.

Der HERR Segne euch, vnd Behüte euch.

Der HERR erleuchte sein Angesichte vber euch vnd sey euch gnedig.

Der HERR erhebe sein Angesicht auff euch, vnd gebe euch Friede, Amen.

minints, twais malnijks bhe waldūns twaisei Dengennenis-kans labbans postāuns ast.

Mes madlimai tien, gantzei poklusmingiskan kai toū 96
schien malnijkan, kas teinū toūls twais malneyks postāuns ast, prei stēisei pogauton labbaseggīsnan, Etnīwingiskai pa-kūnst quoitīlaisi, prei Pogirrien bhe Teisin twaias Swintan Emnen, tans dijgi nostan, vcka isarwiskai bhe Deiwa dei-wūtskai poaugints postānai bhe enwāngiskan, stan potau-kinton weldīsnan en Dengan, sen wissans Swintickens en-gaunai, pra Jesum Christum, Amen.

Zum Beschlus spreche der Kirchendiener Also? 97

Stas Rikijs ebsignāsi wans, bhe pokūnsi wans.

Stas Rikijs poswāigstinai swaian Prosnan kirschewans, bhe boūse ioūmas etnijwings.

Stas Rikijs erlāngi swaian Prosnan nowans bhe dāsai ioumas packaien. AMEN.

Die letzte Seite nimmt das Preussische Wappen ein mit der Überschrift:

IVSTVS EX FIDE VIVIT.

DIE ÜBERSETZUNG.

Gewissermassen als Einleitung zu der folgenden grammatischen Behandlung des Enchiridions und der beiden Katechismen mag die Betrachtung ihrer Übersetzung dienen; man wird daraus entnehmen können, wie sehr die sprachliche Analyse dieser Denkmäler unter dem, wie längst bekannt, wahrhaft trostlosen Zustand der Übertragung leiden muss. „Es bedürfte einer besonderen Abhandlung, um die Ungeheuerlichkeit der Übersetzungsarbeit, wie die Katechismen sie bieten, nachzuweisen", bemerkt Leskien (Dekl. 59, Anm.). Nachdem schon Brückner (Lit. Stud. I, 196 und ASPh. IV, 26 ff.) eine kleine Blütenlese daraus gegeben hat, will ich hier näher auf dieselbe eingehen.

Wie es mit den preussischen Kenntnissen des Übersetzers bestellt war, das ergiebt sich klar aus dem Brief Abel Wills vom Jahre 1554 an einen Amtsbruder (bei Leskien a. a. O. aus den N. Pr. Provinzialbl. Andr. F. VII abgedruckt). Der Pfarrer beklagt sich darin, dass ihm „als einem einzelnen Manne unmöglich ist, solchen Katechismus in preussische Sprache zu bringen", da ihm der Hauptmann in Grünhoff seinen Tolken „durch seine Bedrohung und Tyrannei abhändig gemacht", erzürnt, weil dieser, indem er dem Pfarrer dolmetschen half, mehrere Schaarwerkstage versessen. Ich glaube nicht, dass aus diesem Brief ein anderer Schluss zu ziehen möglich ist, als es Leskien thut: „Eines Kommentars bedarf dieser Text wohl nicht: der Pfarrherr konnte gar nicht, oder sehr schlecht preussisch, und dass seinem Dolmetscher, der doch höchstens ordentlich plattdeutsch verstehen konnte, die Sprache des Katechismus klar gewesen, wäre eine sehr kühne Annahme; die beiden haben zusammen die Arbeit gemacht und das Resultat ist danach".

Schon aus älterer Zeit liegt eine recht abfällige Kritik dieser Übersetzung vor. Matthäus Prätorius, Pfarrer in Nibudschen, schrieb Anfang des 18. Jh. ein grosses Werk „Preussische Schaubühne", in dessen 16. Buch er über die Sprache der Preussen handelt. Da das meines Wissens das älteste Urteil über die Übersetzung, und noch dazu ein recht zutreffendes ist, so sei die Stelle hier wiedergegeben: (Acta Borussica II von 1731, p. 80) „Ausser dem, dass zum grossen Eckel dem Leser, fast aller Orten, ohne Noth und wieder die proprietät der Sprachen, die articuli oder vielmehr die pronomina allezeit, und die noch nicht allezeit in eodem genere, numero et casu, einem Worte vor oder beygesetzet werden, so sind in den gedruckten Preussischen Catechismis überhaupt viel Soloecismi und Barbarismi, dass also bald einer, der nur ichts was von der Preussischen, Nadrawischen, und Litthauischen Sprache weiss, die grosse Menge der vitiorum bemercken kan, dahero das Altpreussische mehr aus der Sprache, so in Nadraven und Zalavonien geredet wird, erkannt und aestimiret werden kan, und auch muss, als aus den gedruckten Preussischen Büchern, welche warlich solche Leute geschrieben, die der Sprache nicht mächtig genug gewesen". Wenngleich man nicht leugnen kann, dass Prätorius in seiner Sucht, das Preussische nach dem ihm wohl vertrauten Litauischen zu meistern, oft genug in die tollsten Irrtümer verfällt[1], so gab ihm die Kenntnis dieser Sprache doch auch ein gewisses Sprach-

---

[1] Vgl. Vater, Sprache d. a. Pr. p. 150 ff., wo das zweite Kap. des XVI B. zum Teil abgedruckt. *Antars* soll *antras* heissen, *ains* eigentlich *wienas*; es sei aus dem Deutschen gemischt. *Länkinan deinan* 'Feiertag', weil man da sich besuche oder das Gotteshaus besuche (er denkt an lit. *lankýti*), *noseilis* von *nosis* 'Nase', *seile* 'Fleiss', also 'die Arbeit der Nasen', *spiritus nasi! !* *maldaisimans* 'Jünger' von *malda* 'Gebet', 'die man lehret beten'. *pyst* 'tragen', eigentlich 'aufm

gefühl für das Preussische, dessen Frucht obiges durchaus richtiges Urteil ist.

Den Katechismen sowohl als dem Enchiridion geht die deutsche Übersetzung parallel. Der preussische Text der Kat. zeigt kaum nennenswerte Abweichungen: es fehlt *Deiwas* in die 'zehn Gebot Gottes', es steht im Deutschen nur 'Gottes Namen' im pr. *twaise Deiwas*, es fehlt *wissa* in 'alles was sein ist' und ähnliches. Verhältnismässig stark weicht dagegen das Ench. in den zehn Geboten ab, so dass man wohl vermuten kann, dem Übersetzer habe für diese Partie eine andere Version als die beigedruckte vorgelegen. (Vgl. Nesselmann, pg. XXX f.). So fehlt im ersten Gebot der Passus 'Ich bin der Herr dein Gott', im zweiten Gebot fehlt 'Dann der Herr wird den nicht unschuldig halten der seinen Namen vergeblich füret'; das dritte Gebot lautet deutsch 'Gedenk des Sabbaths das du jhn heiligest'; der pr. Übersetzung: '*Tou turri stan Lānkinan Deinan swintint*' lag offenbar zu Grunde: 'Du sollst den Feiertag heiligen.' Ebenso weicht das vierte Gebot stark ab: deutsch: 'Du solt dein Vater vnd dein Mutter ehren, auff das du lange lebest im land, das dir der Herr dein Gott geben wird'; das pr. weist auf den Text: — 'damit dirs wohl gehe und lange lebest auf Erden'. Besonders auffällig ist die Erklärung zum zweiten Gebot, die mehrere Zusätze gegen das Deutsche zeigt: 'dass wir bei seinem Namen nicht fluchen, schwören, zaubern, lügen oder trügen': dagegen das pr.: '*Kai mes sen tennēison emnen ni nideiwiskan gunnimai, ni wertemmai, klantemmai, bebinnimai, waidleimai, adder mēntimai bhe paikemmaī*: also nicht Abgötterei treiben, nicht zaubern, fluchen, spotten, waidlen oder lügen und trügen'. Vielleicht haben wir hierin ein Überbleibsel jener im Kat. I (Vorrede) gerügten Tolkenmanier, die nicht genau das Deutsche wiedergab und Zusätze machte, wie: 'diesen Tag und alle Tage' für 'heute' in der vierten Bitte, und für 'allmächtig' 'der alles kann und weiss' (vgl. pg. 2).

Leibe tragen', 'wird aber jetzo in gar obscoenem Significat gebraucht', er denkt an lit. *pisti* 'coire cum femina', dies und dgl. mehr illustrieren Ps. Besserungsgelüste nach dem Lit.

Aber abgesehen von den zehn Geboten sind auch im Ench. die Abweichungen vom deutschen Text im preuss. kaum nennenswerte.

Doch nun zur Hauptsache, zur Betrachtung der Übersetzungsarbeit. Man kann sich nicht verhehlen, dass die richtige Beurteilung hier auf erhebliche Schwierigkeiten stösst. Man weiss oft genug nicht, da ja das Pr. nur aus diesen Katechismen in zusammenhängender Rede bekannt ist, was damals schon allgemeiner Sprachgebrauch war, was erst Schuld des gedankenlosen Übersetzers. Wenn es heisst *en Dangon*, 'im Himmel', so erinnert man sich sofort, dass im Preuss. Litauen bereits vielfach die Präposition *ĩ* mit dem Acc. bei den Verben der Ruhe, des Bleibens auf die Frage wo? gebraucht wird: *į mẽstą gyvénti* 'in der Stadt wohnen'. (Kurschat Gr. § 1445.) Und ähnlich wenn es heisst *pergubons wīrst* 'kommen wird', so kann man an Umschreibungen wie lit *ějęs buvaũ* 'ich war gegangen' denken, und annehmen, das Pr. hätte das *s*-Futurum verloren, zumal dieses ja in optativischer Funktion gebraucht wird: *dāse* 'er gebe'. *Prawilts postāi* 'ward verraten', wofür Kat. I. und II. jedenfalls treffender die aktivische Konstruktion *prowela din* bieten, erinnert an lit. Ausdrucksweisen wie *tãpė iszdů'tas*.

Doch wenn dies auch richtig dem damaligen Sprachgebrauch nach gewesen sein mag, es bleibt wahrlich noch viel übrig, was der Übersetzer verschuldet hat. Besonders schlimm ist es um die Kasusverhältnisse bestellt: ein solches Wirrwarr wie man es hier findet, kann in einer lebendigen Sprache jedenfalls nicht bestanden haben. Nominat. und Acc. sind noch im ganzen ziemlich richtig geschieden: doch findet man z. B. *Kaaubri (?) bhe strigli turrei tāns tebbei pȳst:* 'Dornen und Diesteln soll er dir bringen': *kai tu twaias kīrkis .. islāiku* 'dass du deine Kirche erhältst'. *Quai niturrīlai ... steison deiktas* 'welche nicht habe ... der etwas'. 23 in der vierten Bitte: *kaigi stwi ast īst poūt rūkai kurpi* ... 'als da ist Essen, Trinken, Kleider, Schuh' .. dann weiter acc. .. *laukan, penningans, .. labban winnen, kailūstikun* — dazwischen wieder ein Nom.

packe, also ein regelloser Wechsel. 'Er hat sich selbst gegeben' — *ast sien s u p s dāuns. Esse stan t e i k ū s n ā* 'von der Schöpfung': Nesselman liest zwar *teikūsnan*, doch hat dieser Strich im Ench. sonst n i e die Geltung eines *n*: einem Übersetzer, welcher 'der Person' gen. durch *steison smūni* d. h. 'der' Gen. pl., *smūni* N. sg. wiedergibt, dem wird man wohl auch *esse stan teikūsnā* zutrauen dürfen; 'Schöpfung' an sich ist ja doppeldeutig. *Stas wissemukin Deiws* ist, wenn kein Druckfehler, auch einmal ein Fall, wo der Acc. für den Nom. gesetzt ist. —

Viel schlimmer steht es noch mit der Übersetzung des Gen. Sg. und Pl. Zwar giebt es — wie bei dem sehr häufigen Vorkommen dieses Casus begreiflich — Fälle genug, die richtig ausgedrückt sind: *twaisei Deiwas* 'deines Gottes', *nouson tawischas* 'unsers Nächsten', *stessei swītas* 'der Welt', *steises geÿwas* 'des Lebens', *stesse kermenes* 'des Leibes', *Tāws wissas etnīstis* 'Vater aller Gnade', *en ainastei malnÿkas deickton* 'an eines Kindes statt', *stēison neainessa wertei* 'der keines wert', *dwigubbus teisis werts* 'zwiefacher Ehre wert', *Deiwas amsis* 'Gottes Volks'.

Ebenso der gen. Pl. *steisan grīkan* 'der Sünden', *perōniskan swintan* 'Gemeinde der Heiligen'. Doch schon wenn zwei Glieder in den gen. zu setzen sind, stellen sich Fehler ein: 'Übel Leibes und Seele, Gutes und Ehre' wird übersetzt *wargan k e r m e n e s bhe d a ū s i n, labbas bhe t e i s i n.*

Wenn zwischen Artikel, Pronomen und Subst. ein Adj. steht, so lässt es sich sogar fast als Regel aufstellen, dass die Übersetzung infolge der deutschen schwachen Form auf -en das Adj. im Acc. hat. Fälle wie *twaise mÿlas soūnas* 'deines lieben Sohns', *stesse gāntsas swītas* 'der ganzen Welt', *twaias dengniskas spagtas* 'deines himmlischen Bades', *noūson mÿlas Rikÿas* 'unsers lieben Herrn', die ganz richtig übertragen sind, bilden entschieden die Minderzahl gegenüber: *stesse w i s s e m u s i n g i n Tāwas* 'des allmächtigen Vaters', *stessei s w i n t a n Crixtisnan* 'der heiligen Taufe', *steise s w i n t a n noseilīs* des heiligen Geists' (so 4 mal), *stesse w i s s e m u k i n tāwas* 'des allmächtigen Vaters'.

Doch auch da, wo der einfache gen. ausgedrückt werden

soll, begnügt sich der Übersetzer damit, den Artikel in den gen. zu setzen, während er das Subst. im Acc. lässt: ***steisei tickrōmiskan*** 'des Rechtens', ***noūson kermeneniskan*** 'unsers Fleisches', ***steise naunangimsennin*** 'der Wiedergeburt', ***stēisei prābutskan gȳwan*** 'des ewigen Lebens', ***stesse powaisennien*** 'des Gewissens'; der nom. sogar steht in ***steisei Altari*** 'des Altars', ***delli billīsnā*** 'etlicher Sprüche'. Ferner ***steisei keiserin*** 'des Kaisers', ***steise salaūban*** 'der Ehe', ***swaise grēiwakaulin ainan*** 'seiner Rieben eine', ***twaise prosnan*** 'deines Angesichts', ***swaise martin*** 'seiner Braut', ***deiwutiskan peisalin*** 'göttlicher Schrift', ***twaias swintan emnen*** 'deines heiligen Namens'.

Oft genug ist noch das Pronomen falsch ausgedrückt: ***stēison*** (gen. plur.) ***grikausnan*** 'der Beicht', ***stēisai*** (dat. fem.!) ***grīkan*** 'der Sünden', ***steison*** (gen. plur.) ***smūni*** 'der Person'; ***steison perōniskan*** 'der Gemeine', ***steison Crixtiāniskun perōnien*** 'der christlichen Gemeine', ***stēison prābutskan gallan*** 'des ewigen Todes', ***stesse prabutskas dengniskans labbans*** 'der ewigen himmlischen Güter'. ***Steison nidruwingin*** (acc. sg.) giebt 'der Ungläubigen', ***steisei tawans*** 'der Väter' wieder, wo ***steisei*** offenbar dat. fem., ***tawans*** acc. pl. ist! ***steisons grīkans***, acc. pl., steht auch einmal für den gen. pl. ebenso ***schēison malnȳkikai*** 'der Kindlein', wo ***malnȳkikai*** sogar einfach der Nom. ist.

Und doch war der gen., namentlich im Sg. des Msc. durch sein — s deutlich gekennzeichnet: — ich habe sogar den Verdacht, dass in 8. ***labbas esse stesmu waitiāt*** 'G u t e s von ihm reden' ***labbas*** durch Auffassung als gen. veranlasst ist — schlimmer stand es mit dem dat., dem ein solches Charakteristikum fehlte. Das wird auch der Grund sein, weshalb auf diesem Gebiet die Übersetzung einen ganz besonders traurigen Eindruck macht. Von einem Instr. ist natürlich noch weniger zu spüren: nur zwei Formen sind uns glücklich erhalten: ***sēn ku*** 'womit' und ***sen . . . swaieis*** 'mit den seinen': dazwischen steht ***wissan*** 'allen' wieder im acc.! Sonst haben die verschiedenen Präpositionen: ***en***, ***sen***, ***esse***, ***prēi***, ***is***, ***no*** teils den dat., teils einfach den acc. bei sich in buntem Durcheinander. So kommt es, dass die wirklich richtigen Übersetzungen einfach aufzuzählen sind: ***wissa-***

mans 'allen', *sen wirdemmans* 'mit Worten', *en schläitiskai* 'in Sonderheit', *prīki stessemu klausīweniki* 'gegen dem Beichtiger' *auschautenīkamans* 'den Schuldigern, *stesmu waldniku* 'dem König', *steīmans sallūbigennāmans* 'den Ehefrauen', *steimans waikammans, mergūmans bhe deināalgenikamans* 'den Knechten, Mägden und Tagelöhnern', *kāigi Christo subbsmu* 'wie Christus selbst, *steimans widdewūmans* 'den Witwen', *en stesmu wirdai* 'in dem Wort', *en mattei* 'in Massen' *swaimans wÿrimans* 'ihren Männern', *sen alkīnisquai* 'mit Kummer', *prēi tīrstmu, ketwirtsmu* u. s. w. *sebbei supsmu* 'ihm selbst', *ains āntersmu* 'einander', *en wissai nautei* 'in allen Nöten'. pr. offenbar Sg.; *sen wirdemmans* 'mit Worten', *sen perdāsai* 'mit Ware', *swaimans maldaisimans* 'seinen Jüngern', *steimans malnÿkikamans,* 'den Kindlein', *steimans uremmans* 'den Älteren', *sen wissamans druwīngimans* 'mit allen Gläubigen' *prei sīru* 'zu Herzen', *schismu malnīku* 'diesem Kinde', vgl. auch pg. 189 ff. u. 195 ff.

Wenn man sich das ungeheuer häufige Vorkommen dieses Casus vergegenwärtigt, so ist diese Ausbeute nur sehr gering zu nennen.

Auch hier ist es gewissermassen Regel, dass, wenn zwei etwa durch 'und' verbundene Begriffe im Dat. stehen, nur der erste den Dat. hat, der zweite schon wieder im acc. steht: also *sen wirdemmans, dīlans bhe pomÿrisnans* 'mit Worten, Werken und Gedanken'.

steimans .... deināalgenikamans bhe dīlnikans den ... Taglöhnern und Arbeitern.

Für gewöhnlich muss man sich ferner wieder damit begnügen, dass der Artikel oder das Pronomen in den dat. gesetzt sind, während das Subst. im acc. steht: *swaiāsmu seimīnan* 'seinem Gesinde,' *nousesmu tawischen* 'unserm Nächsten', *swaiāsmu swintan wirdan* 'seinem heiligen Wort', *tebbei grīkenikan* 'dir Sünder', *stesmu keiserin* 'dem Kaiser', *steimans labbans* 'den Guten', *wissai .. enteikūsnan* 'aller Ordnung', *Deiwas prosnan preistatinnimai* 'wir stellen Gottes Angesicht für', *swāimans mukinnewingins bhe dūsaisurgawingi* 'ihren Lehrern und Seelsorgern'.

Wenn ein dat. von einer Präposition abhängig ist, so

steht teils auch nur der Artikel oder das Pronomen im dat., oder es steht auch einfach der ganze Ausdruck im Acc., es herrscht hierin ein völlig regelloses Schwanken. *en swaiāsmu kērmnen* 'an seinem Leibe', doch auch *en wissans kermeneniskans nautins* 'in allen Leibesnöten'. *ēnstan wirdan* 'in dem Wort', neben dem ganz richtigen *en stesmu wirdai*; *sen ainesmu swāigstan* 'mit einem Schein' — aber *sen ausin adder sirablan* 'mit Gold oder Silber'. *is supsai ispresnā* 'aus eigener Vernunft', sogar Nom., denn dieses Zeichen hier mit Nesselmann als *n* zu fassen, ist wieder nicht wahrscheinlich, *is stesmu* 'daraus' aber *is etnȳstin* 'aus Gnade'; *en sien sups* 'an ihm selbst'. *esse Deiwan subban* 'von Gott selbst' — aber *esse stesmu grikausnan* 'von der Beichte'. *prīki Deiwan noūsesmu pogālbenikan* 'vor Gott unserm Heiland', ein wahres Musterstück sinnloser Übersetzung; *pirsdau Deiwan bhe swaiasmu perōnien* 'vor Gott und seiner Gemeine', desgleichen. Und so liessen sich noch ganze Seiten vollschreiben!

Wie oft auch der Artikel in den falschen Kasus gesetzt ist, ist oben genugsam erwähnt. vgl. *steisei tawans;* so auch *twaisei Crixtisnan* 'deiner Taufe, *twaisei* ist offenbar dat. fem., während der gen. erfordert wird. So heisst es dem Deutschen sinnlos folgend *sen swaiāsmu krawian* 'mit seinem Blute'; im pr. aber ist das Wort fem. vgl. 40; *sta ast stas arwis kērmens bhe krawia* .., auch hat das Voc. *crauyo; en ainesmu .. gȳwan* 'in einem Leben': aber *stesses gȳwas* 'des Lebens' deutet auf ein fem. *Swaiāsmu perōnien* 'seiner Gemeine', sonst *stai perōni*, fem.; *esse stesmu grikausnan* 'von der Beicht': es heisst aber *stā grikausna*, und ähnliches mehr, wie *twaiasei gennas* 'deines Weibes': *genna* ist doch natürlich fem. Auch auf dem Gebiet der Personalpronomina findet sich des Fehlerhaften genug: *noumas popeckut* 'uns behüten' dat. für acc., *noūmans quoitē klausīton*, 'er will uns erhören ebenso. Andererseits *ēn mans* an uns, *ēn wans* an euch, acc. für dat.

Auch beim Verbum ist an der Übersetzung vieles auszusetzen. Wenn man auch nicht leugnen kann, dass ein *pergūbons wīrst*, *prawilts postāi*, *dāuns asmai*, bereits allgemein in der Sprache üblich gewesen sein mag, so wird man doch mit ziemlicher Sicherheit Bildungen wie *laikūts wīrst* 'gehalten wird', *mukints wīrst* 'gelehrt wird', also Verbindungen des part. praet. pass. mit *wīrst* zur Umschreibung des praes pass. für ein Unding erklären können: *etwiriuns wīrst* 'es wird aufgethan' enthält noch einen Bedeutungsfehler, es kann doch nur 'wird öffnen' heissen.

Ein grober Germanismus ist die Übersetzung des deutschen 'zu' beim Infinitiv durch *prei, schkellānts asmai prei schlūsitwei* 'ich bin schuldig zu dienen', *stas likuts Catechismus prei .. powaidint* 'der kleine Katechismus zu unterweisen', und so durchgängig.

Das Reflexiv wird nur in seltenen Fällen ausgedrückt, dann steht aber auch noch pleonastisch *sien* oder ein anderes Pronomen dabei: *as posinna mien .. skellānts* 'ich bekenne mich schuldig', *dāiti ioumas pomīrit* 'lasset euch dünken', *laustineiti wans* 'demütiget euch', *ioūs wans abbai podāuns astai* 'ihr habt euch beide begeben', *tou turri tien pomaitāt* 'du sollst dich nähren', *ioūs wans enimton quoitīlaiti* 'ihr möget euch annehmen wollen', *sien aupallai* 'er befindet sich', *sien endāst* 'er begibt sich'. *mes turrimai noūmas biātwi* wir sollen uns fürchten'. Pleonasmus beobachtet man in: *sien skellānts dātunsi* 'sich schuldig geben', *sien maitātunsin* 'sich nähren', *sien grīkisi* 'sie versündigen sich', *sien waidinnasin* 'er erweist sich', *mes mans enimmimaisin* 'wir nehmen uns an'. Richtig ist eigentlich nur *etlāikusin* 'er enthält sich' und *erains mukinsusin swaian mukinsnan* 'ein jeder lerne seine Lektion'; *mukinsusin* wird vielleicht ein Fehler für *mukinsesin* sein, vgl. *dāse, galbse.* Hier ist also der reflexive Gebrauch bei *mukint* 'lernen' festgehalten, vgl. lit. *mokìntis.*

Oft genug ist der Übersetzer aus der Konstruktion gefallen: wie z. B. 31: 'Es bedeutet, dass der alte Adam in uns... soll ersäufet werden und sterben..., und wiederum täglich herauskommen und auferstehen': *Sta powaidinne, kai stas urs Adams ēn mans ... turei auskandints postātwei, bhe aulāut ..., bhe etkūmps deinenisku e t s k ī m a i bhe winna p e r ē i m a i...* Zur Regel fast ist es geworden, dass das Participium nicht im verlangten Kasus steht. Fälle wie *mes skellāntai asmai* 'wir sind schuldig', *ioūs aupallusis wīrstai* 'ihr werdet finden' stehen an Zahl weit hinter den folgenden zurück: *mes asmai perschlūsiuns* 'wir haben verdienet', *mes asmai ęnkopts* 'wir sind begraben', *stai grīkai ast etwierpton* 'die Sünden sind vergeben', *sien skellānts dātunsi* 'sich schuldig geben', *stai ast enteikūton* 'sie ist verordnet' (*sta auctimmisku*), *stai gannai boūsei pomeston* 'die Frauen seien unterthan', *ni ast auklipts* 'es ist nicht verborgen'; *mes postānimai pogautei .. bhe gemmons* 'wir werden empfangen und geboren'. Ganz schlimm sind Übersetzungen wie *mes turrīlimai perklantīt bhe ismaitint boūt* 'wir müssten verflucht und verloren sein'; *quai ioūs schai empȳrint estei* 'die ihr hier versammelt seid', *mes ni massimai isrankīt postāt* 'wir könnten nicht erlöset werden'; hier sind sogar Participia mit Infinitiven verwechselt.

Der Optativ ist im ganzen, sowie der Imperativ, richtig ausgedrückt. Doch nicht immer, denn was wäre hier vollkommen! So steht *swintints wīrst* 'geheiliget werde', *perēit* 'es komme', *audāsin* 'geschehe' eine Unform für *audase(i)sin*, vgl. Cat. II. *audaseysin;* 'es geschieht' müsste *audāstsin* heissen; *spartinno* 'er stärke', *wartinna sin* 'er wende sich', *enwaitiā* 'er rede an', *billē* 'er spreche', *erlāngi* 'er erhebe', *pokūnti* 'er behüte'. *poswāigstinai* 'er erleuchte' für einen Optativ zu halten, scheint mir daher bedenklich, tritt doch ein *-ai* oft genug an den Indikativ an, *erschwāigstinai* kommt einmal (18) geradezu als Indikativ vor; vgl. auch *pīdai* 'er trägt'. Einmal steht der Optativ mit *-lai* grundlos für den Indikativ: *quei deiws wissan wargan prātin bhe quāitan lemlai bhe kūmpinna* 'wo Gott allen bösen Rat und Willen bricht und hindert'. Wo im Deutschen einmal Participia für Imperative stehen: 'Und alsdann an dein Werk gegangen und .. gesungen' und etwas weiter 'geschlafen', begegnen wir im pr. natürlich auch ganz sinnlos Participien: *Bhe pansdau ... prei twaian dīlan gubas, bhe .. grīmons .... bhe enmiggons.*

Im folgenden seien noch etliche Einzelheiten bemerkt: es schwanken z. B. Adjektiva und Adverbia in ihrer Anwendung: *mylan bhe teisingi lāikumai* 'wir halten lieb und wert', *brewingi bhe schlusingisku boūton* 'förderlich und dienstlich sein', *enwertinnewingi teckinnimai* 'wir machen abwendig', *tickinnaiti pomettewingi* 'machet unterthan', *stawīdas madlas ast enimmewingi bhe poklausīmanas* 'solche Bitten sind angenehm und erhöret'. Wie oben schon beim Particip beobachtet, stimmt auch das Adj. nicht immer richtig im Numerus und Casus mit dem Subjekt überein: *seiti poklusman* 'seid gehorsam', *stai perōni ast poklusman* 'die Gemeine ist gehorsam', *kawijds ni labbai musīngin massi boūt* 'welches wohl nicht möglich möchte sein'; 'jedermann sei unterthan' *erains bousei poklusman;* 'herrschet über a l l e s T i e r, w a s auf Erden kreucht': *rikauite kirscha wissans s w ī r i n s k a s nosemmien līse.* Welch arger Verstoss gegen die Spracheigentümlichkeit, wenn das deutsche Superlativadverb 'aufs einfältigste' wörtlich durch *no uckalāngewingiskai*, ja noch sogar durch *no stan uckuisarwiskai* 'auf das Treulichste' wiedergegeben wird! Dem schliesst sich nur würdig an, wenn das deutsche finale 'auf dass' durch *nostan kai* im pr. vertreten ist.

Auch Fehler in der Bedeutung sind genug zu konstatieren: 'die Jünger' heisst *stai maldaisei*, Comp. von *maldas* 'jung'; natürlich ist es dann nur, dass 'die Eltern' *stai uraisei*, Comp. von *urs* 'alt', heissen. *Kalsīwingiskai* 'lauter' im Sinne von 'rein' hängt jedenfalls mit *kaltzā kelsāi* 'sie lauten' zusammen, beruht also auf Missverständnis (Joh. Schmidt, Jen. Litztg. 1874, No. 33, art. 478) *endāst sien* 'er begibt sich', *kāimaluke* 'er sucht heim', dem Brückner Lit. sl. Stud. I, 197 Anm. ein würdiges Seitenstück im obs. *domapytać* beigesellt; *enlaikūt* 'anhalten', soviel wie 'ermahnen'. *Kai billē dineniskas geits* 'was heisst täglich Brot'. 'Gottes Reich kommt w o h l von ihm selbst': *Deiwas rīks perēit l a b b a i esse tennan subbai*; *perbillīt* 'versagen', soviel als 'abschlagen, verweigern'. Ein Wort wie *perdwibugūsnan* 'Verzweiflung' (wahrscheinlich fälschlich für *perdwigubūsnan*) sieht auch nicht sehr vertrauenerweckend aus. *Stan kīsman* 'dieweil' ist in seiner wörtlichen Übertragung doch auch schwerlich richtig. *Subban asman* 'selbacht' ist ein Germanismus, desgleichen *immais unsai* (es steht wohl durch Druckfehler *ensai)* 'nimm auf', *semmai ēilai* 'er gehe zu

Grunde'. *Jeiti stwen in wissan switan* 'gehet hin in alle Welt', *prei imt* (66) 'fürnehmen' = 'vornehmen' (also 'für' — 'nehmen') und *teinū toūls* 'nunmehr' ganz am Ende des Enchiridions seien als würdiger Abschluss genannt.

Doch ich breche die unerfreuliche Arbeit hier ab, obwohl sich noch viel sagen liesse. Aus dem Angeführten kann man sich schon denken, wie wohl die Übersetzung zustande kam: Will fragte Wort für Wort, der Preusse antwortete wie es traf, einmal richtig, einmal falsch. Spuren einer späteren Revision im Zusammenhang, wobei sich doch so unendlich vieles als unrichtig herausstellen musste, sind nicht zu erkennen. Erwähnen will ich, dass Bezzenberger, Apr. Monschr. XV, 269 ff. auch auf Lichtseiten in der Übersetzung hingewiesen hat: 20 'wer anders . . . lebet als das Wort Gottes lehret', ist übersetzt: *kas kittewidei* . . *giwa, nikai stas wirds Deiwas mukinna*, also ganz entsprechend dem lit. *ne-kaĩp* nach einem komparativischen Ausdruck: (Kurschat, Gr. § 1529, *tàs audìmas baltẽsnis ne-kaĩp snẽgas* 'diese Leinwand ist weisser als Schnee'). Ist jedoch der Komparativ mit einer Negation behaftet, darf das zur Vergleichung gestellte *kaĩp* in keinem Fall von *ne-* begleitet werden (Kurschat, Gr. § 1531) z. B. *àsz szią̃ nãktį ne saldżiaũs mẽgójau kaĩp tù* 'ich habe diese Nacht nicht sanfter geschlafen als du'. Dem entsprechend liest man im pr. (Ench. 81) ganz richtig 'den Kindern nicht weniger als den Eltern' *steimans malnȳkikamans ni massais kai stēimans uremmans*. Vielleicht ist eine solche gute Übersetzung auch in Ench. 90 enthalten, wo 'widersagest du dem Teufel'? durch *ni emprīkinbilli tou stēismu Pikullan* gegeben ist. Vgl. dazu Kurschat, Gr. § 1378: negierende Fragen lassen affirmative Antworten erwarten: *ar̃ tù jį̃ ne-mateĩ?* Antwort: *macziaũ*. So lautet hier die Antwort auch: *Ja, as emprȳkin billi*.

Doch ändern solche bessere Stellen natürlich nichts an dem Gesamturteil über die Übertragung. Die Sprache derselben mag für jedes preussische Ohr wohl recht barbarisch geklungen haben. Herzog Albrecht klagt in seiner von landesväterlicher Gesinnung so schön zeugenden Vorrede, dass die klar verfasste Lehr durch unverständiges 'Nachtolcken' solch einfältigem Volk sehr unverständiglich laute. Ob die Übersetzung des Ench. wirklich einen wesentlichen Fortschritt dagegen bedeutet hat? Es ist kaum zu glauben: man hatte zum Übersetzer jedenfalls den unrechten Mann gewählt.

Einiger Worte bedarf noch die Übertragung der beiden Katechismen, von der bisher noch nicht die Rede war. Da sie erstens ein weit geringeres Material, zweitens auch weit einfachere Konstruktionen und Satzverbindungen bieten als das Ench., so ist auch hier erheblich weniger auszusetzen. Bei I wäre nur zu bemerken, dass auch hier *prey* beim Inf. steht: *prey leigenwey* 'zu richten', dass *swintints wirst* falsch für den Optat. steht, dass *laeims* 'reich' für *ryeky* wohl auf einer bösen Verwechselung mit dem Adjektiv, lit. *laimùs* 'glücklich', aber Ench. *laims* 'reich', *etnīstis laims* 'gnadenreich', beruht. *Sacramentan bietis eden* 'Sacrament des Abendmahls', sowie *sta nawans testamentan* ist ebenfalls fehlerhaft. Cat. II darf in dieser Beziehung mit vollem Recht den Titel 'gecorrigieret' beanspruchen: das *prey* beim Inf. fehlt, es steht *swyntits wirse* 'geheiliget werde', *twayia ryeky* 'dein Reich', *stae neuwenen Testamentan* (bestimmtes Adj.): nur *Sacramenten bytis ydi* steht auch hier falsch, sonst könnte man seine Übersetzung als vollkommen bezeichnen.

ORTHOGRAPHIE.

Die beiden Katechismen und das Enchiridion sind mit deutschen Lettern gedruckt; die Kommata werden durch schräge Striche von der Höhe der Buchstaben bezeichnet: hier ist der Einfachheit halber unser gewöhnliches Zeichen gesetzt worden. Die Negation ist mit dem zugehörigen Verbum zumeist in einem Wort geschrieben, was Nesselmann in seiner Ausgabe geändert hat, mit Unrecht, da das Littauische und Lettische solches rechtfertigen. Ebenso ist in den meisten Fällen die Präposition mit dem zugehörigen Wort in eins geschrieben: *ēndangon, ēnmans, pērstan, isstesmu.* Auch das ist im Gegensatz zu Nesselmann hier bewahrt, weil doch sehr möglicherweise solche Schreibung der Sprechweise wirklich entsprach. Zogen vielleicht gewisse Präpositionen, *ēn*, *pēr*, *prēi* überhaupt den Ton auf sich, wie z. B. russ. *ná goru*?

Die Zeichen *j* und *h* finden sich gewöhnlich nur in Fremdworten: so *jumprawun jungkfrawen I, jungprawan II* -- sonst dient dafür im Ench. stets *i*, in I *i* und *y*, in II *i* und *j* —, und *höfftmannin* 'Hauptmann'. In II kommt die Präp. *esse* 'von' auch als *haese* 'vor', desgleichen *hest* 'ist' für *est, ast*. In allen drei Quellen kommt *bhe* 'und' fast stets mit *h* vor; in I und II auch *Thawan*, *Thawe*; I hat noch *pho* und *kha*.

z kommt in *zuit* und in Verbindung mit *t* in *kaltzā*, *kaltziwingiskai*, *gantzan* vor: daneben findet sich jedoch *kelsāi*, *kalsīwingiskan*, *gāntsan*: mit Ausnahme des letzteren Worts, eines deutschen Lehnworts, hat da *z* die Geltung eines tonlosen *s* gehabt. I hat *dinkowatz*, *daitz*, *limatz* neben *dats*, *belats*; II hat bei diesen Worten noch einen merkwürdigen Zusatz von *t*: *dinkautzt lymuczt*, *bylaczt* neben *dayts*, *daits*, *bilats*: ob dieses *t* wirklich gesprochen wurde, ist wohl zweifelhaft. Cat. II hat überhaupt eine Neigung zur Häufung von Schriftzeichen: *twayien* 'deinen' für *twaian*, *tauwyschen* für *tawischen*.

Die beiden *s*-Laute, das tonlose und das tönende, auch die aus idg. *k̑ g̑ g̑h* entstandenen, sind in der Schrift nicht geschieden. *Sīdans* 'sitzend' lit. *sė́dąs*, *seimīns* 'Gesinde' lit. *szeimýna* ebenso wie z. B. *sālin* lit. *żolė̃*.

Für *w* steht in I einmal *u*: *Deiuan*, II hat das oben erwähnte *tauwyschen*, *tauwyschies* gen. Mir scheinen diese Fälle zu vereinzelt, als dass ich mit Uhlenbeck bilabiale Aussprache des *w* daraus folgern möchte.

Für *k* erscheint sehr häufig die Gemination *ck* auch nach Diphthong, oder *n*, *r*: also *dīnckama*, *aucktimmiskū* u. a.; für *ks* erscheint *x*: *waix*; *kanxts*; doch auch *ks*, so in *malnÿks* 'Kind'. Einmal erscheint *xs* in *malnÿkixs* 77. *c* für *k* steht nur in *ranct* 'stehlen', ausser in Fremdwörtern wie *sacraments*, *catechismus*. *ch* findet sich nur in *Christus*, *catechismus*, *christiāniskan*, *christiānans*, daneben jedoch auch schon *crixtiāniskas*, *Crixtiānai*. *sch* bezeichnet eine Modifikation des *s*-Lauts, über deren Auftreten bei der Lautlehre zu handeln sein wird.

Kürze des Vokals wird durch Gemination des folgenden Konsonanten bezeichnet: *semmē*, *saddinna*, *billītwei*, *etwerreis*, *seggīsna*, *ettrais*, *subban*, *pecku*, *ertreppa*, *esse*, *massais* (*zz* lit. *mažž*). Doch geht diese Verdoppelung nicht konsequent durch: man findet auch *semien*, *sadinna*, *bilītwei*, *segīt*: I hat Gemination sogar nach langem Vokal *turrettwey* lit. *turëti*, *muttin* lit. *mótė*, Ench. *mūti*.

Auch die Länge des Vokals hat ihr besonderes Zeichen, das in einem wagrechten, an den beiden Enden mehr oder weniger gebogenen Strich besteht: ˜ (hier ist dafür der einfache Längestrich ¯ durchgehends eingesetzt). Es handelt hiervon die etwas geschraubte Vorbemerkung vor dem Text des Enchiridions (pg. 29), aus der jedenfalls zu ersehen, dass *ā ē ī ō ū ij* „mit einer langen Pronunciation" ausgesprochen werden: *tāws semmē billīt perōni mūti mijls*: *ij* (stets so wie *i j* geschrieben, während im deutschen Text *y* gebraucht wird. *y* im Ench. kommt nur zweimal in *-weydi*, *ainaweydi*, jedenfalls durch Versehen vor) kann von *ī* kaum verschieden gewesen sein, da es mit diesem ganz promiscue steht: *malnijks* — *malnīkan*, *gīwan* — *gijwan*, *mīlan* — *mijlan*, *seggīt* — *seggijt*. Natürlich gibt es Fälle genug, wo das Längezeichen fehlt: *taws seggit buton wirs*. Zu bemerken ist, dass das Zeichen auf dem *i* oft dem *i*-Punkt so ähnlich sieht, dass Nesselmann es mehrfach in seiner Ausgabe nicht erkannt hat (vgl. Bezzenberger GGA 1874, pg. 1232). In den diphthongischen Verbindungen bevorzugen die Katechismen — vor allem II — *y* für *i*: *Deywan*, *deynan*, *aynan*. Wenn im Ench. einmal *eij* steht, so hat das seine ganz besondere Bedeutung (vgl. p. 119).

ACCENT.

War im Preussischen der Accent etwa wie im Lettischen schon normiert, auf die erste Silbe des Worts gerückt worden, oder bestand der bewegliche Ton des Littauischen?

Pauli kommt (KSB IV 435—439; 441 und 458) auf Grund seiner Untersuchung des Elbinger Vokabulars zu der Meinung, das erstere sei der Fall, wobei er die Zustimmung Braunes, KSB VIII, 95 findet. Die Stichhaltigkeit seiner Gründe wird weiter unten zu betrachten sein. Jedenfalls lässt sich zeigen, dass das Ench. mit Notwendigkeit darauf hinweist, dass der Accent im preuss. noch beweglich gewesen ist. Der Accent selbst ist leider nicht bezeichnet, doch leistet das oben besprochene Längezeichen zu seiner Bestimmung die beste Hilfe. Nur lange Vokale haben dieses Zeichen: man kann sogar einen Schritt weiter gehen und sagen nur betonte lange Vokale:

Es heisst *biātwei, biāsnan* 'Furcht': lit. *bijótis*: aber *bia* 'sie fürchten': lit. *bijo-s*: es ist doch kein Zweifel, dass in beiden das *ā* das gleiche lange ist: aber das erste ist betont, das zweite nicht:

Es heisst *mūti*, *mūtien* 'Mutter': lit. *mótė*: aber stets *mukint*, *mukinnons*, *mukinsnan*: und das *u* dieses Worts ist doch ganz sicher dasselbe lange *ū* wie in *mūti*: lit *mokinù*; doch es ist unbetont, vgl. lit. *mokìnti*: wäre der Ton im Preuss. schon auf die erste Wortsilbe beschränkt gewesen, so müsste bei dem häufigen Vorkommen des Worts doch einmal auch **mūkint* zu finden sein, so indes nie.

Es heisst *isrankīt* 'erlösen' (lit. etwa **rankýti*) mit langem *ī* des Inf. wie *laikýti* 'halten'; *turrīt* 'haben': lit. *turė́ti*. Aber es steht *schlūsitwei*, *crixtitwi*, *crixtisnan*, *ermīrit*, *pomÿrisnans*, ohne dass hier das *i* — das doch dasselbe lange Infinitiv-*ī* gewesen sein muss — je das Zeichen hätte. Und weshalb? Weil hier entsprechend dem lit. kein Ton darauf lag: vgl. *mẽryti, slũžyti, krìksztyti.*

Es heisst *grīkan* 'Sünde' acc, *grÿkans* acc. pl: *grīkimai* 'wir sündigen': hier das zweite *i* wieder unbezeichnet weil unbetont, wie lit. *grẽszyti*: aber es heisst *grikaut, grikausna*: *i* ohne Länge weil unbetont, lit. *grẽkauti*. Läge der Ton hier auf der ersten, warum nicht **grīkaut? mīls*, *mÿls* 'lieb': aber *milīt, milÿt* 'lieben': denn hier lag der Ton auf dem *ī* des Infin. wie lit. *mylė́ti* zeigt.

Rīks, rȳks 'Reich': aber *Rikȳs* 'Herr', *rikawie* 'regierest': alit. *rykauti*: der Ton lag jedenfalls auf dem *au*.

Unter solchen Verhältnissen — neue Belege werden sich in folgendem anreihen — kann man wohl nicht mehr behaupten, dass der Accent auf die erste Wortsilbe beschränkt war. Doch nicht genug, dass der wandelnde Hochton im Preuss. wie im lit. bestand, es lässt sich sogar noch das Bestehen der zwei verschiedenen Tonqualitäten, der schleifenden und der gestossenen, deutlich nachweisen. Zwar nicht an einfachen langen Vokalen, hier hat der gestossen betonte ebenso sein Längezeichen wie der schleifend betonte, es heisst also *mūti* gegenüber lit. *mótė*, wie *prātin* acc. 'Rat' gegenüber lit. *prõtas*: wohl aber lässt sich der Betonungsunterschied für die Verbindungen voc + liq, nas + cons. nachweisen. Es ist das Verdienst Ph. Fortunatovs zuerst darauf hingewiesen zu haben (ASPh IV, 580 ff) in seinem Aufsatz 'Zur vergleichenden Betonungslehre der lituslavischen Sprachen I', der leider unvollendet geblieben ist. Sind diese Verbindungen im lit. schleifend betont, so ist im Preussischen der Vokal gedehnt: er trägt das Längezeichen; bei gestossener Betonung im lit. fehlt dasselbe in den entsprechenden preussischen Verbindungen.

Ich füge hierzu noch das Gebiet der *i*- und *u*-Diphthonge hinzu: auch hier findet man den Unterschied fast durchgehends auf dieselbe Art bezeichnet. Ein klassisches Beispiel geradezu bietet das Verbum *laikūt* 'halten': lit. *laikýti* (das pr. hat *ā*, das nach Guttural zu *ū* werden musste, durchgeführt, wie im lit. *žinaũ*-*žinóti*, *bijaũs*-*bijótis*); die vorkommenden Formen sind:

Lāiku 'hält' 11. 12. 51, *islāiku* 95, *polāiku* 22, *erlāiku* 18. *etlāikusin* 'enthält sich'; *islāika* 13 ist Druckfehler für *islāiku*: lit. *laĩko*.

Lāikumai 3. 4 (hier zweimal), *polāikumai* 25 (das einmalige *enlaikūmai* 10. fällt dagegen nicht so schwer ins Gewicht): lit. *laĩkome*.

Lāikutei 52, *enlāikuti* 65: lit. *laĩkote*.

Dagegen heisst es stets:

Laikūt, preilaikūt: lit. *laikýti*, und *islaikūuns*, das vom

Infin. gebildet ist; *polaikūts* 86: lit. *laikýtas*, hier niemals das Dehnungszeichen auf dem Diphthong.

Man sieht, wie dieses Wort auch zugleich wieder ein Beweis mehr für die Erhaltung des Tonwechsels ist: warum findet man nicht **lāikut* **lāikuts*, wie zu erwarten, wenn der Ton durchgehends auf der ersten Wortsilbe stünde?

Noch ein Beispiel für voc + nas + cons:

dessīmts 'zehnter' 10, *en dessīmton* 78 (einmal auch *dessimton* 52): lit. *deszim̃tas:* aber *dessimton* 1, *dessimtons* 34. 46 'zehn': lit. *dẽszimtis.* Auch hier ist der Tonwechsel noch deutlich zu erkennen.

Im Folgenden soll eine detailliertere Vergleichung der preussischen mit der littauischen Betonung angestellt werden:

A. Lit. geschleift betontem *i*- und *u*-Diphthong entspricht gedehnter im Preuss.

laikūt, *lāiku* siehe oben.

kāimaluke 'sucht heim': lit. *kẽmas.*

prakāisnan acc. 'Schweiss': lit. *kaistù kaĩsti* 'heiss werden'.

swāigstan 'Schein', *erschwāistiuns*, *po-*, *erswāigstina*: lit. *żwaigzdė żwaĩgzdė:* für das preuss. Verbum fehlt eine genau entsprechende Parallele.

quāits 'Wille': lit. *kvëczù kvẽsti* 'einladen'.

kāigi 'wie', *kāi* (gewöhnlich indes nachlässig *kai*): lit. *kaĩ, kaĩp.*

āi steht ferner da, wo eine Kontraktion stattfand, indem die Partikel *-ai* an ein *-ā* Verbum antrat: *kelsāi* 'lauten' neben *kaltzā, postāi* 'ward' zu *postāt.* Ebenso im Imperativ: *dāiti*, *attrāiti.*

schlāit, *schklāit*, *schlāits* hat fast stets *āi.* Es kommt in der Bedeutung 'sondern, ohne' vor: vielleicht hängt es mit lit. *sklaidýti* 'ausbreiten, hin und herblättern' (d. h. 'eine Seite von der andern sondern') zusammen: dieses hat geschleiften Ton: *sklaĩdo.*

giēide, gēide 'sie warten': lit. *geĩdżia* zu *geĩsti.*

ēit 'geht' 4. 60; *perēit* 18. 21. 22. 79. (*perēit* 21. 94 allerdings ohne Zeichen) *ēisei* 'du gehst' 47, *perēimai* 31, *ēilai* 'er gehe' 86, *perēilai* 22: lit. *eĩti, eisiu.* Die Verbalabstrakta *eneissennien* 'Eingang', *iseissennien* 'Ausgang' mögen ihren Ton auf dem Suffix — *seni* — gehabt haben.

prēi 'zu' kommt häufiger mit, als ohne Längestrich vor: *prēistan* u. s. w., *prēigimnis* 'Natur', *prēipīrstans* 'Ringe', *prēisicks* 'Feind': lit. *prē, prēszininkas* 'Gegner'.

stēimans, tennēimas 'ihnen': lett. alt *tēms*, jetzt *tēm.*

teīks 'stelle' (das Zeichen hier wohl nur durch eine Abirrung auf dem *i*): lit. *teikiù teĩkti* 'zuteilen'.

wēisin Frucht': lit. *vaĩsius* mit anderem Vokalismus, wie lit. *veĩsti* 'sich durch Fortpflanzung vermehren'. Es ist das derselbe Wechsel wie zwischen lit. *veislė* 'Zucht, Brut' und lett. *wáisla* dasselbe.

perrēist 'verbinden': auf gleicher Vokalstufe steht vielleicht lett. dialektisch *rēschu* zu *rist* binden': (Bielenstein I 344): lit. *raiszaũ raĩszo, raiszýti* iter. zu *rìszti.*

Für *kniēipe* 'schöpft' weiss ich keinen Vergleich. Fick³ II 723 vermutet Druckfehler für *kriēipe* und vergleicht abg. *črěpą* 'schöpfe'. Doch ist dieses eine unmögliche Zusammenstellung: abg. *črъpą* ist die ursprünglichere Form: *črъpą črěti* weist auf **kьrp- *kerp-.*

grēiwakaulin 'Rippe' wäre hier noch zu erwähnen, wenn es für *krēiwakaulin* stünde: lit. *kreĩvas* 'krumm'. Jedenfalls ist 'Krummknochen' für 'Rippe' eine erheblich bessere Bezeichnung als 'Hals-, Nackenknochen', woran man denken müsste, wenn man für den ersten Bestandteil abg. *griva*, ai. *grīva* 'Hals, Nacken' vergleicht.

Beispiele für den *u* Diphthong sind:

āusins acc. pl. 'Ohren': lit. *ausìs aũsį.*

āustin 'Mund': lett. *ōsta* Hafen' wird wohl verwandt sein.

driāudai 'wehrten': lit. *draudžiù draũsti; draudieiti* 'wehret' war jedenfalls auf dem *ei* betont.

Für *kāupiskan* 'Handel' ist man auf das preuss. allein angewiesen, die verwandten Sprachen bieten keine Entsprechung.

Formen wie *waidint, waidinnasin; iaukint* sind mit Recht ohne Dehnungszeichen: denn wie lit. *waidinù*-*s*, *waidìntis, jaukinù, jaukìnti* zeigen, sind sie suffixbetont;

ebenso mag es mit *baudints*, *baudinnons*, *laipint*, *laipinnons* stehen.

Dagegen darf man sich nicht verhehlen, dass sich eine Reihe von Worten findet, deren Betonung mit der litt.-lett. nicht übereinstimmt.

laucks, *laukan* 'Feld' wiegt gegenüber lit. *laũkas* nicht so schwer, weil es zum lett. *lauks* stimmt. Doch

waix, *waikan* : lit. *vaĩkas*.

Deiws, *Deiwan* : lit. *Dẽvas* lett. *Dẽws*.

deinan (*deinā* würde stimmen: lit. *dënà*): lit. acc. *dẽną*, lett. *dẽna*.

teisin 'Ehre': lit. *tẽsà*, *tẽsą* 'Wahrheit'.

streipstan, *streipstons* 'Glied': (alit. *straipstas*) lit. *straĩpsnis* 'Stufe'.

maiggun lit. *mẽgas* lett. *mẽgs* 'Schlaf'.

waispattin: lit. *vẽszpatis*.

tautan 'Land': lett. *táuta*.

Die letzteren *streipstan maiggun waispattin* und *tautan* kann man, da *streipstan* und *waispattin* nur je zweimal, *tautan* und *maiggun* gar nur je einmal vorkommen, allenfalls mit ihrer Vereinzelung entschuldigen: wie oft fehlt das Längezeichen bei einfachen Vokalen: *taws* und *tāws*, *wirs* und *wīrs*, *daton* und *dāton* kommen ziemlich gleich häufig vor. Doch auf Fälle wie *Deiwan*, *deinan*, die unendlich häufig, *waix* und *teisin*, die sehr zahlreich vorkommen, findet diese Entschuldigung natürlich keine Anwendung: man wird hier eine Abweichung annehmen müssen, wie solche auch zwischen dem lit. und lett. und dem balt-slav. gar nicht so selten vorkommt (vgl. Fortunatov, a. a. O.).

B. Lit. gestossen betontem *i*- und *u*-Diphthong entspricht ungedehnter im Preussischen.

Der Diphthong hat hier also für gewöhnlich kein Längezeichen. Steht aber doch ein Zeichen, so trägt dies der zweite Komponent. Es kommen ja auch Fälle vor, wo unter A) gehörige Worte die Dehnung auf dem *i*, *u* haben: so *steīmans*, *preī*, *teīks*: doch diese stehen dann so oft mit dem Zeichen an richtiger Stelle, dass man ersteres ruhig als Fehler betrachten kann.

Es folgen nun die einzelnen Beispiele:

waiditi 'ihr wisst', *waisai* 'du weisst', *waisnan* 'Bericht, Kenntnis': lit. *véizdżiu*, *veizdëti* 'sehen'; lett. *widu*, *wist* 'sehen'.

laims 'reich', *laimisku*, *laimiskai* 'reichlich: lit. *láimė*, *láima* 'Glück'.

ains, *ainan* (einmal *aīnan*): lit. *v̀ënas*.

dwai 'zwei': lit. *dvì*.

deicktas, *deicton*, so öfters: lit. *dáiktas*.

reide, *reidei* 'gern': lett. *raids* 'bereit, fertig'.

pralieiton, *prolieiton*, *proleiton* 'vergossen': lit. *l̀ëju*, *l̀ëti* 'giessen'.

pogaunimai, *augaunimai*; *pogaunei*, *gauuns*, *pogauton*; einmal *pogaūt* (das einmalige *pogāunai* ist falsch) = lit. *gáunu*, *gáuti*.

aulauuns, *aulausins* 'gestorben' sehr zahlreich (nur einmal wieder *aulāut*): lit. *liáujůs*, *liáutis* 'aufhören'.

Die Verba auf *-auti* haben wie im lit. gestossenen Ton:

grikaut lit. *grëkáuti*, *rikaut*, *neikaut*, *surgaut*, *kariausnan* 'Kampf': lit. *karáuti*; einmal *rikaūsnan* mit dem Längezeichen, wie zu erwarten, auf dem *u*.

ausin Gold: lit. *áuksas*.

kaulei, *kaulin* 'Knochen, Bein', acc. pl. *kaūlins*: lit. *káulas* 'Knochen'.

aucktairikyskan 'Obrigkeit', *aucktimmien* acc. 'Oberste, Vorsteher': lit. *áuksztas* 'hoch'.

pertraūki 'er verschloss': lit. *tráukė*.

Bei *seilins*, *noseilin*; *geitien*, *geits*; *nautins* acc. ist man bei der Annahme gestossenen Tons auf das preuss. allein angewiesen, da in den verwandten Sprachen keine Entsprechungen vorliegen.

nauns 'neu', *nuunagimton* 'neugeboren: weist auf gestossenen Ton, entgegen dem lit. *naūjas*. Doch es ist eine andere Bildung, und wenn Leskien, Nomina 359, wie wahrscheinlich, Recht hat, dass es durch eine Verquickung mit *jáunas* 'jung', lett. *jauns* 'jung und neu' entstanden ist, so hätte es sich mit dem Suffix auch gleich in der Betonung angeschlossen.

aūpallai und *auschautins* widersprechen sich. Wenn ersteres überhaupt ein Zeichen mit Recht trägt, so stimmt es zum lett. vgl. *au-makam* 'rasch, eilig', *au-malam* 'stromweise', *au-mesch* 'gar arg'.

poaugints auferzogen, *auginnons* giebt insofern kein Beispiel für gestossenen Ton ab, als es, wie lit. *augìnù, augìnti* wachsen machen, erziehen zeigt, suffixbetont war.

Ob *āūgus* geizig zu dieser Wurzel gehört, ist zweifelhaft. Jedenfalls bietet es durch seine beiden Längezeichen schon eine Merkwürdigkeit dar. Sollte es zu dieser Wurzel *aug-* gehören, so wäre allein das zweite berechtigt.

C. Geschleift betonter Verbindung voc. + liq., nas. + cons. im Lit. entspricht im Preuss. solche mit gedehntem Vokal.

etwiērpt 'vergeben' 24. 28, *powiērpt* 74, *etwiērpei* 18, *etwērpimai* 24 *powierpuns* 68, *etwiērpuns* 93, *powiērptei* 'lasset' 62 (nur einmal *etwierpton* part. praet. pass. 32), dazu *powīrps* 'frei', *gruntpowīrpingin* 'grundlos': lit. *verpiù*, *ve͂rpia* 'spinne'. *etwerpeis* 24 'vergieb' hatte als Imper. wohl wieder den Ton auf dem *ei*; *etwerpsnā* 'Vergebung', *etwerpsennien* dasselbe waren suffixbetont.

mērgan 'Magd': lit. *me͂rgą*, aber *mergu* (für **mergū*): lit. *mergà*: *mergūmans*; lit. *mergóms*.

erdērkts 'vergiftet': lit. *de͂rktas* 'besudelt'.

kērdan 'Zeit', so dreimal, einmal *kerdan*: hier wird der geschleifte Ton durch russ. acc. *če'redu* 'Wechsel' erwiesen.

wīrst, *wÿrst* 'wird' (bisweilen *wirst*); *wīrstai*, *wīrstmai*: lit. *virstù vi͂rsti* 'umfallen, sich in etwas verwandeln'.

ainawārst 'einmal' (doch daneben auch gleich *ainawarst*) 37: lit. *va͂rstas* 'Pflugwende'.

gīrbin 'Zahl': russ. *čérebej*, serb. *čdrȉjeb*: *ī* ist hier natürlich nicht aus *e* entstanden, sondern es liegt im Preuss. eine andere Stufe vor.

mārtan, mārtin 'Braut': lit. *marti*, acc. *marczią*.

pagār 'neben': lett. *gársch* 'lang, weit', *garam* 'vorbei, vorüber'.

kārtai 'bitter': nom. pl. lit. *kařczei* zu *kartùs*.

prēipīrstans 'Ringe': lit. *piřsztas* 'Finger'.

gērbt 'sprechen', *preigērbt* (aber *gerbais, gerbaiti*!) doch auch zweimal 46. 49 *gerbt* ohne Zeichen: lit. *garbė, gařbę* 'Ehre'.

pēr 'für', *pērstan, pērwans, pērgimnis* 'Art': lit. *peř*.

kīrdimai 'wir hören', *kīrdeiti* 'höret' (allerdings auch zweimal *kirdÿti* 'höret'!): lit. *giřdžiame*. Dass Infin. *kirdīt* nicht das Längezeichen hat, ist ganz in der Ordnung: lit. *girdēti*.

kērscha 'über': lit. *skeřsas* 'quer', russ. *čerez* 'durch'. *kirscha* hält Fortunatov für eine auf der ultima betonte Form: jedenfalls hat sie trotz häufigen Vorkommens nie das Längezeichen.

kērmens 'Leib' zweimal, acc. *kērmenen, kērmenan, kērmnen* (je einmal *kermnen*; *kermenen brendekermnen* 'schwanger' wird in der Komposition nicht haupttonig gewesen sein). In den verwandten Sprachen fehlt eine genaue Entsprechung. Der fünfmal vorkommende Genitiv *kermenes* hat nie den Längestrich. Es scheint also hier ein Tonwechsel wie in lit. *ākmenį* — gen. *akmeñs*, aus **akmenès* vorgelegen zu haben. Das adj. *kērmeniskan, kērmeneniskan* kommt dreimal mit, dreimal ohne Zeichen vor: *enkērminints* 'einverleibt' neben *enkermenints* je einmal.

tīrts, tīrtin, tīrtsmu (einmal *tirtian* acc., *tirti* fem.): eine genaue Entsprechung fehlt auch hier, lit. *trēczias*.

wartinna 'er wendet', *wartint* hat mit Recht kein Zeichen, weil es jedenfalls suffixbetont war: lit. *vartýti*.

An Abweichungen sind zu beobachten:

ketwirts 'vierter', *ketwirtsmu*: lit. *ketviřtas*.

warnins 'die Raben': lit. *vařnas* russ. *vóron*.

wirds, wirdan 'Wort' (nur einmal *wīrds*, auf das nichts zu geben) sehr zahlreich: lit. *vařdas*.

wertemmai 'wir zaubern': lit. *veřcziame*, wenn diese Etymologie — Bezzenberger denkt Apr. Monschr. XV

269 ff. an 'das Sieb drehen' — richtig ist. *wertemmai*, *warnins* sind übrigens desshalb nicht von gleichem Gewicht wie *ketwirts*, *wirds*, weil beide nur je einmal vorkommen. —

ālgas zweimal, gen. Lohn: lit. *al̃gą* (gen. aber *algōs*).

maldai 'die Jungen', *maldans*, *maldaisei* 'die Jünger': dieses weicht ab: russ. *mólod* serb. *mlȃd*.

dessīmts 'der zehnte', siehe oben.

newīnts 'der neunte': lit. *deviñtas*.

piēnckts 'der fünfte': lit. *peñktas*; aber *pienckta* fem. lit. *penktà*.

tiēnstwei 'reizen', *tenseiti* Opt.: lit. *tęsiù tę̃sti* 'durch Ziehen dehnen, spannen'.

rānkan acc. 'Hand', an mehreren Stellen, *rānkans* acc. pl.: lit. *rañką*.

etkūmps 'wiederum': lit. *kum̃pas* 'krumm'; *kūmpinna* 'hindert' hat lit. keine Parallele, im preuss. daneben *kumpint*: eins von beiden kann nur genau richtig sein.

auskiēndlai 'er gehe unter': lit. *skęstù skendaũ skę̃sti* 'im Ertrinken sein'. *auskandints*, *auskandinnons*, *auskandinsnan* haben kein Zeichen, weil sie nach Ausweis des lit. *skandinù skandìnti* suffixbetont.

perlānki, *perlānkei* 'gebührt'; *lānkinan deinan* 'Feiertag': vgl. lit. *perleñkis* 'Anteil an etwas', *lenkiù*, *leñkti* 'biegen': *lankaũ lañko* — *lankýti* 'besuchen'.

senrīnka 'sammlet': lit. *sureñka*.

grēnsings 'beissig': lett. *grē̂st* 'schneiden'.

wīngriskan 'List': lit. *viñgurioti* 'krumme Bewegungen machen'.

enbāndan 'unnütz': lit. *bandà bañdą* 'Vieh, Rinderherde'; Nesselmann Wb. auch 'Einkommen, Profit'.

ēn 'in', so sehr oft: lit. *į*; *sēn* 'mit', ohne Parallele.

tēmpran 'teuer', *tēmprai*: lit. *tempiù tem̃pti* 'dehnen, spannen'.

perbānda 'versucht': lit. *bañdo* zu *bandýti*: aber *perbandāsnan* zu **bandāt*, lit. **bandóti*.

tāns 'er' (ziemlich häufig ohne Zeichen: *tans*): lit. *ãns* 'jener'.

āntersgimsennien 'Wiedergeburt', acc. *āntran*, fem. *antrā*:

lit. *añtras, antrà*. *Antars* 2. 15, sowie *sta Anters* 22 führen kein Längezeichen, weil sie mit grossem Anfangsbuchstaben geschrieben: es findet sich über solchen im Ench. niemals der Strich. Stets ohne Zeichen ist der sehr häufige Dativ *antersmu*: hier muss wohl der Ton auf der zweiten gelegen haben, vgl. auch *swaiāsmu*.

īmt 'nehmen', *imtā* fem.: lit. *im̃ti, imtà* (allerdings *enimt, enimton* annehmen'). *enimts, animts* (etwa viermal): lit. *į́imts*.

dīnkaut 'danken', *dīnckama* 'ich danke' zweimal, *dīnkauti* 'danket', *dīnkauts* 'er dankte' (*dinkauts*), *dīnkausegīsnan, dīnkun* acc. 'Dank', aus dem poln. *dzięk, dzięka*: vgl. lit. *dėkavoju*.

skellānts 'schuldig', pl. *skellāntai*; *giwāntei* fem. 'lebend': vgl. lit. *suką̃s*.

niaubillīntis 'des Unmündigen', *nidruwīntin* acc. 'ungläubig': lit. *mylį̃s*.

lāngiseilingins 'die Einfältigen', *lāngewingiskai* 'einfältig': gehört vielleicht zu lit. *leñgvas* 'leicht': vgl. *lengvýbė* 'Sanftmut, Gelindigkeit'.

kānxtin 'Zucht', *kānxtai* 'züchtig' (einmal *kanxtei*); *kanxta* fem. mag Endbetonung gehabt haben, *nikanxts* war vielleicht auf der Negation betont, so dass bei diesen beiden Formen das Fehlen des Zeichens nichts ausmacht. J. Schmidt meint (Jen. Litzt. 1874, a. a. O.), es läge hier ein Übersetzungsfehler vor, ähnlich wie *kalsīwingiskan* 'lauter = rein' zu *kelsāi* 'lauten', und vergleicht lit. *keñkia* 'thut weh', *kankinù, kankìnti* 'peinigen, züchtigen', womit der Preusse das deutsche 'züchtig' fälschlich verband. Ich kann dieser Vermutung zweier Stellen wegen nicht beistimmen: 44 *ast aina kanxta iswinadu kanxtinsnu*: 'ist wohl eine f e i n e äusserliche Zucht', und 37 *kai as . . ainawārst nikanxts sen wirdans boūuns* 'dass ich einmal u n h ü b s c h gewesen": bei 'fein' und 'unhübsch' lag kein Grund vor an 'züchtigen' zu denken. Daher möchte ich das Wort für eine Weiterbildung von lett. *kōschs* 'schön, zierlich, trefflich, fein' aus **kansis*; *kōschiba* 'Zierlichkeit, Feinheit' halten. Im Preuss. ist dann vor *s* noch jenes *k* aufgetreten, das sich in den balt. Sprachen so häufig — noch unerklärt — einstellt.

Im lett. selbst liegt z. B. *īss* 'kurz' und *ikss* neben einander, wozu preuss. *īnsan*.

polīnka, *polÿnku* 'sie bleiben': Nach Nesselmann Wb. hört man um Laukischken 3. P. Pr. von *lěkmì* als *link*: Sehr möglich, dass dieses keine echte litauische, sondern durch Vermischung mit dem Preuss. entstandene Form ist. Laukischken liegt ja auf dem mutmasslichen Grenzgebiet beider Sprachen: nördlich von Wehlau, wenig östlich von Labian; und wir wissen ja aus der Vorrede zu I, dass die Preussen um Wehlau ihre Accent etwas nach dem Litauischen lenken, d. h. mit andern Worten, dass Sprachmischung stattfand. Jedenfalls sind wir bei Konstatierung des geschleiften Tons auf das Preuss. bei diesem Wort allein angewiesen.

sūndintwi 'strafen', *sūndan*, *sūndis* gen. 'Strafe': abg. *sąditi* 'richten'. Hier beweist abg. *ą* geschleift betontes *uñ*, vgl. F. Lorentz „Die Behandlung von *in*, *un* + *cons* im Slav., ASPh.

Als Abweichungen sind zwei schwerwiegende, weil sehr häufig vorkommende Worte anzuführen: *dangon*: lit. *dañgų* und *swints*, *swintan* lit. *szveñtas*. Bei diesem letzteren Wort erklärt Fortunatov sich das Fehlen des Längezeichens daraus, dass er annimmt, die Zurückziehung des Accents auf die Wurzelsilbe als geschleiften (vgl. russ. *sv'atój*) sei erst nach der Trennung des lit. vom preuss. hervorgegangen. Wenn dieses richtig ist, so könnte man sich das Fehlen der Dehnung in *Deiws*, *Deiwan* ebenso erklären: ai. *devá* zeigt die ursprüngliche Endbetonung an, vielleicht auch *ketwirts*, ai. *caturthá*.

D. Gestossen betonter Verbindung voc. + liq., nas. + cons. im Lit. entspricht im Preuss. solche ohne gedehnten Vokal.

pirmois, *pirmannien*, *pirmonnien* 'erster': lit. *pìrmas*.

girtwei 'loben', *girsnan* dreimal, *pogirsnan pogirschnan*: lit. *giriù gìrti*.

kurpi, *kurpins* 'Schuhe': lit. *kùrpė*.

sparts 'stark, sehr', *spartin* 'Kraft, Stärke', *spartisku*: lett. *spars*, *schpars* 'Energie, Schwung, Wucht'.

wartin 'Thor', das übrigens nur einmal vorkommt, kann so richtig sein. Zwar heisst es lit. *var̃tai*, lett. *wa'rti* 'Thor', russ. *vórota*, doch giebt es daneben ein russ. *voróta*, zu dem *wartin* stimmt.

pilnan 'voll': lit. *pìlnas*.

ilgi, *ilga* 'lange', *kuilgimai* — *stuilgimi*: lit. *ìlgas*.

galbimai 'wir helfen', *pogalbton*, *galbse*, *galbsai*, *pogalban* 'Gehülfe' (nur einmal *pogālbenikan*): lit. *gélbu*, *gélbėti* 'helfen.

walnint, *walnennint* 'bessern': lit. *válnas* 'frei'.

wangan 'Ende', mehrfach; *wangint* 'endigen' (nur einmal 96 *en wāngiskan*): lit. *véngiu*, *véngti* 'zögernd thun', *ātvanga* 'Ruhe, Rast nach beendeter Arbeit'.

brendekermnen in der Verbindung *sen brendekermnen postāt* 'schwanger werden', eigentlich 'Fruchtleib': lit. *bréstu bréndau bręsti* 'einen Fruchtkern gewinnen, reifwerden'; *brendûlỹs*, *bréndûlio* 'Obstkern'.

amsis 'Volk', *amsin*: lit. *ámžias*, *ámžis* 'Lebenszeit des Menschen, lange Zeit'.

podingai 'gefällt', *podingan* 'Gefallen' — einmal indes auch *podīngan* (*podingausnan* entscheidet deshalb weder für noch wider, weil der Ton jedenfalls auf dem *au* lag): lit. *dìnga* 'es scheint'.

Die gestossen betonten Infinitive auf *-int*, lit. *-inti* haben keine Dehnung: *mukint* — *mokìntis*, *auskandints* — *skandìnti*. Nur ein einziges Mal steht fälschlich *kakīnt*: lit. *kākinu*, *kākinti* gelangen machen. Auch die Ableitungen auf *-sna* zeigen die Dehnung nicht bis auf drei Fälle: *polasīnsnan*, doch auch zweimal ohne Zeichen; *polaipīnsnan*, ebenso zweimal ohne, *mukīnsnan*, doch auch einmal *mukinsnan*.

mensen, *mensā*, *mensan* Fleisch hat nie Dehnung: lit. *mėsà* ist entlehnt, lett. *mísa* beweist nichts, da sowohl *én* als *eñ* zu *ī* werden. Doch ist gestossener Ton deshalb wahrscheinlich, weil es aus **mēms-* ai. *mā̃s* entstanden ist.

Eine entschiedene Abweichung bilden die Adjektiva auf *-ingas*: dieselben haben im Litauischen, wofern der Ton überhaupt auf dem *-in-* liegt, gestossene Qualität: *balsìngas* 'tönend', *szirdìngas* 'herzlich'. Im preuss. sind sie erstens *i* Stämme, zweitens erscheinen sie stets mit gedehntem Vokal, weisen also auf geschleiften Ton:

labbīngs 'gütig', *druwīngin* 'gläubig', *wissemusīngis* 'allmächtig', *naunīngs* 'Neuling', *wertīngs* 'würdig'. Jedenfalls liegt hier eine andere Stammbildung vor.

poklūsmingi 'gehorsam', *kīsmingiskai* 'zeitlich' trugen jedenfalls den Ton auf der Wurzelsilbe, wie *nigīdings* 'schamlos', lit. *gėdingas*.

Dies wäre eine möglichst vollkommene Übersicht über das in Betracht kommende Material.

Es wäre hier noch über den Accentwechsel innerhalb des Paradigmas zu reden und diesen mit den litauischen Verhältnissen in Parallele zu bringen. Es heisst dem lit. entsprechend *mergu-mērgan*: *mergà-mer̃gą*, *rānkan* lit. *rañką*; aber z. B. *ālgas* gen. sg. gegenüber lit. *algõs*, *āusins* acc. pl. — lit. *ausìs*, *rānkans* lit. *rankàs*.

Es heisst lit. *vẽdė* 'führte', preuss. *weddē*, während *pertraūki* in seiner Betonung dem lit. *tráukė* durchaus entspricht. Inwiefern hier die einzelne Sprache ursprünglicher ist, das zu untersuchen kann hier der Ort nicht sein. Ausserdem fällt ja auf die preussischen Verhältnisse infolge des kümmerlichen Materials ohnehin nur spärliches Licht.

Einige Worte nur noch über die Natur des preuss. Accents. Wenn der Aufzeichner mit dem Längestrich über dem Vokal thatsächliche Verhältnisse wiedergiebt, d. h. andeutet, dass der Vokal wirklich lang gesprochen wurde (was wohl das Wahrscheinliche) und nicht nur damit bezeichnen will, dass die ganze Silbe länger als andere gesprochen wurde, so ist zunächst klar, dass der littauische geschleifte Ton nicht von gleicher Art ist: „Ist der Diphthong geschliffen betont, so herrscht der zweite Vokal der Verbindung vor", so definiert diesen Kurschat, Gr. § 201: das ist im preuss. aber gerade der Fall beim gestossenen Accent, wie *pertraūki*, *rikaūsnan*, *aīnan*, *kaūlin* deutlich zeigen. Das Preuss. steht in dieser Beziehung entschieden dem lett. näher. Der „gestossene" Ton des lett. (der bekanntlich dem lit. geschleiften entspricht, während der lett. „gedehnte" dem lit. gestossenen korrespondiert) wird von

Bielenstein (Lett. Spr. I p. 34) so definiert: „Der Ton ruht entschieden auf dem ersten Element, und das zweite klingt tonlos, deshalb gelinder und kürzer nach, *ái éi áu*" = pr. *ãi ẽi ãu*. Den lett. gedehnten Ton dagegen beschreibt er p. 33: „Beide Elemente des Diphthongs tönen so kontinuierlich zu einer Einheit zusammen, als es eben möglich ist, und der Ton liegt zwischen oder auf beiden Elementen in der Mitte, so dass also keines von beiden Elementen vor dem andern vorwaltet". Daher bezeichnet auch der Schreiber des Preuss. in den allermeisten Fällen diesen Ton so wie Bielenstein: d. h. er bezeichnet ihn einfach garnicht „weil die einfache nackte Schreibung schon fürs Auge beide Elemente als gleichberechtigt hinstellt, *ai*, *ei*, *au*". Ganz dasselbe gilt natürlich mutatis mutandis für die Verbindungen voc. + liq., nas.

Vielleicht entspricht die Art der preuss. Betonung noch genauer gewissen lett. Dialektverhältnissen, wo nämlich die Verbindungen *a'r e'r* Dehnung zu *ár*, *ér* erfahren. Ziemlich zahlreiche Beispiele bei Bielenstein I p. 51—77:

spa'rns	Flügel	dial.	*spárns*
we'rpt	spinnen	„	*wérpt*
twe'rt	fassen	„	*twért.*

Doch findet sich diese Dehnung, so weit ich aus Bielenstein entnehmen kann, nur bei *er, ar*. Im Preussischen wäre sie bei sämtlichen *i*, *u*-Diphthongen, und jeglichem voc. + liq., nas. + cons., sofern sie geschleift betont, eingetreten.

LAUTLEHRE.

I. VOCALISMUS.

1. Idg. *i*.

ist lit.-lett. durch *i*, abg. durch *ь* vertreten. Preuss. ebenfalls *i* und so auch in den allermeisten Fällen bezeichnet.

widdai 'sah', Prät. mit angefügter Partikel *-ai*, Perfektstamm idg. *u̯id-* von *u̯eid-* 'sehen, wissen', ai. *vidmá* hom. *ϝίδμεν* got. *vitum*. Im lit. steht auf gleicher Stufe: *pavìdalas* 'Erscheinung, Gestalt', zu *vèizdżiu*, *veizdĕ́ti* 'sehen'.

widdewū 'Witwe' : abg. *vьdova*, ai. *vidhávā* lat. *vidua*, got. *viduvō*.

enmigguns 'eingeschlafen', *ismigē* 'entschlief' : lit. praet. *migaũ, mìgti* 'einschlafen', Tiefstufe zu lit. *mĕ́gas*, pr. *maiggun* acc. 'Schlaf'.

senrists 'verbunden' : lit. *riszù riszaũ rìszti* 'binden', lett. *rist*.

bia 'sie fürchten', *biātwei* : lit. *bijótis*, ai. *bhiyānā́* zu *bháyate*.

pickuls 'Teufel', acc. *pickullan, pickullien* : lett. *Pikuls* (neben *Pīkals*) lit. *pìktas* 'böse'.

pippalins 'Vögel' : von *pỹpti* 'pfeifen' des kurzen *i* wegen wohl zu trennen. Jedenfalls eine reduplizierte Bildung mit der ich ahd. *fifaldra* as. *fifoldara* (mdd. *vīvalter*) 'Schmetterling' vergleichen möchte; vgl. auch lit. *pëpala* le. *paipala* 'Wachtel'.

dwigubūt 'zweifeln' : lit. *dvìgubas* 'doppelt', : ai. *dvi-pád* gr. *δίπους* lat. *bi-pes*, 'zweifüssig', ahd. *zwi-falt* 'zweifach'.

polīnka 'bleibet', *polÿnka* (*ī*, *ÿ* infolge geschleifter Betonung) nasalierte Präsensbildung: lit. *linkù lìkti* zu *lëkù lìkti*, gr. *ἔλιπον* zu *λείπω*.

kittans 'andere', acc. pl. : lit. *kìtas*, lett. *zits*.

Im Nominalsuffix z. B. *āusins* 'Ohren' : lit. *ausìs*, lat. *auris*.

Beim Verbum: *turrimai* 'wir sollen' : lit. *tùrime*, lat. *cap-i-mus*.

Asti-ts 'ist', *i* hier beim Antritt des Pronomens *-ts*, lit. *tàs*, erhalten : ai. *asti* gr. *ἔστι* abg. *jestь* alit. *esti*.

Adjektivsuffix *-iskas* : *tawiskas* 'väterlich', *sirisku* 'herzlich' : lit. *-iszkas* : *bróliszkas* 'brüderlich', *dañgiszkas* 'himmlisch', got. ahd. *-isk(s)* : got. *þiudisks* 'heidnisch', ahd. *diutisc* 'deutsch; abg. *-ьsko- dětьskъ* 'kindlich'. Über das Verhältnis der Suffixe vgl. Brugmann Gr. I § 587 Anm. 2. II. § 90 Anm.

Das *i* ist sehr rein erhalten, wie sich daraus ergiebt, dass es auch fast durchgängig mit *i* bezeichnet wird. Ganz vereinzelt zeigt die daneben vorkommende Schreibung mit *e* an, dass es auch im preuss., wie im lit. ein offneres *i* war.

teckint, *teckinnimai*, 'wir machen', neben *tickint*, *tickinnimai* : lit. *tìkti*, *tikaũ* 'passen, taugen', *tikìnti* 'geraten lassen' (Nesselmann Wb.) *ackewystin* 'öffentlich' neben *akiwÿsti*, poln. *očywisty* 'augenscheinlich' der Bildung nach vergleichbar. *kaige* 'wie', einmal neben zahlreichem *kaigi*, lit.-lett. Partikel *-gi*.

Vielleicht steht *e* für *i* in dem zweimal begegnenden *bebbint* 'spotten', *bebbinnimai*, das vielleicht mit lett. *bibinat* 'murmeln, plappern' zusammenhängen könnte, doch kann natürlich das preuss. auch eine andere onomatopoetische Bildung sein.

Häufiger als im Ench. kommt im Cat. I und II *e* für *i* geschrieben vor. *kittans* haben I, II. *lankinan* II gegen *lankenan* I, *auschautinekamans* 'den Schuldigern' II gegen *auschautnikamans* I; *weydikausnan* II, *widekausnan* 'Zeugnis' I; *pekollin* 'Hölle' I gegen *pykullien* II. *y* bedeutet nur *i* wie z. B. in *swyntan* 'heilig' neben *swintan*.

2. Idg. *ī*,

litt.-lett. *ī* (lit. *y* geschrieben) abg. *i*, ist im Preuss. im allgemeinen geblieben. Es wird entweder durch *ī* oder durch *ÿ* bezeichnet: *wīrs-wÿrs*; bisweilen fehlt auch der Längestrich und man liesst nur *wiran*.

wīrs, *wÿran* 'Mann': lit. *výras* 'Mann, Ehemann', ai. *vīrás* 'Mann, Held', umbr. *veiro-* 'vir'.

gÿwan, *giwei* 'Leben': lit. *gývas* 'lebendig', abg. *živъ* ai. *jīvás* lat. *vīvus*.

mīls 'lieb', *mÿlin* acc. 'Liebe': abg. *milъ*, lit. *mylùs* 'liebenswürdig', *mëlas* 'lieb'.

stawīds, *stawÿds*, *kawīds*, *kawÿds* 'solcher-welcher': zu W. *ųeid-*: lit. *pa-vÿdas* 'Neid' russ. *vīd*, 'Aussehen, Art'; vgl. zur Bildung got. *svaleiks*, *ƕaleiks*.

līgan 'Gericht', *lÿgint*, *līgint* 'richten', dazu *pollīgun*, *polygu* 'gleich': lit. alt *lygus* 'Landgericht', *lygùs* 'gleich', lett. *līdſ* 'gleich', *līdſinat* 'ebnen', got. *galeiks* 'gleich'.

etskīt 'auferstehen', *etskīmai*, *etskīsnan* acc. 'Auferstehung': W. *skī-* 'scheiden', vgl. lett. *schkīstu*, *schkīdu*, *schkīst* 'zergehen,' lit. *skystu*, *skydau*, *skysti* 'dünn werden', lat. *descī-scō* 'sage mich los, trenne mich'. Zur gleichen Wurzel gehört pr. *skīstan*, *skÿstan* 'rein', *skīstiskan* acc. 'Reinheit': lit. *skýstas* 'dünnflüssig', lett. *schkīsts* 'klar, rein', *schkīstīt* 'reinigen', vgl. got. *skeirs* as. *skīr* aisl. *skīrr* 'lauter, glänzend' zur gleichen Wurzel.

Die Infinitive auf lit. *-ýti*: *endeirīt* 'ansehen': lit. *dairaũs*, *dairýtis* 'umhergaffen'; *billīt* 'sprechen'.

Suffix-*īkas*: *dellīks*, *dellÿcks* 'Teil', *malnīks*, *malnÿks* 'Kind' *bratrīkai* 'Brüder': abg. *zlatikъ* 'Goldmünze', lat. *am-īcus*, ai. *vṛdhīkás* 'Mehrer'.

epkieckan 'Laster' wird wohl kein *ī* haben: es wäre denn dies das einzige Mal, dass *ie* zur Bezeichnung von *ī* diente. Es liegt nahe, dass dieses Wort fehlerhaft für **epkieikan* steht, vgl. lit. *kéikiu*, *kéikti* 'fluchen'.

Lehnwörter mit *ī*, *ÿ* sind: *rīks*, *rÿks* 'Reich', auch *rīki* fem.: aus germ. *rīki*, got. *reiki* 'Reich, Herrschaft', got *reiks*

'Herrscher' das seinerseits wieder aus dem kelt. *rīx* 'rex' stammt.

scrȳsien acc. 'Kreuz, *scrȳsits* gekreuzigt': poln. *kř yž* 'Kreuz'; *wȳnan* 'Wein', lit. *výnas*.

Dieses lange *ī* erleidet bisweilen eine Diphthongierung zu *ei*, ganz wie das später zu besprechende *ū* zu *oū* wird. Und ganz wie daselbst das *ū* durch den Strich hervorgehoben wird — *naūmans* 'uns' gegenüber *āusins* 'Ohren' — so ist auch dieses *ei* vom ursprünglichen in der Regel dadurch geschieden, dass das *i* durch die Bezeichnung *ī*, *ȳ* schärfer als das *e* markiert wird. Neben *gīwas gȳwan* kommt: *geȳwas* gen. sg. 30, *geīwan* 92, *geīwan* 93, *geīwans* 91 vor: einmal *gēiwan* 86 wohl nur durch Abirrung des Zeichens.

Neben *ainawȳdi* 'ebenso': *ainaweȳdi* 70, *wissaweidin* eitel' 24 neben *wissawidai*; neben zahlreichem *powȳstin* 'Ding', *poweistins* 70. *malneȳks* 96, *malneȳkan* 60 für *malnīks* 'Kind', *debeīkan* 'gross' neben *debīkan*, *debȳkun*. *Rikeis* 'Herr' für *Rikȳs*. Neben *etnīstis* 'Gnade' auch *nietneīstis* 82, neben *etnȳwings* 'gnädig' *-etneīwings* 22. Freilich ist dieses Wort etymologisch unklar.

Man wird sich das sehr sporadische Vorkommen dieser Diphtongierung — dieselbe Form erscheint einmal diphthongiert, ein andermal nicht — wohl nicht anders deuten können, als dass jedes *ī*, wenn auch nur sehr schwach diphthongiert war, so schwach, dass dem Schreiber das *ī* zur Bezeichnung zu genügen schien. Bisweilen war ihm dieselbe deutlicher hörbar, alsdann schrieb er *eī*, *eȳ*.

Eine gleiche Erscheinung findet man auf lettischem Sprachgebiet, und zwar dialektisch im südöstlichen Teil (vgl. Bezzenberger, lett. Dialektstud. pg. 129 ff., Bielenstein I, 97): *dſeiwût* 'leben' — schriftlett. *dſīwût*. *treis* 'drei' — schriftlett. *trīs*, *núdſeina* 'hat fortgetrieben' — *dſīna*. *meiláis weirs* für *mīláis wīrs*.

In Cat. I und II ist die Länge des *i* nicht besonders bezeichnet: es wechselt *i*, *y*. *scrisits* I *attskiwuns* I — *etskyuns* II. *e* steht dafür in *rekian*, *rekis* Herr I, in II *skresitzt* für *scrisits*. Die Diphthongierung zu *ei* geht noch erheblich weiter als im Ench., namentlich in II.

I hat *geiwans geiwin* für *gīwans gīwin*, *leigintwey*, *staweidan* und *steweydan*, *polleygo* für *pollygu*. II hat ausser *geywans*, *geywien*, *leygenton*, *steweyden* (neben *stewidan*) *poleygo* noch *reykyen*, *reykeis* (neben *rykyes*), *crixteits* für *krixtīts*.

Bei *widekausnan* 'Zeugnis' I, *weydikausnan* II, *wydikausnan* Ench. kann man zweifelhaft sein, ob *ei* oder *ī* zu Grunde liegt. Wenn letzteres der Fall, so hätte II noch eine Diphthongierung mehr.

3. Idg. *u*,

lit.-lett. *u*, abg. *ъ*. Preuss. *u* und so auch in der grossen Mehrzahl der Fälle geschrieben.

duckti 'Tochter' : lit. *duktė̃*, abg. *dъšti*, got. *daúhtar*.

suckans 'Fische' : arm. *jukn*, gen. *jkan* 'Fisch', lit. *żùkmistras* 'Fischmeister', *żuvìs* 'Fisch'.

druwis, *druwi* f. 'Glaube' : ai. *dhruvá* 'fest, beharrlich, gewiss', cymr. *drud* 'kühn'.

poklusmai 'gehorsam', *poklusmings* : lit. *paklustù klusaũ klùsti* 'gehorchen', *paklusnùs* 'gehorsam, Tiefstufe zu *klausaũ klausýti* 'hören' : bis auf die Abweichung im Guttural zu vergleichen mit ai. *śruṣṭiṣ* 'Erhörung', abg. *slyšati* 'hören', ags. *hlystan* 'aufhorchen'.

Zu erwähnen ist, dass neben 10 maligem *druwien* (*druwis*) auch an drei Stellen *drūwien* erscheint; ebenso neben zahlreichem *poklusmai*, *poklusmings* auch zweimal *-klūs-* in *poklūsmai*, *poklūsmingi*. Ob das Fehler sind, oder ob beide Quantitäten bestanden, muss dahin gestellt bleiben.

kūmpinna 'hindert' *etkūmps* 'wiederum' : lit. *kum̃pas* 'krumm'.

gurīns 'arm' : lit. *gùrti* 'ermatten', lett. *gurstu guru gurt*.

buttan 'Haus' : lit. *bùtas*, zur Wzl. *bheu̯*, wie *buwinaiti* 'wohnet' (im Text falsch *buwinanti*): vgl. ahd. andd. *būan* 'wohnen', got. *bauan* 'wohnen', ai. *bhū* gr. *φύω* lat. *futurus*.

ucka- Verstärkungspartikel beim Superlativ: *ukakuslaisin* acc. 'schwächlichst', *uckaisarwiskai* 'treulichst' : zu *aucktas* 'hoch', lit. *áuksztas*, got. *auhuma-* 'erhaben'.

Suffix-*ulas* : *pickuls* 'Teufel, Hölle', von *pìk-tas* 'böse' zu *pykstù* 'zornig werden', wie lit. *pirmgimùlis* 'Erstgeborner', lett. *drauguls* 'Genosse'. Als Endung: vielleicht *pecku* 'Vieh': ai. *paśu* lat. *pecu*; *wargu-seggīentins* 'Übelthäter', lit. *vargù* 'kaum' zu einem adj. **vargùs*, wozu auch adv. *vargiaĩ*.

Eigentümlich ist dem preuss. das ziemlich häufige Vorkommen von *u* als Tiefstufe einer Silbe *v* + voc. in den verwandten Sprachen.

uschts 'sechster', Tiefstufe zu **sueks* oder richtiger **ueks* 6 : arm. *veç* . lit. *ũszės* 'Wochenbett' *ũszininkė* 'Wöchnerin' neben lit. *szẽszios*, *szesziáuninkė* hält Bezzenberger (GGA 1885, pg. 905 ff.) mit Recht für ein preussisches Lehnwort, da es nur für den Südwesten des lit. Sprachgebiets belegt ist.

kurteiti 'reizet' : lit. *kvařczyju* 'durch Bitten nötigen, quälen'.

urminan 'rot' : Voc. *wormyan*, Gr. *warmun*.

unds, *undan* 'Wasser' : lit. *vandů*, lit. zem. auch *undů*.

turrīt 'haben, sollen' : lit. *turěti*, zu *tveriù*, *tvérti*, *aptvaras* 'Gehege', gr. σορός 'Urne', aus **tvoros*.

Recht selten findet sich — auf offne Aussprache des *u* wie im lit. hindeutend - *o* für *u* im Ench.

prosnan 'Angesicht' neben *prusnan* : lit. *prusnà* 'Mund'.

Namentlich scheint -*un* im Auslaut zu *on* zu werden: z. B. *dangon* lit. *dañgų* : hier scheint im Preuss. wirklich noch ein *u*-St. vorzuliegen, da *dengan* nur zweimal gegenüber 15maligem *dangon* erscheint. Anders liegt es bei *soūnon* 'Sohn', das nur zweimal -*on* neben zahlreichem -*an* hat. Da -*on* auch im Auslaut für -*an* häufig genug erscheint, ausserdem auch der Nom. *soūns* vorkommt, so ist dieses Wort jedenfalls in die *a*-Stämme übergeführt. Bei *Marcon*, *Christon* ist es zweifelhaft, was vorliegt.

Der Inf. auf -*on* ist jedenfalls der idg. Inf. auf -*um*: ai. *dhắtum* lat. *conditum*, lit. *dětų* (opt. 1. pl. *dětum-bime*) abg. *dětъ*; aber nur dreimal findet sich -*un* : *dātunsi* 'sich geben', *maitātunsin* 'sich nähren' — vielleicht hier *u* durch den Antritt des Reflexivs gewahrt — und *isprestun* 'verstehen': sonst stets *-on* : *billīton*, *dāton* u. s. w.

Ebenso im part. pf. act. auf *-ons*, neben *-uns līsons* neben *klantīuns* : vgl. Brugmann, KZ 24,88 ff., Leskien Dekl. 21.

Nun zum *u* in den beiden Cat. Weit öfter als im Ench. wird hier das *u* durch *o* bezeichnet.

tur zu *turrīt* haben I, II gemeinsam, *wuschts* I, *usts* II, *buttan* I, *butten* II, *pecku* I, II aber *poleygo* I, II : *drowe* und *druwe* I 'ich glaube', *drowy* und *druwe* II. I hat *Dröffs* da wo II *Druwin* zeigt: ob die Punkte über dem *o* überhaupt Berechtigung haben, ist sehr die Frage. I hat *pekollin*, II *pykullien*. So ergiebt sich aus den beiden Cat. nichts besonderes. Ebensowenig bei den Endungen: I hat im Part. pf. act. *-uns* bis auf das einmalige *lesons* 'gefahren'; im Inf. *waitiatun*, aber *-on* im Acc.: *dangon*. Auf den acc. *sunun* ist vielleicht deshalb weniger zu geben, weil auch einmal *nusun* 'unser' für sonstiges *nuson* vorkommt und zeigt, wie sehr schwankend die Schreibung in diesem Denkmal ist.

II hat schon mehr *-on* : *waytiaton*, *dængon*, *sounon*; und ausser *styienuns* 'gelitten' *aulauns* 'gestorben' *etskyuns* 'auferstanden' auch im part. pf. act. stets *-ons*.

4. Idg. *ū*,

lit.-lett. *ū*, abg. *y*. Im Preuss. bemerkt man dafür zwei Vertretungen: einmal *ū*, das andere Mal einen Diphthong *oū*, *aū*, vom echten Diphthong *au* durch das Zeichen über dem *ū* getrennt. Dass bisweilen *ou*, *au* ohne Strich erscheint, bedarf bei der bekannten nachlässigen Aufzeichnung der Texte kaum der Erwähnung.

Es heisst *iūrin* acc. 'Meer' : lit. *jûrės* lett. *jûra*; *ioūs* ihr': lit *jũs*, got. *jūs*, av. *yūš*.

Man könnte zuerst vielleicht geneigt sein zu glauben, dass eine bestimmte Accentqualität dabei eine Rolle spiele, dass z. B. etwa geschleifter Ton die Diphthongierung begünstige. Allein dies ist nicht der Fall. Es heisst stets *soūns, soūnan* 'Sohn' : lit. *sūnùs* mit gestossenem Ton. Doch entspricht ebensogut geschleiftem *ū* in *slūžyti* preuss. stets *ū* : *schlūsitwei* 'dienen', *schlūsien* acc. 'Dienst'.

Ja man findet nicht selten, dass eine und dieselbe Form einmal mit *ū*, einmal mit *oū* vorkommt. Es folge hier eine Übersicht über das Material: Konsequent Diphthongierung weist eigentlich nur *soūns* 'Sohn' auf : lit. *sūnùs*, ai. *sūnúṣ*, abg. *synъ*. Es findet sich so viermal; *soūnan* (*-on*), acc. siebenmal (einmal davon *ou*); *saūnan* dreimal (einmal *au*), gen. *soūnas* viermal, *saūnas* einmal.

ioūs 'ihr' : idg. *i̯ūs*, siebenmal *ioūs*, dreimal *ious*, einmal *iaūs*; ebenso der gen. davon und das Possessiv : *ioūson*, *iousā*, *ioūsons* u. s. w.

Darnach hat *noūson* sein *ū* bezogen; so neunmal, *nouson* siebenmal, *noūsmu* viermal.

Doch damit sind die Beispiele für durchgehendes *oū* auch schon erschöpft : der dat. *ioūmas* (etwa zwölfmal) hat daneben schon einmal *iūmans*, der dat. *noūmans*, wohl zwanzigmal, einmal *naūmas*, hat daneben zweimal *nūmas*.

Auch die folgenden Beispiele zeigen ein Schwanken von *oū* und *ū*:

boūt, *boūton* 'sein' : ai. *bhū*, gr. φύω, lit. *búti*, abg. *byti* : einmal *baūton*, einmal *būton*; das Part. pf. act. *boūuns* zweimal, *baūuns* einmal; der Opt. *baūsai*, *boūsei*, *boūse*; *boūlai* und *baūlai*. Das Verbalabstraktum: *bousennien* dreimal 'Ordnung, Wesen, Stand', *bausennien*, fünfmal, *busennien* dreimal.

toūls 'mehr', dreimal: lit. *túlas* so mancher, abg. *tylъ* 'Nacken', urspr. 'Anschwellung' : ai. *tūla* 'Büschel, Rispe', gr. τύλη 'Wulst, Schwiele' : *toūlan* acc. 'viel' einmal, daneben auch *tūlan*; *tūlninai* 'mehrst', *tūlninaiti* 'mehret' haben nur *ū*.

dūsin 'Seele' acc. : lit. *dúszià* : dreimal so; einmal *oū*, zweimal mit *aū*.

toū, *tau*, *tou*; *tū* 'du' : abg. *ty*, lit. *tù*; das zahlreich vorkommende *tu* hatte ursprünglich kurzes *u*. (Vgl. J. Schmidt, Neutra 220, Anm.)

poūt, *poūton* 'trinken', *poūis* 'Trank' : zweimal *pūton*.

Ein starkes Schwanken findet auch innerhalb der Wurzel *-lūb-* statt, die aus dem slav. entlehnt ist: poln. *slub* 'Trauung'.

sallūbs, *salūban*, *salūbin* 'Gemahl': einmal *salaubin*; *sallubaiwīrins*, *sallaūbaigannan*, *sallūbigennamans*, *sallūbaibusennis*, *sallaubaiboūsennien*.

sallūbiskan 'ehelich', viermal, einmal *sallaubiskan*, *sallūbsna* 'Trauung'. Endlich *Lūbnigs*, *lūbeniks* 'Vollzieher der Trauung': lit. žem. *sąlūba* Nesselm. Wb. 374. Im ganzen zählt man sechzehnmal *ū* gegen viermaliges *au*.

Nun giebt es Fälle, in denen *ū* allein erscheint:

schlūsit 'dienen': lit. *slūżyti*, poln. *służyć*, (die balt. Wörter sind natürlich entlehnt), *schlūsimai*, *schlūsisna* 'Dienst', *schlūsien* dasselbe: im ganzen sechzehnmal.

drūcktai 'fest', zweimal, *drūcktawingiskan* 'streng', *podrūktinai* 'bestätige': lit. *drútas* 'hart, stark, fest': *drútinu* 'festige'; nach Nesselmann Wb. žem. auch *drúktas*.

gūbons 'gegangen' dreimal, *pergūbons* zweimal: abg. *gybati* 'zu Grunde gehen'.

dūrai 'scheu' (einmal *būrai* fehlerhaft dafür?): lit. *dur̃nas* 'wild', gr. *θοῦρος* 'stürmend', ai. *dhoráti* 'trabt': zweimal.

iūrin 'Meer', zweimal, lit. *júrės*.

aumūsnan 'Abwaschung', abg. *myti*, lit. *máudyti*, einmal.

kūra 'bawet', praet.: lit. *kúrė* zu *kuriù kùrti*.

tūsimtons 'tausend': got. *þūsundi*, lit. *túkstantis*: beides je einmal.

prūsiskai adv. 'preussisch': zweimal.

tusnan acc. 'still': ai. *tūṣṇīm* 'stille, ruhig', einmal.

kailūstiskun 'Gesundheit', einmal: Weiterbildung eines alten *ū*-Stamms **kailū*, wie abg. *ljuby* zu *ljubъ*, vgl. lit. *ligústas* 'kränklich'; ebenso *maldūnin* einmal 'Jugend' von **maldū* zu *maldas*, mit einer *-ni*-Weiterbildung wie abg. *bogy-nji* 'Göttin', *raby-nji* 'Sklavin'.

krūt 'fallen', einmal, ist etymologisch nicht recht klar. Man vergleicht lit. *griúti* 'in Trümmer fallen': das *k* verhielte sich zu *g* im lit. wie in *kīrdimai* neben *gir̃dżiame*. Das Voc. zeigt ebenfalls *k* in *cruwis* 'Fall'.

etwinūt 'entschuldigen' *niwinūton* 'unschuldig', *niebwinūts* 'unsträflich' : kommt fünfmal vor. Es ist jedenfalls slavischen Ursprungs (Zubatý, BB., XVIII 241 ff.); von einem entlehnten *vina* 'Schuld' gebildet.

Nach dieser Übersicht des Materials stellt sich nun die Frage: wie ist das Verhältnis von *ū* und *oū* aufzufassen?

F. de Saussure widmet der Beantwortung derselben einen Artikel in den Mém. de la soc. de linguist. VII, 80 ff. „Traitement de l'ū en vieux prussien". Er kommt zu dem Resultat, dass einerseits *ū* neben *oū* deswegen erscheine, weil der junge Lautwandel zu jener Zeit noch nicht seine volle Ausdehnung erreicht habe, andererseits, weil ein *i* in der Folgesilbe, ursprüngliches oder aus *ē* entstandenes, die Verwandlung des *ū* zu *oū* gehindert habe.

Seine Beispiele sind *tūsimsons*, *schlūsitwei*, *tūlninai*, *prūsiskai*, *salūbiskan*, *iūrin*.

Ausnahmen von dieser Regel sind *sallaūbiskan*, *daūsin*, *poūis* 'Trank' (**pūjis*). Ausserdem lässt sie unerklärt, weshalb es z. B. immer *drūktai*, *gūbons* heisst. Ich kann mich daher derselben nicht anschliessen, glaube vielmehr folgendes: jedes *ū* war mehr oder weniger diphthongiert: war dieselbe nur schwach zu hören, schrieb Will einfach *ū* : *nūmans*, *būton*, *pūton* neben den diphtongierten Formen; vgl. den analogen Vorgang bei *ī*, pg. 120. Wo nur *ū* erscheint, wie in *iūrin*, *dūrai*, *kūra*, *tūsimtons*, *prūsiskan*, *tusnan*, *maldūnin*, *aumūsnan*, *kailūstiskun*, *krūt*, das sind alles nur einmal, höchstens zweimal erscheinende Worte. Wie leicht möglich ist es dass, wenn sie öfters vorkämen, auch hier *oū* aufträte?

schlūsitwei ist Lehnwort. Saussure sagt zwar in der Anmerkung: l'origine étrangère de *schlūsitwei* ne fait rien à l'affaire. Allein, wie weiss man das? Lehnwörter sind meist mit anderm Mass zu messen. Und wenn man beachtet, dass bei *-lūb-* sechszehnmal *ū*, und nur viermal *au* erscheint, dass *dūsin* dreimal so, dreimal mit Diphthong vorkommt, so möchte man doch annehmen, dass die Lehnwörter ursprünglich nicht diphthongierten. Dazu kommt *supūni* lit. *żiūpōnė* : das *ū* ist zwar tonlos, allein hindert das die Diphthongierung, wie Saussure annimmt? *bousennis* scheint mir dagegen zu sprechen: aller Wahrscheinlichkeit nach lag der Ton bei diesen Worten auf dem Suffix *-sennien*, wie sich daraus ergiebt, dass nie ein Dehnungszeichen auf der Wurzelsilbe steht: *etwerpsennien*, *gimsennien* u. s. w. Darauf weist bei diesem Wort selbst der Umstand hin, dass bei elfmaligem Vorkommen (*bu-*, *bou-*, *bau-*,) nur einmal das Zeichen über dem *ū* steht, das dreimalige *u* nie den Längestrich hat.

Bleibt übrig *drūcktai*, *drūktinai*, das schwer gegen die oben ausgeführte Ansicht sprechen könnte, da es vierzehnmal mit *ū* vorkommt. Da fragt es sich, ob nicht etwa *ū* in geschlossener Silbe von der Diphthongierung verschont blieb. So erklärte sich auch *tūlninai*, *tūlninaiti* gegenüber *toūlan*, *salūbsna* 'Trauung', *aumūsnan*, *tusnan*, *kailūstiskun*. Auch *pergūbons*, *gūbans* wäre dann verständlich: der Infinitiv lautete **gūbt*, und darnach hätte das Part. sein *ū*, mit dem es fünfmal konsequent erscheint. Freilich darf man sich nicht verhehlen, dass zu einer endgültigen Entscheidung dieser Fragen das Material doch viel zu gering ist.

Die beiden Katechismen verhalten sich in Bezug auf dieses *ū* folgendermassen. I bevorzugt die nicht diphthongierten Formen: Es heisst zwar *thou* (das einmalige *kas thu* hat wohl das **tu* mit kurzem Vokal), *yous*, und einmal *noumans*: dagegen *numons*, *nuson* neunmal; ebenso *sunun* acc., und *sunos* gen.; *pergubuns* zeigt ebenso wenig Diphthongierung wie im Ench. Einmal steht *gobuns* mit *o* für *ū*, wie es vielleicht auch im gen. *sunos* für **sūnūs* vorliegt.

II zeigt durchgehends diphthongiertes *ū*: stets *tou*, *nouson*, *noumans*, *sounon* acc. und *sounons* gen., welch letzteres natürlich Druckfehler für *sounous* (**sūnūs*) sein wird. 'Ihr' heisst *joes*, doch auch dies wird schwerlich anderes als ein Fehler für *jous* sein. *gubons*, *pergubons* diphthongiert auch hier nicht. Ebenso *salobisquan* 'Ehe', wie ja auch im Ench. bei diesem Wort die nicht diphthongierten Formen weit überwiegen.

Ein ähnlicher Vorgang wie dieser preuss. Wandel von *ū* in *oū* lässt sich wieder auf lettischem Gebiet beobachten.

(Bezzenberger, Lett. Dial. stud. 122 ff.). Im südöstlichen Teil spricht man: *kóute* 'Viehstall', schriftlett. *kūts*, *jóures* 'des Meeres', schriftl. *jūr'as*; ferner *baus* 'wird sein' — *būs*, *wauden'sch* 'Wasser', schriftl. *ūdens*.

5. Idg. *e*,

lit.-lett. abg. *e*, preuss. *e* und so auch geschrieben; dass es ein sehr offenes *e* war, beweisen die ziemlich zahlreich auftretenden Schreibungen mit *a*.

pecku 'Vieh': ai. *paśu*, lat. *pecu*, got. *faihu*.

etwerreis 'öffne', imp. zu **werti*: lit. *veriù vérti* 'auf- und zuthun, öffnen und schliessen von Thüren', lat. *operiō*, 'bedecke', *aperiō* 'öffne' aus **op-*, **apuerįō*, osk. *veru* 'portam', umbr. *verof-e* 'in portam'.

semmē 'Erde': lit. *żẽmė*, abg. *zemlja*, gr. *χαμαί* 'zu Boden'.

west 'führen', *wedduns* 'geführt habend': lit. *vedù vèsti*, abg. *vedą vesti*, ai. *vadhū́ṣ* 'junge Frau'.

ketwirts 'vierter': lit. *ketvir̃tas*, abg. *četvrъtъ*, gr. *τέταρτος*.

dessīmts 'zehnter': lit. *deszim̃tas*, abg. *desętъ*, gr. *δέκατος*.

septmas 'siebenter': idg. **septmó-*: ai. *saptamás*, lat. *septimus*, lit. *sēkmas*.

piënkts 'fünfter', *pienktā* fem.: lit. *peñktas*, abg. *pętъ*, gr. *πέμπτος*.

ispresnā 'Vernunft', *isprestun* 'verstehen': lat. *interpres*, *interpretis* 'Ausleger', lit. *prantù pràsti* 'werde gewohnt', *supràsti* 'verstehen', got. *fraþi* 'Verstand'.

kūrdan 'Zeit': abg. *črěda* 'Wechsel, Herde'. got. *hairdu* 'Herde': ai. *çárdhas* 'Schar' weicht wieder im Gutt. ab.

gerdaut 'sagen': lit. *gerdas* 'Geschrei, Botschaft', *gar̃sas* 'Stimme' aus **gardsas*, vielleicht ai. *járate* 'ertönt, singt', lat. *garrio*, ahd. *queran cheran* 'schreien'.

tenseiti 'reizet', imp. zu *tiēnstwei*: lit. *tęsiù tę́sti* 'spannend dehnen', got. *þinsan* 'ziehen', ai. *taṃs-* 'hin und herziehen'.

gērbt 'sprechen': lit. *garbė̃* 'Ehre', *gárbinti*.

pērdin 'Futter' : lit. *periù perēti*, im preuss. mit einem *d*-Sufix, vgl. Leskien, Nomina 586.

mēntimai 'wir lügen' : nach Miklosich zu abg. *mętą męsti* 'aufrühren, trüben'; lit. *mentālas* 'dickes, trübes Bier'.

enterpo 'nützet', *enterpon* 'nützlich' : gr. *τέρπομαι*, ai. *tṛpnōmi*, nach de Saussure, Mém. d. l. soc. d. lingu. VIII 83 auch got. *þáurban* 'bedürfen, brauchen', *þarf*; lit. *tarpstù tar̃pti* 'im Wachstum gedeihen', lett. *terpināt* 'verbessern'.

perpettas waitiāt 'afterreden' : lit. *petìs petė̃s*, auch *petỹs pẽczio* (Kurschat Wb.); *perpetės* 'Schulterstücke an Hemden': also eigentlich 'über die Schultern reden.'

poquelbton 'kniend' : got. *ƕilftri* (nur dat. pl. *ƕilftrjōm* Luc. VII 14) 'Totenbahre', zu ags. *hwealf* 'gewölbt', an. *hvelfa*, ahd. *welben* 'wōlben'.

wertemmai 'wir zaubern' : lit. *verczù ver̃sti* 'drehen, wenden', lat. *vertō* 'wenden, kehren', ai. *vártate* 'dreht sich'.

nertien acc. 'Zorn', *ernertīuns* 'erzürnt habend' : lit. *nirstù nir̃sti* 'in Zorn geraten', *nar̃sus* 'Zorn'.

mergu, *mērgan* 'Mädchen' : lit. *mergà*, acc. *mer̃gą*, air. *merch* 'Mädchen'.

etwiērpt 'vergeben', *etwierpons* 'erlassen', *powiērpt* 'lassen' : lit. *verpiù ver̃pti* 'spinnen', gr. *ῥάπτω*.

auskiēndlai 'untergehe' : lit. *skęstù skendaũ skę̃sti*, gr. *σκινθός* 'untertauchend'.

tebbei 'dir' dat. von *toū* : abg. *tebě*, umbr. *tefe*, av. *taibhyā*; *sebbei* 'sich' : osc. *sífei*, prälign. *sefei*, abg. *sebě*.

gemmons 'geboren' : lit. *gemù gimiaũ gim̃ti* 'geboren werden'. Das Particip sollte eigentlich **gimmons* heissen, so findet sich auch ganz richtig *ainangimmusin* 81 'den eingebornenen' das part. pass. erscheint als *naunagimton* 82 ebenfalls einmal ganz richtig. Einen Inf. **gimt* setzen *etgimsannien*, *gimsenin* notwendig voraus. Das *e* des Part. praet. act. wird also aus dem praes. stammen. Einmal kommt der Inf. *gemton* vor, dessen *e* ebenfalls so erklärt werden könnte. Seine Bedeutung ist daselbst (71) 'gebären', was indessen sicher falsch ist. Ein Verbum **gemt* 'gebären' wäre ohne jegliche Analoga. Ebenso falsch ist *gemmans ast* (93) 'er hat geboren'. Idg. Wzl. *gem-* 'kommen', also eigentlich 'zur Welt kommen' : got. *quiman*, lat. *venio*, gr. *βαίνω*.

Nun folgen die Formen, bei denen mehr oder weniger häufig *a* neben *e* erscheint.

Durchgängig erscheint *a* in *galbton* 'helfen', *galbimai* ‚wir helfen', gegenüber lit. *gélbu*, *gélbėti*. Das lässt vermuten, dass hier vielleicht garnicht *e* vorliegt, sondern das preussische Wort auf anderer Vokalstufe steht als das litauische, also auf **golb-* weist. (Sicher ist das bei *pogalban* 'Gehülfin', *pogalbenix* 'Heiland', vgl. lit. *pagálba* 'Hülfe'). Es wäre dies wenigstens das einzige Beispiel von durchgehendem *a* für *e*.

genna 'Weib', *gannikan* 'Fräulein' : acc. *gennan*, *gannan* : im ganzen achtmal mit *a*, elfmal mit *e*: abg. *žena*, got. *quinō*, air. *ben*, ai. *janī*.

weldūnai 'Erben' *weldīsnan* 'Erbschaft', zweimal mit *a*: *waldūns*, *waldūnen* : lit. *veldu* 'regiere', *paveldu* 'erbe', *pawel-dětojis* 'Erbe' : got. *valda* 'walte, herrsche' : zur W. *u̯el-* 'wollen, gebieten'.

ertreppa 'sie übertreten', inf. *trapt* für **trept* : lit. *trepstu trepti* 'mit den Füssen stampfen, abg. *trepati*, 'palpare' gr. *τραπέω* 'Wein keltern'.

kelsāi 'sie lauten', *kaltzā* (*tz* nur Schreibung für scharfes *s*), *kalsīwingiskan* 'lauter' : vielleicht gr. *καλέω* 'rufe' aus **καλέσω*, aor. *ἐκάλεσσα*, lat. *calāre*.

pobrendints 'beschweret', *pobrandīsnan* 'Beschwerung' : lit. *bréndinti* 'reifen lassen' zu *bręstu bréndau bręsti* 'kernig werden, reifen', pr. *brendekermnen* 'Fruchtleib'.

Verbalsubstantiva werden ausser mit dem Suffix *-sna* auch mit einem auf *-sennis* gebildet: vgl. lett. *-schana* : *gimsenin* 'Geburt' zu *gimt*, *aulausennien* 'Sterben' zu *aulaut* : zweimal steht hier *a* für *e* : *eneissannien* 'Eingang', *etgimsannien* 'Wiedergeburt'.

tāns 'er', acc. *tennan*, fem. *tennā*, Ablaut **to-* **te-* : auch *tannan*, *tannans*, *tanna* je einmal für *tennan* u. s. w.

Im Anlaut geht *a* durch in *as* 'ich', ganz wie in lit. *àsz*, für *es*, alit. *esz*, lett. *es* : ai. *ahám*, gr. *ἐγώ*, lat. *ego*.

Nahezu durchgehends steht *a* für *e* in den Formen des

Verb. subst. : *ast* 'ist', *assei* 'du bist', *asmai* 'wir sind', *astai* 'ihr seid' : lit. alt *esti* abg. *jestь* ai. *ásti*, gr. *ἔστι*; nur einmal steht *essei* 19 und *estei* 82.

Spärlich findet sich *a* bei der praep. *en* 'in' : nämlich nur in *animts* neben *enimts* 'angenommen' und *ankaitītai* neben *enkaitītai* 'angefochten'.

Für die Verbalpräposition *et-*, im Ablaut zu lit. *at-*, abg. *otъ* stehend, in *etlāikusin* 'enthält sich', *etbaudints* 'auferweckt', steht *at-* in *attrātwei*, *attrāiti* neben *ettrais*. Ähnlich für *eb-* (im Ablaut zu abg. *obъ*, ai. *abhi*, lat. *ob*) in *ebsentlīuns* 'bezeichnet', *ebimmai* 'begreift', mehrfach *a* : *absignāsnen* 'Segnung', neben *ebsignāsnan*, *absignātai* neben *ebsignā*; *absergīsnan* 'Schutz' für **eb-sergīsnan*.

Nur zweimal findet sich *i* für *e* in *siggīt* 50. 83. 'thun' neben zahlreichem *seggīt*, *seggē* : das unbetonte, undeutlich ausgesprochene *e* mag hier vom Schreiber so aufgefasst sein. Man vergleicht lit. *segù sègti* 'heften', ai. *sájate* 'hängt, heftet'. (Fick Wb.[3] II 774).

In *signāt* 'segnen' steht das *i* konsequent. Dieses Wort ist aus dem poln. *żegnać* entlehnt, wie lit. *żegnóti*. Sehr möglich, dass dieses slavische weiche *e* wie *i* gefasst wurde wie auch in *dīnkun* acc. 'Dank', *dīnkaut* 'danken' u. s. w., das aus dem poln. *dzięk*, *dzięka* stammt, während das lit. *dėkù* aus dem klr. *djaka* zu stammen scheint (Brückner, Lit. sl. Stud. I 79). Ebenso vertritt ja *ī* das sl. *ě* in *grīkan*, *swītan* u. s. w.

In den beiden Cat. findet man ebenfalls ein Schwanken von *a* und *e*. Einen besonders breiten Raum nimmt die Schreibung mit *a* in I ein. Zwar steht *gennan*, *ketwerts*, *penckts*, *segeitty* mit *e*, aber fast stets *an* für *en* (doch *encops*); stets *bha* für *bhe* 'und', *assa* 'von' für Ench. *esse*, stets *att-* für *ett-* : *attskiwuns*, *attwerpimay*; *tannassen* 'sein' für **teneson*, *stasma* für *stesmu*, zweimal *-sannan*, einmal *-senna* (*attwerpsannan attkisenna*), *mas* für *mes*. In II dagegen erscheint *a* nur ganz spärlich: in *tanæssen*, *assa*, *assæ*. *e* erscheint in der Regel, es heisst sogar *es* 'ich', wo das Ench. stets *as* bietet, *est*, *hest* für *ast*; es steht *bhe*, *stesmu*, *etskysnan*, *-sennien*, *en*. Nicht selten erscheint *æ* (einen sehr offenen *e*-Laut jedenfalls bezeichnend, bisweilen auch für *a* stehend wie in *enbænden*, *stæns* : *æst*, *æse* 'von', *æsse* 'du bist', *æn* 'in'; *hæse* neben *æse*; *bhæ* für *bhe*, *stæsmu* neben *stesmu*.

Das idg. *eį*, lit. lett. *ei* und *ē* nach noch nicht klaren Bedingungen (Brugmann Grdr. I pg. 61 ff., Hirt IF. I, 33 ff.): im preuss. entspricht nur *ei*, in keiner unserer Quellen zeigt sich eine Spur von *ē*. Der Übergang von *ei* in *ē* kann also erst nach der Trennung des lit.-lett. vom preuss. stattgehabt haben.

ēit 'geht', *ēimai* 'wir gehen': lit. *eimì eĩti*, gr. *εἶμι εἶσι*, abg. *itъ*, ai. *ēti*.

Deiws, *Deiwan* : lit. *Dẽvas*, lett. *Diws*, neben *deivē* 'Gespenst', lat. *deivos*, *dīvus*, ai. *dēvá*.

gēide, *giēide* 'sie warten' : lit. *geidżù*, *geĩsti* 'wonach verlangen', abg. *židą* 'warte'.

deinan acc. 'Tag' : lit. *dënà*, lett. *dina* von einem Stamm **deįn* neben **din-* abg. *dьne*, gen. sg., ai. *dínam* 'Tag'.

peisāton 'geschrieben', *peisāi* 'sie schreiben' : abg. *pisati*, lit. *pēszti* 'schreiben', gr. *πικρός* 'bitter' (eigentlich 'stechend, schneidend') *ποικίλος* 'bunt'; gr. *πείκω* muss fern bleiben (Schulze, Quaestiones epicae pg. 223 ff.).

geits 'Brot', acc. *geitin*, *geitien* : Burda KSB. VI 395 vergleicht sehr ansprechend abg. *žito* 'frumentum'.

praleitton, *prolieiton* 'vergossen' : lit. *lëju lëti* 'giessen', abg. *liti*.

teisin, acc. 'Ehre', *teisiskan* dasselbe, *teisint* 'ehren' : lit. *téisinti* 'rechtfertigen', *tësùs* 'gerade', *tësà* 'Wahrheit'.

noseilis 'Geist', *noseilien* acc. : abg. *sila* 'Kraft, Stärke', ai. *śīlá* 'Charakter, guter Charakter'; lit. *sylà* ist, wie das *s* zeigt, aus dem slav. entlehnt; weissr. *s'ita*, klr. *syta*, poln. *sita*. Auch das preuss. *noseilis*, *seilin* 'Fleiss' als entlehnt zu betrachten (mit Brückner, Lit. sl. St. I 195), liegt kein Grund vor. Der Diphthong, der konsequent und noch dazu bisweilen als *ēi* erscheint, wäre dann doch unerklärt.

neikaut 'wandeln' : lit. *nykstù nỹkti* 'verschwinden, vergehen', abg. *niknąti* 'hervorkommen', abg. *ničь* 'pronus', lat. *nīcere*. (Vgl. *gūbons* 'gekommen', *pergūbons* : abg. *gybati* 'zu Grunde gehen' zur Bedeutung).

teīks 'stelle' : lit. *teikiù teĩkti* 'machen, veranstalten'; *teikūt*, *enteikūsna* 'Ordnung' : lit. *taikaũ taikýti* 'zusammenpassen', *táikinti* 'zusammenfügen' zeigt andere Vokalstufe.

rēist 'binden' (*senrists* 'verbunden') : lit. *riszù rìszti* 'binden', *raiszýti* Iter. Am besten stimmt zum preuss. lett. *rischu* (Bielenstein I 344) zu *rist*.

seimīns acc. *seimīnan* 'Gesinde' : lit. *szeimýna*, lett. *sēwa* 'Weib', lat. *ceivis cīvis*, got. *heiwa-frauja* 'Hausherr'.

quei 'wo', *niquei* 'nirgends' : gr. dor. πεῖ.

prei 'zu' : lit. *prē*, abg. *pri*; einmal steht auch *pri*, was leicht verständlich; das unbetonte *ei* konnte vom Schreiber sehr wohl als *i* aufgefasst werden. So erklärt sich auch *stwi* 'da' für **stwei*, analogisch nach *quei* gebildet. *prēmien* zu mir' 79 ist vielleicht nicht mehr als ein Druckfehler, wenngleich es sehr möglich ist, dass für *ei* auch einmal *e* geschrieben werden könnte, wie in *prewerīngiskan* 'Notdurft'.

prēisicks 'Gegner' : lit. *prēszininkas*.

Ursprüngliches *ei* haben m. E. auch folgende Worte, wo das lit. *ai* bietet; ich schliesse mich hier Braune KSB. VIII 91 ff. „Über den altpreussischen Diphthong *ai*" vollkommen an.

deiktas 'etwas', *deicktan* 'Ort, Stelle', fünfmal mit *ei* : lit. *dáiktas* dasselbe, zeigt andere Stufe.

streipstas 'Glied', dreimal : lit. alt *straipstas*, vgl. *straĩpsnis* 'Leiterstufe'. Hier kann *streipstas* zu *straipstas* sich ebenso verhalten wie *strēpsnis* 'Leitersprosse' zu *straĩpsnis* d. h. es liegt wieder andere Stufe vor.

Ebenso *endeirīt* 'ansehen', *endeirā* 'er sah an' : lit. *dairýtis* 'umhergaffen'. Dass hier wirklich *ei* gesprochen wurde, das beweisen die Schreibungen *endýrītwei*, *endīris*, *dereis*, wo wieder *i*, *e* für unbetontes *ei* erscheint, wie in *pri*, *stwi*. So findet sich auch *dineniskas* 'täglich' neben *deineniskas*, *diwūtiskan* 'Seligkeit' neben zahlreichem *deiwūtiskan*.

Auch das *ei* in der pronominalen Stammbildung, in *stēison*, gen. pl. zu *stas*, *tennēison* zu *tāns* u. s. w. kann trotz got. *blindaizē*, abg. *těchъ* ursprüngliches *ei* haben (Brugmann

Grdr. II, 790), worüber noch in der Formenlehre zu handeln sein wird.

Im Cat. I ist *ei* in der Mehrzahl der Fälle richtig durch *ei* gegeben: *deiwans deinan nuseilin geittin. taykowuns* 'geschaffen habend' gegenüber Ench. *teikuuns* repräsentiert vielleicht eine dem litauischen *taikýti* genauer entsprechende Form. Doch ist der Gedanke, dass *ay* hier vielleicht fälschlich für *ei* stände, deshalb nicht leicht abzuweisen, weil auch für die Präp. 'zu' neben fünfmaligem *prey*, *prei* zweimal *pray* erscheint, was nur als falsche Schreibung aufgefasst werden kann. Was *palletan* 'vergossen' betrifft, so wäre es ja möglich, dass *ei* mit dem *e* gemeint wäre, wie bisweilen im Ench. Doch da Cat. II, wo *ei*, *ey* sonst stets am zugehörigen Orte erscheint, auch *praliten* bietet, so wäre immerhin mit der Möglichkeit eines andern Ablauts — *i* oder *ī* — zu rechnen.

II bietet also keinen Stoff zu besonderer Bemerkung, es steht daselbst regelrecht *deiwans*, *deiwas*, *deinan*, *deynan*, *geytien*, *prey*. Der Schreibung *ey* für *ei* wird entschieden der Vorzug gegeben.

Das idg. *eṷ*, ist lit.-lett. heterosyllabisch durch *av*, abg. *ov* vertreten, tautosyllabisch durch *au*, abg. *u*. Im preuss. ebenfalls *av*, beziehungsweise *au*.

Für ersteren Fall kann *nawans* 'neu' aus Cat. I vielleicht als Beispiel dienen; doch etwas ist an der Verbindung *sta nawans testamentan* sicher falsch; am einfachsten wäre es, wenn das *s* nicht stünde, dann läge ein neutrum vor. Vgl. abg. *novъ* 'neu', gr. νέϝος.

newīnts 'neunter' widerspricht diesem Lautgesetz ebenso wenig wie lit. *devynì deviñtas*, vgl. Brugmann Grdr. I, 60. Das *e* kam wie des *d* des lit. einfach von der Zehnzahl, pr. *dessīmts.* Wie es mit dem *n* des Preuss. steht, ob es noch das ursprüngliche ist, oder erst wieder vom Deutschen her übertragen ist, muss wohl, wie auch Brugmann a. a. O. ausführt, zweifelhaft bleiben. Daselbst ist auch die Literatur über diese Frage verzeichnet.

Ebenso wenig wie *newīnts* widerspricht das pr. *widdewū*, *widdewūmans* : ai. *vidhávā*, lat. *vidua*, abg. *vьdova* : hier steht *e* für unbetontes *a* wie in *seddinna* neben *saddina* u. s. w. *gewint* 'arbeiten' lässt Uhlenbeck (A. f. sl. Ph. XVI) aus dem deutschen *gewinnan* entlehnt sein. Das Verbum hätte dann aber eine ganz merkwürdige, von allen sonstigen entlehnten Zeitwörtern abweichende Form. Denn die aus dem deutschen ins Litauische entlehnten Verba schliessen sich an die auf *-ů'ti* an (Schleicher Gr. § 160 und 169) *felů'ti* 'fehlen', *maldů'ti* 'melden', *matů'ti* 'messen'. Ebenso im preuss. an die Verba auf *-auti* : *surgaut* 'sorgen', *weraut* 'währen'. Es wäre also ein **gewinaut* zu erwarten. Sollte nicht auch dieses — es kommt nur zweimal vor — für **gavint* stehen? Dieses gehörte zu *gáunu*, *gavaũ*, *gáuti*, es hiesse also „f o r t g e s e t z t e r a r b e i t e n, erlangen". Vgl. zur Bedeutung an. *vinna* 'arbeiten, gewinnen'. Die Grundbedeutung der germ. Wzl. *winn-* ist 'mühevoll arbeiten' (Kluge, Et. Wb. 138). Etymologisch dunkel ist *brewinnimai* 'wir fördern', *brewingi* 'förderlich' (auch nur zweimal). Ich wage die Vermutung, dass auch hier *ev* nicht ursprünglich ist, sondern *e* für *i* steht, wie *teckint* neben *tickint*. Dann könnte man lett. *brīws* 'frei', *brīwiba* 'Freiheit' vergleichen. Der Bedeutungsübergang hätte eine Parallele in preuss. *walnint*, *walnennint* 'bessern', litt. *válnas* 'frei'. Doch ist le. *brīws* möglicherweise deutsches Lehnwort.

Reichlicher sind Beispiele für tautosyllabisches *eu̯* vorhanden.

naunan 'neu' (31 *nawnan*), *naunīngs* 'Neuling' : lit. *naũjas*, got. *niujis* für **neu̯-i̯o-*; das preuss. hat sein *n*-Suffix jedenfalls nach *jáunas* erhalten (Leskien, Nom. 359), lett. *jauns* 'jung' und 'neu'.

krawia 'Blut', *krawian* acc. (Voc. *crauyo*) : gr. κρέας 'Fleisch', ai. *kraviṣ*, lat. *cruor* 'Blut', abg. *krъvь*, lit. *kraũjas*, as. *hrā*, ags. *hrēa*, an. *hrār* 'roh'.

laucks 'Feld' : lit. *laũkas*, lett. *lauks*, ved. *loká* 'freier Raum', lat. *lūcus*, alt *loucos* 'Hain', ahd. *-lōh* in Ortsnamen (Fick [4] I 122) gr. λευκός 'weiss'.

laukīt 'suchen' : lit. *láukti* harren, gr. λεύσσω aus **λευκ-i̯ω* 'scheine, schaue'; ai. *lócate* 'betrachtet'.

klausīt 'hören', *klausēmai* : lit. *klausýti*, abg. *sluchъ* 'Hören', ai. *śruṣṭiṣ* 'Erhörung'.

pertraūki 'verschloss' : lit. *tráukiu, tráukti* 'ziehen'.

sendraugiwēldnikai 'Miterben', *sen* scheint pleonastisch dabei zu stehen: lit. *draũgas* 'Gefährte', lett. *dráugs* 'Freund', abg. *drugъ*.

aulaut 'sterben', *aulausennien* 'Tod', eigentlich 'aufhören' vgl. lit. *liáujůs, liáutis* aufhören zu sein'. Wohl zu W. *leu̯-lŭ-* 'lösen' : gr. λύω, got. *-liusan* 'verlieren', *luns* 'Lösegeld'.

Über *au* in den beiden Cat. ist wenig zu sagen; über *nawans* war schon gesprochen. I hat sonst ganz regelrecht noch *kraugen* 'Blut' und *aulauwussens* 'die Toten' aufzuweisen.

II hat *au* in *aulauns*. Doch bietet er zwei ganz merkwürdige Formen in *kræuwiey* 'Blut' und *neuwenen* 'neu' (ein zusammengesetztes Adjektiv *-an -jan*). Das *æ* wäre etwa wie in *stæy* 'die' neben *wissay*, — diese Schreibung kommt ja oft genug für *a* vor : *dængon, enbænden, tanæssen* — aufzufassen. Dazu steht aber noch ein *w* zuviel gegenüber *kraujas* und *naujas*, ob noch *u* vor dem *j* spirantisch geworden ist? Ich muss gestehen, dass mir diese Formen dunkel bleiben.

6. Das idg. *ē*,

litt.-lett. *ē* (*é* bez. *ẽ*), abg. *ě* : es hat im preuss. zwei Vertretungen *ē* und *ī* nach bestimmtem Gesetz.

ē erscheint zunächst als *ī* in folgenden Fällen:

īst 'essen', *īdis* 'Speise' : lit. *ëdu, ëdžiau, ësti* 'fressen', *ëdis* 'Frass' bei Kurschat in Klammern, also hat man keine Gewähr für die Richtigkeit des .

sīdans 'sitzend' : lit. *sëdmi* 'sitze', *sëdžiu, sëdëti*.

senditans 'gefaltet' (*sen senditans rānkans*, eigtl. 'mit zusammengelegten Händen') : lit. *dedù, dějau, děti*, idg. W. *dhē*.

swīrins 'Tiere', acc. pl. : lit. *žvėris, žvėrį* 'Raubtier', gr. θήρ, lat. *fērus*.

gīdan 'Schande', *nigīdings* 'schandbar' : lit. *gëda*.

etwiriuns 'geöffnet', part. pf. act. zu *ver-* in *etwerreis* 'öffne' : lit. *vëriau, vërçs* zu *veriù*.

mīlinan 'Fleck' : lit. *mėlynas* 'blau', *mėlinė* 'blauer Fleck am Körper'.

Die Infinitive auf *-ēti* : *turrīt* : lit. *turėti*. *milȳt*, lit. *mylėti*; *sergīsnan* zu *sergēti*, *weldīsnan* 'Erbe' — *veldėti*, *epwarrīsnan* 'Sieg' : le. *warēt* 'mächtig sein, vermögen'.

līsuns, *līse* 'niedergefahren' (mit *semmai*), 'kriecht' : lett. *lẽſchât* 'rutschen', *lẽſetis* 'mit einem Schlittchen den Berg hinabfahren' (der Ton ist gedehnt, also dem lit. gestossenen entsprechend); abg. *lězą lěsti*.

spigsnā, acc. *spīgsnan* 'Bad', steht im Ablaut mit *spagtan* 'Bad', wird also *ē* haben (Voc. *specte* 'Bad'). Eine Etymologie für dieses Wort weiss ich nicht. Lit. *spakus* 'Tropfen', mit dem es Fick [3]II 780 vergleicht, liegt wohl zu fern, zumal die eigentliche Bedeutung dieses Worts — woneben noch *spógas spugas* steht, — vielmehr 'Pünktchen' ist, also mit 'Nass, Wasser' nichts zu thun hat.

kīsman 'Zeit' : abg. *časъ* = **kěsъ*, ein litauisches Analogon fehlt.

Für *pīst*, *pīdimai* 'tragen', *perpīsts* wird *ē* auch nur durch das einmal daneben vorkommende *pūdauns* 'getragen habend' erwiesen. Es ist das natürlich kein Druckfehler für *pīduns*, wie Nesselmann meint, sondern ein Ablaut *pēd* — *pōd*, von ganz gleicher Art, wie lit. *glėbiu*, *glėbti* 'mit den Armen umfassen' : lit. *globóti* 'jemd. fortgesetzt umarmen' (wie auch de Saussure, Mém. d. l. s. d. lingu. VII 82 erkannt hat). Über das *ū* vgl. pg. 152.

ī erscheint ferner als Vertreter des sl. *ě* in Lehnwörtern:

grīkans 'Sünden' acc. *grīkit* 'sündigen', *grīkenikan* acc. 'Sünder' : abg. *grěchъ*, poln. *grzech*, *grzeszyć* (lit. *grẽkas*, *grẽszyti*).

pomīrit, *ermīrit* 'dünken, ersinnen', *pomȳrisnans* Gedanken' : abg. *měra* 'Mass', poln. *mierzyc* (lit. *mẽryti* 'zielen auf etwas').

swītan 'Welt' acc. : abg. *světъ*, poln. *swiat*. (lit. *svẽtas*).

dīlants 'Arbeiter', *dīlniks*, *dīlint* 'bewirken' : poln. *dzieło*, *działać*.

Nun die Fälle, wo idg. *ē* im preuss. *ē* geblieben ist:

semmē 'Erde': lit. *žēme*, die Betonung weicht hier ab; das preuss. hat Endbetonung wie russ. *zemljá*, serb. *zèmlja*. Das *ė* hat geschleiften Ton, wie lit. *duktė̃ nasz̃lė̃ pelė̃*, (wohl erst nach dem Muster von *duktė̃*, Streitberg JF. I 295) *packē* 'Friede' hat keine Entsprechung.

trēnien acc. 'Drohung', vgl. *trinie* 'droht', *trinsnan* 'Drohung'. Es ist jedenfalls eine Bildung wie lett. *mēris* 'Pest, Sterben' zu *mirt*; ebenso *trēnis* zu *trint*. Der Ton ist geschleift.

weddē 'führte': lit. *vēdė*: das preuss. weicht im Ton ab; derselbe war, wie die Erhaltung der Länge im lit. anzeigt, geschleift; *ismigē* 'entschlief', lit. *mìgo*: das Preuss. hat hier ein Präteritum auf *ē*. praes. *milē* 'liebt' zu inf. *milīt*, *auschaudē* 'vertraut' — *auschaudīt* und zahlreiche andere. Auch hier war das *ē* jedenfalls geschleift betont.

idg. *ē* liegt wohl noch vor in dem einmal erscheinenden *ste* 'desto': *turriti dins ste mӯls* 'habet sie desto lieber!' *ste* scheint ein Ablativ idg. **stē̆d* gewesen zu sein, dessen *ē* mit dem *ō* in gr. locr. *ῶ ὄπω*, kret. *ῶ ὄπω* 'unde' (Brugmann Grdr. II 588) ablautet: auch das *ē* wird wie das *ō* geschleift betont gewesen sein.

Man sieht also schon, welche einfache Regel sich ergiebt: „Geschleift betontes *ē* bleibt *ē*, gestossen betontes *ē* geht in *ī* über". In der That haben alle Beispiele mit *ī*, bis auf *kisman*, *spīgsnan*, *pīst*, wofür litauische Entsprechungen fehlen, gestossenes *ē*, was doch schwerlich Zufall sein kann. Gleichzeitig vertritt *i* sl. *ě*, in den oben genannten Lehnwörtern.

Zwei Beispiele mit *ī*, wo man *ē* vermuten könnte, habe ich bisher ausgelassen: *stīnons* 'gelitten habend' und *līmauts* 'brachs': lit. *stenė́ti*, pr. *lemlai* 'bricht'. Doch glaube ich, dass hier *ī* ursprünglich ist. Neben *stīnons* steht *stinsennien* 'Leiden', acc., das auf einen inf. **stint* weist, also wird hier eine Tiefstufe *stn̥-* neben *sten-* vorliegen. *stinons* hat dann *ī* wie lit. *ginù gýniau gìti*, *giriù gýriau gìrti*, *minù mýniau mìnti*. Ebenso *līmauts* praet. zu Inf. *limtwei*, lett. *limt* 'unter einer Last zusammenbrechen'. *lemlai* hat jedenfalls *e* für *i*, was auch sonst vorkommt; der Opt. mit *-lai* wird stets vom

Infinitivstamm gebildet. Auch *sīran* 'Herz' acc. (Voc. *seyr*) braucht wegen gr. *κῆρ* keine Ausnahme zu sein. Der Accent steht überhaupt nicht sicher, und wenn er wirklich richtig wäre, so könnte er ein Produkt jener Angleichung an *ἦρ* 'Frühling' sein, die Brugmann JF V, 311 erweist.

Unbetontes *ē* im Auslaut geht, auch wenn es Schleifton hat, in *i* über.

So heisst es *mūti* 'Mutter' : lit. *mótė*; *duckti* lit. allerdings abweichend *duktē̃* 'Tochter', *smūni* 'Person', lit. *żmónės*, *teisi* 'Ehre', *druwi* 'Glaube', *rīki* Reich', *perōni* 'Gemeinde', *tapali* 'Tafel', *altari* 'Altar', *brāti* 'Bruder' (Voc. *brote*); *giwei* 'Leben', lett. *dſīwe* mag mit seinem *ei* etwa einen Mittellaut zwischen *i* und *ē* ausdrücken sollen, wie z. B. *warein* 'Gewalt' neben *warrin* acc. zu einem **warri* lett. *ware*, *wara*. In diesen Wörtern also *i* gegenüber *semmē*, wo *ē* augenscheinlich betont war.

Ebenso praet. *pertrāuki* 'verschloss', lit. *tráukė*, gegenüber *weddē*, *ismigē*.

Ferner der acc. sg.: *mūtin*, *perōnin*, *teisin*, *warin*, *gīwin*.

Der gen. sg. *teisis gÿwis* : lett. *dſīwes*.

Bei *mūti*, *duckti*, die ihre konsonantische Flexion völlig aufgegeben haben, vgl. acc. *mūtien* nach den fem. auf *-i̯a*, könnte man allenfalls auch annehmen, dass hier Übergang in die fem. auf *-i*, lit. *martì*, *patì* vorläge (beide im preuss. vorhanden). Nötig jedoch ist es nicht, da man mit der oben entwickelten Regel völlig auskommt. Dass *brāti* an der einzigen Stelle, da es vorkommt, Vokativ ist, thut nichts zur Sache (*mÿls Brāti* 'lieber Bruder'). Der Vok. ist oft genug nicht ausgedrückt, so dass man auch diese Form ruhig für einen Nom. **brātē* halten darf.

Der Übergang von auslautendem *ė* in *i* ist bekannt aus litauischen Dialekten. Bezzenberger verzeichnet z. B. BB IX, 273 aus Trappönen, Darguszen, Maszuicken, Strüzlauken bei Schillehnen gehörte Formen wie *gìri* 'Wald' für *gìrė*, *méili* 'Liebe' für *méilė*; auch praet. wie *dúri ẽmi mẽti pů̃li* für *dúrė ẽmė mẽtė pů̃lė*.

Aus den Katechismen erhält man, wie gewöhnlich nicht viel Sicheres. I hat *turrettwey*, *lesuns*, *edeitte*, *grecon*, *swetan* in Lehnworten. Doch kann man auf dieses *e* deshalb keines Falls viel geben, weil auch für echtes *ī* hier *e* erscheint, wie *rekis*, *Rekian* neben *rickis*. Dass *i* hier lang war, kann man, wenn aus nichts anderm, schon aus der in II erscheinenden Diphthongierung, *reykyen*, *reykeis* neben *rykyes* entnehmen. Ferner steht *stenuns* gegenüber *stīnons* Ench., *betten* 'Abend' neben *bietis*, Ench. *bītas*, *bītai*. (Freilich ist dieses Wort etymologisch unklar. Bezzenberger vergleicht GGA 1874, pg. 1237 *φαιός* dämmernd??). So lässt sich die Frage nicht entscheiden, ob in diesem Katechismus dasselbe Gesetz für die Vertretung von *ē* gilt wie im Ench. acc. *muttin*, *geiwin*; praet. *jmmitz*, *ymmits* 'nahm' haben *i* in Übereinstimmung mit dem Ench.

Cat. II hat den *ī*-Laut da, wo man ihn erwarten kann: *turryetwey* 'haben' (*ye* wie in *ryeky* 'Reich' für *rīki*), *lysons*, *ydi*, *ydieiti*; Lehnwörter *griquan*, *swytan*. Die Prät. *ymmeyts*, *ymmeits* sind nicht recht klar. Am wahrscheinlichsten ist es mir, dass das *ei* durch Antreten der Partikel *-ai* entstanden ist: vgl. Ench. *bē* er war, daneben *bēi*. Die Accusative der Feminina auf *-ē* entziehen sich der Beurteilung: *mutien semmien geywien* sind nach Weise der *-i̯ā* Stämme gebildet.

7. Idg. *o*,

lit.-lett. *a*, abg. *o*. Im preuss. ebenfalls *a* und so auch in der Mehrzahl der Fälle bezeichnet.

ackis 'Augen' n. pl., *ackins* acc. pl.: lit. *ãkys*, *akìs*: lett. *azs*, abg. *oko*, lat. *oculus*, gr. *ὄσσε* aus **oqi̯e*.

asmus 'achter', acc. *asman*: altlit. *ãszmas*, abg. *osmъ*, urbalt.-sl. **oš(t)mos*, ai. *aṣṭamá*, lat. *octō*, gr. *ὀκτώ*.

wartint 'kehren, wenden', *wartinna* 'er wendet': lit. *vartaũ vartýti*, ai. *vartáyāmi* zu lit. *verczù ver̃sti* 'drehen, wenden', pr. vielleicht *wertemmai*. *ainawārst* 'einmal': lit. *var̃stas* 'Pflugwende'.

saddinna 64, *saddinnons* 'setzet': das *a* ist kurz, wie sich aus der Doppelschreibung des *d* ergiebt: also lit. *sodìnti*, abg.

saditi sind fernzuhalten. Vgl. got. *satja* 'setze', ai. *sādáyati*, idg. **sodējō*.

isrankīuns, *isrankinna* 'erlöset', *isrānkilai* 'er erlöse' (so ist das *isrāikilai* 26 jedenfalls zu verbessern), *isrankīsnan* 'Erlösung': Nesselmann Th. 58 meint, es gehöre zu *rānkan* 'Hand', bedeute also etwa 'aus den feindlichen Händen reissen'. Nach allen Wortbildungsregeln der balt. Sprachen könnte aber ein **rankīt* nie zu dieser Bedeutung gelangen. Ich möchte daher in *isrankint*, *rankīt* ein Iterativ zu lit. *renkiù*, *riñkti* 'sammeln, lesen', sehen, gleich einem lit. **rankìnti*. Nicht unmöglich ist es, dass überhaupt der Tolke den Pfarrer missverstand, der wohl leicht in ostpreussischen Dialekt 'erlesen' für 'erlösen' sprach. Hierzu auch *rānkan* 'Hand', *rānkans* : lit. *rankà*, le. *rûka*, abg. *rąka*.

wargs 'böse', *wargu* 'Übles'; *wargan* 'Leid, Übel', *wargē mien* 'es thut mir leid', *powargsennien* acc. 'Jammer', *powargewingiskas* 'jämmerlich': lit. *var̃gas* 'Not', lett. *wa'rgs* 'siech', *wa'rgt* 'elend sein', *wa'rgût* 'im Elend sein', abg. *vragъ* 'Feind, Teufel' aus **vorgъ*.

arwis 'wahr', *perarwiskai* 'wahrlich': abg. *ravьnъ* 'planus, aequalis' aus **orvьnъ*. Bezzenberger GGA 1874, 1237 bezweifelt diese Gleichung, weil das sl. Wort zu av. *ravanh* 'weit, frei', *ravan* 'Ebene' (Fick[3] 743) gehöre. Allein *ravьnъ* muss auf **orv-* zurückgehen, wie wären sonst die Formen der anderen Dialekte: russ. *rovnyj* (Suprasl. schon *rovьnъ*) č. *rovný* zu erklären? Die Doppelheit *ro- ra-* weist auf ursprüngliches *or*. Die Bedeutungsentwickelung macht keine Schwierigkeiten: vgl. *ìsztisas* 'gestreckt', *tę̃sti* 'strecken' — *tēsùs* 'gerade', *tēsà* 'Wahrheit'.

sparts, 'stark, sehr'; *spartisku* 'Stärke': lett. *spars* 'Wucht, Schwung', lit. *ātsparas* 'Widerstand', *spartùs* 'verschlagsam, nachhaltig', pr. noch *spartin* 'Kraft', *spartint* 'stärken'. W. *sper-* 'stemmen', gr. ἀσπαίρω aus **spr̥iō* 'mit dem Fuss stossen'.

wangan 'Ende', *wangint* 'endigen': lit. *véngiu vényti* 'meiden, unterlassen', *ātvanga* 'Ruhe, Rast'.

gallan 'Tod', *gallintwei* 'töten' (*gallans* 'die Toten' nur 31. halte ich für falsche Übersetzung): vgl. lit. *gālas* 'Ende', *lgìstu* 'fängt an zu stechen', *Giltinē̃* 'Todesgöttin', *gélti* 'stechen', lett. *dſeldēt*, ahd. *quellen* (**qualljan*) 'zu Tode martern', ahd. *quelan* 'heftige Schmerzen haben'.

garrin 'Baum' : zu lit. *gìrė* 'Wald', abg. *gora* 'Berg' gr. Hes. *βαρύες* . *δένδρα*.

wais-pattin 'Hausfrau' (*pattiniskun* acc. 'Ehe' I) : idg. **poti-* : ai. *páti* 'Herr', gr. *πόσις* 'Gemahl', lit. *patìs* (*pàts*) 'Gatte', got. *-faþs* 'Herr'.

perklantīts 'verflucht', *klantīsnan* 'Fluch' : abg. *klьnq*, *klęti*, *klętva* 'Fluch'; russ. *klenú*, *kl'ast'*. Das pr. *klantīt* ist ein Denominativum.

auskandints 'ersäuft', *auskandinsnan* 'Sündflut' : Causativ zu *auskiēndlai* 'er ersaufe', lit. *skęstu*, *skéndau*, *skésti*, *skandìnti* 'untertauchen'.

lasinna 'er legte', *lassinnuns* part. pf. act. : abg. *lęgq*, *lešti* 'sich legen', *ložiti* 'legen'. (Der Guttur. weicht wieder im preuss. ab); got. *lagjan*, gr. *λέχος* 'Bett'. Dazu gehört auch wohl *lastan* Bett acc. : lit. *lastà* 'Brutnest für Hühner' lett. *lākstsv* 'Gestell zu Brütnestern für Enten, Gänse, Hühner'.

alkīns 'mässig', zu lit. *álkti* 'hungern', abg. *lakati* neben *alkati*, zum Suffix vergl. *gurīns* 'arm', lit. *gùrti* 'ermatten'.

butsargs 'Haushalter' : lit. *sárgas* 'Hüter, Wächter', zu *sergēti*, pr. *absergīsnan* 'Schutz'.

pobanginnons 'beweget' : lit. **banginti*, Caus. zu *bìngstu bìngau bìngti* 'mutig, hurtig sein', *bìngęs* 'mutig, mutwillig', *prabangà* 'Übermass'.

galwas gen., nom. *gallū* (aus **galwā*) : lit. *galvà*, abg. *glava* aus **golva*, an. *kǫllr* 'caput'.

perlānkei 'gebührt', *lānkinan deinan* 'Feiertag' : lit. *lankýti* zu *lenkiù leñkti* 'biegen', lit. *perleñkis* 'Anteil an etwas'. Also eigentlich 'zukommen'.

wāldnikans 'die Könige', acc. pl., *wāldniku* dat. sg.: vgl. abg. *vladq* aus **voldh-*, got. *valda* 'walte, herrsche', lit. *valdaũ valdýti* neben altlit. *veldu* 'regiere', zu idg. *u̯el-* 'wollen, gebieten'.

skallīsnan 'Pflicht', neben *skellānts* 'schuldig' : lit. *skìlti* 'in Schulden geraten', *skolà* 'Schuld', *skelēti* 'schuldig sein'; as. *sculd* 'Verschuldung', ahd. *sculd*, *sculda* 'Verpflichtung', got. *skulan* 'schuldig sein'. Das lit. *skelēti* lässt vielleicht vermuten, dass *a* hier nur Schreibung für *e* ist. Sichere Entscheidung ist nicht möglich.

erlāngi 'er erhebe': lit. *lingau lingoti* 'schwanken', *lingů'ti* 'hin und her bewegen', *langau, langoti* 'schweben', lett. *lůgatis* 'wanken'.

malnÿcks 'Kind': im Voc. *maldenikis*, also zu *malda-* 'jung', abg. *mladъ* aus **moldъ*. Dann wäre also **maldnīkas* zu *malnÿks* geworden, *d* wäre zwischen *l* und *n* geschwunden, wie z. B. in lit. *pelnýti* 'verdienen', aus **peldnýti*, vgl. pr. *peldīuns*. Fortunatov vergleicht indes abg. *malъ* 'klein', ai. *māṇava* 'junger Bube', BB VI, 218.

mans 'uns' acc., *wans* 'euch': aus **mons*, **vons* : lat. *nōs vōs*, abg. *ny vy*.

Auch in Flexionssilben ist *o* durch *a* vertreten: *Tāwas* 'Vater', lit. *tévas*, idg. **-os*; acc. Sg. *Tāwan*, idg. **-om*, acc. Pl. *Tāwans* idg. **-ons*. Dat. pl. *wissamans* 'allen', lit. *visamùs*. In unbetonter Silbe steht manchmal *e* dafür: so *stes* zweimal für *stas*, *sten* acc. für *stan*, viermal; *waldūnen* acc. für *waldūnan*; *uremmans* 'den Eltern' für **uramans*; *wirdemmans*. *giwammai* 'wir leben': lit. **givame*, daneben auch *giwemmai*. *wertinnewingi* 'abwendig', das doch nur zu *wartint* gehören kann, *sedinna* 'setzet' für *saddinna*.

Auch *o* findet sich recht häufig für das unbetonte *a*: *sta billīton* 'das Gesagte', *pertrincton*, *ismaitinton* acc. Sg. des Pt. pass., *noūson* für *noūsan* sehr zahlreich, *swinton* acc. Sg., *deicton* für *deictan*, *pirmonnis* für **pirmanis*, *pro-* häufig für *pra*, lit. *pra-*, gr. *πρό*. Für ursprüngliches *a* steht wohl auch *o* in *enkopts* 'begraben': lit. *kāpas* 'Grab', lett. *kapāt* 'begraben', abg. *kopati*, es kommt dreimal vor. Langes *ō* kann es nicht sein. Es hat nie das Zeichen, auch müsste *ō* nach Gutt. zu *ū* werden.

Nicht selten steht *un* für unbetontes *an*, idg. *-om*, nach Gutt. *malnÿkikun* 'Kindlein', *crixtiāniskun* 'christlich' u. a. m. Darüber wird noch in der Formenlehre zu sprechen sein.

Im Cat. I findet man für gewöhnlich *a* in betonten, wie in unbetonten Silben: *pattiniskun*, *gallintwei*, *pirmas*, *stan*; *on* in *dangon*, *nouson*, *o* in *proklantitz*; sehr selten *e* wie in *nusen* neben *nouson*, *nousan*, *steweydan* neben *staweyden*.

II hat ebenfalls *a*, z. B. *lankinan*, *gallintwei*, *Thawan*; *æ* erscheint in *nienbænden* für Ench. *enbāndan*, *dængon*, Ench. *dangon*, daneben auch *e* direkt in *dengan*. Unbetontes *a* erscheint sehr häufig als *e*: *steweyden*, *stewidan*, *preclantyts*; namentlich im acc. ist oft *en* für *an* geschrieben, z. B. *butten*, *aynen*, *poganens*, *praliten*.

Idg. *oi*, lit. lett. *ai*, *ē*, abg. inlautend *ě*, anlautend *i*, ebenso meist im Auslaut. Im Preuss. in allen Fällen *ai*; von *ē* ist keine Spur zu finden.

polāikt 'bleiben'; *laikūt* 'halten', *aulāikings* 'enthaltsam': lit. *laikýti* 'halten', *ātlaikas* 'der Rest', *lĕkù* 'lassen', gr. λοιπός zu λείπω, W. *leiq*.

kāimaluke 'sucht heim', (also **kāimas* 'heim'), *kaimīnan* acc. 'Nachbar': lit. *kĕmas* 'Gehöft, Dorf', *kaimýnas* 'Nachbar', got. *haims*: idg. **quoįmos* W. *qei̯*.

waist 'wissen', *waidimai, waidint* 'zeigen', *powaidinsnan* 'Beweis', *powaisennis* 'Gewissen': abg. *vědě* 'weiss', gr. οἶδα 'weiss', ai. *vēdas* 'Wissen'.

ains 'ein', acc. *ainan*: lit. *v̈ënas*, abg. *inъ*, lat. *oinos ūnus*, gr. οἰνή 'Eins auf dem Würfel', got. *ains*.

waitiāmai 'wir reden', *waitiā* 'er redet': abg. *věštati* 'sprechen'.

maiggun 'Schlaf', acc. lit. *mëgù mëgmì* 'schlafe', *maigūnas* 'Schlafbank': *ismigē* 'entschlief'.

pallaips 'Gebot', *laipinna* 'befahl', *polaipinsnan* 'Befehl': lit. *lëpiù lëpiaũ lĕpti* 'befehlen'; dazu *pallaipsītwei* 'begehren', daneben einmal *pallapsitwei* und *pallapse* 'sie begehren', wo *a* jedenfalls eine nachlässige Schreibung für den unbetonten Diphthong ist.

ismaitint 'verderben', *ismaitinton* 'verloren': lit. *maità* 'Aas', *maitinti* 'ein Vieh abtreiben': lett. *máita* 'Aas', *máitāt* 'verderben'.

maitāt 'nähren', *maitāsnan* 'Nahrung': lit. *maitinù* 'erhalten, ernähren', *mintù mìsti* 'sich ernähren', *maĩtélis* 'Mastschwein'; lett. *mītu, mist* 'seine Nahrung wo haben'.

swāigstan 'Schein', *erschwāistiuns* 'erleuchtet', *poswaigstinai* 'er erleuchtet': lit. *żvaigżdë* 'Stern', lett. *ſwáigsne*, abg.

zvězda : lett. *ſwīgulis* 'etwas Glänzendes', *ſwīgulût* 'perlen, glänzen'.

waix 'Knecht', acc. *waikan* : lit. *vaĩkas* 'Knabe', zu *vikrùs* 'munter', *vẽkà* 'Kraft', *veikùs* 'flink'. Vgl. Leskien, Ablaut 289.

prakāisnan 'Schweiss' : lit. *prākaitas* 'Schweiss des Menschen', zu lit. *kaistù kaitaũ kaĩsti* 'heiss werden', lett. *káist* 'heiss werden, Hitze haben', lett. *káisls* 'erhitzt'.

enkaitītai 'angefochten' (*ankaitītai*) : lett. *káitēt* impers. 'fehlen, schaden', *káitināt* 'ärgern, necken, reizen'.

lailīsnan 'Marter' : ich möchte vergleichen lit. *leilas* 'dünn schlank', auch 'abgenutzt von Kleidern, durch Tragen dünn geworden'; *nuleilinu* 'abnutzen', *paleilinu* 'dünn machen': ein **loilīt* wäre also eigentlich 'aufreiben'. Aus der Grundbedeutung *leilas* 'dünn schlank' hat sich das lett. *lils* 'gross' entwickelt, *lilīt* 'grossthun prahlen'. Fick verglich Wb.³ II 763: *lëlės* 'Handfesseln', dieses hat aber *ė*, *lẽlės*, und ist, wie mich Herr Prof. Leskien gütigst belehrt, nichts anders als der Plur. zu *lėlẽ* 'Puppe' (aus russ. *l'al'a*). Es ist also, wie noch bei Mielcke Wb. bemerkt, ironisch gesagt.

aupaikēmai 'wir betrügen' : lit. *paĩkas* 'schlecht, nichtsnutzig', *paikùmas* nach Ness. žem. 'Betrug, Heuchelei', *peikiù* 'verachte', *pìktas* 'schlecht'.

laims 'reich', *laimisku* 'reichlich' *laimingiskai* 'reichlich': lit. *laimùs* 'glückhaft', *láima*, *láimė* 'Glücksgöttin', *paláima* 'Glück', *palaimìngas* 'glücklich', lett. *laime* 'Glück', *laimigs* 'glücklich'.

sklaitinsnan 'Kapitel', *sklaitint* 'scheiden' (wohl auch *schklaits*, *schlaits* 'sondern' :) lit. *sklaidaũ sklaidýti* 'zerstreuen, hin- und herblättern'.

wais-pattin 'Hausfrau', acc. : lit. *vẽszpats*, gr. *ϝοῖκος*, ai. *viśpati-* av. *višpaiti*.

quāits 'Wille' : gr. *κοῖται* 'Gelüste', lit. *kvėczù*, *kvẽsti* 'einladen', lat. *invītus*, *vīs* 'du willst', ai. *kēta-* 'Wille'.

kailūstiskun acc. 'Gesundheit' : got. *hails*, abg. *cělъ*, *cělostь*' Gesundheit', air. *cél*; vielleicht auch gr. *τὸ κοῖλυ . καλόν*.

pobaiint 'strafen' (**pobajint*, bildet ein Beispiel für heterosyllabisches *oį* = *aj*.) : ai. *bháyate*, *bhītá*; abg. *bojati* *sę* 'sich fürchten', zu *biātwei* — lit. *bijótis,* lit. *báimė* 'Furcht', *bailùs* 'furchtsam'.

Was *quoitīt* 'wollen' betrifft, *quoitē quoitā* 'will', so ist es jedenfalls Denominativ zu *quāits* : das *oi* erklärt sich als Einwirkung des *u* auf das folgende *ai*, wie überhaupt vom Einfluss der Labiale auf folgenden Vokal noch öfter die Rede sein wird. Von diesem Einfluss wurde, scheint es, nur unbetontes *oi* betroffen, daher *quoitīt* neben *quāits.* Auch *quoi* 'er will' hat diesen Einfluss erfahren. Es steht doch jedenfalls für **quoit,* ist also die 3. sg. zu der 2. sg. **quois* die im lat. *vīs* vorliegt. So kommt *quoi* für *quai* auch nicht selten für den nom. Pl. msc. des Relativs vor: *quoi* war wohl die unbetonte, *quai* die betonte Form.

Unser Diphthong ist im allgemeinen von dem Diphthong *ei* sehr reinlich geschieden: vgl. Braune, KSB VIII 91 ff. „Um nur noch einige Beispiele der konsequenten Sonderung des *ai* und *ei* zu geben, so ist *twais* (*tuus*) dreiundfünfzigmal, die Konjunkt. *schlait, schlaits* achtunddreissigmal, *deina* 'dies' zwanzigmal, *eit* 'ire' einundzwanzigmal, *seilin* einunddreissigmal, *deiktas* (lit. *dáiktas*) fünfmal belegt, ohne dass eine Vertauschung der Diphthonge vorkäme. Es wird sonach dem durch weit über 100 Beispiele gestützten *ains* keinen Abbruch thun, wenn (ohne Zweifel durch Druckfehler) einmal *ans,* und einmal *einan* überliefert ist".

Auch in den Endsilben, z. B. in dem Infin. steht etwa sechzigmal *-twei,* n i e mals *-twai*; andererseits steht in der 1. Pl. die Endung *-mai* volle siebenundsiebzigmal ohne dass je ein *-mei* vorkäme.

Die Optativpartikel *-lai* steht zwanzigmal so im Auslaut, ohne ein *-lei.* Von 79 Nom. pl. von *o* St. auf *-ai* kommt nur *niebwinūtei* 'unsträflich' und *skellāntei* 'schuldig' (neben *skellāntai*) mit *ei* vor.

In der 3. Sg. opt. auf *-sai* : *boūsai, bousei, bouse* liegen besondere Verhältnisse vor, über die die Formenlehre Ausführlicheres bringen wird: hier nur soviel, dass *boūsai* jedenfalls die Partikel *-ai* enthält.

Bei der 2. Sg. und Pl. gehen jedenfalls zwei Endungen: *Sai* — *si* (med. und act.) und ebenso *tai* — *ti* nebenher:

Denn es wäre doch merkwürdig: *Mai* 77mal bewahrt, hier ewiges Schwanken! Was Opt. wie *immeis*, *auginneiti* betrifft, wo man *ai* erwartet, so beachte man 1. Pl. *immīmai*, *auginnīmai*: *i* kann aus *a* unmöglich entstanden gedacht werden, es hat hier jedenfalls analogische Beeinflussung einer anderen Präsensklasse stattgefunden, etwa *turrimai*. So kann sich das *ei* des Opt. schon erklären (vgl. Formenlehre).

Fehlerhaft scheint *ei* für *ai* nur noch in einem Wort zu stehen, nämlich in *angsteinai* für *angstainai* 'früh': zum Suffix vgl. lit. *-ainja-*, lett. *-ain'sch*, das Adjektiva bildet: (Leskien, Nomina 415 ff.) *tritaĩnis* (Kurschat lit.-dtsch. Wb.) 'drittel', lett. *kaulains* 'knochig'; aus dem pr. noch Voc. *deynayno* 'Morgenstern'.

Ueber *deicktas, teickūt, deirīt, weisin* war schon unter *ei* gehandelt.

So findet man also im Ganzen drei Fälle im Ench. unter unzähligen richtigen, wo *ei* fälschlich für *ai* steht. Die Schreibung macht hier also einen durchaus zuverlässigen Eindruck. Dass *Keiserin* 'Kaiser', deutsches Lehnwort, mit *ei* erscheint, kommt jedenfalls daher, dass das Wort dem preuss. durch den Provinzdialekt zugeführt wurde, wo wohl schon wie heute *ai* wie *ei* gesprochen wurde.

I zeigt *ai*, *ay* richtig in *twaise, waitiatun, sammay, ainan, wedais, mukinaity*. *Aei* in *laeims* wird wohl nichts Besonderes zu bedeuten haben, jedenfalls steht neben *staey pallapsaey* einfach *wissay*. (Dass *pray* für *prei* steht, war bemerkt.)

II hat *ay*, *aey*: *staey, pallapsaey, waykan, aynen, quaits* u. s. w *mukineyti, wedeys* zeigen *ey*, wie diese Opt. es vielfach im Ench. haben.

Schwanken kann man bei *unsey* 'auf' I *unsei* II Ench. *unsei*: aber *unsai* 15 und wohl 84 (wenn da nämlich *ensai* in *unsai* zu verbessern ist): man vgl. abg. *vysokъ* 'hoch', comp. *vyše*. Ob nicht hier die Stämme *unsa-* und *unsi-* neben einander gelegen haben können? So würde sich das Wechseln von *ai* und *ei* einfach erklären.

Wie im Ench. *pallapsītwei*, *pallapsē* vorkommt, so stimmen I, II auch in *pallapsitwei* 'begehren', *pallapsaey* 'Gebote' überein.

Idg. *ou̯*, lit.-lett. *au*, abg. *u*, preuss. *au*.

baudinnons, *etbaudints* 'erwecket': abg. *buditi*, idg. **bhou̯dhéiō*, ai. *bubodha*, got. *bauþ* vgl.: *budē* 'sie wachen'.

kausint 'anrühren': lit. *kuszù*, *kuszëti* 'sich rühren', *kùszinti* 'berühren', lett. *kustēt* 'bewegen', idg. etwa **qou̯k̂éiō*.

ausins 'Ohren': acc. pl., gr. *οὖς*, pl. jon. *οἴατα*, lit. *ausìs*, abg. *ucho*, air. *au*, got. *ausō* 'Ohr'.

laustint 'demütigen', von einem **lausta*- 'Betrübnis' zu lit. *liū̃stù liū́daũ liū̃sti* 'traurig werden'.

taukint 'verheissen': etwa zu *tunkù*, *tùkti* 'schwellen, fett werden': also eigentlich 'das Herz schwellen lassen' (vor Erwartung). Doch diese Vermutung ist unsicher.

nautei 'Not', dat. Sg., *nautins* acc. pl.: möglicherweise urverwandt mit der germanischen Sippe: got. *nauþs* 'Not', an. *nauðr* 'Notwendigkeit', ags. *nýd néad* 'Not'; idg. *nou̯t*-.

ou̯ liegt vielleicht auch vor in den Locativadv. auf *-dau*: *sirsdau* 'mitten', *pirsdau* 'vor', *pansdau* 'nachher', *stwendau* 'von dort', *quendau* 'woher': vgl. abg. *-du* in *kądu* 'woher', *vьsądu* u. s. w. (Bopp, Sprache d. alt. Pr. 103).

Über dieses *au* in den beiden Cat. ist nichts zu bemerken.

8. Idg. *ō*,

abg. *a*, lit. *o* und *ů*, lett. *ā* und *ů*. Es ist die Frage nach dem Grund der doppelten Vertretung eine sehr schwierige, und wie mir scheinen will, noch nicht endgültig gelöste.

Indes, mag man mit Wiedemann annehmen (Lit. Praet. 45 ff.), dass *ā* der regelrechte baltische Vertreter des idg. *ō* sei, für den nur unter ganz bestimmten Umständen ein *ů* eintrete, oder mag man mit Zubatý (BB. 18, 241 ff. „Zum baltischen *ů*") der Ansicht sein, dass jenes *ō*, welches im balt. als *ů* erscheint, bereits in der Ursprache ein anderes gewesen sein müsse, als dasjenige, dessen balt. Reflex *ā* sei (pag. 245), hier genügt es, zu konstatieren, dass im Preuss. von *ů* m. E. keine Spur zu finden ist. Balt. *ů* und *ā* scheinen im Preuss. in *ā* zusammengefallen zu sein, das mit dem urspr. idg. *ā* die gleichen Veränderungen erlitt: nämlich Verwandlung in *ū* nach Guttural *(k g)* und Labial *(p b m v)*. Bemerkt sei hier gleich, dass auch das Vok. nicht den geringsten Anhalt für ein preuss. *ů* gewährt. *ů* und *ā* sind hier mit idg. *ā* in *o* zusammengefallen, für das auch unter noch näher zu erörternden Bedingungen bisweilen *oa* erscheint.

Ich befinde mich hier im Gegensatz zu Zubatý, der a. a. O. 245, Anm. Spuren von *ů* im Preuss. finden will. „Was der preuss. Reflex von lit.-lett. *ů* gewesen, lässt sich nicht so leicht sagen. Cat. III (unser Ench.) schreibt dort, wo wir aus etymologischen Rücksichten balt. *ů* voraussetzen müssen *oū* (z. B. *poūt*, *poūton*, *noūson*), *ou* (z. B. *poutwei*), *ū* (*pūton*, *dwibugūt*, *dwigubūt*), *u* (*teickut*); bedenken wir, dass auch für etymologisches *ū* *oū* geschrieben wird (*soūns*, *toū* neben *tu*), so scheint es sich zu ergeben, dass balt. *ů* im Preuss. zunächst *ū* geworden ist (s. *nuson*, *nusen* Cat. I), welches gerade so wie ursprüngliches *ū* vielleicht dialektisch etwa *ou* gesprochen wurde."

Schwerlich wird man Zubatý zugeben können, dass man hier wirklich balt. *ů* voraussetzen müsse.

noūmans, *noūson* sind zuvörderst auszuscheiden; sie gehören nicht unmittelbar zu gr. *νῶι*, *νώ*, *νωίτερος*, lat. *nōs*, *noster*, abg. *naju*, *nama*, *namъ*, *nasъ*, haben also kein idg. *ō*. Vielmehr liegt hier *ū* vor, das sie von den betreffenden Formen des Pron. 2. P., *joūmans*, *joūson*, das ursprachliches *ū* hatte, bezogen haben. Diese Erklärung steigert sich fast zur Gewissheit, wenn man die ganz analogen Vorgänge im Litauischen beachtet: *músu*, *mùms* können garnicht anders erklärt werden, als durch Anschluss an *júsu jùms*.

Ebenso liegt bei den Verben nicht der mindeste Grund vor, *ů* anzusetzen. *dwigubūt*, *dwigubū* 'zweifeln', kann einem lit. **dvigubóti*, Denominativ zu *dvìgubas* 'doppelt, entsprechen, also idg. *ā* haben. Und ebenso liegt bei *teickūt* nicht *ů* vor. Es verhält sich *teickūt* zu lit. *taikýti*, wie *laikūt* zu *laikýti*. Niemand wird doch pr. *lāiku* von lit. *laĩko* trennen wollen! *teickūt* besass wie *laikūt* durch das ganze Verb durchgeführtes *ā*, das nach Gutt. zu *ū* ward. Vgl. *perbandāsnan*, das auf einen Inf. *perbandāt* weist, gegenüber lit. *bandýti*, *perbānda* = lit. *bañdo*.

So bleibt nur noch *pūton*, *poūton* 'trinken' übrig. Auch hier möchte ich ein *ū* als ursprünglichen Vokal ansetzen, wofür ich einen Anhalt in den von Zubatý selbst angeführten *u*-Formen der Wzl. **pō-* 'trinken' finde: ai. *papu-* f. 'Amme', *agrēpū* neben *-pā-* 'zuerst trinkend'.

Im Preuss. lautete dieses Verb also **puja* — *put*. **pujā* erschliesst sich leicht aus Ench. *poieiti* 'trinket'! (*o* für *u* wie in *prosnan* neben *prusnan*), Cat. I. *pugeitty*, *pogeitty*, II. *puieyti*, *puietti*.

Doch könnte hier nicht auch idg. *ō* vorliegen, das nach dem Lab. zu *ū* wurde? Das ist nicht wahrscheinlich wegen der so konsequent durchgeführten Diphthongierung, die nur ursprüngliches *ū* trifft. Formen wie **moūti* 'Mutter', **laikoūt* 'halten' für *mūti*, *laikūt*, wo *ū* aus *ā* entstanden, sind unerhört.

Es mögen hier nun die einzelnen Beispiele folgen: 1) idg. *ō* erscheint als *ā* nach anderm Konsonant als Guttural und Labial.

dātwei 'geben', *dāse* 'du giebst', *dāst* 'giebt': ai. *dadāti*, gr. *δίδωμι*, lit. *dů́ti*, *dů́du* (alt *dů̃mi*), abg. *dastъ*, *dasi*, idg. **dōd-*. Zubatý sucht freilich die Beweiskraft dieses Wortes dadurch zu schmälern, dass er es für eine vom Slav. beeinflusste Form erklärt. Wenn man auch gerne zugiebt, dass *etwinūt* sein *i* von sl. *vina*, *viniti* hat (lit. *vainóti*, lett. *wainůt*), so wird man das für *dāt* kaum annehmen können. Für ersteres kann man gewisslich geltend machen, dass es ein gerichtlicher Terminus war, so dass eine Entlehnung denkbar ist. Allein für ein Wort wie *dāt* geht das nicht an. Das preuss. zeigt durchaus nicht soviel durch das slav. beeinflusste Worte, oder auch nur Lehnworte, dass man auf einen so engen Connex des preuss. mit dem slav. schliessen könnte, wie er bestanden haben müsste, wenn das preuss.

seine echte Form **dūti*, (wie Zubatý wohl annehmen würde) zu Gunsten des slav. *dati* aufgeben konnte. Überhaupt muss man bei der Annahme solcher Beeinflussungen mit der grössten Zurückhaltung verfahren. Auch *snēgas*, *ātlēkas* wird man jetzt kaum mehr für dem slav. angenäherte Formen halten (Hirt JF. I. 35 legt dagegen entschieden Protest ein); leider fehlt es auf dem Gebiet der Lehnwörter noch sehr an Untersuchungen prinzipieller Fragen.

tāws 'Vater', acc. *tāwan*: lit. *tĕvas*; also liegt im preuss. jedenfalls die *ō* Stufe vor.

sālin 'Kraut': lit. *żolĕ*, lett. *ſāle* zu *żeliù żélti* 'grünen', abg. *zelije* 'Gemüse', ai. *háriṣ*, *haritas* 'gelblich', lat. *helvus* 'blassgelb', ahd. *gelo* 'gelb'.

rāms 'sittig': lit. *romùs* 'sanft, ruhig', lett. *rāms* 'kirre, zahm', zu *rìmstu*, *rìmti* 'im Gemüt ruhig werden', lett. *rimt*, gr. *ἔραμαι*, ai. *rámate* 'rastet', *rāma* 'Lust, Ruhe', got. *rimis* 'Ruhe', gr. *ἠρέμα* 'sanft, leise', idg. **rōm-*.

poglabū 'er herzete': lit. *globóti* 'umfassen' zu *glĕbti* 'mit den Armen umspannen': Ablaut *ē-ō*.

prātin 'Rat': lit. *prōtas* 'Verstand', lett. *prāts* 'Wille', zu *-pret-* in *isprestun* 'verstehen': lat. *interpres*, got. *fraþi* 'Verstand', *froþs* 'klug'.

tārin acc. 'Stimme', *attrātwei* 'antworten': ai. *tāra* 'laut, lauttönend', gr. *τορός*, *τορέω*; also **tōri-*.

nā-, in *nā-dewisin* 'Seufzer', acc., *na* 'gemäss': lit. *nů̃*, gr. *ἄνω*, abg. *na*. *no* die häufigere Form hat *o* für *a*, verhält sich also zu *nā-* wie lit. *nù* zu *nů̃*.

tāls 'weiter': lit. *tolì* 'fern'.

Ferner *ō* in Flexionssilben: *swintan* 'der Heiligen', **swintōn*, *grikan* 'der Sünden'; *wirdai* 'dem Wort', **wird-ōį*, dat. Sg.; *as polaipinna* 'ich befehle', *as cristia* 'ich taufe' (lit. *krìksztyju*), *as imma* 'ich nehme', idg. *ō*: dass hier für *imma* nicht *imū*, für *grīkan* etwa **grīkūn* eingetreten ist, kann niemand wundern. Was war natürlicher, als dass im Paradigma Ausgleichung eintrat? Des Näheren wird darüber noch in der Formenlehre zu handeln sein.

2) Nach Labial und Guttural erscheint dieses *ā* als *ū*:

wūkawi 'er fordert' : *wackītwei* 'rufen', also liegt ein Ablaut **vōq voq* vor (Zubatý, BB. 18, 242 Anm.): gr. *ἔπος*, ai. *vacas* 'Stimme', lat. *vōx*, ahd. *gawahan*.

pūdauns ast 'hat getragen' geht, wie schon bemerkt, auf **pōd-* zurück, das mit **pēd-* in *pīst* 'tragen' ablautet. Das Verbum entspräche einem lit. **pódoti*.

smūni 'Person', *smūnents*, *smūnentins* 'Mensch' : lit. *żmónės* 'die Menschen', *żmonà* 'Frau' : alat. *hemōn-*, *homōn-*, got. *guma*. (Wiedemann Lit. praet. 49 gegen Meringer KZ. 28, 232, der lat. *humānus* vergleicht.) Hierzu gehört auch *smūnint* 'ehren', eigtl. 'wie einen Menschen behandeln'. Zu vergleichen ist, worauf mich Herr Prof. Leskien gütigst aufmerksam gemacht hat, zur Bedeutung serb. *psovati* 'schimpfen', abg. *pьsovati* 'wie einen Hund behandeln', altserb. *čovječitise* (abg. *člověčitisę* zu *člověkъ* 'Mensch) zuweilen 'gloriari'. Dieser Erklärung des *smūnint* widerspricht nicht das Vorkommen von *smūni* 'Ehre' (*en smūnin laikūt* 'in Ehren halten'), denn dieses kann erst aus *smūnint* entnommen sein, etwa nach dem Verhältnis *teisi* 'Ehre' zu *teisint*. In *somonentwey* I ist das erste *o* wohl unberechtigt.

sēnku 'womit', *ku* Instr., **kō* : lit *ků̃*.

Die beiden Katechismen bieten nur spärliche Beispiele: I *thawas*, *thawe*, *dats* stimmt zum Ench. *somonentwey kodesnimma* 'so oft' : *ko* = *ku* des Ench., *o* ist nicht auffallend, wenn man sieht, dass auch *gobuns* für *gūbons*, *sunos* für **sūnūs* geschrieben wird. II hat *thawan*, *thawe*; *dæczt* 'gegeben' hat dasselbe *æ* wie z. B. *enbænden* für *enbandan*; *æ* wird hier jedenfalls eine Länge gewesen sein.

Dem *kodesnamma* in I entspricht hier richtig *kudesnammi*, dem *somonentwey* I *smunintwey*. So kann man sagen, dass das für das Ench. gefundene Gesetz auch für die beiden Katechismen Gültigkeit hat.

Ich kann das Gebiet des *ō* nicht verlassen, ohne darauf hinzuweisen, dass mir ein unerklärter Rest bleibt. Was bedeutet das *ō* in *tickrōms* 'gerecht', *tickrōmai* n. pl., *prei tickrōmien* 'zur Rechten', und in *perōni* 'Gemeinde', *perōnin*, acc. *perōnien*; *perōnisku*, adj. fem. (zur gleichen Wzl. gehört jedenfalls noch *piru* dat., *pýrin* acc. 'Gemeinde'; *emperri* 'zusammen', *empÿrint* 'versammeln', *en empÿreisku* in Summa).? Es ist dies eine um so schwerer entscheidbare Frage, als bei dem ersten Wort die Ableitungssilbe (*tickras* ist bekannt), beim zweiten die ganze Etymologie dunkel ist; *sъ-birati*, womit es Nesselmann Thes. 126 vergleicht, muss jedenfalls fern bleiben und auch Bezzenberger's Vergleichung mit lat. *pars*, *partiri* (GGA 1875, 1246) ist nicht sehr schlagend. Sollte hier doch ein *ō* (= lit. *ů*) vorliegen? Man könnte bei *perōni* an Bildungen wie lit. *gelůnìs* 'Stachel', lett. *dſelůns* mit ihrem seltsamen *ů* denken, (Zubatý BB 18, 243 Anmerk.).

9. Idg. *a*,

lit.-lett. *a*, abg. *o*. Preuss. *a* und so auch bezeichnet.

ālgas gen. sg. 'Lohn' : lit. *algà*, ai. *arghá* 'Geltung, Wert, Ehrengabe', gr. *ἀλφή ἄλφημα* 'Arbeitslohn'.

packe 'Frieden', *packan*, *packun* acc., *sen packai* 'sicher' : lat. *pax* 'Friede', *pango* 'befestige', gr. *πάσσαλος* aus **πακι̯αλος* 'Pflock', got. *fahēþs* 'Freude', *fagrs* 'passend, geeignet', ahd. *fagēn* 'willfahren'. Möglicherweise ist das Wort auch slav. Lehnwort wie sicher acc. *packaien*, russ. *pokoj*.

labbas 'Gut' : lit. *lābas* 'gut', *lōbis* 'Besitz'. Nach Fick[4] 120 zu ai. *lábhate* 'fasst, besitzt', gr. *λάφυρον* 'Beute'.

mārtin, *mārtan* acc. 'Braut' : lit. *martì*, gr. kret. *βριτόμαρτις* Solin C. 11, 9 'virginem dulcem'. Wenn indes gr. *μεῖραξ* (**meri̯ak-*), ai. *maryaká-* 'Männchen, junger Mann', mit Recht dazu gestellt wird, so hat man idg. **mort-* anzunehmen, gr. *-μαρτις* ist dann idg. **mr̥t-*.

kackint 'greifen', *kackinnais* 'reiche dar' : lit. *kakìu*, *kakēti* 'im Wasser den Grund erreichen', *kākinu* 'gelangen machen' zu *kankù kàkti* 'gelangen, reichen'.

stallīt 'stehen', *stallan* 'Tisch' wird wohl wie *statint* 'stellen', *statinnimai*, idg. *ə* haben, das im Europäischen mit *a* zusammenfiel (Brugmann Grdr. I 101) : ai. *sthitás* 'stehend', *sthítiṣ* 'Stand', gr. *στατός*, lat. *status*, got. *staþs*, lit. *stataũ*, abg. *stoja*, *stolъ* 'Tisch'.

idg. *ai̯* liegt im Preuss. in keinem Wort, soweit ich sehen kann, vor.

Idg. *au̯* : lit.-lett. *au*, abg. *u*. Preuss *au*.

kaulin 'Knochen' acc.: lit. *káulas* 'Knochen', le. *kauls* 'Knochen' und 'Stengel', lat. *caulis* 'Stengel', *caulae* 'Höhlungen' gr. *καυλός* 'Stengel'.

sausā 85 'trocken', adv. *sausai* : lit. *saũsas*, abg. *suchъ*, ai. *soṣa* 'das Verdorren', gr. *αὔω* 'trockene', ags. *seár* 'dürr'.

aucktairikyskan 'Obrigkeit', *aucktimmisku* dasselbe, *aucktimmien* acc. 'Oberster' : lit. *áuksztas* 'hoch'.

augint 'erziehen' : lit. *auginù* 'erziehe' : lat. *augeo*, *augmentum*, gr. *αὐξάνω*.

Verbalpräposition *au-* 'von, weg' : *aumūsnan* 'Abwaschung' (r. *umyt* 'waschen'), *auklipts* 'verborgen', (zu gr. *κλέπτω*, got. *hlifa*), *audāt sien* 'geschehen' : lat. *au-* 'ab, weg' in *aufero*, ai. *áva*. Bezzenberger macht BB 18, 267 auf *au-* im Lettischen aufmerksam : *aumalam* 'stromweise', im Übermass' zu *mala* 'Rand', *aumanis* 'unsinnig', ai. *a-manás* 'unverständig', *aumeſch* 'gar arg' von **meda* : ahd. *meza* 'Mass'.

ausin 'Gold' : lit. *áuksas*, lat. *aurum*.

āustin 'Mund' : Voc. *austo*, abg. *usta* 'Lippen', ai. *ṓṣṭha-* Lippe' : lat. *austium*, *ōstium* 'Mündung' : lit. *ů'stas* 'Flussmündung', lett. *ōsta* 'Hafen'.

In den beiden Cat. finden sich für *a* keine Beispiele, für *ai* ebenfalls nicht. *au-* liegt in beiden in der Präp. *au-* vor : *au-schautins*, *aulauns* u. s. w.

10. Idg. *ā*,

lit. *o*, lett.-abg. *ā*; preuss. *ā*, nach Guttural und Labial, wie schon bemerkt, ist es zu *ū* geworden. (Zubatý BB 18, 241 Anm. erwähnt schon, dass es nach *m* und *v* *ū* geworden; de Saussure hat Mém. d. l. soc. d. lingu. VII, 82 zum ersten Mal auf diese Regel in ihrem ganzen Umfang hingewiesen. 'Nulle part un *ā* après *p b m k g*'.).

1) *ā* ist *ā* geblieben:

postāt 'werden', *postātwei*, *postanimai* : abg. *stanǫ*, *stasi*, lit. *stóti*, ai. *sthā́na* 'das Stehen', gr. *ἵστημι* aus **ἰ-στᾱ-μι*.

brāti 'Bruder' : ai. *bhrā́tar*, gr. *φράτωρ*, lat. *frāter*, got. *broþar*, lit. *broter-ėlis*, abg. *bratrъ*.

sātuinei 'du sättigst' : air. *sāith* 'Sättigung' (**sātis*), got. *sōþs*, lit. *sótis* : lat. *satur*, got. *saþs*, ai. *a-si-nvá* 'unersättlich', idg. *sə-*.

Das *ā* des Nom. Sg. der fem. *ā*-St. : *tennā* 'sie', *ainā* 'eine', *stā* 'die', *antrā* 'andere', *etwerpsnā* 'Vergebung', *mensā* 'Fleisch'; dat. Pl.: *gennāmans*, lit. *mergōmìs*, gen. Sg. der fem. *ā*-St., idg. *-ās* : *gennas* 'des Weibes', danach auch der gen. sg. der msc. *o*-Stämme: *Deiwas* 'Gottes' *swītas* 'der Welt'.

Das *-ā-* der Verbalstämme: *biātwei* 'fürchten', lit. *bijótis*, *ersinnāt* 'erkennen' : lit. *žinóti*, lett. *ſinât*, *waitiāmai* 'wir reden' : abg. *věštati*, *signāt* 'segnen': lit. *žègnoti*; *perbānda* 'versucht' : lit. *bañdo*, *lasinna* 'legte' : lit. **lažìno*, *endeirā* 'er sah an' : lit. *daĩro-s* 'gafft umher'.

2) *ā* ist zu *ū* geworden:

mūti 'Mutter' : lit. *mótė*, abg. *matь*, lat. *māter*, gr. dor. *μάτηρ*, ai. *mātá*.

mukint 'lehren' : lit. *mokìnti*, lett. *mâzīt* 'lehren', gr. *μῆκος* für *μᾶκος*, *μήκιστος*; *μάκαρ*, *μακρός*. (Fick Wb.[4] 508).

musīlai 'möge', *musīngis* 'mächtig' — *massi* 'kann', *massimai* 'wir können' : abg. *mogą mošti* 'vermögen', got. *magan* 'mögen', das preussische weicht auch hier, wie schon des öftern bemerkt werden musste, im gutt. ab. Fick Wb.[4] 508 vergleicht gr. *μᾶχος*, *μηχανή*. (Lit. *magóti* in *pamagóti* 'helfen' bei Kurschat ist slav. Lehnwort: russ. *pomogatь*).

uras 'alt', *uraisei* 'die Eltern' : lit. *voras* 'alt', jetzt ungebräuchlich; *w* scheint dabei geschwunden, gerade so wie in *gallū* 'Haupt', lit. *galvà*.

supūni 'Herrin', Lehnwort, Gr. *supana* : lit. *žiupõnė*.

In Verben: *dwigubūt* 'zweifeln' **dwigubāt*, lit. **dvigubóti*, *poglabū* 'umarmte' : lit. *globóti*, *deiwūts* 'selig' würde etwa ein lit. **dėvótas* sein. *buwinaiti* 'wohnet' rechnet Saussure a. a. O. auch hierher indem er lit. *bõvytis* 'sich aufhalten, sich die Zeit vertreiben' vergleicht, (ein slav. Lehnwort aus russ. *bavitьsja*). Doch hat das pr. Wort ursprüngliches *u*, denn es gehört zweifellos zu lit. *buvinėti* 'hier und da bleiben'.

Nach gutt. erscheint *ū* in *lūiku* 'hält' : lit. *laĩko*, *lαikūt* 'halten', lit. *laikýti, teickūt*, lit. *taikýti*. Über das Verhältnis der Pr. zu den lit. Formen ist schon pg. 149 gesprochen.

Nom. Sg. fem. der *ā*-St. *mergu* : lit. *mergà*, dat. pl. *mergūmans*, lit. *mergomìs*.

pogūnans 'die Heiden' : Lehnwort aus poln. *poganin*, lit. *pagõnas*.

schkūdan 'Schaden' : lit. *iszkadà*, *iszkãdyti* : fraglich ob es aus dem deutschen oder aus dem wr.-poln. *škóda* entlehnt.

Über analogische Beeinflussungen — der gen. Sg. von *gallū* heisst *galwas*, nicht **gallūs* — soll die Formenlehre Näheres bringen.

Cat. I hat *waitiatun belats prowela* (praet. 'sie verrieten'), aber *deiwuts*, *muttin* (*tt* auch nach langem Vokal wie *turettwey* (lit. *turė́ti*), *mukinayty*, *taykowuns*, *patickots*, *wismosing*; *wismosingis* haben *o*, das auch für *ū* und *ō*, wo dieses zu *ū* werden soll, vorkommt, vgl. p. 152.

Das häufige *o* lässt vielleicht vermuten, dass der Laut mit dem idg. *ū* noch nicht völlig zusammengefallen war: dass ein Unterschied in der Behandlung je nach dem voraufgehenden Konsonant gemacht wurde, das ist jedenfalls klar: kein *a* findet sich nach *w*, *k*, *m*.

Cat. II stimmt noch näher zum Ench.: *waytiaton*, *perbandasnan*, *bylaczt* gegenüber *mutien*, *mukineyti*, *deywuts*, *wyssenmukis* (woneben auch einmal *wissemokis*).

Dass I und II übereinstimmend *poganans* (*-ens*) haben, macht nichts gegen das Lautgesetz aus. Das Wort ist fremd und der Schreiber dieser Katechismen kann einen Dialekt gehabt haben, worin dieses Wort noch als fremd empfunden wurde. Vgl. Grunau's *supana* 'Braut' gegenüber Ench. *supūni*.

11. Die idg. sonantischen Nasale und Liquiden.

idg. *r̥ l̥ n̥* = lit.-lett. *ir*, *il*, *in*, abg. *ьr ьl ьn*; preuss. ebenfalls *ir*, *il*, *in*, und so geschrieben.

1) idg. *n̥ m̥* = *in*, *im*.

dessīmts 'zehnter' : lit. *deszim̃tas*, abg. *desętъ*, gr. *δέκατος*, got. *taihunda*.

newīnts 'neunter': lit. *deviñtas*, abg. *devętъ*, got. *niunda*, gr. *ἔνατος*.

imtwei 'nehmen', *imma* 'ich nehme': lit. *imù*, abg. *imą*, aus **jьmą*, idg. *m̥-mō*, lat. *emō*.

gimsenin acc. 'Geburt', *ainangimmusin* 'eingeboren', *naunagimton* 'wiedergeboren': lit. *gim̃ti* 'geboren werden', ai. *gátiṣ*, gr. *βάσις*, got. *gagumþi* : Osthoff, Perfekt 103.

senrīnka 'er sammelt': lit. *riñkti*, die Präsensbildung ist jedoch anders, *reñka* 'sammelt'.

pertrinckton 'verstockt' : lit. *trenkù*, *trenkaũ*, *treñkti* 'heftig stossen', *trenkù*, *trinkaũ*, *triñkti* 'rumpeln'.

limtwei 'brechen': lett. *limstu limt* 'unter schwerer Last zusammen sinken', lit. *lamìnti* 'geschmeidig machen', abg. *lomiti* 'brechen', *lemlai* vgl. pg. 138.

stinsennien acc. 'Leiden': zu lit. *stenė́ti*, abg. *stenati* gemere, ndl. *stenen*, gr. *στένω* 'stöhnen', scheint auf *stn̥-* zurückzugehen.

swints 'heilig', steht ebenfalls auf der Tiefstufe gegenüber lit. *szveñtas*, av. *spętъ*. Auf gleicher Stufe steht got. *hunsl* n. 'Opfer', das sich auf *k̑un̥t-slo-* zurückführen lässt; abg. *svętъ* kann **svьntъ* und **sventъ* sein.

wīngriskan 'List' : lit. *viñgis* 'Krümmung', *vingrùs* 'sich schlängelnd', lett. *wingrs* 'hurtig': zu *véngiu* 'meiden', *vangùs* 'träge'.

2) *r̥ l̥ = ir, il.*

kettwirts 'vierter': lit. *ketvir̃tas*, abg. *četvrъtъ*, gr. *τέταρτος*, idg. **qetu̯r̥-to-*.

tīrts 'dritter': ai. *tr̥tī́yas*, lat. *tertius* : idg. **tr̥t-*; lit. *trẽczias*, abg. *tretijь*.

pirmois 'erster', *pirmannien* acc. dasselbe : lit. *pìrmas* abg. *prъvъ*; ai. *pūrva*, gr. *πρόμος* aus **pr̥̄-*; got. *fruma* 'erster'.

wirdan 'Wort' mit Tiefstufe, gegen lit. *wardas*, wie got. *waúrd*; idg. **u̯r̥dho-*; lat. *verbum*.

wīrst 'wird', *wīrstmai* 'wir werden': lit. *virstù*, *virtaũ*, *vir̃sti* 'umfallen' zu *verczių̀*, *ver̃sti*; got. *wairþan*.

powīrps 'frei, los', eigentlich 'los gelassen' zu *powiērpt* 'lassen' : lit. *pãvirpas*, Nesselm. Wb. 'armseliger Mensch, Losmann', lit. *verpių̀*, *ver̃pti*.

dirbinsnan 'Zittern': lett. *dribināt* 'zittern machen', lit. *drebù, drebėti* 'zittern'.

kīrdimai 'hören': lit. *girdžiù, girdėti* 'hören', zu *gerdas* 'Botschaft', pr. *pogerdaut* 'sagen'.

girsnan 'Ruhm', *girtwei* 'preisen': lit. *giriù, gìrti* 'rühmen', ai. *gṛṇāti* 'preist, rühmt'.

dirstlan 'stattlich': lit. *drįsti* 'mutig werden', ai. *dhṛṣṇúṣ* 'mutig', Wz. *dhers-*.

kirschu 'über', weit häufiger als *kērscha* (*kerscha*), das nur zweimal vorkommt, ist jedenfalls die Tiefstufenform zu diesem, vgl. abg. *črěsъ*, lit. *skeȓsas* 'quer'.

pilnan 'voll': got. *fulls*, lit. *pìlnas*, abg. *plъnъ*, av. *perᵉna*.

prawilts 'verraten': lit. *viltis* 'hoffen', lett. *wil'u, wilt* 'betrügen', le. *welts*, lit. *véltas* 'vergeblich': ai. *vṛthā* 'vergeblich, falsch'.

billiton 'reden', *billē* 'spricht': lit. *bilstù* 'zu reden anfangen', lett. *bildēt* 'reden': das *i* des preuss. ist jedenfalls kurz, wenn auch einmal *bilītwei*, einmal *billīsna* steht; lit. *bylóti* steht also etwas ferner; lit. *bal̃sas* 'Stimme'.

Im Ench. findet sich stets *i* geschrieben, ausser etwa in *lemlai* 'bricht', wo sich das *e* sonst schwer erklären liesse, wenn man nicht annimmt, es sei ein Ausdruck für *i*. Die Katechismen bieten für dieses *i* in demselben Verhältnis *e*, wie für das idg. *i*. So hat Cat. I sehr oft *e*: *dessempts, somonentwei, lembtwey*, neben *swintintwey, pirmas*; *menisnan* 'Gedächtnis' zu lit. *minėti* liegt im Ench. nicht vor, es hat auch *e* für *i*. Im II. Gebot ist „unnützlich führen" durch *anterpinsquan menentwey* übersetzt, ein Wort, das im preuss. Sprachschatz nur an dieser Stelle vorkommt. Joh. Schmidt hat Jen. Litz. 1874, No. 33, eine Besserung in *emnentwey*, also 'nennen' zu *emnes* 'Namen' vorgeschlagen. Ich glaube indes, dass man auch mit dem Gegebenen ohne Änderung auskommt; schon Nesselmann Thes. 103 erinnert an lit. *menù, miniaũ, miñti* 'gedenken, erwähnen'. Vgl. auch *ką kókiu wardù pramiñti* 'jemand mit einem Namen benennen'; *menentwey* steht für *menintwey* und bildet ein Iterativum zu *menù*.

Cat. II hat, wie überhaupt, auch hier selten *e* für *i*: nur *leygenton* 'richten', *menisnan* neben *minisnan*; aber *dessimpts, swyntintwey, limtwey* u. s. w.

BB. 17, 213 ff. hat Bezzenberger *ur, ul, um* als Schwächung zweisilbiger Wurzeln erwiesen; hiefür bietet auch das preuss. etliche Beispiele:

kurpins, kurpi 'Schuh': lit. *kùrpė*, lett. *ku'rpe*, gr. *κρηπίς*.

kurwis 'Ochse': gr. *κεραός* 'gehörnt', ahd. *hiruz* 'Hirsch'; lit. *kárvė* 'Kuh'.

kūra 'baute, schuf', inf. **kurt*: lit. *kùrti*, gr. *κραίνω*. Ein Beispiel bietet das preuss., welches dem lit.-lett. fehlt, in *stūrnawiskan* 'Ernst', *stūrnawingisku* 'ernstlich', das sich gut zu lat. *strēnuus* 'streng', gr. *στρηνής* 'rauh, stark' stellt.

II. KONSONANTISMUS.

In aller Kürze folge hier eine Übersicht der Entsprechungen:

I. die idg. Labiale *p b bh*, lit.-lett. abg. *p b b*, ebenso im preuss.

pirmois: lit. *pìrmas*, abg. *prъvъ*, ai. *pūrva*, got. *fruma*.

Für *b* giebt es kein Beispiel im preuss.

brāti: lit. *broterė̃lis*, abg. *bratrъ*, gr. *φράτωρ*, lat. *frater*, got. *broþar*, ai. *bhrắtā*.

II. Die idg. Dentale: *t d dh*; lit.-lett. abg. *t d d*, preuss. ebenso.

tou: lit. *tù*, abg. *ty*, ai. *tú*, gr. dor. *τύ*, got. *þu*, idg. **tū*, **tu*.

dātwei 'geben': lit. *dů́ti*, abg. *dati*, ai. *dā-*, gr. *δίδωμι*.

senditans, acc. pl. 'gefaltet': lit. *dė̃tas*, abg. *dětъ*, got. *gadeþs* 'That', ai. *dhāma* 'Gesetz', gr. *θή-σω*.

III. Die idg. Gutturale:

a) palatale: *k̑ ĝ ĝh*, siehe unten.

b) velare: *q ʒ ʒh*, lit.-lett.-abg. *k g g*, ebenso im preuss.

krawia 'Blut': lit. *kraũjas*, abg. *krъvь*, gr. *κρέας*, lat. *cruor*, aisl. *hrar*, idg. **qreu̯-*.

giwan 'Leben': lit. *gývas*, abg. *živъ*, lat. *vivus*, got. *qius*, ai. *jīvás*, gr. *βίος*, idg. *gīu̯o-*.

guntwei 'führen, treiben': lit. *genù* 'treibe Vieh', abg. *izgonъ* 'Vertreibung', ai. *hánti* 'schlägt', *ghnánti* 'sie schlagen', gr. *ἔπε-φν-ον*.

IV. Die idg. Spiranten *s v j*:

soūns: lit. *sūnùs*, abg. *synъ*, ai. *sūnúṣ*, got. *sunu*.

waldūns 'Erbe': lit. *valdaũ*, *valdýti*. abg. *vladą*, got. *valda*.

joūs: lit. *jũs*, ai. *yūš*, gr. *ὑμεῖς*.

V. Die idg. Nasale *m n*:

mūti 'Mutter': lit. *mótė* 'Weib', abg. *mati*, gr. dor. *μάτηρ*, lat. *māter*, ai. *mātá*.

nawans Cat. I, Ench. *naunan*: lit. *naũjas*, abg. *novъ*, gr. *νέος*, lat. *novus*, ai. *navas*.

VI. Liquiden: *r l*.

rāms: lit. *rõmas*, ai. *rámate*, *rāma-*.

lāikt 'bleiben': gr. *λοιπός* zu *λείπω*, got. *leihva* 'leihe', abg. *otъlěkъ*, lit. *lėkù*.

Die idg. Palatale sind in dieser Übersicht ausgelassen; sie folgen hier ausführlicher, weil ihre Vertretung einen charakteristischen Punkt in der preuss. Lautlehre bildet. Das preuss. steht hierin nämlich dem lett. und slav. näher, d. h. auch hier hat der Übergang von *š*-Lauten zu *s*-Lauten stattgefunden. Also idg. *k̑ ĝ ĝh*, lit. *sz ž ž*, lett.-abg.-pr. *s z z*, geschrieben lett. *s* und *ſ*, im preuss. wird für beide *s* angewandt (nach kurzem Vokal *ss*), so dass man für die Bestimmung, ob *s* oder *z* vorliegt, allein auf die Etymologie angewiesen ist.

1) idg. *k̑*

dessimtons 10, *dessīmts* '10 ter': lit. *dẽszimtis*, *deszim̃tas*, abg. *desętь*, *desętъ*, ai. *daśa*, lat. *decem*, gr. *δέκα*.

sȳran, *sīran* 'Herz': lit. *szirdìs*, abg. *srъdьce*: gr. *κῆρ* entspricht dem preuss. ganz genau (de Saussure, Mém. d. l. s. d. Lingu. VII 79), Voc. nom. *seyr*.

waispattin acc. 'Hausfrau': lit. *vẽszpatis*, ai. *viśpatiš*, av. *vīspaiti*: gr. *ϝοῖκος*.

peisalei 'Schrift', *popeisāton* 'geschrieben': lit. *pẽszti*, ai. *piś-* 'ausschneiden', abg. *pisati*, gr. *πικρός* 'einschneidend', *ποικίλος* 'bunt'.

waisines 'bewirtend' (wohl **waisinas*) : lit. *vẽszni* 'der weibliche Gast', *vẽszėti* 'zu Gaste sein', ai. *viśáti* 'eintrifft'. *pariveśáyati* caus. dazu 'bewirtet'.

swints 'heilig' : lit. *szveñtas* (lett. *swets*, stammt aus dem slav.), abg. *svętъ*, av. *speñta* 'heilig'.

seimīnan 'Gesinde' : lit. *szeimýna*, lett. *sēwa* 'Weib', ai. *śéva-* *śivá* 'freundlich, traut', lat. *ceivis*, *cīvis* 'Bürger'.

tūsimtons 1000, entstanden aus *tūs-simts*, lit. *szim̃tas*, ai. *śatám*, lat. *centum*. Dieselbe Bildung im germ.-got. *þūsundi* aus **tūs-hundi*, wie noch an. *þūs-hundrađ* und salfränk. *þūs-chunde* zeigen; lit. *túkstantis* verdankt seine abweichende Gestalt volksetymologischer Anlehnung, wie man annimmt, an *túkstu* 'schwellen'.

perrēist 'verbinden', *senrists* 'verbunden' : lit. *riszù*, *rìszti*, lett. *rist*.

pīrstans 'Finger' (in *prēipīrstans* 'Ringe') : lit. *pir̃sztas*, abg. *prъstъ*, lett. *pi'rksts* 'Finger' mit dem häufig auftretenden *k*-Zusatz.

prēisicks 'Feind' : lit. *prẽsz* 'gegen', *prẽszininkas* 'Gegner'.

auckstimmiskan kommt einmal neben zahlreichen *auktimmisku* u. s. w. vor. Man kann, wenn die Überlieferung hier richtig, lit. *áuksztas* vergleichen.

Ebenso *crixtitwei* 'taufen' : lit. *krìksztyju*, Lehnwort aus wr. *chrest chresćić*, poln. *chřešćjan* 'Christ'.

dūsin 'Seele', Lehnwort aus poln. *duša*, lit. *duszià*; dies Wort zeigt, dass der Übergang von *š* in *s* erst ein verhältnismässig später gewesen sein kann, da er nach der Entlehnung fällt. Das preuss. hatte ja, wie sich später zeigen wird, ein *sch*, also kann man nicht annehmen, dass *s* den *š*-Laut ersetzte.

Vielleicht ist *esse* 'von' hierherzurechnen, wenn es nämlich mit gr. *ἐξ*, lat. *ex*, ir. *ess* zusammengehört. Ganz sicher ist das freilich nicht.

2) idg. *ĝ ĝh*.

semmē 'Erde'. acc. *semmien* : abg. *zemlja*, lit. *żėmė*, lett. *ſeme*, gr. *χαμαί*, av. *zem*.

smūni 'Person', *smunents* 'Mensch' : lit. *žmónės*, lat. *homō*, got. *guma*.

sālin 'Kraut': lit. *žolė̃*, lett. *ſāle*, abg. *zelo* 'Kraut', *zelenъ* 'grün', gr. *χλόος*, ahd. *gelo*.

swīrins 'Tiere' : abg. *zvěrь*, lit. *žvėrìs*, lett. *ſwers*, gr. *ϑήρ*, thess. *φήρ*.

posinnāt 'bekennen' : lit. *žinóti*, lett. *ſināt*, abg. *znatı̨* 'kennen', ai. *jānāmi*, gr. *γιγνώσκω*.

suckans 'Fisch' : lit. *žuvìs*, *žùk-mistras*, lett. *ſuws* und *ſiws*, gr. *ἰχϑύς*, arm. *jukn*.

massais 'weniger' (*măzais*) : lit. *mãžas* 'klein', *màž* 'wenig', lett. *maſs* 'klein', *maſ* 'wenig'.

līse 'kriecht', *lisuns* 'gefahren' : abg. *lězą lěsti*.

amsis 'Volk' : lit. *ámžias* 'Lebenszeit des Menschen, Ewigkeit'.

swāigstan 'Schein' : lit. *žvaigždė̃* 'Stern', lett. *ſwáigsne*, abg. *zvězda*.

schlūsitwei 'dienen' : Lehnwort aus poln. *służyć*, lit. *slū́žyti* und *szlū́žyti*.

supūni 'Herrin': lit. *žiupõnė*, poln. *župan*.

Zu letzteren beiden Worten wäre etwa dasselbe zu bemerken wie bei *dūsin*.

Merkwürdige — schon gelegentlich erwähnte — Abweichungen bieten die pr. Worte:

lasint 'legen', *lasinna*, *lasinnuns* : abg. *lęgą lešti* 'liegen', *ložiti* 'legen'; das abg. weist auf *ȝh*, das preuss. auf *ĝh*. Ebenso *massi* 'kann', *musīlai* 'möge', *musīngin* 'mächtig' : abg. *mogą mošti*.

Ein ähnlicher Wechsel kommt auch bisweilen innerhalb der slav. Sprachen vor, vgl. z. B. Miklosich etym. Wb. *lez-*, pg. 166: neben *lěz-* 'kriechen' (s. o.) kommt auch *lěg-* vor.

III. COMBINATORISCHER LAUTWANDEL.

A. LAUTWANDEL INFOLGE DES ACCENTS.

Bekannt ist, welch eingreifende Wirkung der Accent auf den Vokalismus des Litauischen ausübt. Eine Vergleichung mit den preussischen Verhältnissen ist dadurch nahe gelegt. Die Ergebnisse sind indessen hier — soweit sie bei der ganzen Art der Aufzeichnung sicher stehen können — durchaus negative: das preuss. stimmt nicht zum lit. So gilt für das lit. die Regel, dass *a*, *e* in inneren Wortsilben vor Sibilanten und Momentanlauten, wenn sie vom Hochton betroffen werden, Dehnung erfahren und geschleiften Ton erhalten: *akìs* — *ãkys*, *redù* — *vẽdę̃s*. Im preuss. findet sich *ackis*, *praweddun*s ohne Dehnung, ebenso in zahlreichen anderen Fällen. Das Gleiche tritt im lit. vor einfacher Liquida (oder Nasal) ein: *stãlas* 'Tisch' — pl. *stalaĩ*: preuss. aber *stallan*, *senì* 'die alten' — *sẽnas*; im pr. *gennan*, acc. von *gennā*; lit. etwa **genà* — **gẽną*, abg. *žena*. Desgleichen weicht das preuss. bezüglich des Einflusses der Tonqualitäten auf die Endsilben ab. Im lit. gilt die Regel: Von den ursprünglich langen Endsilben haben die geschleift betonten die Länge bewahrt, die gestossen betonten haben Verkürzung erlitten: *mergà gerà* gegen *geró-ji*, aber *mergõs*, *gerõs*. Im preuss. findet man das fem. nom. Sg. oft mit dem Längezeichen: *etwerpsnā*, *mensā*, *tennā*, *stā*, *ainā* u. s. w. Die Regel scheint also nicht zu gelten.

B. ASSIMILATIONSGESETZE.

1. Verbindung von *j* mit Vocal.

a) Die litauische Regel: „In der Verbindung kons. + *j* + palat. voc. schwindet *j*, es bleibt, so bald ein anderer Vokal folgt", gilt auch für das preuss. Das lit. zusammengesetzte Adjektiv: **geras* — *jis* zu *geràsis*. Im preussischen ist ein sicheres Beispiel *dengnennissis* 'der himmlische' 46, aus **dengnennis* + *jis*. Ebenso lit. *žẽmė* aus **žem* + *jē*, preuss. *semmē*. Dafür, dass *j* vor anderm Vokal erhalten bleibt, haben wir nur ein indirektes Zeugnis im Anschluss dieser *ē*-Stämme an die *-jā*-Stämme acc. *semmien*. Der kann doch nur nach einem Kasus analogisch gebildet sein, der *j* bewahrt hatte, also etwa der gen. Pl. **semmian*, der gerade so wie bei den *iā*-Stämme lautete.

b) jedes *a*, (auch im Diphthong *ai*) wird nach *j* zu *e*: so auch im preuss.

lit. *svěczes* für *svěczas* aus **svetjas*.
žõdžei für *žõdžiai* von *žõdis*.

Im preuss. *geitien*, acc. zu **geitis* 'Brot', *geits*.

stesse aus **stessia*, ai. *tasya*; *trinie* 'droht' für **trinia*, *maldaisei* 'die Jünger' nom. pl. zu *maldaisis*; im adv.: *glandewingei* 'getrost' für **glandewingiai*.

Dass dieses *e* noch sehr offen war deuten Schreibungen wie *etwerpsennian*, *schian*. *ainessa* für **ainesse* 'eines' an.

2. Wirkung des *j* und der palatalen Vocale auf den vorhergehenden Konsonant.

a) Die Regel dass *j* nach Konsonant nie erhalten bleibt, sondern nach Palatalisierung desselben selbst schwindet, die im lit. durchgeführt, scheint im Preuss. noch nicht zu gelten, wenigstens nicht in vollem Umfang. Stets erscheint *stesse* aus **stesja*, aber auch wiederum: *noseilien*, *semmien*, *trinie* aber *geide* sie warten. Das Mindeste ist, dass man annimmt, dass *j* noch sehr stark bei der Erweichung zu hören gewesen ist; sonst versteht man nicht, wie der Schreiber es durchgehends auffassen konnte. Von einer Verwandlung von *t* und *d* durch *j* (wie im lit. zu *cz dž*) ist im preuss. nichts zu merken. Doch scheint *s* (= idg. *k̑*) durch *j* in *sch* gewandelt zu sein in *schis*, lit. *szìs* 'dieser', acc. *schien*, *schan*, acc. pl. *schins*, dat. *schismu*. Indes erscheint auch einmal *sien*, acc. 85, II hat einmal *sis*.

b) Jeder palatale Vokal bewirkt Erweichung des vorhergehenden Konsonanten. Dass diese für das lit. gültige Regel auch für das preuss. in Kraft war, ergiebt sich genugsam aus Schreibungen wie *tiēnstwei*, *etwierpt*, (so häufig) *giēide* neben *geide*, *schiēise*, *nierties* neben *nertien* u. s. w. Dass auch auf *s* palataler Vokal stark wirkte zeigt *teischin* neben *teisin*, *kasschis* neben *kassin*.

c) *j* scheint zwischen Vokalen, wenn der eine *i* war, stark reduziert gewesen zu sein, wie sich aus seiner Nichtschreibung ergiebt. Man liest zwar immer *maian*, abg. *mojь*, *twaian*, *swaian*, *krawja*, *rickawie*, *poieiti*. Doch *biātwei*, *biasnan, bia* : lit. *bijótis* stets ohne *j*, *as crixtia* 'ich taufe' : lit. *krìksztyju*.

pouis 'Trinken', **pūjis*.

dinkauimai, rikauite, weraui, surgaui für -**jimai*, -**jite* -**ji*, *i* wie in *immimai, statinnimai* u. s. w.

Rikÿs 'Herr' ist — da *ÿ* im Ench. stets eine Länge ausdrückt, — und der gen. *rikÿas* lautet, jedenfalls auf ein **rikyjas* zurückzuführen, acc. *rikÿan* (ein einziges mal findet sich 62. *Rikians*, was natürlich nichts ändert). Vielleicht steht dieses *ÿ* für urspr. *ė* vgl. lit. Bildungen wie *medėjas* 'Jäger', *neszėjas* 'Träger' u. s. w. Doch müsste dann das *ė* im preuss. gestossen betont gewesen sein. (Vgl. pg. 138).

Nicht zu den obigen Beispielen stimmen *pobaiint* 'strafen' *pareiīngiskai* 'in Zukunft' : hier ist trotz des folgenden *i* das *j* durch *i* ausgedrückt, denn anders als *pobajint perejīngiskai* sind die Formen nicht aufzufassen.

d) Assimilation von Auslaut und Anlaut.

Die Beispiele sind spärlich. Einmal findet man *serripimai* 'wir erfahren', **sen* + *rīpimai, ript* 'folgen', hier ist also *n* an *r* zu *r* assimiliert.

Einmal findet man *emperbandāsnan* 'in Versuchung', einmal *em polÿgu* 'in gleicher', wo *n* dem *p* zu *m* assimiliert ist. (25), doch sind das auch die einzigen Fälle einer solchen Assimilation in unsern Quellen. Als Verbalpräposition wird *en* natürlich vor Labial zu *m*: also *embaddusisi* 'steckt', *emperri* 'zusammen', *empÿrint* 'versammeln'. Auch in *emprÿki, emprīkin* hat Assimilation stattgefunden. Um so auffälliger ist daher *enbāndan* 'unnütz'. Eine merkwürdige Differenz besteht hier zwischen der Übersetzung des Ench. und II. Während dort das II. Gebot lautet: *Tou turri stan emnan twaisei Deiwas ni enbāndan westwei*, hat dieser: *Tou ni tur sten emnen twayse deywas nienbænden westwey*. Und ich glaube, dass letztere Übersetzung richtig ist. *bandà* heisst lit. 'Vieh, Herde', auch 'Vermögen, Profit' (Nesselmann Wb.) *enbāndan* also etwa 'zum Nutzen, mit Nutzen' daher müsste, damit der richtige Sinn herauskommt, *ni* auch im Ench. beim Verbum stehn. I giebt keinen Ausschlag, da hier ein anderes Wort, *nianterpinsquan*, (Ench. *enterpo* 'nützt') angewandt ist.

e) Unvollständige Assimilation.

α) Für das lit. gilt die Regel: „Vor tonloser Konsonanz kann nur tonlose, vor tönender nur tönende stehen“ (vgl. Kurschat Gr. § 129 ff.)

So findet man im preuss. thatsächlich *sups* 'selbst', (fünfmal, einmal *subs*); *supsmu*, (einmal *subsmu*) zweimal *supsi*, *supsai* (einmal *subsai*), gen. *supsas* gegen acc. *subban*.

ranguns part. praet. aber *ranctwei* 'stehlen'.

klausīwinks 'Beichtiger', acc. *klausīwingin*.

pagaptin (*dýlapagaptin*) 'Werkzeug' etwa zu *gabénti* 'bringen, fortschaffen, befördern'.

Es heisst *ebimmai* 'begreift', *ebsignāts* 'gesegnet' (*s* = *z*, lit. *żègnoti*) aber *epkieckan* (zu lesen *epkieikan*?) 'Laster'.

Doch diese Schreibungen sind selten gegen solche wie *wirds*, *wargs*, *-sargs*, *-ings* (ausser dem einmaligen *klausīwinks*) wie *aulāikings*, *grēnsings*; ferner *sallubs*, *sallubsnan*, *powargsennien*, *kawīdsmu*, *galbton*, *galbse*, *poquelbton*, *abser-gīsnan*, *spagtan*, *swāigstan*, *spīgsnan*.

Das ist um so auffälliger, als die umgekehrt falschen Schreibungen ganz selten sind: ich wüsste nur *angsteina*, *angstainai* 'früh': lit. *ankszti* zu nennen, *Lūbnigs* 74 neben *lūbeniks* 67. 76 'copulator' (zweimal) und etwa *epdeiwūtint* für *ebdeiwūtint* aufzuführen. Es fragt sich in wieweit der Schreiber überhaupt *media* und *tenuis* unterschied. Man kann ihm hier nur ein günstiges Zeugnis ausstellen: *media* und *tenuis* stehen an ihrem richtigen Orte. Jeder denkt indes hierbei an *kirdītwei* 'hören', das siebenmal ohne Schwanken mit *k* vorkommt. Kann man da aber wirklich annehmen, dass *g* gesprochen wurde? Warum ist *girtwei* 'rühmen' u. s. w. achtmal mit *g* geschrieben, warum *kirscha* stets mit *k*? Er wird wohl *kirdītwei* gehört haben. Wie das *k* zu erklären ist, weiss ich allerdings nicht. Vermutungen könnte man genug aussprechen, doch für keine hätte man eine Gewähr auch nur annähernder Richtigkeit. Das Wort kommt nur im Ench. vor.

Auch *krūt* 'fallen', das zu lit. *griúti* wohl mit Unrecht gestellt wird, scheint *k* gehabt zu haben. Auffällig wenigstens wäre es, wenn das Voc. in seinem *cruwis* 'Fall' ganz denselben Fehler gemacht hätte. Herr Prof. Leskien erinnert mich freundlichst an le. *kraulis* 'Absturz, steiles Ufer, Bergwand', *krauta* 'Ufer', lit. *pakrútė* 'Uferrand', die demnach von *kráuju* 'häufen' (Abl. 300) vielleicht zu trennen sind. Und umso lieber möchte ich *krauta* mit *krūt* verbinden, weil lit. *krintù* falle und *krañtas* 'hohes steiles Ufer' eine treffliche Parallele für die Bedeutung bildet. Über *greiwakaulin* 'Rippe' war schon gesprochen (pg. 106). Es muss unklar bleiben.

Unter solchen Umständen ist die Schreibart *wirds*, *pogalbse* u. s. w. sehr auffällig. Etymologische Schreibung kann man bei Will, der ohnehin vom preuss. wenig verstand, doch nicht voraussetzen. Und doch wird man wohl nichts anderes annehmen dürfen, als dass das Gesetz auch im preuss. galt: *pogalb-ton* wirklich zu sprechen, ist schlechterdings unmöglich. Die Erklärung kann nur die sein, dass hier die deutsche Schreibung wie H a u b t, g a b s, s a g t ihren Einfluss geübt hat.

β) Übergang von *s* in *sch*.

Dass derselbe durch *j* oder palatalen Vokal bewirkt wurde, ist schon erwähnt.

Aber auch sonst geht *s* oft in *sch* über, bisweilen erscheint dafür bei dem einen Wort mehr, beim andern weniger auch einfaches *s*. Daher liegt es nahe die Entstehung eines Mittellauts von *s* und *š* anzunehmen, der einmal als *s*, einmal als *sch* bezeichnet wurde.

Namentlich nach *r* erscheint *sch*. *kirscha*, *kērscha* : abg. *črěsъ* 'ultra', lit. *skeřsas* erscheint wohl zwanzigmal mit *sch*, nur einmal mit *s* (54).

pirschdau, viermal, doch zwölfmal *pirsdau* 'vor'. *pogirschnan* neben *pogirsnan*, und dreimaligem *girsnan*.

Auch *z* wird nach *r* zu *ž* in *erschwāistiuns*, *erschwāigstinai* 'erleuchtet' neben *swāigstan*, *poswāigstinai*.

s vor *l* erscheint als *sch* in *schlūsit* 'dienen' und allen seinen Abweichungen, sehr häufig, ohne dass *s* vorkäme, und in *schläit* 'sondern, ohne', *schlāits* dasselbe, das über dreissigmal so vorkommt, nur einmal *slait* 80 (I hat *schlait*, II *slait*).

Ferner erscheint *s* vor *k* ziemlich häufig als *sch*:

schkūdan 'Schaden', dreimal; *skūdan* nur zweimal. *schkellānts* 'schuldig', doch dreimal *skellānts*. *schklāits* 'sonst, sonderlich' (zweimal), *schlaitiskai* u. s. w. sonderlich' (viermal), daneben *schklāitewingiskan*, einmal: aber *sklaitint* 'scheiden', *sklaitinsnan* 'Kapitel', *isklaitints* 'ausgeschieden'.

Wie sich *schlāit-* und *schklāit-* verhalten, ist nicht klar. Ist in *schlāit* *k* zwischen *s* und *l* gefallen?

Worte wie *skystint*, *scrÿsien* zeigen nie ein *sch*.

Vor *p* steht *sch* in *auschpāndimai* 'wir spannen ab', und in *schpartina* 'er stärkt', doch sechsmal tritt die Wurzel *spart-* mit einfachem *s* auf. *tawischen* acc. *tawischan*, einmal *tawisen* (die beiden Cat. haben stets *sch*) 'Nächste' hat sein *sch* vielleicht aus *-skj-*; wäre also eine Bildung wie lit. *jūsìszkis* 'der Eurige', *karalìszkis* 'der zum königlichen Haus gehörige', vgl. lett. *tūwu*, *tuwu* 'nahe'.

auschaudītwei 'vertrauen', *auschautins* 'Schulden' muss ich völlig unerklärt lassen, ich weiss nichts Vergleichbares aus den verwandten Sprachen. Daher vermag ich über die Natur des *sch*, welches bis auf das einmalige *ausaudīsnan* 74 stets erscheint, nichts anzugeben.

So bleibt noch *uschts* 'sechster' (I *wuschts*, II *usts*) übrig. Welchem Umstand hier *sch* seine Entstehung verdankt — man erwartet *s* entstanden aus idg. *-k̑s-*, vgl. *assis* im Voc. lit. *aszìs*, lat. *axis*, abg. *osь* — ist unklar.

γ) *tl*, das lit. zu *kl* wird, scheint im Ench. bewahrt.

ebsentlīuns 'bezeichnet habend': lit. *žénklas*.

dīrstlan 'stattlich': idg. **dhr̥s-tlo*.

Für *dl* finden sich daselbst keine Beispiele; das Voc. hat *addle* 'Tanne': lit. *ĕglė*, poln. *jodła*. Beim Voc. muss die Frage noch einmal zur Sprache kommen.

C. DER AUSLAUT.

In Bezug auf die in älterer Sprachperiode wirksamen Auslautsgesetze deckt sich das preuss. völlig mit dem lit.

Von auslautendem Konsonant ist also nur *s* und Nasal geblieben (wahrscheinlich auch *r*, wofür indessen nur *seyr* 'Herz' im Voc. einen Beleg abgäbe); auslautendes *-m* ist zu *n* geworden, acc. *stan* idg. **tom*, die auslautenden Vokale sind erhalten geblieben. Was die jüngere Phase der Auslautsgesetze betrifft, so gilt für das preuss. folgendes:

1. *i* fällt in *dāst*, *ast*, wo *i* noch erscheint in *astits* 'ist', für **asti-tas*, wie schon Bopp (Sprache d. a. Pr. pg. 104, vgl. Gr. 1100) richtig erkannt hat; *turri* lit. *tur̃*. *a* dagegen bleibt: *polaipinna* 'befiehlt', *polīnka* 'bleibt' u. s. w., ebenso *e*: *geide*, *rickawie*.

u fällt so wenig wie im litauischen: *wargu*, in *wargu nowaitiāuns*, *wargu-seggīentins*.

2. Vor *s* fallen *a* und *i* öfter als sie bleiben: *tāws* (bisweilen *tāwas*), *labbs*, *geits*; *grēnsings*, *aulāikings*, aber auch *musīngis*. *e* ist noch erhalten: gen. *emnes* 'des Namens', *kermenes* 'des Leibes', wie alit. *akmenes* (de Saussure JF. IV, 456 ff.).

3. Einfache Längen scheinen auch im preuss. wie in den meisten litauischen Dialekten, wenn sie unbetont, verkürzt zu sein.

Bei *ā*, *ī*, *ū* lässt sich das nicht entscheiden, da überhaupt nur betonte Längen den Strich tragen; ob in *perbānda*, *lāiku*, *ackis*: lit. *ākys* Länge gesprochen wurde, ist nicht ersichtlich. Wohl aber erscheint die Behandlung des *ē* beweisend für die Verkürzung, weil es im Auslaut unbetont als *i* erscheint. *mūti* — *mótė*, *pertraūki*: *tráukė*, *gȳwis* u. s. w. (s. S. 139).

4. Behandlung der nasalen Silben.

Das preuss. steht hier auf älterer Stufe als das lit. Während hier die Nasale fallen, also *dėvą*, *nāktį*, *mer̃gą*, sind sie im preuss. durchweg erhalten: *deiwan*, *nacktin*, *mērgan*; gen. Pl. lit. *szveñtų*, preuss. *swintan* u. s. w.

Auch vor *s* ist der Nasal im preuss. geblieben: *deiwans*, *ackins*, *stans*, *schins*.

Und was für den Auslaut gilt, das gilt auch für den Inlaut. Auch hier ist der Nasal vor *s* voll erhalten: *mukinsesin* (so wohl für *mukinsusin* zu lesen) 'er lerne' zu *mukint*;

sklaitinsnan 'Kapitel' — *sklaitint*, *auskandisnan* 'Sündflut' zu *auskandint, grēnsings* 'beissig', lett. *grēst* 'schneiden', mit dem ich ahd. *grans, granso* 'Schiffsschnabel', mhd. *grans* 'Vogelschnabel, Schiffsschnabel' vergleichen möchte.

Auffällig sind folgende Formen: *pobrandīsnan* 'Beschwerung', doch *pobrendints* 'beschwert'; *isrankinna* 'er erlöset', doch *isrankīsnan* 'Erlösung', *isrankīt, erschwāigstinai* 'erleuchtet', doch *erschwaistīuns*; *potaukinsnas* gen. 'Verheissung', doch *potaukīsnan*; *wartinna* 'er wendet', doch *powartīsnan* 'Bekehrung'; II *swyntits* 'geheiligt', doch *swyntintwei* 'heiligen'.

Man wird sofort an das Litauische gemahnt, wo ja auch dieser Wechsel häufig genug vorliegt: *lýginu*, *lýginti* und *lýgįti, mokìntis* und *mokįtis* u. a. m.

Im lit. ist die Erklärung leicht: hier beruht die Doppelheit (so z. B. auch *pìnti*, *pįti* neben einander) auf formaler Ausgleichung der futurischen Stammgestalt mit der des Inf: *mokįsiu* und *mokìntis* gab ein **mokįti* und andererseits ein *mokìnsiu* (Brugmann, Grdr. I, pg. 186; in Leskien-Brugmann, hist. Volksl. u. Märch. § 288). Allein im preuss. ist das unmöglich, denn der Nasal blieb auch vor *s*.

Man wird daher nicht umhin können, anzunehmen, dass von alter Zeit her Verba auf *-īti* und auf *-inti* in gleicher Bedeutung nebeneinander gelegen haben. So ist vielleicht im lit. *grasaũs grasýtis* 'Ekel empfinden' mit *grasìnti* 'vereckeln', *gesaũ gesýti* 'löschen' neben *gesìnti, naikýti* — *naikìnti, skandýti* — *skandìnti*. (Vgl. Leskien, Abl. 442) ganz gleich ursprünglich, und Formen wie *skandaũ*, *gesaũ*, sind nicht erst späte im Anschluss an *skandįti gesįti* entstandene Neubildungen.

Zu wünschenswerter Entscheidung in diesen Fragen könnte man gelangen, wenn man wüsste, ob in denjenigen Teilen des litauischen Sprachgebiets, wo voc + nas vor *s* zu einem deutlichen Nasalvokal geworden ist, Formen wie *mokīti skandīti* vorkämen. Doch fehlt es darüber meines Wissens vorläufig noch an Angaben.

FORMENLEHRE.

NOMINALFLEXION.

Wie wenig man gerade für diesen Abschnitt der Grammatik von den preuss. Sprachdenkmälern erwarten darf, hat wohl die Betrachtung der Übersetzung (p. 91 ff.) gezeigt. Nur für Nom. und Acc. Sg. und Pl. haben wir ein einigermassen ausreichendes Material vor uns; für die andern Casus hat man — etwa abgesehen von dem etwas reichlicher vertretenen Gen. Sg. — nur so spärliche Reste, dass man über viele Punkte vollkommen im Unklaren bleiben muss. Im Folgenden werden die einzelnen Formen betrachtet werden; gleich hier werden natürlich die Adjektiva, soweit sie nominale Formen zeigen, mitbehandelt.

Nom. Sg.

1. Die *o*-Stämme, idg. **-os* lit. *-as*, preuss. *-as*. In den meisten Fällen ist, wie im heutigen Litauischen, das *a* bereits geschwunden: *Deiws* 'Gott' lit. *Dẽvas*, *waix* 'Knecht' lit. *vaĩkas*, *malnīks* 'Kind', *tāws* 'Vater', *quāits* 'Wille'. Ebenso die Adjektiva: *labs* 'gut', *wessals* 'froh', *alkīns* 'nüchtern', *ains* 'ein'.

Bemerkenswert sind Fälle wie *pallaips* 'Gebot' aus **pallaipsas*, wie *pallaipsai* Nom. Pl. und *pallaipsans* acc. Pl. zeigen, ebenso wohl *ioūs bousennis* (73) 'euer Stand', *ioūs* aus **ioūsas*, fem. *iousā maddla* 'euer Gebet'. Ob *mensas* richtig ist, ist fraglich (ains mensas 68), da im preuss.

selbst *mensā* daneben liegt, und das lit. wie das lett. Wort fem. *ā*-St. sind: lit. *mėsà* lett. *mīsa.*

Die Lautgruppe *-sks* wird deutlich vermieden, wie man daraus ersieht, dass *a* stets erhalten bleibt, wo sie durch seinen Ausfall entstehen würde: *laiskas* 'Blatt', *prabutskas* 'ewig', *dineniskas* 'täglich', *isarwiskas* 'wahrhaft', *crixtiāniskas* 'christlich'. Ohne ersichtlichen Grund ist *a* in *tāwas* zweimal (13 u. 19) neben zahlreichem *tāws* erhalten geblieben, Erhaltung des Vokals wird auch wohl in *reidewaisines* 'gastfrei' ('gern bewirtend') vorliegen, nur dass hier das unbetonte *a* durch *e* wiedergegeben ist, wie häufig.

2. *i*-Stämme: idg. **-is* lit. *-is* pr. *-is*; hier werden gleich die *-i̯o*-Stämme mitaufgeführt, deren *-i̯o*-Suffix mit *-i-* ablautet (lit. *žõdis*), da sie von den *i*-Stämmen nicht reinlich zu scheiden sind.

īdis 'Essen': lit. *ėdis* 'Frass' abg. *jadь.* *poūis* 'Trinken', aus **pūjis.* *kasschis* 'der Zins'. *noseilis* 'Geist' acc. *noseilin* und *noseilien.* Adjektiva *niseilewingis* 'unfleissig', *wissemusīngis* 'allmächtig', *dengnennis* 'himmlisch', *isarwis arwis* 'wahr', *mukinewis* 'lehrhaft' (zur Bildung vergleiche etwa le. *burwis* 'Zauberer', lit. *bùrti* Leskien, Nom. 348).

Ferner die Verbalabstrakta auf *-sennis*: *bousennis* 'Stand' zu *boūt.*

Dieses wären Formen mit erhaltenem *i.* Geschwunden ist es in *prēisicks* 'Feind', dat. sg. *prēisicki* (*i* für *-ei* aus *-i̯ai*), *rȳks* 'Reich' acc. *rīkin*; *rīki* 79 wird durch *ryeky* II sicher gestellt: es war ein **rīkē* fem. zu *rīkis,* der Artikel *stas* davor ist falsch, wie überhaupt die Partieen 79—81 ganz besonders fehlerhaft übersetzt sind; *geits* Brot acc. *geitin* und *geitien, Pickūls* 'Teufel' acc. *pickullien* (I *pekollin* II *pykullien*); *tols* 'Zoll' acc. *tollin, biscops* 'Bischof' acc. pl. *biscopins.*

Die adj. auf *-ingis* haben bis auf die oben aufgeführten Formen *i* verloren: *wertīngs, engraudīwings, niquāitings* sind die gewöhnlichen Formen. Über *Rickȳs* war schon gesprochen (p. 165): wahrscheinlich **rikējas*: gen. *rikȳas*, acc. *rikȳan rikȳans* erklären sich so am besten, *ȳ* hat niemals die Geltung von *j*, sondern bedeutet, mit *ī* wechselnd, stets eine Länge.

3. *u*-Stämme. idg. -**us* lit. -*us* preuss. -*us*.

Nur *āūgus* 'geizig', das zu *áugti* gestellt wird, und *preitlāngus* 'gelinde'. In *soūns* ist *u* nicht gefallen, sondern das Wort ist in die *o*-St. überführt worden, wie schon der acc. *soūnan*, gen. *soūnas* zeigt. (Auch lit. *sunai sunam sunams* s. Leskien-Brugmann, Volksl. u. Märchen p. 296 f. 303). Ebenso ist *rāms* 'sittig' nicht die dem lit. *romùs*, sondern die dessen Nebenform *romas* entsprechende Form: die Adj. auf -*us* wechseln im Lit.-Lett. häufig genug mit solchen auf -*as*.

4. Konsonantische Stämme.

Kein konsonantischer Nominativ ist mehr in den Cat. und dem Ench. erhalten, sämtliche haben *s* angenommen: *kermens* 'Leib', gen. *kermenes*, *emmens* I und II 'Name'; *emnes* im Ench., acc. *emnen*; *smūnents* 'Mensch' (*smūnets* ist fehlerhaft für *smūnents*, das dreimal vorkommt), eine -*ent*-Bildung, wie sl. *telę telęta* 'Kalb'. Über die Partizipia s. p. 229.

5. *ā*-Stämme, fem. idg. *-*ā* lit. -*o* (*geró-ji*), -*a* (*gerà*), preuss. *ā*; das Längezeichen ist ziemlich oft noch gesetzt: *ainā Crixtisnā etwerpsnā mensā nousā spigsnā ainā*; oft auch ohne Länge, wohl namentlich wenn das Wort nicht endbetont war: *seggīsna* 'Thun', *enteikūsna* 'Ordnung', *grikausna* 'Beichte', *Krawia* 'Blut', *Crixtisna* 'Taufe', *wissa*, *maia* u. s. w.

Daneben findet sich die Endung *ū*, *u*: ihr Auftreten bindet sich an die in der Lautlehre behandelten Regeln: nach Guttural und Labial wird *ā* zu *ū*. So erklärt sich *mergu* 'Mädchen' acc. *mērgan*, *widdewū* 'Witwe', *gallū* (*gallu*) 'Haupt' lit. *galvà*, gen. *galwas*, *w* ist hier vor *ū* geschwunden wie in *urs* 'alt' lit. *voras*; auch *aina perōnisku enteikūsna* 'eine gemeine Weise', *perōnisku* aus **perōniskā*. Formen wie *labbisku* 'Güte' *deiwūtisku* 'Seligkeit' *seilisku* 'Andacht' *ancktimmiskū* 'Obrigkeit' haben durch Leskien (Dekl. p. 6) längst ihre befriedigende Erklärung gefunden: sie sind von den Adjektiven *labbiskas deiwūtiskas seiliskas* u. s. w. durch ein

Suffix *-vā-* gebildet, wie got. solche Abstrakta von Adjektiven auf *-iska-* durch ein *j*-Suffix gebildet werden: *barniskei* fem. *barniski* neutr. 'Kindheit' zu *barniska-*. Im Lit. vergleiche man etwa *smár-vė* zu *smirdĕti*, lett. *kūsawa* 'Strudel' zu *kusāt*, *senovė* 'Alter' zu *sēnas* wie abg. *gąštava* 'Dickicht' zu *gąstъ* 'dicht', die sämtlich ein *v*-Suffix tragen. *sen alkīnisquai* 'mit Kummer', eigentlich 'mit Hunger', *alkīns* 'nüchtern', ist mit seinem *-qu-*, das im Ench. unbedingt für *-kv-* steht, eine Stütze für Leskiens Ansicht, die sich nicht wegleugnen lässt, ebenso *anterpinsquan* I 'zum Nutzen', denn auch I gebraucht *qu* nur an zuständiger Stelle.

F. de Saussure hat neuerdings über diese Formen (Mém. d. l. s. d. l. VII 82) gehandelt, und kommt zu dem Resultat, dass man zur Erklärung der Nom. *mergu labbisku seilisku auctimmiskū perōnisku* nicht genötigt sei, eine andere Ursache anzunehmen als den vorhergehenden Guttural. Für *mergu* gebe ich das gern zu, ebenso für *perōnisku* 'gemein', das einfach das fem. eines Adj. *perōniskas* ist. Nicht aber für *labbisku seilisku* u. s. w. Denn was sollte ein **labbiskā* für eine Bildung sein? Ein *ā* als Sekundärsuffix, das Abstrakta von Adjektiven bildet, ist im Lit.-lett. unerhört. Dass *alkīnisquai* eine Analogiebildung nach Art der wenigen Worte auf cons + *w*, wie *gallū*, **galwan* sein sollte, ist auch nicht sehr wahrscheinlich. Dass *mergwan* in II. Analogiebildung nach *gallū galwan* sei, könnte man allenfalls zugeben. Indes man beachte, dass *-qu-* in diesem Katechismus nicht nur in *salobisquan* 'Ehe', *perronisquan* 'Gemeinde', wo es berechtigt sein könnte, sondern auch in *krichstiānisquan* 'christlich', *griquan* 'Sünden', *enquoptzt* 'begraben' vorkommt. Das macht doch auch gegen die Richtigkeit des *-gw-* in *mergwan* bedenklich. Wir wissen, wie sehr der Guttural im Preuss. auf den folgenden Vocal wirkte. Sollte da nicht das *-w-* dahinter einfach eine besonders dunkle, tiefe Aussprache des *k*, *g* andeuten?

So möchte ich bei Leskiens Anschauung stehen bleiben und *seilisku*, *deiwūtisku* u. s. w. für mit *-vā-* gebildete Formen erklären.

Weit schwieriger als die Formen auf *-ū-* sind die zahlreichen Formen auf *-ai* im nom. sg. fem. zu beurteilen. Von Pronomen haben diese: *stai* 'die', *quai*, *quoi* 'welche'; von Adjektiven *swintai* 'heilig', *niebwinūtei* 'unsträflich', *rikÿiskai* 'herrlich', *poklusmai* 'gehorsam', *uschtai* 'sechste', *septmai* 'siebente', *pirmoi* 'erste'; von subst. *auktimmiskai* 'Obrigkeit', *deiwūtiskai* 'Seligkeit', *Crixtisnai* 'Taufe', *mensai* 'Fleisch', *grikausnai* 'Beichte', *schlūsnikai* 'Dienerin', *swītai* 'Welt'.

Joh. Schmidt hat dieser Frage KZ. 27, 389 ff. eine Besprechung gewidmet. Die Adjektiva sind, wie er annimmt, bestimmte Formen, ebenso die Subst. auf *-iskai* (lit. *-óji*). *swītai*, *mensai* sind Pluralformen; ebenso *schlūsnikai* ein Plural, missverständlich aus einer anderen Reihe an diese Stelle, wo es 'Dienerin' heisst (54) gekommen. *Crixtisnai* ist fälschlich mit *ai* nach *stai* versehen worden (*niainā Crixtisnā* 30 aber *stai Crixtisnai* 29). *stai* selbst könnte sich mit lit. *szìtoj* decken. Wahrscheinlicher sei aber, dass der Übersetzer die gleichlautenden Formen 'die' nom. sg. fem. und nom. Pl. verwechselt habe. Dies müsste man notwendig für *quai*, *quoi* annehmen, da es ein lit. **koji* nicht gebe. Das echte fem. Relativ. *ka* käme nur einmal falsch für den Plural vor: 43 *stai wirdai, ka stwi stallē* 'die Worte, so da stehen'. Daher hält Schmidt einen nom. sg. fem. auf *-ai* oder *-oi* ausserhalb der Flexion der bestimmten Adjektiva nicht für zuverlässig überliefert; die beiden ersten Katechismen und das Vocabular hätten auch keine Spur davon.

Schmidts Vermutungen enthalten manches Beachtenswerte: *stai swītai* möchte auch ich wegen *stessei swītas* gen. sg. für einen Nom. Pl. halten, ebenso wird *schlūsnikai* nicht „Dienerin" heissen sondern Msc. Pl. sein (man beachte auch *schlūsnikin* 84. Accus. „Dienerin", das auf den zu erwartenden Nom. Sg. **schlūsnikē* hinweist); ebenso ist *poklūsmai* 59 (*kai Sara Abraham poklūsmai be* „wie Sara Abraham gehorsam war") nicht notwendig Nom. Sg. fem., es kann adv. sein, wie überhaupt die Beziehung zwischen

Subjekt und Prädikat entschieden als nur sehr mangelhaft gewahrt bezeichnet werden muss.

Doch im Ganzen kann ich Schmidt nicht folgen. *pirmoi, septmai, aucktimmiskai* können nicht bestimmte Adjektiva sein, denn mit Notwendigkeit müsste ein lit. *pirmóji* u. s. w. im Preuss. **pirmūji*, **septmūji*, **aucktimmiskūji* ergeben. Auch *ka* kann nicht ein *kā* repräsentieren, aus demselbon Grund, es müsste nämlich **kū* geben. Auch ist die Stelle *stai wirdai ka stwi stallē* nicht gerade geeignet, dass hier *ka* als echtes fem. von *kas* erschiene: es steht im Deutschen: 'so da stehen', und dieses 'so' konnte der Übersetzer wohl, wenn er schon nicht *quai* 'die' Nom. Sg. Pl. sagte, durch das neutr. *ka* geben. Wie sollte er denn gerade auf den nom. sing. fem. gekommen sein?

Was nun die Verwechselung von 'die' Sg. und Pl. betrifft, so ist ja nicht zu leugnen, dass die Übersetzung traurig genug ist, um auf solche Gedanken zu bringen, und sehr möglich ist es, dass manchmal die Verwechselung vorgekommen ist. Allein ist es wahrscheinlich, dass jedes vorkommende 'die' oder 'welche' — und es kommt oft vor — bis auf zweimaliges *sta* der Verwechselung zum Opfer gefallen ist? So schlimm steht es nicht um die Verwechselung bei andern Kasus; man denke auch daran, wie selten der Nom. und Acc. Pl., die doch auch gleich lauten, vertauscht sind. Daher glaube ich ruhig annehmen zu dürfen, dass *stai, quai* echte preussische Feminina gewesen sind. Und dieses wird fast zur Gewissheit durch 84, wo bei den Taufgebeten in der Übersetzung die Verschiedenheit des Geschlechts der Täuflinge berücksichtigt wird. *kawīds — ader kawida, sten — adder tennan*, wo sich der Übersetzer also voll des Unterschiedes bewusst ist, und da heisst es *stesmu, kas adder stessiei quai, stesmu kas adder steisiei, quai*, dann weiter wieder *stas adder tenna*. Also konsequent, auch in *86. 88. 89*, stets richtig gegeben. Ich hoffe, dass diese bisher unbeachtete Stelle, schwer genug wiegt, um das Vorhandensein von *quai* als nom. sg. fem. festzustellen, und so wie *quai* (*quoi* die unbetonte, durch den Lab. modificierte Form) natürlich auch *stai*, neben *sta*, wie lat. *quae* neben *qua*. Auch im Preuss. existierten also Femininformen auf idg. *-ai̯*, wie av. *xwaę(-ca)* 'die eigene', lat. *haec*, osk. *paí pae*. (Brugmann Grdr. II 775). Und wie im av. dieser Ausgang auf die Nom. überging, so auch im preuss. *stai Crixtisnai*, *stai auctimmiskai*, und auf die Adj. *pirmoi* : *septmai* wie *quoi* : *quai*, *uschtai* u. s. w. vgl. av. *berexdę* 'die gesegnete'. Es war nicht nötig, dass *stai* davor stand, wie Schmidt meint: *32* findet sich *stā grikausnai* 'die Beichte', und vielleicht kann man hier auch *nousā mensai* rechnen, wenngleich ich Schmidt zugeben muss, dass wegen I *menschon* Gen. Pl. 'des Fleisches' auch möglicherweise der Pl. vorliegen kann. Auch *sallūbai-wīrins*, *sallūbai-busennis*, *salaubai-bousennien* möchte ich für einen Nom. auf *ai* halten, wenn ich *Crixtisnā-laiskas*, *deinā-algenikamans* vergleiche. Es gab ein **salluba* — acc. *sallūban*, und ein **sallubē*, in *sallūbigennāmans*: vgl. lit. *sąlubos perżengimas* Nesselmann Wb. 374 'Ehebruch'.

Diese Nom. auf *ai* sind allerdings dem Ench. allein eigen. Dass sie in den Cat. nicht zu finden sind, hat seinen guten Grund: ausser dem einzigen *atskisenna menschon* I (man erwartet noch dazu acc. und schöpft also Verdacht gegen die Richtigkeit der Form), kommt daselbst überhaupt kein Nom. Sg. fem. vor.

6. Die *ē*-Stämme (idg. *ī*- *i̯ē*-Stämme). lit. *żėmė*, lett. *ſeme* abg. *zemlja* aus **żem-i̯ē-* lat. *faciē-s*. Preuss. *ē*: *semmē* 'Erde', *packe* 'Friede', *aulausē* fem. 'tot'.

Bei nicht endbetontem *ē* auf *i*: *mūti* 'Mutter', *ducti* 'Tochter' lit. *mótė duktė̃*, eigentlich konsonantische Stämme, im Preuss. aber in diese Klasse übergeführt, acc. *mūtien*; *teisi* 'Ehre', *smūni* 'Person' -- lit. *żmónės*, *perōni* 'Gemeinde', *trintawinni* 'Rächerin', *ainaseilingi* fem. 'einsam' zu *ainaseilingis*; *sta druwi* 'Glaube' neben *druwis*, ebenso *rīki* (Cat. II. *ryeky*) 'Reich' neben *rīkis*; *supūni* lit. *żiupōnė*; *altari tapali* deutsche Lehnworte.

Einen Mittellaut zwischen *ē* und *i* bedeutet vielleicht das *-ei* in *giwei* 'Leben' lett. *dſīwe*, und in *giwāntei* 'lebend' (vgl. *aulausē*), auch wohl im acc. *warein* 'Macht' neben *warrin*, lett. *ware* 'Gewalt'. So könnte auch *peisalei* 'Schrift' erklärt werden, acc. *peisalin*, indes könnte *stai peisalei* auch Plural sein (Leskien Dekl. 8); ebenso ist *kaulei* 'Bein', acc. *kaulin*, *kaulins* unsicher.

Voc. Sg.

Er kommt bei *Tāws Deiws* vor als *Tawe Deiwe*, vgl. lit. *Dëvè*, abg. *vlьče*, gr. *λύκε* lat. *lupe* u. s. w. Viermal findet sich *tawa*, einmal *deiwa*: das häufige *a* für *e* deutet vielleicht auf Endbetonung, was um so wahrscheinlicher, als *Tāwa* nur einmal bei siebenmaligem Vorkommen das Längezeichen trägt. Der Voc. steht verhältnismässig selten: häufiger ist der Nom. dafür gesetzt: *mӯls taws* 20, *mais dengnenniskis Taws* 46, *Rikӯs Deiws Tāws*! 50 u. s. w.

Ob *brāti* ein Vokativ ist: *mӯls Brāti* 35 ist fraglich. Es kommt nur daselbst vor: seine konsonantische Flexion hatte es jedenfalls schon aufgegeben. Vielleicht könnte es ein Voc. *brāti* zu einem Nom. **brātis* sein, wie *żōdi* zu *żōdis*.

Accus. Sg.

1. Die *o*-Stämme; idg. *-om*, lit. *-ą* preuss. *-an*. *Deiwan* 'Gott', lit. *Dëvą*, lat. *deivom*.

wirdan 'Wort' lit. *va͂rdą*. Für dieses *-an* findet sich auch *-en* in *laisken* 'Blatt', *landen* 'Speise' neben *landan*, *waldūnen* 'Erbe', *sacramenten* 'Sacrament'; so namentlich in II. *steweyden*, *sten*, *aynen*. Auch *-on* findet sich für dieses unbetonte *-an*: *pertengninton*, *niwinūton*, *deickton* dreimal für *deiktan*, *ismaitinton*.

-un findet sich in *malnӯkikun* 'Kindlein' neben *malnӯkikan*: jedenfalls ist an dieser starken Verdumpfung der Guttural schuld.

pakaien 'Friede' ist ein *-io*-St., aus sl. *pokojь* entlehnt, *swaian*, I *swaian* II. *swaien* abg. *svojь*. Auch *tawischen* 'den Nächsten' (zweimal *Tawischan*) scheint ein *-i̯o*- St. zu sein.

2. *i*-Stämme; acc. -**im*, lit. *-į* preuss. *-in*.

Hier müssen die mit *-i*- ablautenden *-i̯o*-St. gleich mit behandelt werden, weil sie sich mit den *i*-St. ausgeglichen haben, so dass eine befriedigende Scheidung fast unmöglich wird. Der Ausgang der -*i̯o*-Stämme war -*ien* aus **i̯an*, das sich neben -*in* findet, z. B.

nacktin, lit. *nãktį* 'Nacht', daneben *naktien*, beides gleich oft; I und II haben *naktin*.

Stets -*in* haben die Adjektiva auf -*īngis* (lit. -*ingas*) hier findet sich -*ien* niemals: *wissemusīngin*, *warrewingin*, *druwīngin*, *klausīwingin*.

Ferner *powÿstin* 'Ding', zahlreich nur mit *in*, ebenso *etnīstin* 'Gnade'; das einmalige *etnīstan* wird wohl nur ein Fehler sein.

Mit -*in* kommen auch nur vor einige selten auftretende Worte wie: *uēisin* 'Frucht', *amsin* 'Volk' (lit. *ámžias* und *ámžis*), *gīrbin* 'Zahl', *pērdin* 'Futter', *tārin* 'Stimme', *astin* 'Ding', *pÿrin* 'Gemeine', *spartin* 'Kraft', *nādewisin* 'Seufzer', *īdin* 'Essen', nom. *īdis*, *ausin* 'Gold', *dÿlapagaptin* 'Werkzeug', *maldūnin* Jugend'.

Die Lehnwörter *rīkin*, *kīrkin*, *keiserin*, *kelkin*, *kassin*, *tollin*, *höfftmannin* haben ebenfalls nur die Endung -*in*.

Nur -*ien* haben: *nertien* 'Zorn', so dreimal, ein -*i̯o*-St. wie gen. *nerties* aus **nerti̯ās* zeigt (*stesses* aus **stessi̯ās*). Ebenso *schlūsien*, *trēnien*, die nur je einmal vorkommen.

Entschieden -*i̯o*-St. müssen die Verbalabstrakta auf -*sennis* gewesen sein, denn die grosse Masse kommt stets mit -*ien* vor: *aulausennien*, *stinsennien*, *ispressennien*, *etwerpsennien*, *bousennien*. Nur dreimal findet sich die Endung der -*i*-St. bei diesen Worten: *gulsennin*, *gimsenin*, *etwerpsennin*.

Dass einmal *etwerpsennian*, einmal *ispressenen* vorkommt, ist nicht weiter auffällig: einmal klang das *e* besonders offen und wurde mit *a* bezeichnet, das andere Mal war der *j*-Klang so schwach, dass der Aufzeichner es ausliess.

Ein starkes Schwanken zwischen -*in* und -*ien* findet sich bei *noseilis* 'Geist': *noseilin* sechsmal, *noseilien* fünfmal, der gen. *noseilīs* (*noseilis*) scheint auf einen *i*-Stamm zu deuten. Das Simplex *seilin* 'Fleiss' kommt zweimal mit *i*-Formen vor: *seilin* und *seilins*.

I. hat bei den Wörten auf *-sennis* in *etwerpsannan, attwerpsannan*, wie vielleicht der Nom. *atskisenna* zeigt, eine abweichende Bildung auf **sennā*; *naseilen* kann für *naseilin* sowohl als für *naseilien* stehen, das lässt sich bei der mangelhaften Aufzeichnung nicht erkennen. II. hat *etwerpsennian* (zweimal) und *naseylien*, also die Formen der *i̯o*-St.

scrÿsien 'Kreuz', daneben *scrÿsin*.

geits 'Brot': zweimal *geitien*, dreimal *geitin*.

I. hat *geittin*, II. *geytien*, (denn so ist das *geytiey* des Texts doch sicherlich zu bessern).

Die Adjektiva auf *-ennis* haben *-in* und *-ien*: *deinennin* und *deinennien*, *wolnennien*; ebenso *pansdaumannien*, *pirmonnien pirmannin*.

nautin 'Not', zweimal, einmal *nautien*: dat. *nautei*.

Auch im Lit. findet ein Schwanken dieser beiden Stämme statt, vgl. Kurschat Gr. § 655.

Im Preuss. wechseln indes nicht nur Formen von *i* und *i̯o*-St., sondern es kommen beim selben Paradigma auch Formen von *-o*-St. vor.

So z. B. *quāitin* 'Wille' und *quāitan*, *wÿrin* und *wÿran* (auch *wÿrins wÿrimans*): lit. *výras*. Bei *prātin* wird man wegen lit. *prõtas* auch wohl ursprünglich einen *o*-St. anzusetzen haben. Bei *geits* finden sich gar alle drei Formen: *geitin*, *geitien* und *geitan*. *Pickuls* 'Teufel' gehört nicht dazu, es muss wohl zwei Worte gegeben haben: eben dies *pickuls* 'Teufel', das nur *a*-Formen hat: acc. *pickullan*, gen. *pickullas*, und ein Wort, das 'Hölle' wiedergiebt und nur mit *i*, *ie*-Formen vorkommt: *pikullis* gen., *pickullien* acc., I. *pekollin* II. *pykullien*: die beiden Stämme sind hier also gesondert. Das Voc. hat *pyculs* 'Hölle'.

Dieser Wechsel von *-in* und *-an* erklärt sich leicht. War erst im Nom. der Vokal *a* oder *i* vor dem *s* geschwunden, so konnte das Wort beliebige Flexion nach der *i*- oder der *a*-Deklination annehmen. Das Unterscheidungsvermögen dafür wurde allmählich unterdrückt. Ganz daselbe Schwanken, und jedenfalls aus derselben Ursache, findet man im Lett.

3. Die *u*-Stämme, idg. *-*um*, lit. -*ų*, preuss. -*un*. Die Beispiele sind hier nur spärlich.

Im Ench. *polÿgun* in *sen maisei polÿgun* 'mit meinesgleichen', lit. *lygùs* 'gleich'. I. hat *sunun* 'Sohn' lit. *sū́nų*, II. *sounon*, wo -*on* für -*un* steht. Im Ench. dagegen ist dieses Wort entschieden schon nach den -*o*-St. flektiert, denn *soūnon*, das man für *soūnun* halten könnte, kommt nur zweimal vor, alles übrige sind *a*-Formen: gen. *soūnas*, acc. *soūnan* (vgl. p. 173). Der nom. lautet auch stets *soūns*. Dagegen erscheint *dangon* etwa 12 mal mit *o*, nur zweimal mit *a*, so dass die Annahme, das Wort könnte noch *u*-St. gewesen sein, nicht ungerechtfertigt erscheint. -*un* im Auslaut wäre hier zu -*on* geworden, wie im Inf. *dāton* u. s. w., idg. *-*tum*. Ein anderer Kasus, der die Frage etwa entscheiden könnte, kommt nicht vor. Die Cat. bieten auch nichts: I. hat zweimal *dangon*, II. *dengon* neben *dengan*. *Christon*, *Marcon* sind zweifelhaft.

4. Die konsonant. Stämme:

smūnents 'Mensch', wie sl. *tełę*, hat im Acc. *smūnentin*, das sehr wohl noch die alte konsonantische Endung, -*m̥* = -*im*, -*in*, sein könnte: abg. *kamenь*, lit. *ãkmenį*. Von hier aus ging dann, im preuss. wie im lit. sl., der Übertritt in die *i*-Deklination aus. *smunentien* ist die Form der *jo*-St., die ja so häufig neben -*in* auftritt, sie zeigt, dass das Wort schon ganz als *i*-St. betrachtet wurde. *smunentinan* acc. ist eine Weiterbildung von *smūnents* mit dem Amplifikativsuffix -*inas*, wie lit. *výrinas* 'Mann' neben *výras*.

Dasselbe ist beim Part. *ainan-gimmusin* der Fall, auch hier kann -*in* noch der alte konsonantische Accusativ sein.

Auffällig ist der acc. *kērmenen*, *kērmnen* fünfmal mit -*en* gegenüber einmaligem *kērmenan*, und *emnen* siebenmal neben viermaligem *emnan*: die Zahlenverhältnisse sind hier derart, dass -*en* unbedingt nicht bloss eine Schreibung von -*an* sein kann (man vgl. pg. 178 wie selten und vereinzelt -*en* für *an* erscheint!) sondern selbständige Berechtigung haben muss. Aber wie ist es zu erklären? Ein Accusativ der konson. Stämme auf *-*em* ist undenkbar. Ich glaube daher folgendes: der gen. lautete *kermenes*, *emnes*, wie derselbe auch noch alit. als *akmenes*, *wandenes* belegt ist. Ich kann daher unmöglich mit Brückner, ASPh. III, 249 den preuss. Genitiv für eine blosse Liederlichkeit des Schreibenden halten. Nach diesem gen. auf *-es* wurde dann ein acc. auf *-en* (für *-in*) analogisch gebildet nach dem Verhältnis *deiwas* : *deiwan* (*deiwas* jedenfalls mit verkürztem *-ās* weil unbetont). *kermenan*, *emnan* ist dann wieder erst eine Bildung nach dem nom. *kermens*, *emmens* wie *geitan* für *geitin*, *geitien* zu *geits*.

5. Die *ā*-Stämme, idg. **-ām*, lit. *-ą*, preuss. *an*. *Crixtisnā* — *Chrixtisnan*, *deinā* (in *deināalgenikamans*) acc. *deinan*, lit. *dēną*; *rānkan*, lit. *rañką*. *-en* erscheint selten für *-an*: so in *absignāsnen* 'Segnung' neben *ebsignāsnan*, *mensen* neben *mensan*, nom. *mensā*.

Es fragt sich nun, wie der acc. sg. der fem. auf *-ū* (also der Stämme auf gutt. und lab.) lautete. Wenn man das gesamte Material überschaut, so kann gar kein Zweifel sein, dass derselbe *-an* lautete: *labbiskan* 'Güte', mehrmal, *auctimmiskan* 'Obrigkeit', *prābutskan* 'Ewigkeit', *deigiskan* 'Milde', *kāupiskan* 'Handel', *rānkan* 'Hand', *gannikan* 'Weibchen', *debȳkan* 'gross' fem., *mērgan* 'Mädchen'. Die Formen auf *-un*, die daneben stehen und leicht irre leiten können, verlieren gegen diese Masse ihre Bedeutung: es sind *dinckun* 'Dank', *kailūstiskun* 'Gesundheit', *packun* neben *packan* 'Friede', *maiggun* 'Schlaf', *debȳkun* 'gross' acc. sg. fem., *Chrixtiānis-kun* 'christlich' (*mȳlan*): sie kommen je nur einmal vor, und man hat zu beachten, dass auch *malnȳkikun*, ein msc. *o*-St. *-un* hat: es ist hier wieder die verdumpfende Einwirkung des Gutturals auf unbetonte Silben anzunehmen. So wird man auch *powīrpun* acc. sg. fem. zu erklären haben, nur dass hier der Labial die Ursache ist, der z. B. **asmas* lit. *āszmas* in *asmus* wandelte. Der Übergang von *ā* in *ū* nach Gutt. und Lab. war ein später Vorgang: als er eintrat, war *-ām* schon zu *-an* gekürzt und konnte von der Verwandlung nicht mehr betroffen werden: Diese Fassung der Regel ist vielleicht de Saussures Ansicht vorzuziehen (Mém. d. l. s. de ling. VII, 83 Anm.): „il faut admettre que devant une nasale de la même syllabe, le timbre clair persiste (cf. toutefois *maiggun* et autres exemples)".

Cat. I und II haben im Acc. *-an*: I *deinan* II *deynan*, *gennan* I II. Bei den Worten auf *-ū* hat I *anterpinsquan*, *mergwan*, *perroniscon*, *pattiniscun*, *prabitskun*: über *mergwan* war schon gehandelt, *perroniscon*, *prabitscun* können für *-an* stehen: vgl. sogar *nusun*, und *krixstianiskun* msc., II hat *salobisquan*, *mergwan*, *krichstianisquan*, *perronisquan* doch ist da, wie schon bemerkt, wegen *grīquan* und *enquoptzt* wenig auf *qu* zu geben.

So tragen die Cat. wie gewöhnlich nichts zur Aufhellung bei. Der acc. sg. der fem. auf *ū* ging im Ench. sicher auf *-an* aus. Aber, könnte man fragen, ist das nicht ein Beweis gegen Leskiens Erklärung? Müsste der Acc. nicht, wenn die Bildung vermittelst eines *-vā*-Suffix geschah, *-quan* lauten, wie *anterpinsquan*? Gewiss, doch *-kan* ist eine leicht zu erklärende Analogiebildung. Der Nom. lautete *-kū* ganz wie bei primären Nomina auf *k*, *g*, *p*, *b*, *w*, *m*: nun war das *-v-* nur hier bei diesen Abstrakten berechtigt, was war natürlicher, dass Ausgleichung mit den weit zahlreicheren primären Femininen erfolgte: so ward ein *aucktimmiskū*, **auctimmisquan* nach dem Verhältnis **rankū rānkan* zu *aucktimmiskū aucktimmiskan* umgestaltet.

6. D i e *ē*-S t ä m m e, idg. **-ēm* lit. *-ę*, preuss. *-in*.

sālin 'Kraut' lit. *žolę*, *schlūsnikin* 'Dienerin', lit. *-ikę*, *dūsin*, *daūsin* 'Seele', lit. *duszẽ* neben *dūszià*, *jūrin* 'Meer', lit. *júrės*, *teisin* 'Ehre', fünfmal, lit. *teisė* 'Wahrheit', *gīwin* 'Leben' nom. *giwei* lett. *dſīwe*, *greiwakaulin*, nom. *kaulei*, lit. **kaulė*, *smūnin* 'Ehre'; *warrewingin*, lit. **-ingę*, fem. zu *-ingis*.

Was Kurschat, Gr. § 592 von den lit. *ė*-Stämmen bemerkt, dass sie vollkommen mit den *-iā*-St. im Schwanken begriffen sind, dass es also *gìrė* und *gìria* heisst, das lässt sich auch für das preuss. konstatieren. Nur waren die Anlässe der Ausgleichung verschiedene: im lit. lautete der Nom. in den Dialekten, die langen unbetonten Vokal im Auslaut verkürzen, ganz gleich mit einem fem. auf *-ia*, das auch wie *-e* gesprochen wird, also ein *szveñtė* 'Fest', *valdžià*

'Regierung' wie *szveñtė*, *valdžẽ*; überdies lauteten die Accus. Sg. und Pl. *szveñte*, *valdžię* *-džię*, *szventès*, *valdžiàs* = *valdžiès* gleich. Im Preuss. wird man wohl den Dativ sg., der bei beiden *-ei* lautete (aus *-ēį* und *-įāi*) verantwortlich machen müssen, eventuell auch den gen. Pl., der bei beiden *-*ian* war.

So findet man im Preuss.: *mūtien* zu *mūti* (I *muttin*), *semmien* zu *semmē* (I *semmin*), *warrin* 'Gewalt' und *warrien*, lett. *ware*; *warein* hat wohl dasselbe *ei* wie der Nom. Sg. *gīwei*, *kaulei*, *perōni* 'Gemeinde': *perōnin* und *peronien*, *garrin* 'Baum': Voc. *garian*.

Auch *arrien* halte ich für einen solchen Accusativ. Ich erschliesse dieses Wort aus der Stelle *toū turei stesmu kurwan*, *kas arrien tlāku*, *ni stan āustin perrēist* „Du sollst dem Ochsen, der da drischet, nicht das Maul verbinden", Ench. 52, die schon verschiedene Male Erläuterungsversuche erfahren hat. Ich schreibe *arrien tlāku* (nicht *arrientlāku*), weil es mir so deutlich dazustehen scheint. Nesselmann lässt *arrientlāku* aus *aria* 'pflügt' und der späteren Verbesserung *entlāku* 'drischt' fälschlich zusammengeschmolzen sein.

Leskien stellte Dekl. 34 die sehr beachtenswerte Vermutung[1] auf, dass der Übersetzer, unbekannt mit der Sitte,

---

[1] Bezzenberger widerspricht dieser Vermutung (Apr. Monschr. XV 269 f.) sehr scharf, doch mit völlig unzureichenden Gründen. Leskien setzt gar keine unbelegte Form **ent* für *ant* an, sondern denkt sich letzteres durch das *j* von **aria* umgelautet. Der alte gen. könnte sich doch sehr wohl in formelhaften Wendungen wie „auf dem Felde" in der Verbindung mit Präp. gehalten haben. Dass *ant* sonst nicht im preuss. für 'auf' vorkommt, sondern *no*, wiegt nicht so schwer. Wird man etwa das *ir* in *ir bhe noūson madlan* 'auch ohne unser Gebet' für unrichtig halten, weil sonst stets *dēigi* für 'auch' vorkommt? Der Einwand, dass *arti* nur von pflugführenden Menschen gebraucht werde, widerlegt sich — wenn man bei einer derartigen Übersetzung solche feine Unterscheidungen überhaupt erwarten darf — dadurch, dass ja *arklỹs* 'Pferd' doch wohl nichts anders als 'Pflüger' (von *árti*) ist. So vermag ich Leskiens Konjektur beim besten Willen nicht für eine so schlechte halten, dass „es schwer halten dürfte, ihr eine schlechtere an die Seite zu stellen". Bezzenbergers eigener Erklärungsversuch ist sehr unglücklich und durchaus verfehlt. Er nimmt eine Verdruckung von *lāku* für *kulā* an; *kulā* soll 'drischt' bedeuten, lit *kùlti*. Er über-

dass Ochsen dreschen, gesagt habe „der Ochse pflügt auf dem Felde“: lit. *ãria añt laũko*, in **lāku* wäre also noch ein alter preuss. dem lit. auf *-o* entsprechender gen. sg. erhalten, der später durch den auf *-as* verdrängt wurde.

Ich würde mich gern mit dieser Erklärung begnügen, wenn ich nicht auf eine Möglichkeit hindeuten könnte, bei deren Annahme das preuss. dem deutschen Text näher kommt.

arrien fasse ich als acc. von einem **ari*, lett. *are* 'Acker'; *tlākut* wäre aus dem poln. *tłoczyć* 'stampfen, treten entlehnt (*-ut* wie *-winūt* aus *-vinić*), *kas arrien tlāku* wäre also 'der das Feld stampft', die Entlehnung ist bei einem Kulturbegriff nicht auffällig; vielleicht erlernten die Preussen den Ackerbau von den Slaven. Der Ausdruck weist also noch auf die primitive Art des Dreschens, bei der der Ochse auf das Feld getrieben, das Getreide austrat. Vgl. von der Wurzel *tlъk -telk -tolk* noch russ. *tolok* 'Dreschtenne'.

So gewänne man hier also den acc. *arrien* von einem **arē*.

Zum Schlusse dieses Abschnitts sei noch auf einen auffälligen Wechsel der *ē*- und *ā*-St., der übrigens auch im lett. sehr häufig ist: *are* und *ara*, *ware* und *wara*, aufmerksam gemacht. So findet sich: *madlin* und *madlan* 'Bitte': nom. *maddla*: ersteres 14 mal, letzteres 4 mal; *lastin* und *lastan* je einmal 'Bett', *salubin* (*sallūbi-gennāmans*) und *salaūban* 'Ehe', *sūndin* und *sūndan* 'Strafe'; *martin* 'Braut', lit. *martì*, hat auch *mārtan* daneben, während *-pattin* lit. *patì* zweimal vorkommend nur *-in* hat.

Bei *gỹwin* 'Leben', daneben *gỹwan*, *mỹlin* 'Liebe' und *mỹlan*, könnte man daran denken, ob nicht in *gỹwan*, *mỹlan*

---

sicht, dass *kulā* eine Unform ist, die mit *quoitā* deshalb unmöglich verglichen werden darf, weil der Inf. dazu *quoitīt* lautet (*poquoitīuns*, *quoitīlai*). Das Verbum ist also mit *krẽsti* der Bildung nach nicht zu vergleichen, sondern wäre ein lit. **quaitaũ* **quaitýti*. Von *kult* könnte die 3. Sg. nur **kula* nie *kulā* lauten (vgl. *mukinna*, *polīnka*). Ausserdem lässt B. *arrient*, „den Träger der Bedeutung *da*“ völlig unerklärt. Diese Konjektur kann also auf Zustimmung keinen Anspruch machen

neben **gy̆we*, (*giwei*), **my̆lē* das substantivierte Neutr. des Adjektives vorliege, wie z. B. offenbar in *labban* 'Güte'.

Nom. Acc. Sg. Neutr.

Von Neutr. von *o*-St. wären hier also vielleicht diese Formen *my̆lan*, *gy̆wan*, *labban* zu nennen. Jedenfalls *labban* als adj. in *ṡta ast labban* 'das ist gut' *-an* = idg. *-*om*.

Ein Neutr. des *i*-St. ist *arwi* 'wahr' zu *arwis*, vgl. gr. ἴδρι 'kundig', ai. *bhūri* 'multum'.

Ein Neutr. des *ū*-St. ist ausser *wargu-* in *wargu sgy̆lentins* noch *pecku* 'Vieh', got. *faihu* lat. *pecu* ai. *paçu*. Neben *pecku* (so auch I, II) kommt zweimal (10) *peckan* vor: wenn hier nicht eine missverständlich vom Pfarrer selbst infolge der mehreren vorhergehenden acc. auf *-an* gebildete Form vorliegt, sondern dieselbe wirklich in der Sprache existierte, so müsste man hier eine Analogiebildung nach **rankū rānkan* sehen, aber natürlich nach einem nicht endbetonten Femininum mit *ū*, dessen *ū* schon Verkürzung erfahren hätte.

Gen. Sg.

1. Die *o*-Stämme. Weder liegt im Preuss. die idg. Bildungsweise mit dem Pronominalsuffix *-s̯i̯o -so* vor, wie im gr. ai. germ., noch die litusl. Genitivbezeichnung, die durch ablat. Formen auf *-ōd*, lit. *vil̃ko* abg. *vlъka* bewirkt wird. Die Endung des Preuss. ist *-as*: *Deiwas* 'Gottes, *tawischas* 'des Nächsten', *Tāwas* 'des Vaters', und so ganz durchweg: *twaias my̆las malny̆kas* 'deines lieben Kindes'. Es kann kaum ein Zweifel obwalten, dass man hierin mit Leskien eine Übertragung des fem. gen. auf *-ās* auf die msc. *-o*-St. zu sehen hat. Ausgehen konnte die Übertragung vom acc. sg. und vom dat. sg., denn *-ōi* fiel im preuss. mit *-āi* in *-ai* zusammen. So wurde in der Gleichung *gennai* : *gennan* : *gennas* = *deiwai* : *deiwan* : **deiwā*, das **deiwā* durch *deiwas* verdrängt.

Ein Vorgang in umgekehrter Richtung hat z. B. im ark. stattgefunden, wo der Ausgang des Gen. Sg. der msc.

-αν auf die fem. übertragen wurde: so *ζᾱμίαν* gegen att. *ζημίας* (Brugmann Grdr. II 571).

2. *i*-Stämme.

Der gen. ist nur spärlich belegt und geht in allen Fällen auf *-is* aus, das einmal in *noseilīs* das Längezeichen trägt.

prēigimnis 'Geburt' *pērgimnis* 'Natur', *etnīstis*, *nietnīstis*, *amsis* 'des Volkes', *noseilis* 'des Geists', *powaisennis* 'des Gewissens'; ein gen. mag auch *kīrkis* in *kīrkisteikūsna* sein, vgl. *galwasdellīks* 'Hauptstück'. Aus I ergiebt sich *tawischis* (zweimal), *naseilis*, aus II *tauwyschis* und *naseylis*; *powaisennis* und *tawischis* (im Ench. *tawischas*) sind aller Wahrscheinlichkeit nach *-i̯o*-St., doch haben sie hier, wie auch sonst, die Form der *i*-St. angenommen.

Man sieht sofort, dass das wieder eine ganz absonderliche Bildung ist, wenn hier wirklich *i* vorliegt. Ich glaube indes, dass wir durchaus berechtigt sind, hier *-is* als einen Ausdruck für unbetontes *-ei* zu nehmen. Wenn man bedenkt, dass *i* fast immer im nom. pl. der Adj. auf *-ingis* erscheint: *druwīngi*, *weyseuingi*, *poklūsmingi*; ferner z. B. im dat. sg. *prēisicki* für *prēisickei* aus **prēisicki̯āi*, so verliert diese Auffassung jegliche Kühnheit, und man mag sich wohl bei ihr zufrieden geben. Damit wäre im Preuss. die idg. Genitivendung *-ei̯s* der *i*-St. vgl. umbr. *punes*, *ocrer* 'montis', osk. *Herentateis* 'Veneris' ahd. *ensti* aus *-ei̯s* als vorhanden konstatiert, und zugleich wahrscheinlich gemacht, dass lit. *naktė̃s* wo man nicht scheiden kann ob idg. *-ei̯s* oder *-oi̯s* vorliegt, auf *-ei̯s* zurückführt.

Wer *i* nicht für *ei* stehend annehmen wollte, der müsste wieder zu einer Analogiebildung seine Zuflucht nehmen und *noseilīs* zu *noseilin* nach dem Verhältnis *deiwas deiwan*, *gennas gennan* geschaffen sein lassen. Nötig ist indes diese Annahme durchaus nicht.

Einen ganz regelrechten Gen. Sg. des *-i̯o*-St. hat man in *nerties* 'des Zorns', acc. *nertien* aus **nertiās*; ebenso wird man die Formen *tauwyschies* 'des Nächsten' in II aufzufassen haben.

3. Die *ū*-St.

Im Ench. ist kein gen. derselben erhalten, denn *soūnas* ist selbstverständlich der eines *o*-St. Wohl aber scheinen mir in I und II noch solche vorzuliegen in *sunos* I und *sounons* II: letzteres ist doch jedenfalls in *sounous* zu ändern. Damit hat man indessen nicht die idg. gen. Endung auf *-eu̯s, ou̯s* vor sich: sondern *sounous* wäre durch Diphthongierung für *sūnūs* eingetreten, zu welcher Form auch *sunos* I stimmt. Denn nichts hindert anzunehmen, dass *o* für *ū* steht, vergl. *gobuns* neben *pergubuns*. *sūnūs* könnte ein Produkt jener Analogiebildung sein, die eben bei den *i*-St. in Erwägung gezogen wurde: **sūnūs* zu *sūnun* wie **deiwą̄s* zu *deiwan*.

4. Die konson. St.

In *kermenes, emnes* liegt die idg. Endung *-es* neben *-os* vor, vergl. lat. *Apolones*, abg. *kamene* aus **kamenes*, altlit. *wundenes* (de Saussure IF IV, 459), schriftspr. *vandeñs*.

5. Die *ā*-St. Ihr Ausgang war von uridg. Zeit her *-ās*, der im preuss. festgehalten ist.

gennas wie gr. *χώρᾱς* lat. *viās* got. *gibōs* lit. *rañkos* lett. *rùkas*. Dieser gen. geht im Preuss. durch: also *prusnas* lit. *prusnōs*, *ālgas* lit. *algōs*.

Auch die Stämme auf gutt. und lab. haben *-as*: also *algas, galwas, dengniskas*. de Saussure meint infolge dessen (Mém. lingu. 83, Anm.), dass *ā* bewahrt blieb vor beliebigem Konsonant in derselben Silbe. Das ist nicht recht wahrscheinlich bei *s*: vergl. lit. *mergōs*, wo dieselbe Verwandlung von *ā* in *ō* stattgehabt hat wie in *mergomìs*, und da man hier im preuss. *mergūmans* liest gegenüber *gennāmans*, warum sollte man ein **mergūs* verwerfen? Ich halte diesen gen. vielmehr für eine leicht begreifliche Ausgleichung nach dem dat. und acc.: ein *galwan*, **galwai* unterschied sich durch nichts von *gennan*, *gennai* und konnte daher nach *gennas* den gen. *galwas* hervorrufen. Sehr möglich ist es, dass wir einen gen. auf *-us* noch überliefert haben in *dwigubbus teisis* 'zwiefacher Ehre', zu einem **dwigubbū teisi*, doch verkenne ich hier keineswegs die Gefahr, aus einem eventuellen Druckfehler Schlüsse zu ziehen.

6. Die *ē*-Stämme. lit. *-ės* in *žēmės*, idg. *-i̯ēs* vergl. lat. *rabiēs*, ai. *br̥hatyás*. Im preuss. *-ēs*, das in unbetonter Silbe zu *-is* verkürzt erscheint. *teisis* 'Ehre' zu *teisi*, *gýwis* zu *giwei*, *gýwin*: lett. *dſiwe*, *sūndis* 'Strafe' acc. *sūndin*.

Dat. Sg.

1. Die *o*-Stämme. Der idg. Ausgang war *-ōi̯*, vergl. av. *vehrkāi* ai. *tasmāi* alat. *Numasiōi* gr. *ἵππῳ*. Im lit. entstand aus **vilkōi̯* über **vilkůi* ein *vil̃kui*. Wie lautet nun der Dativ im Preuss.? Man wird sich aus der Betrachtung der Übersetzung erinnern, an wie wenigen Stellen wir uns überhaupt seiner richtigen Übertragung erfreuen. Der Dativ erscheint zunächst auf *-u* ausgehend in *stesmu waldniku*, *schismu malnīku*, *steismu piru* 'der Gemeinde', *prei sīru* 'zu Herzen', *empolŷgu grīku* 'mit gleicher Sünde'. Daneben erscheint ein Dativ auf *-ai* in *en stesmu wirdai*, *sirsdau stesmu īstai* (das Nesselmann freilich für einen Infinitiv hält, der indes eine ganz unmögliche Form wäre; ich möchte es daher lieber für eine Bildung wie *sóstas* 'Sitz' zu *sēsti* halten) und vielleicht in *sendraugiwēldnikai* 58. Vielleicht, weil man folgendes zu beachten hat: das deutsche heisst: „Gebet dem weibischen als dem schwechsten Werckzeug seine Ehre, als Miterben der Gnade des Lebens“: die Übersetzung: *dāiti steismu gennenískan kāigi stesmu uckakuslaisin dŷlapagaptin swaian teisin, kaige sendraugiwēldnikai steisei etnīstin stesse gīwas*. Kann man da wirklich *sendraugiwēldnikai* mit ruhigem Gewissen als dat. fassen, da nicht einmal *dŷlapagaptin* im dat. steht? Wahrscheinlich ist es nicht, dass in der Apposition der richtige Casus festgehalten ist; man wird also immer die Möglichkeit im Auge behalten müssen, dass hier ein nom. pl. vorliegt.

Doch wie dem auch sei, es gibt zwei dat., einen auf *-u*, einen auf *ai*. Und es ist sehr verlockend, den ersteren dem lit. auf *-ui* gleichzusetzen: für den zweiten bietet sich die bequeme Erklärung der Übertragung vom fem. *ā*-St., der schon seinen gen. auf *-ās* dem *o*-St. geliehen hatte. Doch ist diese Annahme unbedenklich? Keineswegs, sie rechnet damit, dass in diesem einen einzigen Fall idg. *ō* im preuss. durch *u* vertreten ist, wovon sonst keine Spur zu finden: vergl. gen. pl. *swintan* lit. *szveñtų*, *as crixtia* 'ich taufe' lit. *krìksztyju*. Ausserdem müsste man den Abfall des *i* auch einfach konstatieren: jegliches Analogon, diesen Abfall als lautgesetzlichen zu erweisen, fehlt. Daher wird man den Thatsachen wohl besser gerecht werden bei der Annahme, dass in *-ai*, in *wirdai* u. s. w. die reguläre Entsprechung des idg. *ōi̯* vorliegt. Die Formen auf *-u* zeigen dann pronominalen Ausgang, der von *stesmu*, *schismu* übertragen ist. Diese sind dann natürlich nicht gleich idg. **tesmōi*, ai. *tasmāi*, sonst hätte man ja dieselbe Schwierigkeit wie vorhin. Sondern *stesmu*, *schismu* repräsentieren die idg. Ablative wie **tesmōd*, ai. *tasmād*. Dass dieselben dativische Funktion übernommen haben, ist nicht auffällig: ahd. *hwemu* ist auch als ein solcher Ablativ aufzufassen (Brugmann Grdr. II 591). Vielleicht darf ich mich auf Brugmann berufen, der dieselbe Ansicht über die Natur der preuss. Dative gehabt zu haben scheint, wenn er Grdr. II 598 *wirdai* aus **wirdōi̯* erklärt und II 785 *stesmu* mit *waldniku* vergleicht.

2. Die *i*-Stämme.

en nautei 'in Not', *en mattei* 'in Massen', *stesmu prēisicki* 'dem Feind', *stessemu klausīweniki*, *steisei kīrki*: es kann kein Zweifel sein, dass das *i* der drei letzteren Stämme als Schreibung für unbetontes *ei* aufzufassen ist.

Die Erklärung ist dann nicht schwierig: es ist dieselbe Endung wie lit. *nākcziai*, *nākczei*: so im pr. *nautei mattei kīrki*, und jedenfalls auch *pergimie* (in *swaiai pergimie*), wo *e* leicht auch ein unvollkommener Ausdruck für *ei* sein kann. Wie im lit. wird man die Endung *ei* als Neuschöpfung nach den *i̯ā*-St. zu betrachten haben und nicht eine Bildung mit dem idg. Suffix *-i̯ai̯* darin suchen müssen (Brugmann, Grdr. II 604). Und wie im lit. die msc.

i-St. ihren Dativ von den -*i̯o*-St. bezogen: *smer̃tiui* nach *vāgiui*, so haben *prēisiki*, *klausīweniki*, wohl auch -*i̯āi* (zu -*iei*, -*ei*; geschrieben *i*) von denselben bekommen, was dann weiter eine Stütze der oben über den Dativ geäusserten Ansicht wäre. Oder sollte man darin Formen auf idg. *ī*: ved. *ūtí* 'Hilfe', abg. *nošti*, *pąti*, alit. *vēszpaty* lett. *sirdī* 'Herz' sehen? Ich wage keine Entscheidung, die sich wohl überhaupt nicht wird geben lassen.

3. Die *ā*-Stämme: idg. Ausgang -*āi̯*, vergl. gr. *χώρᾳ* got. *gibai* lit. *rañkai*: so auch im preuss. ganz durchweg auf *ai*. *sen packai* acc. *packan* 'mit Frieden', *sen alkīnisquai* 'mit Hunger', *wissai* 'aller' (fem.), *en swaiai* (*pērgimie*) *sen* . . *perdāsai*, wenn dies ein fem. wie lit. *tamsà*, *praszvaisà* ist. Aus I kommt *prei tickray*, aus II *prey tickaray* 'zur Rechten' hinzu. *en stessei spartisku*, *en kanxtisku* halte ich einfach für Nominative: 'Stärke' und 'Zucht' zeigten keinen ausgeprägten Dativcharakter, waren vielmehr dem Nom. völlig gleich, worauf dann der Übersetzer den Nom. ebenso setzte wie in *is supsai ispresnā* 18 'aus eigner Vernunft'.

4. Die *i̯ē*-Stämme: der idg. Ausgang war -*i̯ēi̯*: ai. *bṛhatyāi*, lit. *žẽmei*. Hier überlieferten Cat. I und II die alten Formen: I *na semmey* II *na semmiey* (*i* nur Erweichung) zu Ench. *semmē*.

sammay I *semmay* II Ench. *semmai* 'nieder' hat mit diesem Wort nichts zu thun: es ist jedenfalls das Adv. zu dem lit. adj. *žẽmas* 'niedrig'.

DIE PLURALFORMEN.

Nom. Pl.

1. Die *o*-Stämme. Idg. -*oi̯* (mit übertragenem Pronominalausgang) neben -*ōs*: gr. *λύκοι* alat. *poploe* lit. *vilkaĩ* abg. *vlъci*.

Im preuss. -*ai* beim Nomen sowohl als beim Adjektiv: *pallaipsai* 'Gebote', *waikai* lit. *vaikaĩ* 'Knechte', *wýrai* 'Männer' lit. *výrai*; *milai* 'lieben': lit. *mẽlì*, *wissai* 'alle' lit. *visì*, *stai* *malnýkikai* 'die Kindlein'. Merkwürdig ist die Form *malnýkiku* für „Kindlein" nom. pl. Dadurch, dass sie zweimal an weit von einander entfernten Stellen erscheint: 19. 80, wird die Möglichkeit eines Fehlers sehr verringert. Vielleicht ist diese Form als ein Überbleibsel neutraler Flexion zu betrachten: *malnýkiku* wäre aus **malnykikā* entstanden. Das Neutrum bei dem Begriff 'Kindlein' ist ja nur berechtigt.

2. Die *i*-Stämme.

Nur eine Form eines echten *i*-St. wäre hier etwa zu nennen, nämlich *ackis*. Allerdings ist die Stelle nicht so ganz zweifellos: *wissas ackis giēidi notien* 'aller Augen warten auf dich'. Genau übersetzt müsste *wissan ackis* stehen; da die Stelle indes anscheinend ungenau übersetzt ist, so liegt der nom. pl. „alle Augen" wohl noch immer näher[1] als Nesselmanns Vermutung, der *wissas ackis* für einen nom. sg. hält. Streng abzuweisen ist dieselbe auch durch die Erwägung nicht, dass man dann *wissā ackis* erwarten sollte: Fehler im Genus kommen ja leider nur zu häufig vor. Jedenfalls könnte man *ackis* immerhin für einen Nom. Plur. lit. *ākys* fassen. Die Endung *-ys* freilich ist in ihren Beziehungen zum Ausgang der *i*-St. der andern idg. Sprachen noch nicht aufgeklärt (Brugmann, Grdr. II 665). Sonst haben sich die *i*-St. mit dem *i̯o*-St. verquickt und deren Ausgang *-ei* aus *-i̯ai* angenommen: *maldaisei* 'Jünger' acc. *maldaisins*; für gewöhnlich steht *-i* für *ei*: *weisewingi* 'fruchtbar', *nidruwīngi* 'die Ungläubigen', *packawingi* 'die friedlichen' u. s. w. *kērmeniskai īdai* 'leiblich Essen' findet sich einmal 43, obwohl von dem Wort sonst nur *i*-Formen belegt sind: nom. sg. *īdis*, acc. *īdin* zweimal: vielleicht hat man hierin die umgekehrte Ausgleichung wie in *wyrin* für *wyran* u. s. w. zu sehen, wenn man nicht annehmen will, dass man es mit einem Fehler zu thun hat.

3. *ā*-Stämme: idg. *-ās*: ai. *aśvās* got. *gibōs* lit. *rañkos*. Im preuss. lautet derselbe, wie beim *o*-St., auf *-ai*

---

[1] Auch Joh. Schmidt Neutr. 251 fasst *wissas ackis*, wie ich nachträglich sehe, als nom. plur.

-ai aus: *stai gannai* (dreimal) 'die Weiber', *preibillīsnai* 'Verheissungen' von *preibillīsna*, und auch wohl *rūkai* 'Kleider' (entlehnt aus poln. *rucho* 'Rock'). Man steht hier vor der schwierigen Entscheidung, ob man solche Formen als wirklich in der damaligen Sprache existierend anzunehmen oder sie auf Rechnung des Übersetzers zu setzen hat. Denn abgesehen davon, dass das Voc. noch keine Spur von den fem. auf *-ai* zeigt: es heisst *lauxnos* 'Gestirne', *wayos* 'Wiesen' lit. *vejõs*, so kommen im Ench. selbst noch Nom. Pl. auf *-as* vor. So fasst Leskien Dekl. 33 in *stawīdas madlas ast... poklausīmanas* (27) 'solche Bitte sind erhöret' das *stawīdas madlas* mit Recht als nom. Pl., da *maddla* nur als fem. im Ench. sowohl wie im lit. zu belegen ist. Ich möchte noch *wissas* in dem oben besprochenen *wissas ackis* als nom. pl. fem. auffassen und endlich noch *mÿlas ginnis* 'lieben Freunde', das zweimal vorkommt und gar nicht anders zu erklären ist, als dass man von einem fem. Sg. *ginnē* Freundschaft' ausgeht (vergl. die Verwendung von lit. *giminė̃* 'Geschlecht'). *Twaias kīrkis* 'deine Kirche' in *kai tu twaias kīrkis... islāiku* (95) 'der du deine Kirche genediglich erhältst': kann nicht gut nom. Sg. sein, weil dann wohl **twais* stehen würde; der nom. pl. für den acc. wäre bei der schlechten Übersetzung wohl möglich: vergl. *kaāubri̲ bhe strigli̲ turei tāns tebbei pÿst*: „Dornen und Disteln soll er dir bringen". Vielleicht fällt so auch Licht auf das einmalige *mensas* 'Fleisch', das nun dem lit. *mėsõs* entsprechen würde: irgend ein Anlass, eine msc. Form *mensas* anzusetzen, liegt durchaus nicht vor. *nousā mensai* wäre dann fem. auf *ai* neben *mensā*. Dass *ains* vor *mensas* steht, thut dieser Annahme kaum Abbruch: es kommen schlimmere Übersetzungsfehler vor. Angesichts dieser noch im Ench. möglicherweise vorhandenen nom. pl. fem. auf *-as* könnte man in Bezug auf die Richtigkeit des *-ai* sehr skeptisch werden. Doch anderseits muss man bedenken, dass auch ein solcher Anschluss an das msc. kein Wunder war, da ja der ganze Sing. des *o*-St. und des *ā*-St. schon gleichlautete. So hindert nichts für das preuss. denselben Vorgang anzunehmen, der im gr. lat. (gr. *χῶραι*, lat. *equae*)

stattgefunden hatte, wenn dieses nicht etwa die alten Dualformen sind.

4. Die *ịē*-Stämme, idg. *-ịēs*: lat. *faciēs* lit. *žemės*. Der Ausgang *-ēs*, zu *-is* verkürzt, kann in dem oben erwähnten *ginnis* vorliegen.

Ob *kurpi* 'Schuch' 23 ein Pl. auf *-ei* (wie *gennai*) ist, muss fraglich bleiben; ebenso *duckti* 'Töchter' 59: es könnte, wenn es nicht ein Fehler für „Tochter" ist, eventuell ein solcher Pl. auf *-ei* sein.

Acc. Pl.

1. Die *o*-Stämme. idg. *-ons*: gr. kret. λύκους, lat. *lupōs* got. *vulfans* abg. *vlъky*. Über den balt. Acc. pl. vergl Streitberg, JF III, 148 f.

Das Preuss. bietet keine Schwierigkeiten, sondern hat nur regelrechte auf *-ans* ausgehende Formen: *deiwans* zu *deiws*, *wirdans* zu *wirds*, *swintans* zu *swints*. II hat wie im Acc. Sg. bisweilen *e* für dieses *-a.*: *wissens poganens* gegenüber *wissans poganans* I. *streipstoos*, von *streipstas* 'Glied' neben *streipstans* ist jedenfalls Druckfehler für *streipstons*: vergl. *deicton* neben *deiktan*. Gelegentlich kommen wie im Acc. Sg. Entgleisungen nach den *i*-St. hin vor: *wīrins* neben *wirans*, *dīlins* neben *dilans*. Ob eine solche auch in *warnins* 'Raben' lit. *var̃nas* vorliegt, ist nicht möglich zu entscheiden.

2. Die *i*-Stämme. Das preuss. zeigt in zahlreichen Fällen die idg. Endung *-ins*: gr. ὄϊς hom., umbr. *avif* got. *gastins*: *ackins*, *āusins*, *swīrins* 'Tiere', *pippalins* 'Vögel', *nautins* 'Nöte', *seilins* 'Kräfte', von adj. auf *-ingis*: *labbatīngins* 'die Hoffärtigen', *mukinnewingins* 'Lehrer'. Eine umgekehrte Entgleisung wie die in 1) besprochene hat vielleicht in *uraisans* 'Eltern' neben *uraisins* stattgefunden.

Acc. von *-ịo*-Stämmen sind *bousenniens* 'die Stände' und aller Wahrscheinlichkeit nach auch *swintickens* 'die Heiligen': der *i*-, *ịo*-St. ist nach *prēisicki*, *klausīweniki* dat. zu erschliessen.

3. Die *ā*-Stämme. Der preuss. Ausgang ist *-ans*, also von den msc. her beeinflusst, wie z. B. argiv. Ἀλεξαν-

δρείαυς, umbr. *vitlaf* „vitulas" lit. alt. dial. *pirmans-es* 'die ersten', abg. *rąky* 'Hände' aus **rąkons*: preuss. *rānkans*; *deinans* 'Tage', *stans gennans* 'die Frauen', *enteikūsnans* 'Verordnungen'.

Dass lit. *rankàs* auf *-ās* zurückgeht (lett. *růkas*, litt. dial. *runkas*) ist bekannt. Vielleicht hat sich diese alte Acc.-Form noch in dem adverbiell gebrauchten *perpettas waitiāt* 'afterreden' erhalten, eigentlich wohl 'über die Schultern', lit. *petìs*, Voc. *pette-gislo* 'ruckeoder', 'hinter dem Rücken jemandes reden'.

4. Die *i̯ē*-Stämme. lit. *żemės-nà*, *żemès*. Im preuss. ist auch hier der Nasal eingetreten: *kurpins* 'Schuhe' lit. *kùrpes*, *kaulins* 'Knochen', nom. *kaulei*.

5. Die kons. Stämme.

smūnentins die Menschen geht sehr möglicher Weise wie lit. *ākmenis* abg. *kameni* auf idg. *-n̥s* zurück: gr. *φέροντας* lat. *ferentēs* aus *-ens*. Dieser Kasus war dann, wie der Acc. Sg., ein Ausgangspunkt für die Überführung dieser Stämme in die *i*-Flexion.

Gen. Pl.

Derselbe ist uns nur von *o*-St. überkommen: die Endung ist *-an*, aus idg. *-ōm* entstanden. *grīkan* 'der Sünden', *swintan* 'der Heiligen', *noūsan* 'unser', *stēisan* 'der', ai. *tēšām*. I hat *swintan* und *grecon*, *grekun*, *nuson*; II *swyntan*, *grīquan*, *nouson*. *ōm* war über *-ām* zu *-an* verkürzt worden: man sieht dies aus der zahlreichen Schreibung *-on* für *-an* (wie im Part. *ismaitinton*, *swinton*): *grecun* in I hat keine Bedeutung: daselbst steht auch *nusun*. Nach *noūsan* wurde, indem man es im Sprachgefühl in Fällen wie *noūsan tāwan*, *noūsan mensan* als acc. sg. empfand, ein Possess. gebildet: *ioūs bousennis*, *nousā mensai*, *noūsons tāwans*: dies war natürlich auch nur dann möglich, wenn *-ān* zu *-an* gekürzt war.

Dat. Pl.

Die Bildung des Dat. Pl. geschieht mit dem Suffix *-mans* (so stets bei den Nominen); bei den Pronominen findet ein Schwanken zwischen *-mas* und *-mans* statt. Es fragt sich nun, wie dieses merkwürdige Suffix mit dem lit. *-mùs*, dem slav. *-mъ* zu vereinen ist.

Brugmann spricht seine Meinung darüber Grdr. II 710 Anm. aus: „Preuss. *-mans* in *-mǒms* zu zerlegen (**-mom* neben **-mo* wie ai. *-bhyam*: *-bhya* gr. *φιν*, *φι*) ist vielleicht trotz *amsis* 'Volk', *gimsenin* 'Geburt' erlaubt wegen *mensā menso* 'Fleisch', das dem got. *mimza-* entspricht und das für eine Entlehnung aus dem slav. zu halten kein Grund vorliegt: wie hier *m* doch wohl durch Dissimilation zu *n* wurde, so könnte auch **-mams* durch Dissimilation zu *-mans* geworden sein. Nun könnte dem **-mom* das aksl. *-mъ* gleich gesetzt werden. Aber wegen des lit. *-mus -ms*, das aus *-mans* nicht hergeleitet werden darf, bleiben Zweifel, und es fragt sich, ob im preuss. nicht *-mas* (z. B. *noūmas* 'nobis') die ältere Form war, die sich mit lit. *-mus* zu urspr. *mōs* vereinigen liesse, und *-mans* erst nach dem acc. plur. auf *-ans* gemacht war. Lit. *-mus* liesse sich aber auch mit abg. *-mъ* zu idg. **-mus* vereinigen. Folglich: non liquet.

IF. II pg. 316 greift Hirt das Problem an. Und da es ihm gelingt, abg. *-mъ* aus *-mos* zu erklären (*-mos* neben idg. *-bhos* lat. *-bos*), so gewinnt die Sachlage entschieden an Klärung: das preuss. *-mas* geht mit dem sl. *-mъ* auf *-mos* zurück. *-mans* erklärt sich durch Brugmanns Annahme, dass es dem acc. angeglichen sei. Lit. *-mus* führt Hirt mit Brugmann auf *-mōs* zurück.

Ich glaube, dass vielleicht folgender Erklärungsversuch den Thatsachen auf einfachere Weise gerecht wird. Das Suffix war *-mos* (wie schon das Vorhandensein von *-bhos* sehr wahrscheinlich macht: ebenso *-bhis* neben *-mis*): dieses ward im sl. zu *-mъ*, im preuss. zu *-mas* und liegt endlich vor in den lit. Formen auf *-ms*, die, worauf mich Herr Prof. Leskien gütigst aufmerksam macht, aus *-mus* nicht herzuleiten sind, da *-u-* nicht fällt. Inwieweit die von Bezzenberger (BGLS 142) angeführten altlit. Formen *waikamas* Psal. 78, 4 *Duschomas* SG. 62 als Zeugen für dieses *-mas* angesehen werden können, wage ich, da ich die Natur der Quellen nicht kenne, nicht zu beurteilen. *-ms* kann jedenfalls auf *-mas* führen. Und nun, glaube ich, trat dasselbe im Preuss. wie im lit. ein: nämlich Angleichung an den Acc., die im preuss. zu *waikammans* nach *waikans,* im lit. zu *vaikamùs* führte nach *vaikùs.* Ein Anstoss zu der Neubildung kann das Verhältnis *smertìs* zu *smertimìs* gegeben haben: war hier im Acc. und dat. der Vokal gleich, so sollte er auch im dat. und acc. der *o*-St. gleich sein. Vergl. auch Bezzenberger 162: *mumůs* 'uns': acc. *můs* M. T. 366, Br. P. II, 8, 384.

Über die Natur des Stammvokals ist dann nicht viel zu bemerken. Bei den *o*-St. war er *a*: *malnykikamans, waikammans, auschautenīkamans deinālgenikamans*: das zweimalige *wirdemmans* erklärt sich als Schreibung für unbetontes *a* leicht. Vergl. lit. *vaikamùs.* Bei den *i-*, *i̯o*-St. haben wir *i*: *maldaisimans, druwīngimans* und *Christiānimans, wyrimans* mit der bekannten Entgleisung: lit. *akimìs, żodim̃s.* Bei den *ā*-St. *ā*: *gennāmans* lit. *lẽpomis,* nach gutt., lab. erlitt. dieses *ā* seinen gewöhnlichen Übergang zu *ū*: *mergūmans* lit. *mergomìs, widdewūmans.*

Reste von Casus.

Einen Instr. Pl. haben wir jedenfalls zu sehen in *swaieis* 86: *sen wissan* (!) *swaieis* 'mit allen Seinen'. Die Form, die Nesselmann mit einem Fragezeichen versieht, ist jedenfalls richtig überliefert: sie entspricht lit. *vilkaĩs* ai. *vṛkāis* gr. *λύκοις* lat. *lupīs,* aus idg. *ōi̯s*: *-ais* war nach *i̯* zu *-eis* gewandelt.

Über den Instr. *ku* in *sēnku* aus **kō* lit. *kũ* siehe daselbst.

Ein Instrumental des *ā*-St. ist allem Anschein nach in *sen ispresnān* 58 'mit Vernunft' erhalten: lit. *rankà* (aus **rankā,* vergl. *gerá-ja*) geht zwar auf *-ā* zurück, indes weist das lett. *rûku* (lit. dial. auch *runku*) auf Nasal. Dazu stimmt genau das abg. selten neben *rąkoją* erscheinende, aber durch das westslavische (*č. rukou* p. *ręką*) verbürgte *rąką*: dazu stellt sich das preuss. *ispresnān,* dessen *ā* jedenfalls unter dem Hochton seine Länge bewahrt hat.

Nahe liegt es, auch in *sen senditmai rānkān* Bewahrung einer alten Form zu vermuten. Nesselmanns Erklärung: „mit Faltung der Hände“ befriedigt nicht sehr. Ganz abgesehen davon, dass eine Bildung wie lit. *dėtùmas* im Preuss. nicht existiert (ausserdem wäre der Ausfall des *u* doch höchst bedenklich!), was in aller Welt konnte den Übersetzer zu einer so geschraubten Ausdrucksweise bewegen, während er doch kurz darauf das deutsche „mit gefalteten Händen“ auf seine Weise ganz richtig durch *sen senditans rānkans* gibt? Es liegt nicht zu fern, hierin einen Dual zu vermuten. Um einen solchen zu erhalten, müsste man Verderbnis der Stelle annehmen (und solche liegt auch vor, denn wie ist der Ausdruck sonst zu erklären?) und etwa **sen senditaim rānkām* verbessern. **rānkām* entspräche lit. *rañkom*: **senditaim* wäre mit lit. *dvëm*, *dvēm* abg. *dvěma* zu vergleichen: *-ai-* wäre vom Zahlwort auf adj. und Partizipium übergegangen. Das *ā* nach Gutt. wäre zu beurteilen wie der gen. *galwas*, *ālgas*. Doch ich bin mir durchaus bewusst, dass ich hiermit nur einen Einfall gebe, der keinen Anspruch auf Richtigkeit, ja kaum Wahrscheinlichkeit machen darf. In der That bleibt diese Stelle völlig dunkel.

PRONOMINALFLEXION.

I. Unpersönliche Pronomina.

1. *stas.* Es erscheint sowohl als Demonstrativ, als noch häufiger als Artikel, der nach deutscher Weise in der Übersetzung fast ständig vor das Nom. tritt. Es ist jedenfalls (vergl. Brugmann Grdr. II, 770) aus einer Verschmelzung der idg. Pronominalstämme **k̑o-* und **to* entstanden, als **k̑to-* anzusetzen: im lit. ist es nur in der Form *sztái* 'siehe hier' erhalten.

Nom. Sg. msc. *stas* fem. *stā stai*: vergl. lit. *tàs*, f. *tà*: *stai* ist (vergl. p. 175) wie *quai* aufzufassen: av. *þwōi* „tua“, *xwaę-* (*ca*) 'die eigene', lat. *haec*. Das bisweilen vorkommende *stes* wird für *stas* wohl infolge unbetonter Stellung geschrieben sein, vergl. den acc. *sten*.

Das neutr. ist *sta* für **stad*, ai. *tád* lit. **ta* noch in *tataĩ*. Häufig findet sich *stan* als neutr. und zwar wenn es acc. ist (wie 37. 53. 61. 79) und stets vor praep. *prēistan*, *pērstan*. Jedenfalls liegt hier sekundärer Anschluss an das Subst. und Adjektiv vor: vergl. *sta ast labban*.

Acc. Sg. msc. *stan* lit. *tą̃*; bisweilen tritt *sten* dafür auf; fem. *stan*, lit. *tą̃*.

Gen. Sg. Hier sind im preuss. wie auch im Dativ Formen von hervorragender Altertümlichkeit bewahrt. Der gen. des msc. erscheint in wechselnder Gestalt, die zunächst der Erklärung bedarf. *stesse* erscheint 12 mal, *steise* 10 mal (einmal darunter *stetse*); *steisi* einmal (22). *stessei* erscheint 6 mal, *steisei* 8 mal. *steisai* erscheint einmal 43 *steisai grīkan* 'der Sünden': da die Stelle überhaupt falsch ist, so kann man ruhig *steisai* als dat. sg. fem. fassen: vergl. als Musterbeispiel *steisei Tāwans* 'der Väter'. *stesse* ist zunächst klar: es entspricht Laut für Laut ai. *tasya*, idg. **tesi̯o*. Das *e* des Stammes in *stesse* steht mit dem *o* von *stas* im gleichen Ablautsverhältnis wie got. *ƕas*, gen. *ƕis*. Auch die Formen mit *ei* sind nicht schwer zu erklären: es geschah einfach Überführung der Stammesgestalt des Plurals (gen. *stēison* ai. *tēšām*, wo also Diphthong berechtigt) in den Singular: so sind Formen wie *steise* befriedigend erklärt. Was macht man indes mit dem auslautenden *ei* von *stessei* und *steisei*?

Leskien machte zuerst (Dekl. 113—115) darauf aufmerksam, dass in dem Ausgang *-sei* eine Schwierigkeit vorliege. *-sei*, führte er aus, setze zum mindesten eine Länge voraus, denn dass es für *-se* einfach stehen könne, sei unmöglich. In der That findet man dafür in unsern Texten nur Scheinbeispiele: *etwerpei* für *etwerpe* 'vergibt' beweist natürlich nichts: denn hier ist, wie so oft, die Partikel *ai* angetreten, die durch das *i̯* des *-i̯o*-Verbums zu *ei* umgelautet ist. Desgleichen darf man nicht die Opt.-Formen *dāse*, *dāsai*, *dāsei* 'er gebe' für die Möglichkeit eines Schwankens von *-se* und *sei* für **-si̯o-* ins Feld führen: *dāse* ist ein lit. **dûsia* (Formen wie *dů́siame* für *dûsime* im Futur kommen vor): *dāsei* zeigt Antritt der Partikel *-ai*, die wie in *etwerpei*, *turei* Umlaut erfährt, und *dāsai* deckt sich mit alit. Formen wie *sugausai nuszausai* (Schleicher Gr. 227), mag man dieselben für optativische Formen wie Schleicher oder für injunktivische Formen mit Antritt von *ai* wie Brugmann (Grdr. II 1187) halten. Also fehlt diesen Formen jegliche Beweiskraft in unserer Frage.

Ein gleiches Schwanken findet auf dem Gebiet der Personalpronomina statt: *tebbe* 'dir' und *tebbei*, *swaise* 'seiner' und *swaisei*, *twaise* 'deiner' und *twaisei*. Und hier liegt auch, wie ich glaube, der Grund zur Erklärung. Wie Brugmann Grdr. II 817 die Formen **tebhei* und **tebhoi* (lat. *tibei* osc. *tifei* abg. *tebě*) „für Kompromissbildungen auf Grund einer etwa wie av. *taibhyā* gestalteten Form und jener kürzeren der loc. Dative auf *-ei* und *-oi̯*: idg. **mei̯* **t(u̯)ei̯* **s(u̯)ei̯* neben **moi̯* **t(u̯)oi̯* **s(u̯)oi̯*" hält, so möchte ich *tebbei* und *tebbe* als ebensolche Kompromissbildungen, nur in der Einzelsprache erfolgt, betrachten. Und wie die dat. so die gen. *maisei*, *twaisei* neben *twaise* und *twaisei* neben *swaise*: ein *swaise* aus **su̯oi̯-si̯o* entstanden, wurde nach **sei* zu *swaisei* umgeschaffen: diese Loc. hatten auch genit. Funktion. Die Annahme ist deswegen gar nicht so bedenklich, weil lit. *mi*, *ti*, *si* aus **mĕ* **tĕ* **sĕ* für **mei* **tei* **sei* ganz deutlich von dem Vorhandensein dieser Formen auf balt. Sprachgebiet Zeugnis ablegen: ausserdem scheint mir in *grīkisi* 'sie versündigen sich' eine solche Form im preuss. noch vorzuliegen: *-si* für *-sei* in unbetonter Silbe geschrieben wie häufig: *prēisicki*, *wissemusīngi* u. s. w. Wäre die Übersetzung besser, hätte man sich wohl noch mehr solcher Formen zu erfreuen. Weiter unten wird noch einmal gezeigt werden, dass gewisse Formen die Existenz von *mei tei* im preuss. geradezu postulieren. — Und wenn nun so ein *twaise* neben *twaisei*, *swaise* neben *swaisei* (und natürlich auch *maise* neben *maisei*, wenngleich zufällig nur die letztere Form überliefert ist) liegt, so ist es natürlich nur ein kurzer Schritt zur Schaffung eines *stessei*[1] neben *stesse*. Anders wüsste ich diesen Formen nicht beizukommen.

[1] Das einmalige *steisi* steht für *steisei*.

Weit einfacher liegen die Verhältnisse beim gen. sg. fem.: der als *stessias stesses stessies stesses* erscheint. Die Form entspricht aufs genaueste ai. *tásyās*, idg. **tesi̯ās*: durch das *j* ward *ā* zu *e* umgelautet, woraus die reguläre Form *stesses*, *stessies* entstand; *stessias* ist wohl nicht die ältere Form, sondern *a* steht für offenes *e* wie im acc. *etwerpsennian* neben gewöhnlichem *etwerpsennien*: sie kommt überdies auch nur einmal vor. *steises* ist wie das msc. *steise* — vielleicht erst in Anlehnung an dieses — durch Übertragung der Stammesgestalt des Plurals in den Singular entstanden. Vergl. ags. *ðere* aus urgerm. **þaizi̯ōz*.

dat. Sg.

msc. *stesmu*, daneben *stēismu* wieder nach dem Plur.; der Auslaut ist stets *u*, nur einmal findet sich *steismo*, was nichts zu bedeuten hat, einmal *stesma*, das auch schwerlich richtig ist, wenngleich es in dem zweimaligen *stasma* I eine Stütze zu finden scheint. Ich wenigstens vermag diese Formen nicht zu erklären. II hat *staesmu*, *stesmu*. Die Endung ist schon einmal erörtert. Da man kein Recht hat **stesmu* aus **tesmōi̯* zu deuten, so muss man die Form für eine Fortsetzung der idg. Ablativform **tesmōd* ai. *tasmād* halten, wie auch jedenfalls ahd. *hwemu* zu erklären ist. *ō* nach dem Labial *m* ward zu *ū*, *u*.

Der dat. Sg. fem. erscheint zwar in sehr wechselnder, aber nicht schwer zu deutender Schreibung: als *stessiei stessei stessie stesse*; *steisei steisiei steise*. Auch hier der Wechsel von *ei* und *e* im Stamm; was die Endung betrifft, so geht sie auf *-*si̯āi̯* zurück: idg. **tesi̯āi̯*: ai. *tasyāi*. Auch die Formen *stessie*, *stesse*, *steise*: die im übrigen ganz vereinzelt dastehen, erklären sich zwanglos mit ihrem Schluss-*e*, wenn man an *swaiai pergimie* denkt, wo *ei* im Auslaut ebenfalls flüchtig durch *e* wiedergegeben ist. Ein fem. dat. ist jedenfalls auch in der Übersetzung *stēisai grīkan* „der Sünden gen. pl.“ 43 enthalten („der“ war ja doppeldeutig), doch fragt sich, ob man wegen des ganz richtigen gen. pl. *grīkan* nicht besser einen Fehler für *stēisan* darin sieht.

ste 'desto', das einmal in *ste mīls* 'desto lieber' vorkommt, ist wohl als idg. Ablativ auf -*ēd* zu erklären: wie lat. *recte* aus **rected*, und im Ablaut damit gr. *ὦ* locr, *ὦ* kret. „unde“.

Über *stu*, *stwi*, *stwen* siehe unter *kas*.

Nom. Pl. msc. fem. *stai*: ai. *tē* gr. *τοί* got. *þai* lit. *tē*.

Acc. msc. fem. *stans* wie *deiwans*, *gennans*.

Gen. *stēisan*, *stēison*, ai. *tēṣām* abg. *těchъ*. Idg. Endung: *-sōm*. Was die Stammesgestalt betrifft, so ist das Preuss. dem ai. und sl. unbedingt nicht gleichzusetzen. Denn nichts berechtigt anzunehmen, dass ständig *-ei* für zu erwartendes *ai* erscheine (Braune, KSB 95, VIII). Daher bemerkt auch Brugmann Grdr. II 790 anlässlich des ir. *ē*, es müsse erwogen werden, ob nicht ein **eį* von uridg. Zeit her im pluralischen Gebrauch vorhanden war. „Denn wenn im nom. sg. *-o-į* und *-e-į* neben einander standen, so kann diese Doppelheit auch im Plur. erwartet werden (vergl. auch *ueį-* 'wir'). Überdies scheint preuss. gen. plur. *steison* einen nom. **stei* vorauszusetzen“. Ja, wir haben für die Existenz dieses nom. noch ein absolut sicheres Zeugnis in dem nom. pl. *tennei* (von *tāns*), der 5 mal so und nie anders erscheint, an den verschiedensten Stellen, so dass die Möglichkeit eines Fehlers für *-ai* gar nicht in Betracht kommen kann. Das preuss weist also mit Entschiedenheit auf -idg.: **teįsōm*.

dat. *steimans*, lit. *tēms* abg. *těmъ*: über das Suffix siehe pg. 196.

2. *tāns* 'er', *tennā* 'sie'.

Eine Weiterbildung des Pronominalstamms **te / to-* mit *-no-*, wie sie der Pronominalstamm **o-* in lit. *anàs* erfahren hat, und der Stamm *ko-* in dor. *κῆνος*, an. *hann* 'er' aus urnord. **hānaR* (Per Person JF II 242 ff.). Die Formen sind einfach.

Nom. Sg. msc. *tāns* aus **tonos*, fem. *tennā*; *tanna* ist ebenso Schreibung wie *ganna* neben *genna*.

acc. msc. fem. *tennan* (*tennen* zweimal für das msc. wie *sten*).

gen. *tennessei* einmal wie *stessei*.

d a t. *tennesmu* dreimal wie *stesmu*, *tennēismu* mit dem *ēi* des Pl. Dasselbe bedeutet *tennÿsmu*; *ÿ* wie in *endÿritwei*.

N o m. P l. das schon erörterte *tennei*.

A c c. *tennans* und *tannans*.

g e n. *tennēison* wie *stēison*.

d a t. *tennēimans* wie *stēimans*.

Einmal kommt der dat. sg. fem. als *tennei* vor. Man wird da doch wohl nichts anders als einen Fehler für **tennāi* (also nominaler Dativ) sehen können; der Sg. ist *tennā*.

3. *schis* 'dieser'.

idg. **k̂i-* gr. *κί* in *οὐκί* lat. *ci-ter* got. *hi-mma* lit. *szìs* abg. *sь*. Über den Anlaut s. pg. 164.

N o m. S g. *schis* (II *sis*); ein fem. kommt nicht vor.

A c c. S g. Er erscheint am häufigsten als Accusativ eines *-i̯o*-St.: also *schien*, *schen*, *schian*, *schan* (nur einmal *sien*). *schin* findet sich nur zweimal in *schin madlikan*, vergl. lit. *szį̃*.

g e n. *schiēise* msc. genau dem *steise* entsprechend, fem. *schisses* wie *stesses*, idg. **k̂isi̯ās*.

d a t. msc. *schismu* wie *stesmu*. Einen dat. fem. glaube ich in *schissai* zu finden, das Nesselmann wegen des vorhergehenden *schisses niaubillīntis* 'dieses Unmündigen' (*schisses* wahrscheinlich fälschlich für *schisse*, denn *niaubillīntis* kann sehr wohl der gen. des msc. *niaubillīnts* sein) für gen. msc. hält; aber 'der Unmündigen' war misszudeuten, da es im dtsch. *gen.* und *dat.*, und so kam hier der *dat.* missverständlich hinein. Das *-ai* ist wohl nicht so auffällig: ebenso wie so oft *-a* nach *j* für *e* erscheint und zeigt, dass der Umlautsvokal noch sehr offen war, so kann auch einmal der Diphth. *-ai* in solchem Fall für *-ei* stehen.

N o m. P l. *schai* lit. *szē̃*.

A c c. *schins* wie *schin*, daneben *schans* wie *schan*, *schian*.

g e n. *schiēison* wie *stēison*.

D a t. ist nirgends erhalten.

Locative von diesen Stämmen sind *schien schan* in *schan bhe stwen* 'da und da', sowie *szeñ. schai* 'hier': vergl.

gr. *ποῖ* 'wo'. Auch *schisman* in *en schisman* braucht kein Fehler zu sein: es ist jedenfalls Schreibung für **schismen*, vergl. lit. *tamè*; preuss. mit Postposition *-n* wie lit. *tẽn* neben *tè*. Vergl. zu der schwierigen Frage nach dem Ausgang des Locativs Brugmann Grdr. II 787.

4. *di-* 'er, sie'.

Vergl. av. ap. *diš, dim*.

Acc. Sg.: *din* msc. sehr häufig; *dien* fem. wie lit. *sziq̃*.

Nom. Pl. *dei* aus **di̯ai̯*, dafür gewöhnlich *di*, wie so oft *i* für *ei*.

Acc. *dins* wie **schins*, *diens* in II nach Art der *i̯o*-St.

5. Der Relativstamm idg. **qo-*.

Nom. Sg. msc. *kas*: ai. *kás* lit. *kàs*, neutr. *ka* wie *sta*, daneben *kan* wie *stan*; fem. *quai*, *quoi* vergl. lat. *quae*.

dat. *kasmu* ai. *kasmā́d*.

Nom. pl. *quai, quoi* lat. *quī*.

acc. *kans* wie *stans*.

Neutr. pl. *kai*, lit. *taĩ* lat. *quai*, *quae*; Lit. adv. *kaĩ*, *kaĩ-p*, wie preuss. *kâi-gi*.

Ein Instrumental dieses Stamms ist in *sēn ku* 'womit' erhalten; *ku* aus **kō* lit. *kũ*. Nach diesem *ku* ist ein *stu* geschaffen (denn ein **stō* würde ein **stā* geben): *kuilgimai-stuilgimai*. Auch sonst hat eine Angleichung des Stamms *sta-* an den Relativstamm stattgefunden: *stwi* 'da' — für **stwei* — nach *quei*, ebenso *stwen* 'hin' nach **quen-*, zu erschliessen aus *isquendau* 'woher': *stwendau* 'daraus' nach *quendau*. Woher käme sonst das *w* in diesem Stamm? Eine Ausgleichung korrespondierender Pronomina ist durchaus natürlich: vergl. lit. *teĩp* nach *szeĩp*, für *taĩp*.

Von den Stämmen **sta-* **ka-* gibt es Weiterbildungen mit *-wīdas* (W. *u̯ei̯d-* 'Gestalt'), *kawīds stawīds* in der Bedeutung *qualis talis* vergl. got. *ƕaleiks svaleiks*. Dieselben zeigen im gen. und dat. pronominale Formen; es ist nötig, hier gleich die anderen Adjektiva, die solche aufweisen, mit zu behandeln.

Gen. Sg. msc.: *kawydsa* (*a* für *e*), *maisei* 'meiner' von *mais* aus **majas*, *twaisei*, *twaise*, *twaisei*, daneben *twaiasei*, *supsei* gen. sg. in *swaiāsmu supsei buttan* 51 'seinem eigenen Hause', *ainassei* und *ainessa* 'eines', *ainontsi* (für *ainontsei*) 'jemandes'.

Dat. Sg. msc. *ainesmu, ainontsmu, antersmu, kawīdsmu, noūsesmu* und *noūsmu, stawīdsmu, supsmu, tīrtsmu, ketwirtsmu, twaismu, wargasmu, wismu.*

fem. *kawidsei* (*kawīdsu* ist sicher ein Fehler), *twaisai* in *twaisai Crixtisnan* 84 'Deiner Taufe'?, *is supsai ispresnā* 'aus eigener Vernunft'.

dat. pl. *swaimans.*

Fast alle diese Formen — ausser *ainesmu wargasmu nousesmu ainessa twaiassei* — haben das Gemeinsame, dass der Pronominalausgang direkt an den Stamm angetreten zu sein scheint. Das ist indes nur Schein: man wird diese Formen wohl kaum anders erklären können, als indem man Synkopierung des Zwischenvokals annimmt: also **kawīdesmu* (wie *noūsesmu*) zu *kawīdsmu* (wie *noūsmu*), ebenso *supsmu, swaismu, wismu* aus **wissesmu*; *kawīdsei* aus **kawīdesei.*

Besondere Beachtung verdienen mehrere Formen von *sups, subban* 'selbst eigen'. Das Wort gehört zum idg. Pronominalstamm **su̯e- se-*; ai. *sabhā* 'Stammesgemeinschaft' (Johannsson JF II 7): *su-* ist die Tiefstufe zu *su̯e-* wie *uschts* zu idg. **u̯ek̑-*.

Ausser den oben angeführten leicht erklärbaren Formen finden sich nämlich *stessei supsas* 'desselben' und *subsai* in *tennēismu subsai asmai* 'ich bin sein eigen'. Die Formen sehen so aus, als wären sie Formen von einem **supsas* mit nominalem Ausgang: und sehr möglich ist es auch, dass aus Formen wie *subsai, supsmu* das *s* zum Stamm gezogen zu werden begann.

wisseimans neben *wissamans* 'allen' hat pronominalen Ausgang wie *stēimans.*

Rätselhaft ist mir das *ā* in *swaiāsmu twaiāsmu maiāsmu*, dessen Länge so oft bezeugt wird, dass sie in der Sprache vorhanden gewesen sein muss.

II. PERSONALPRONOMINA.

Singular.

	I P.	II P.	III P.
N.	*as*, *es*	*tou*, *tu*	—
G.	*maisei*	*twaise*, *twaisei*	*swaise*, *swaisei*
D.	*mennei*	*tebbe*, *tebbei*	*sebbe*, *sebbei*; *-si*
A.	*mien*	*tien*, *tin*	*sien*, *sin*.

Plural.

	I.	II.
N.	*mes*	*ioūs*
G.	*noūson*	*ioūson*
D.	*noūmas*, *-mans*	*ioūmas ioūmans*
A.	*mans*	*wans*.

Nom.

as so stets im Ench. und I; in II ist die alte Form *es* noch erhalten: lett. *es* alit. *esz*, jetzt *asz*: idg. **eǵ*(*h*)*o*. *a* für *e* im Auslaut wie auch *ast*, *asmai*.

toū und *tu*. Nach Joh. Schmidt, Neutra 219, hat sich hierin die ursprachliche Doppelheit: *tū́* betonte, *tu* enklitische Form fortgesetzt. „Geht kein Relativum oder Konjunktion vorher, so steht vor dem Verbum *tou*, hinter demselben *tu*: *tou turri* 'du solt' Ench. 1—10, aber *turri tu* 'soltu' 35. 72; *tou waisei* 'du weissest' 57, aber *waisse tu* 'weyssestu' 37. Dies ist die Regel. Sie ausnahmslos beobachtet zu sehen, dürfen wir bei dem bekannten Zustande der preussischen Übersetzung nicht erwarten. Doch ist sie nicht zu verkennen. Vor dem Verbum findet sich 17 mal *tou*, 4 mal *tu*, dagegen hinter demselben 11 mal *tu*, 4 mal *tou*. In dem Gegensatze von *tou turri* und *turri tu*, *tou waisei* und *waisse tu* zeigt sich offenbar derselbe Betonungsunterschied, welchen der deutsche Text des Enchiridions durch die Schreibung 'du solt' und 'soltu', 'du weissest' und 'wayssestu' wiedergibt. Geht dem Pronomen ein relatives Pronomen oder eine Konjunktion vorher, dann ist keine Regel mehr zu erkennen."

mes lit. *mēs*, lett. *mes*. Brugmann Grdr. II 810.
ioūs idg. **i̯ūs*: av. *yūš* got. *jūs* lit. *jūs*.

Gen.

maisei twaisei swaisei. Über den Auslaut s. p. 199 f. Man kann diese Formen als gen. der Possessiva *mais twais swais* auffassen, die die Funktion als Genitive der subst. Pronomina übernommen hätten, wie lat. *meī tuī suī*; lit. *māno tāvo sāvo*. Doch fragt es sich, ob hier nicht etwa Erweiterungen der auch genetivisch gebrauchten Loc. **moi̯* **tu̯oi̯* **su̯oi̯* mit dem gen. Suffix *-si̯o* vorliegen, ähnlich wie gr. *ἐμεῖο* aus **ἐμε* mit *-σι̯ο* gebildet wurden.

noūson ioūson: ersteres hat sein urspr. *ū* von letzterem erhalten, wie lit. *músu* nach *júsu*. abg. *nasъ vasъ*, idg. **nōs-sōm*, **u̯ōs-sōm*: das *i̯oū-* stammt vom nom. *ioūs*, wie lit. *jū-* von *jūs*.

Nach diesen Formen wurde ein Possessivum gebildet: *ioūs* 'euer' aus **ioūsas*, *nousā mensa* u. s. w. Ähnlich wird nach *tennēison* ein Possessiv gebildet: *en tennēismu rīkin* 'in seinem Reiche', *tennēisan dīlan* 'sein Werk', *tennēisan bausennien* 90 'sein Wesen'.

Dat.

mennei tebbei sebbei (*tebbe, sebbe*). Über den Ausgang pg. 199 f.: abg. *tebě sebě* lat. *tibei sibei* av. *taibhyā* preuss. *mennei* abg. *mьně* mit *n* nach dem gen. preuss. **mene* abg. *mene*: Brugmann Grdr. II 823.

noūmans ioūmans neben *noūmas ioūmas*: über den Ausgang: abg. *namъ vamъ*, lit. *mùms jùms*. Dieselben Ausgleichungen haben hier stattgehabt wie im Gen. pl.

Acc.

mien tien sien. Man hat diese Formen bisher als *mīn tīn sīn* gelesen und mit ai. *mām* abg. *mę tę sę* direkt verbunden. Nun ist das aber deshalb sehr wenig wahrscheinlich, weil man dann annehmen müsste, dass nur gerade in diesen Formen *ī* durch *ie* bezeichnet werde, für das doch sonst durchgehends *ī*, *ȳ* erscheint. Beim zahlreichen Vorkommen dieser Formen ist es doch undenkbar, dass nie ein **mīn *mȳn* erscheinen sollte, wenn *ī* gesprochen wurde, wie es undenkbar ist, dass nie sonst langes *ī* mit *ie* geschrieben wurde, wenn dieses wirklich ein Mittel zu seiner Bezeichnung war.

Nahe liegt es zunächst daran zu denken, dass hier verkürzte Formen **men *ten *sen* vorlägen, wie lit. **mę *tę *sę*, die durch *manę tavę savę* postuliert werden (Brugmann Grdr. II 812). *i* wäre dann Erweichungszeichen wie in *etwiērpt piēnckts nierties* und sonst. Doch auch dies ist nicht wahrscheinlich. Die Erweichung wird nur sporadisch bezeichnet, keineswegs in allen Fällen. Also müsste man auch hier **men *ten *sen* wenigstens bisweilen erwarten. Diese Formen kommen indes nie in den Texten vor. Also muss man nach einer andern Erklärung suchen. Und hier ist wieder ein Punkt, wo jene dativischen Locative helfend eintreten, die schon einmal benutzt werden konnten. Nach einem dat. **mei *tei *sei*, letzteres vielleicht in *grīkisi*, lit. *mi ti si*, wurde nach Art der *-i̯o*-St. für **men *ten *sen*-Formen wie **mjen *tjen *sjen* gebildet: in der That ist in allen klaren Fällen die Lautverbindung *ie* als *-je-* zu lesen: *noseilien*, *trinie*, *rickawie* u. s. w. Eine Stütze dieser Auffassung ist vielleicht das Erscheinen der Nebenformen *sin tin*, ersteres viermal, letzteres einmal: das wäre dann dasselbe Nebeneinander wie *dien*-*din*, *schin*-*schien*.

mans wans entsprechen abg. *ny vy*, lat. *nōs vōs* aus **nons *vons* aufs Genaueste bis auf das *m* von *mans*, das indessen leicht durch Beeinflussung von seiten des nom. *mes* zu erklären ist.

Instr. Sg.

māim in *sen māim* 46, *sen maim* 48, einmal dat. *māim* 'mir' 75. Ich kann hier nur wiederholen, was Brugmann Grdr. II 782 von diesen Formen sagt. „preuss. *sen maim* „cum meo“ = „mecum“, das wohl nicht als idg. **moi̯mi* (av. *ma* — gr. *ἐμο* —) zu denken ist, sondern zu St. *maia*- gehörte und eine Kontraktion erfahren hatte wie gen. *maisei* und nom. *mais* = abg. *mojь*: unentschieden lasse ich aber, ob **maiaim(i)* direkt zu *maim* geworden war, oder ob man etwa im Anschluss an *maiāsmu maian* zunächst zu einem **maiam(i)* gekommen war und dieses in *maim* überging (vergl. *twaismu* neben *twaiāsmu*).“ Ich möchte fast glauben, dass sich die erstere Auffassung aus **moįmi* mehr empfehle als die einfachere und doch auch lautlich wie formell unbedenkliche. Dass *māim* aus **maiaįmi* entstanden, ist nicht sehr wahrscheinlich, weil dann ein Diphthong synkopiert wäre, und **māim* aus **maįami* setzt auch wieder erst eine Analogiebildung voraus.

ADJEKTIVISCHE BILDUNGEN.

1. Zusammengesetztes Adjektiv.

Nur zwei Formen sind hier zu erwähnen: *dengnennissis* ‘himmlischer’, wie lit. etwa *danginis-is*. Eine zweite Form ist II *stae neuwenen Testamenten*: es ist ein Neutrum, etwa **naujan-jan*. Sonst findet sich keine Spur davon in den drei Denkmälern.

2. Adverbialbildung.

Die grosse Masse der preuss. Adverbia von Adj. geht wie die lit. auf *-ai* aus: also *labbai* ‘wohl’ — lit. *labaĩ* sehr, *drūktai* ‘stark’ — lit. *drūtaĩ* u. s. w.: alte Neutralformen auf *-ai* wie lit. *tuĩ kaĩ* preuss. *kai* lat. *quae*: Joh. Schmidt, Neutr. 230; Delbrück, vergl. Synt. 622.

Von *-įo*-St. lautete das Adv. natürlich auf *-ei* für *-įai* aus: *kittewīdei* neben *kittawīdin*; *ainawydei* neben *ainaweydi*, denn gewöhnlich steht wieder *i* für *ei*: *teisīngi*, *isprettīngi*, *perarwi*.

Ein eigentümliches Schwanken zeigen die Adjektiva auf *-iskas*: *-iskai* wechselt mit *-isku*: also *etnīwingiskai* und *etnīwingisku*, *sīrisku*, *stūrnawingisku* neben *deiwiskai*, *prabutskai*; *arwiskai*-*arwisku*, *deineniskai* und *deinenisku*, *laimiskai* und *laimisku*. Früher hielt man die Formen auf *u* einfach für rein lautliche „Schwächungen“ aus *-ai*. Das ist natürlich nicht möglich. Die Erklärung ist einfach genug.

Neben dem idg. Neutralausgang *-ai* lag der auf *-ā*, und auch Formen mit diesem Ausgang wurden neutral gebraucht: so preuss. *sausā* (so erklärt diese Form J. Schmidt a. a. O.) und wohl auch *angsteina* neben *angstainai*.

Eine Form wie **deineniskā* (neben *deineniskai*) musste aber zu **deineniskū*, *deinenisku* rein lautlich werden: so erklären sich alle diese Formen auf *-u*. Dass die *u*-Formen so erheblich häufiger als die Formen auf *-ā* sind, erklärt sich daraus, dass die Hauptmasse der preuss. Adverbia eben diese Adjektive auf *-iskas* stellen. Das einmalige *ackywistu* neben *ackiwysti* 'öffentlich' kann natürlich nicht eine Form von dieser Art sein: wenn es richtig so überliefert ist, könnte man es für das neutr. eines *u*-St. **ackiwystus* halten.

Denn auch sing. Neutra kommen als adv. im preuss. vor. Eine solche Form kann *ilga* 'lange' sein und mit dem *-n* (wie *stan*) wohl die Formen *tusnan* 'still', *labban* 'wohl', *poklusman* 'gehorsam'.

Erstarrte Nominative mit Adverbialfunktion — vergl. lit. *kasmẽts* 'jährlich', russ. *pravda* 'wahrlich, allerdings' — sind *sparts* 'sehr', *schklāits* 'sondern', *etkūmps* 'wiederum', *ensus* 'umsonst': russ. *vsuje* 'vergebens, unnütz'.

ainawārst 'einmal', lit. *var̃stas* 'Pflugwende': etwas muss abgefallen sein: am nächsten liegt es etwa einen Loc. auf *-e*, lit. *vilkè* anzunehmen, wo *e* gefallen ist.

Instrumentale Adverbia scheinen in *kuilgimai* *-stuilgimi*; *kodesnimma* I *-kudesnammi* II (*-desnas* für **deznas* lit. *daźnas* 'mancher') überliefert. Am nächsten liegt der Vergleich mit den abg. Bildungen wie *boljьmi* 'mehr', *tolьmi* 'so sehr'; *dělьma* 'wegen', *tъkъmo* 'nur'. Wie sich indes die Ausgänge erklären (vergl. z. B. Hirt, JF II 364), ist schwer zu bestimmen.

3. Komparation.

uraisin, *uraisins* 'die Älteren'; *maldaisin*, *maldaisei* 'die Jüngern'; *kuslaisin* 'schwach', *massais* 'weniger', adv. lit. *mažas*. Der Superlativ hat entweder keine besondere Bezeichnung wie z. B. *en maldaisin deinan*, oder *ucka-* tritt vor den Komparativ oder auch einfach vor den Positiv.

Brugmann Grdr. II 410 stellt diese Formen mit den abg. auf *ě-jь* zusammen, wo das Suffix *-i̯es-* an den Instrumental auf *ē* trat (hier im preuss. lag jedenfalls der auf *-ō* zu Grunde): preuss. *maldaisin* wie abg. *mladějь*.

Ganz abweichend ist das einmalige *muiesieson* in *sen muisieson grīkan* 'mit grösseren Sünden'. Hier liegt jedenfalls eine Bildung mit *-ies-* idg. *-i̯es-* vor wie lit. *gerẽsnis*. Der erste Bestandteil des Wortes ist ein komp. Adverb auf *-is*, wie lat. *magis* got. *háuhis* 'höher', zu einem **mūjas*, das sich mit air. *mār* gall. *māros*: got. *mērs*, aus idg. **mōros* in der Wurzelsilbe deckt: vergl. got. *máis* 'mehr'. Solche Adverbia sind im Preuss. noch: *tālis* 'weiter', *tāls* mit geschwundenem *i*, *toūls* 'mehr' aus **toūlis*, *myls* 'lieber' aus **mylis* in *ste myls* 'desto lieber' adverb.

VERBALFLEXION.

Aus praktischen Gründen wird hier die folgende Reihenfolge beobachtet: 3. Sg., 1. Pl., 2. Pl., 2. Sg., 1. Sg.; sie richtet sich nach der Häufigkeit der Überlieferung, und da die 3. Sg. am häufigsten vorkommt, so scheint es geraten, mit ihr zu beginnen.

1. 3. Pers. Sg., Pl.

Auch im Preuss. hat die 3. Sg. zugleich die Funktionen der 3. Pl. ausnahmslos übernommen: der Zusammenfall ist also schon urbaltisch.

Was die Endung betrifft, so finden wir zunächst in einer ganzen Reihe von Fällen das aus dem lit. bekannte *a*: *senrīnka* 'sammelt', lit. *reñka*, wie bekannt, die Fortsetzung der idg. präsentisch fungierenden Injunktivformen: ai. *cōdayat* 'feuert an', ir. *-beir* aus **bheret* abg. *beretъ*, wenn aus **bheret* + *u* entstanden (Grdr. II 1276): das *a* stammt aus der 1. Pl.

Solche Formen sind: *gewinna* 'arbeitet', *sedinna* (und *saddinna*) 'setzt', *mukinna* 'lehrt', *waidinna* 'zeigt', *spartina* 'stärkt', *giwa* 'lebt', *swintina* 'heiligt', *niswintina* 'entheiligt', *isrankinna* 'erlöst', *kūmpinna* 'hindert', *wartinna* 'wendet', *ertreppa* 'übertritt', *polīnka* 'bleibet'.

Gelegentlich, wie auch sonst häufig, steht *e* für *a*: so in *powaidinne* 'beweist', *enlaipinne* 'fängt an', und wohl auch in *līse* 'kriecht' (part. pf. *līsons*). *o* findet sich (etwa wie in *swinton*, *deicton*) in *enterpo* 'nützt' (lit. *tar̃pti* 'gedeihen') und *spartinno* 'stärkt'; Einfluss des Gutturals scheint *polīnku* 'bleibt' aufzuweisen, wo *a* nach *k* verdumpft sein kann, wenn man neben *polīnka* diese Form überhaupt als richtig ansehen will.

Eine zweite Endung dieser Verba ist *-ai*: so liest man: *pīdai* 'trägt', *er-poswāigstinai* 'erleuchtet', *augaunai*, *pogaunai* 'empfängt', *postānai* 'wird', *niswintinai* 'heiligt nicht', *dīlinai* 'wirkt', *podingai* 'gefällt', *ebimmai* 'begreift'.

Bezzenberger will (BGLS 112) diese so erklären, dass er dem Preuss. Nebenformen auf *-ināt* neben *-int* (vergl. lit. *gárbinti* — *garbinóti*, *liñksminti* und *linksminóti*) zuweist: *-inai* wäre aus *-inaj(a)* entstanden. Das ist unwahrscheinlich, weil sich im Preuss. keine Spur von diesen Infinitiven auf *-ināt* findet: der Infinitiv lautet stets *-int*, das davon abgeleitete Verbalabstraktum *-insna*; ausserdem wird diese Erklärung nicht den Formen *pīdai*, *gaunai*, *dingai*, *immai* gerecht, die von denen auf *-inai* nicht zu trennen sind. Vielmehr liegt hier dieselbe Erscheinung vor, der man auch im Litauischen in der älteren Sprachphase begegnet (Schleicher, L. Gr. § 227): *dżustai*, *vystai* 'trocknet, welkt' für *dżúst výst*, *plaũkiai* 'schwimmt' (*plaũkia*); *nuszausai*, *turė̃sai*. Schleicher sieht hierin Reste des alten Optativs, der in das Gebiet des Indikativs eingedrungen wäre. Und dass das möglich ist, ist umsoweniger zu leugnen, als es auf baltischem Sprachgebiet selbst dafür Beispiele gibt. Denn die merkwürdigen lettischen Formen, die Bielenstein II 126 anführt: *mettīt* neben *mettat*, *raudīt* neben *raudat*, *daráit* neben *darīt* und *darat*, *klausáit* neben *klausīt* und *klausat* sind doch kaum anders als Optativformen, die sich in das Gebiet des Indikativs gedrängt haben. Doch glaube ich nicht, dass in diesen Formen auf *-ai* Optative vorliegen, weil *-ai* auch in der 1. Sg. praes. und 1. 3. Sg. praet. erscheint. Daher sehe ich in diesem *-ai* eine Partikel, die an diese Verbalformen trat, wie auch Brugmann Grdr. II 1351, der *tasaĩ* neben *tàs* vergleicht. Ob die ursprüngliche Form *-ai* oder *-sai* war, thut hier nichts zur Sache.

Bei den *-i̯o*-Verben wird das *a* zu *e* umgelautet: lit. *ārie* zu *ariù*: So im preuss. *trinie* 'drohet' (eine lit. Entsprechung fehlt), *gēide* 'wartet' lit. *geĩdžie*; auch *kniēipe* schöpft? *etwiērpei* 'vergiebt' ist wohl ein *etwiērpie* + *ai*. Von den mit *i* ablautenden *-i̯o*-Verben ist im preuss. *turri* 'soll' ein sicheres Beispiel, das dem lit. *tùri* entspricht (*ture* steht für *turri* wie öfters *e* für *i*). *turei* ist wieder *turi* + *ai*, es kommt mehrfach vor. Von gleicher Art scheinen *massi* 'kann', *perlānki* (*perlānkei*) 'gehört', *polȳcki* 'beschert', *erlāngi* 'erhöht' zu sein. Doch finden sich davon keine weiteren Formen, so dass eine annähernd sichere Entscheidung nicht möglich ist.

Formen wie *giēidi*, *pogauni*, *engaunei*, *powaidinnei* werden S. 217 im Zusammenhang mit anderen Formen ihre Erledigung finden.

Auch die 3. Sg. der abgeleiteten Verba ist einfach: es gibt solche auf *-āt* (lit. *-óti*) nach Gutt. und Lab. *ūt*, *-īt* (lit. *-ýti* und *-ėti*) und *-auti*. So entspricht *perbānda* 'versucht' — lit. *bañdo*, *ewaitiā* 'redet an' zu *waitiāt*, abg. *věštati*, *maitā* 'nährt', *maitāt*, *kaltzā* 'sie lauten', *bia* 'fürchtet' — *biātwei*, lit. *bìjo*; nach Lab. *dwigubbū* 'zweifelt' lit. **dvigubō*, *lāiku* 'hält' lit. *laĩko*. Es sind wieder präsentisch fungierende Injunktive idg. **bhii̯āt*, **loi̯qāt* u. s. w. Beachtenswert sind *madli* 'bittet', *grīkisi* 'versündigt sich', lit. *grěszyja*, also auch bei diesen Verben bedient sich das Preuss. nicht der *-i̯o*-Flexion. Ebensowenig bei den Denominativen auf **eti* (lit. *-ėju*): es heisst *milē* 'liebt', *milȳt*, lit. *mylěti* (das Präsens weicht ab), *dergē* 'hasst', alit. *dergėti*, *budē* 'wacht', lit. *buděti* (praes. *bundù*), *druwē* 'glaubt', inf. *druwīt*, wohl aus **druwēt*.

giwe 'lebt' (einmal, sonst *giwa*) — inf. *giwīt* — ist vielleicht ebenso zu beurteilen. Doch *giwa*, *giwammai* macht wahrscheinlicher, dass hier ein Verbum wie lit. *móku* — *mokěti* vorliegt. *wargē* 'reut' — *wargīsnan* scheint auch einem litauischen **vargěti* zu entsprechen, *seggē* 'thut' — *seggīt* etwa einem **segěti*?

Daneben gibt es noch eine besondere Art Verba, wo nämlich neben dem *ī* im Inf. noch *ē ā* im Präsens steht: *billā billē* — *billīt* 'sprechen', *quoitā quoitē* — *quoitīt* 'wollen', *stallā stallē* — *stallīt* 'stehen'. Es ist kaum zweifelhaft, dass diese den lit. Kausativ- und Iterativbildungen auf *-au ýti* entsprechen: *billā* — *billīt*, *stallā* — *stallīt* wie lit. *laikaũ* — *laikýti*, *sakaũ* — *sakýti*, 3. Sg. *laĩko sãko*. Dass neben diesen Stämmen auf *-ā* von alter Zeit her solche auf *-ē* in gleicher Verwendung gelegen haben, ist natürlich höchst unwahrscheinlich, denn wohl in keiner Sprache laufen zwei verschiedene Bildungen in ganz gleicher Verwendung neben einander, ohne dass die eine den Sieg davon trüge. Ich möchte daher die Formen mit *ē*, *billē stallē quoitē*, für eine Neubildung nach den ausserpräsentischen Formen mit *ī* nach dem Muster von *milē* — *milījt*, *dergē* — *dergīt*, *druwē* — *druwīt* halten. Überhaupt ist das Preuss. in der Periode, in der wir es kennen, gerade beim Aufgeben der Flexion *-au*, *ýti* begriffen: man beachte, dass *laikūt* — lit. *laikýti*, **perbandāt* (erschlossen aus *perbandāsnan*) das *ā* des Präsens durchgeführt haben, wie lit. *bijóti*, preuss. *biātwei*. Schon das Voc. hat ein Beispiel dafür in *maysotan* 'gemengt' (lit. **maiszótas*), während es im Litauischen *maiszaũ* — *maiszýti* heisst, wir also **maysītan* erwarten möchten. Ganz verdrängt mögen die *ā*-Formen in *auschaudē* 'vertraut' — *auschaudīt*, *preiwackē* 'beruft', *enwackē* 'ruft an' — *preiwackīt*, *pallapse* 'begehrt' — *pallapsīt* sein: auch unter den oben aufgeführten Verba können solche sein (etwa *seggē* — *seggīt*?), die beiden Klassen sich eben nicht mehr reinlich scheiden. Komplizierter wird die Beurteilung der Verba noch dadurch, dass *stalli*, *billi* erscheint, dass also ein Nebeneinander von *stallē stallā stalli*; *billē billā billi* erscheint. Und auch diese Formen sind wohl gar nicht anders zu erklären, als durch Analogiebildungen nach dem Infinitiv auf *-īt*: nach dem Muster der *ī*-Denominativa: *madli* — *madlīt*. Also um die Vorgänge noch einmal schematisch zu veranschaulichen: Ein Verbum mit *-ā* im Präsens, *ī* im Infinitiv (lit. *-aũ -ýti*) war im Preuss. folgenden Umbildungen ausgesetzt: Erstens: es konnte *ā* auch in die ausserpräsentischen Formen überführt werden nach dem Muster der Denominativa auf *-āt* (*maitāt*, *biāt*): so entstanden *bandāt laikūt *maisāt*. Es konnte aber auch die Analogiebildung vom Inf. auf *-īt* ausgehen: und nach den Verben wie *milīt* — *milē* (wo *-īt* aus *-ēti* entstanden), also den *ē*-Denominativen, traten Formen mit *ē* für die mit *ā* ein: so entstanden *billē quoitē wackē stallē*. Ging aber die Neubildung vom Infinitiv aus, so war noch eine zweite Möglichkeit vorhanden: es gab *ī*-Denom. wie *madli* — *madlīt*, es konnte also *-i* ins Präsens an Stelle von *-ā* kommen: und so entstanden *billi*, *stalli*. Also eine ganze Reihe von Analogiebildungen sind hier notwendig anzunehmen. Ich möchte hier auf den Gedanken verweisen, den Leskien Dekl. pg. 23 bei anderer Gelegenheit ausführt: dass wir nämlich das Preuss. erst in einem Zustand, wenn man so sagen darf, des Degenerierens kennen lernen, wo es, aufgezehrt von den Nachbarsprachen, nahe dem Aussterben ist; und dass ein solcher Zustand sekundäre Neubildungen stets ganz besonders begünstigt.

Es folgen zum Schlusse von den denominativen Verben noch die auf *-aut*, deren das Preuss. eine ganze Anzahl besitzt (Brugmann Grdr. II 1133 spricht irrtümlich dem Preuss. diese Verba ab): diese bilden ihr Präsens im Allgemeinen mit *-i̯o-*, also *rickawie* 'regiert' — *rikaut* (*aw* wie in *nawnan* — *naunan*), *pogerdawie* 'predigen'.

Formen wie *preigerdawi* 'verheisst', *wūkawi* 'fördert', *wēraui* 'währt', *persurgaui* 'versorget' müssen mit *gēidi*, *poguuni* zusammen behandelt werden (S. 217).

Zu erwähnen ist noch, dass *-ai* auch an die abgeleiteten Verba antritt: *ettrai* 'antwortet' (*ettrā* [*attrātwei*] + *ai*) *peisāi* 'sie schreiben', *kelsāi* 'sie lauten' neben *kaltzā*.

Ein Wort noch über die Stelle *popaikā bhe perweddā* 'betrüge und verführe' 25: *popaikā* sieht so aus, als widerlege es das Gesetz, dass *a* nach *k* zu *a* wird, und *ā* in *weddā* ist auffällig wegen der Länge des *ā*, da man **wedda* lit. *vēda* erwartet. Die Lösung mag diese sein: *weddā* ist *waddā* (lett. *wadāt* zu *west*): das *e* ist nicht auffälliger wie in *sedinna* neben *saddinna* u. a. Dann ist das *ā* der Endung berechtigt. Und *popaikā* ist fälschlich danach mit dem Strich versehen worden (vergl. *dīnkauts bhe līmauts*, wo das *au* des letzteren auch nur so als Flüchtigkeit des Übersetzers zu erklären sein wird: inf. *limtwei*, II *lymuczt.*) Dass man **popaikă* zu erwarten hat, sieht man schon aus *paikemmai* (für *paikammai*) 'wir trügen'.

Die Endung der bindevokallosen Verba war *-ti* (noch deutlich in *asti-ts* 'ists'; das *i* ist dann gefallen. So finden sich *ast* 'ist' (Cat. I *ast*; *asch*, einmal, kann nur Druckfehler sein); II *ast est hest*) lit. alt *ẽsti*, *ẽst*, aruss. *jestь*.

ēit 'geht': lit. *eĩti*, *eĩt*, lett. *it*.

dāst 'gibt': lit. *dů́sti*, aruss. *dastь*.

Und so hat man wohl auch *wīrst* 'wird': lit. *virstù*, *virtaũ*, *vir̃sti* aufzufassen, als aus **wirtti* entstanden. Denn entspräche es lit. *vìrsta* direkt, so wäre der Abfall des *a* auffällig und ohne Parallele; auffällig ferner die Pluralformen *wīrstai*, *wīrstmai*, in denen *a* synkopiert wäre, was gleichfalls ohne Gleichen. *wīrstai* ist aus **wirt* + *tai* entstanden. Doch *wīrstmai* ist mit seinem *-st* schwierig; man sollte **wirsmai* (nach *wirstai*) erwarten. Man kann sich die Bewahrung des *-st* vielleicht so denken, dass es daneben noch themavokalische Formen eines dem lit. *virstù* genauer entsprechenden Verbums gab, das zu *wīrst*, *wirstai* natürlich in Beziehung gesetzt wurde. *wīrsti* 68, das mit seinem *i* bei oberflächlicher Betrachtung als Bürge für die Richtigkeit obiger Auffassung angeführt werden könnte, ist, wie schon Nesselmann bemerkt hat, eine Scheinform und für **wīrst di* geschrieben „man wird sie Männin heissen" *stwi wīrsti dien wyrinan billīuns*, das preuss. heisst „da wird man . . . ."

1. Plur.

Sie ist am nächst häufigsten überliefert: daher soll sie hier zunächst besprochen werden.

Die Gestalt der Personalendung ist durchweg *-mai*, die sich am nächsten der lett. auf *-mi-s* vergleichen lässt, das lit. *-mė -s* weicht ab. Sonst zeigt sich hier nirgends

Diphthong in den indogerm. Sprachen, daher denn Brugmann den Diphthong (Grdr. II 1355) aus der 1. 2. Sg. med. stammen lässt.

Formen mit dem Bindevokal *a* (= idg. *o*), den lit. wie *vèžame* bis auf die Gestalt der Endung entsprechend, sind *perweckammai* 'wir verachten', *giwammai* (neben *giwemmai*, vergl. *wirdemmans* neben *waikamans*) 'wir leben', *popréstemmai* 'wir verstehen', *perkluntemmai* 'wir verfluchen' (inf. *klantît*). Ein -*i̯o*-Verbum ist *wertemmai*, wenn es nämlich dem lit. *verczù veȓczame* entspricht.

Nun findet man merkwürdiger Weise — fast kann man sagen: in der Regel — *i* als Bindevokal, wo das Lit. *a*, *ia* hat oder haben würde. So *kīrdimai* lit. *giȓdziame*; *etwerpimai* (auch in I, II mit *i*) lit. *veȓpiame*, *girrimai* lit. *gìriame*; *galbimai* lit. *gélbame*, *tickinnimai* lit. *tikìname*, *pīdimai* 3. Sg. *pīdai*, *preistatinnimai*, *pogaunimai*, *brewinnimai*, *mukinnimai*, *bebinnimai*, *postanimai*, *serrīpimai*, *waidimai*, *ersinnimai*, *gunnimai*; *dinkauimai*.

Dass dieses *i* aus *a* lautgesetzlich entstanden sei, ist natürlich von vornherein einfach ausgeschlossen. Aber was ist das *i*? Verwiesen sei hier zunächst auf die lettische Parallele: Bielenstein II 119: *mettim* 'wir werfen', *zertim* 'wir hauen', *prûtim* 'wir verstehen', *ſinim* 'wir wissen' preuss. -*sinnimai* u. s. w. Er fasst das *i* als Schwächung von *a* auf, doch dieser Erklärung wird sogleich das Urteil gesprochen durch die Bemerkung: „Doch diese Schwächung kommt nur im Präsens vor". „In der Klasse IV" (die *i̯o*-Verba), heisst es dann weiter, „geschieht's auch und dann in der Art, dass das ganze Klassensuffix -*ja*- sich zu *i* zusammenzieht; cf. *kápim* neben *kápjam* 'wir steigen', *durim* neben *dur'am* 'wir stechen', *gérbim* neben *gérbjam* 'wir kleiden'". Und hierin liegt auch der Ausgangspunkt für die Erklärung. *i* für -*ia*- trat hier entweder nach den Verben wie *turiù*, *turì*, *tùri* ein: die 1. 2. Pers. Sg. lauteten ja gleich — oder etwa es stand den -*i̯o*-Präsentien mit Ablautsstufe -*i*- (lat *capio* — *capimus*) ursprünglich eine weitere Verbreitung zu, als sie das heutige Lit. und Lett. zeigen. Jedenfalls waren die -*i*-Formen bei den -*i̯o*-Präs.

häufig: vergl. preuss. *wērpimai*, *kīrdimai*, und erlangten auch immer weitere Ausdehnung. Nun stimmen aber diese -*i̯o*-Verba in allen ausserpräsentischen Formen mit den nicht -*i̯o*-Verben überein: Ein lett. *durim* hat inf. *durt* wie *mest*; im preuss. ein *wērpimai* — *wērpt*, **wērpse*, *wērpons* geradeso wie ein *galbt*, *galbse*, *galbons*. Da war es nur zu natürlich, dass auch *galbimai* wie *wērpimai*, *mukinnimai* wie *girrimai* gesagt werden konnte. Die Flexionen griffen nun in einander über. Vermittelt wurde das -*i*- durch die *i̯o*-Verba — mögen dieselben nun — selbst erst ein Opfer der Analogiebildung gewesen sein oder schon ursprünglich -*i*- in weiterer Ausdehnung als das lit. besessen haben. Das sieht man aus dem Litauischen. Hier sind die mit -*i*- ablautenden -*i̯o*-Präsentien nur mit einem bestimmten Infinitivstamm, dem auf -*ëti* verknüpft; alle übrigen -*i̯o*-Verba haben durchgehendes -*i̯a*-. Die Folge ist, dass auch Formen wie **gélbime* für *gélbame* unerhört sind.

Nun finden auch Formen wie *pogauni* (*pogaunei* wie *etwērpei*, *turei*), *rickawi*, *surgaui*, *giëidi* ihre Erklärung: das *i* hat denselben Ursprung wie hier in der ersten Pl.

Die abgeleiteten Verba fügen das -*mai* einfach an den Verbalstamm, wie lit. *laĩko-me*, lat. *plantā-mus*: *waitiāmai*, *lāikumai*, *ernertimai* (*ernertīuns*), *schlūsimai*, *mēntimai*, wenn zu lat. *mentīri*: doch möglich ist es auch, dass es ein Präsens wie *turrimai* darstellt, dem lit. *tùrime* also genau entspricht.

stallēmai 'wir stehen', *klausēmai* 'wir hören', *billēmai* 'wir sprechen', *aupaikēmai* (woneben *paikemmai*) 'abdringen' haben dasselbe *ē* wie *stallē* u. s. w. Das *ā* hat hier noch *quoitā-mai* 'wir wollen' bewahrt.

waidleimai und *enwackēimai* sind nicht leicht zu beurteilen: am wahrscheinlichsten ist es, dass diese zunächst *ī* aus dem Infin. bezogen hatten (wie *billi*, *stalli*) und dieses *ī* dann Diphthongierung zu *ei* erfuhr (vergl. pg. 120). Die beiden Formen liegen übrigens dicht neben einander in 2. vor.

Von den Verben auf -*aut* kommt hier nur *dīnkaumai* und *dinkauimai* in Betracht. Das erstere ist ohne, das zweite mit -*i̯o*-Suffix gebildet: *i* wie in *surgaui*.

Von Formen der bindevokallosen Verba liegen *asmai* 'wir sind': lit. *ẽsme* u. s. w., und *ēimai* zu *ēit*, lit. *eimè*, vor. *wīrstmai* ist schon behandelt.

2. Pers. Pl.

-tai -tei -ti gehen als Endungen bunt durch einander. *-tai* ist zunächst klar: es ist die dem *-mai* entsprechende Form, deren Diphthong ebenso wie dort zu beurteilen sein wird. Bei weitem am häufigsten ist *-ti* und dieses wird wohl gleich dem Litauischen **tė-* in **-tės* sein: *ė* zu *i* wie S. 155 gezeigt. *-tei*, das verhältnismässig selten erscheint (das Verhältnis der drei Endungen ist dieses: *ti* 50 mal, *tei*, *tai* je 7 mal; *-ta* in *seggīta* ist natürlich nur ein Fehler), kann sehr wohl für dasselbe *ei*, das in *giwei*, *kaulei*, *warein* erscheint, gehalten werden: denn es einfach als fälschlich für *-tai* stehend anzusehen, hat man, wie schon des öfteren erwähnt, kein Recht. Der Bindevokal ist *-a-* in *immati* 'ihr nehmt' lit. *ìmate*; *i-* wie das *i* in *waidimai* zu erklären, in *waiditi*. Wie *ersinnati* aufzufassen ist, ist ungewiss: es kann — beachtet man *posinnāts*: lit. *żinótus* — als lang, beachtet man *ersinnimai*, auch als kurz, also wie *immati* gefasst werden. — *turriti* entspricht dem lit. *tùrite*. Ein *-i̯o*-Präsens liegt in *puietti* 'ihr trinket' II vor (I hat da fälschlich die opt. Form *pogeitty*; im Ench. fehlt der Passus „so oft ihr trinket“ überhaupt).

Die abgeleiteten Verben fügen die Endungen wieder direkt an den Stamm: *erlāikuti* lit. *laĩkote*, *druwētei*, *schlusiti*.

Das *ē* von *quoitēti*, *seggēti* ist dasselbe wie in *seggēmai*; *seggītei*, das zweimal vorkommt, hat sein *ī* vom Infinitiv her bekommen (wie *billi*, *stalli*).

Von den bindevokallosen Verben gehört hierher nur *astai asti estei* 'ihr seid': lit. *ẽste*.

2. Pers. Sg.

Ganz besonders stark variiert hier die Gestalt der Personalendung: *sai si se sei*: ersteres 6 mal, *si* 5 mal, *se* 4 mal, *sei* 7 mal.

Demnach scheint es wahrscheinlich, dass die idg. Aktivwendung -*si und die idg. Medialendung -*saį neben einanderlagen: für si konnte se eintreten, und wahrscheinlich auch -sei wie -tei für ti s. o. Vergl. lit. desì und desė -s.

Diese Endung tritt an den Verbalstamm an: *assai assei asse* (*essei*) I *asse* II *æsse* 'du bist': lit. *esì*: das preuss. *ss* bezeichnet, wie immer, natürlich nur Kürze des Vokals. Das preuss. *assai* trägt also nichts zur Entscheidung der Frage bei, ob lit. *esì* mit ai. *ási* oder gr. *ἐσσί* zusammenzustellen ist.

ēisei 'du gehst': ai. *ḗši* gr. *εἶ* aus **εἶσι*, lit. *eisì*; *dāse* 'du gibst': aus **dād-si*, 3. Sg. *dāst*, lit. *dûsi*.

waissei, *waisse* 'weisst': **waid-si*, inf. *waist*.

etskīsai 'du fährest' — *etskīt*, 1. Pl. *etskīmai*.

druwēse tu, *toū druwēse* 'du glaubst': **druwē-si*, inf. *druwīt* für **druwēt*.

seggēsei 'du thust': mit demselben *ē* wie *seggēmai*.

Eine merkwürdige Form ist *postāsei* 'du wirst': *kan toū sen brendekermnen postāsei* 'wenn du schwanger wirst'. Das Verbum hat ein -*no*:Suffix im Praes.: *postānimai* 'wir werden', wie abg. *stanq stati*. Daher müsste man ein **postānai* nach sonstigen Analogien erwarten. Da bleibt nichts anderes übrig als anzunehmen, dass nach dem Inf. *postāt* eine 2. Sg. praes. *postāsei* geschaffen wurde, gleichwie ein **waitiāsei* zu *waitiāt*. Oder es ist noch eine andere Möglichkeit, dass nämlich **postasei* ein reguläres Futurum, wie lit. *stósi* ist. Der Sinn der Stelle würde es sogar fast erfordern.

Merkwürdig auch ist *giwassi* 'du lebst': 1. Pl. *giwammai*; es kommt 3 mal vor (einmal *giwasi*). Das *a* ist kurz: man kann daher nichts anders darin sehen als eine Form wie ai. *bhárasi* got. *bairis* aus **bheresi*.. Das *a* käme wie in *giwa* aus der 1. Pl.

Doch das sind die letzten Reste solcher ursprünglichen Formen im preuss. Denn auch hier hat das aus *assai* entnommene *ai*, ganz analog dem lit. -*i* von *esì*, Übertragung auf die anderen Verba erfahren und die Formen mit -*si* allmählich verdrängt.

So entstand *tūlninai* 'du mehrst', *sātuinei* 'du sättigst' hat *-ei* infolge Übertragung: gerade bei diesen Verben auf *-inti* sind ja die sekundären *-i*-Formen so häufig. *turei* 'du sollst', gewöhnlich *turri*, *i* wie oft für *-ei*; *etwēre* 'du öffnest', *rikawie* 'du regierst' können *e* für *ei* haben (*pergimie* für **pergimiei*).

billi 'du sprichst' kann für **billei* stehen: es wiese dies dann etwa auf ein **druwei* aus **druwē-ai*, denn für **billei* sollte man, nach *billā* 'spricht' zu urteilen, eigentlich **billai* erwarten.

Merkwürdig sind die Formen *druwētu* 'glaubst du', *tu gīwu* 'du lebst', *tu islāiku* 'du erhältst': *gīwu* ist, da sich nichts Verwandtes sonst findet, die Flexion ist *gīwa* — *gīwit* (lit. **gývu* — *gyvēti*), kaum mehr als ein Fehler. Nicht so *druwē tu*, das dreimal vorkommt, und *lāiku*, da diesem *druwē* entspricht. Die Personalendung fehlt hier scheinbar gänzlich. Ganz ähnlich ist es mit *tur* in Cat. I. II. *Tou tur* — soll man wirklich denken, dass der Übersetzer das so konsequent, 10 mal hinter einander falsch gesagt habe? Endlich *quoi tu* 'willst du': das kann deshalb kein Fehler sein, weil es erstens mehrfach immer so vorkommt, und es auch bei Grunau als *nykoytu* erscheint. *quoi* als 3. Sg., wie es einmal erscheint, ist voll berechtigt: es ist idg. **qu̯oi̯t* 'er will', 3. Sg. zu **qu̯oi̯s*, das in lat. *vīs* 'du willst' vorliegt.

Ich kann zur Erklärung nur folgendes erwägen: durch das so sehr häufig an die 3. Sg. angefügte *-ai* (*pīdai, immai, swintinai*) entstand lautlicher Zusammenfall mit der 2. Sg.: *tūlninai*. So entstand eine Unsicherheit im Gebrauch auch bei andern Verben, die *druwē lāiku tur quoi*, nach den gleichlautenden 3. Sg. ins Leben rief.

1. Pers. Sg.

Das Preuss. zeigt in einer ganzen Reihe von Fällen die Endung idg. *-ō* (lit. *-ů* in *sukù-s*, *sukù*), das hier wie immer durch *ā* vertreten ist.

as immu 'ich nehme', *as polaipinna* 'ich befehle', zweimal, *as crixtia* 'ich taufe', lit. *krìksztyju*.

as taukinne hat *e* für im Auslaut verkürztes *ā* 'ich verheisse'. Ein indirektes Zeugnis für *ā* als reguläre Endung der 1. Sg. kann man in dem zweimaligen *dīnkama* 'ich danke' sehen, für zu erwartendes **dīnkaumai* (vergl. 1. Pl. *dīnkaumai*). Diese Formen entsprechen aufs genaueste den lett. *esmu îmu dûmu*: das heisst die 1. Sg. der themavok. Verba hat das *i* des *mi* verdrängt, wie hier das *-a* das *-ai*. Zum Ausfall des *au* kann man *pansdaumonien* neben *pansdamonnien* vergleichen.

etwerpe 'ich vergebe' ist demnach aus **elwerpįā* entstanden. *as podrūktinai* 'ich befestige' ist leicht durch den Antritt von *-ai* zu erklären. Sehr mannigfach sind dagegen die Ausgänge der Verba denominativa:

as billi 'ich spreche' — *as billē*.

as druwē, druwe in II *es drowy*, in I *as arowe*.

as segge 'ich thue'.

as schlūsi 'ich diene', *as madli* 'ich bitte', mehrfach, *as turri* 'ich soll'. *as paskulē*, *paskollē* 'ich ermahne' — *paskulīt*. *as posinna* (*posinnāts*) 'ich bekenne'.

Wenn man sich fragt, was das Gemeinsame in allen diesen Formen ist, so muss man sofort bemerken, dass nicht der geringste Unterschied zwischen diesen Formen und ihren teils direkt so vorliegenden, teils doch zu erwartenden 3. Sg. besteht. Fehler der Übersetzung sind deswegen natürlich nicht anzunehmen: eben die Einheitlichkeit der Formen zeigt, dass sie ihre Berechtigung haben müssen.

Sie kamen vielleicht auf folgendem Wege zu stande. Nimmt man an, dass wie im lit. **żinōi* nach *esì*, so im Preuss. ein **sinnā-ai* nach *assai* gebildet wurde (und eine solche Annahme ist durchaus unbedenklich, nur durch Zufall ist uns ein **sinnai* oder ein anderes *ā*-Verbum nicht überliefert), so musste, wie **żinō-i*, ein **żinō-u*, ein preuss. **sinnā-ai*, da im Preuss. die 1. Sg. auf *ā* ausging, ein **sinnā-ā* nach sich ziehen, woraus nur **sinnā* entstehen konnte, wie lit. *żinaū*: vielleicht liegt dies sogar in *posinna* vor. Ob ein **druwē-ā* nach **druwē-ai* regelmässig *druwē* ergeben musste, kann man nicht wissen, denn es liegen Beispiele anderer Art dafür nicht vor (**druwē-ai* gab **druwēi*, wenn man *bēi* 'war' neben *bē*, aus **bē-ai* trauen darf: dass diese Form in *billi* vorliegen **kann**, war bemerkt). Doch gleichviel, bei den *ī*-Verben kommen wir ohnehin mit dieser Annahme nicht aus: ein **madlī-ā* kann nicht *madli* gegeben haben. Daher ist folgendes anzunehmen: ein **sinnā* deckte sich genau mit der 3. Sg. **sinnā* aus **žināt* lit. *žino*. Daher können *druwē* — *madli* leicht erklärbare Analogiebildungen nach *sinnā* sein:

1. Sg. *sinnā* = 3. Sg. *sinnā*, zog ein *druwē* 1. Sg., *madli* 1. Sg. nach 3. Sg. *druwē*, 3. Sg. *madli* herbei. Und da als 3. Sg. auch *billi* neben *billē* steht, so konnte auch *billi* in die 1. Sg. eindringen: so erklärt sich auch *drowy* in II.

As turri könnte ebenso entstanden sein: doch ist zu beobachten, dass „soll" sowohl 1. Sg. wie 3. Sg., ebenso *quoi* 'will' für 1. 3. Sg. ist, daher denn bei diesen Worten bei einer Übersetzung wie der vorliegenden die Möglichkeit eines Fehlers nicht von der Hand zu weisen ist.

Von bindevokallosen Verben findet sich nur *asmai* 'ich bin' lit. *esmì* abg. *jesmь*: die Endung *-mai* ist natürlich die Medialendung. Neben dieser häufigsten Form findet sich einmal *asmau*, zweimal *asmu*. Während man die erstere wohl ohne Widerspruch ruhig als Fehler wird ad acta legen können, wäre das bei der zweiten schon bedenklich, da sie zweimal vorkommt. Vielleicht hat auch sie (wie *dīnckama*) die Endung der thematischen Verba erhalten, nur zu einer Zeit, wo noch *-ā* und *ū* (nach Guttural und Labial) neben einander lagen, als es noch etwa **immū* aber **laipinnā* hiess. Dass dieses Verhältnis später durch Ausgleichung zerstört wurde, ist leicht begreiflich, denn ein Präsens wie **immū* und **laipinnā* lauteten ausser der 1. Sg. völlig gleich. Und dass Ausgleichung eingetreten ist, scheint *as imma* zu beweisen.

Es folge hier zum Schluss eine Einteilung der preussischen Verba (ich folge Leskiens Einteilung der litauischen Verben, wie er sie in seinem Kolleg über „Litauische Grammatik" zu geben pflegt).

A. Primäre Verba.

Das Kennzeichen des Präsens ist:

1. *-a-* (idg. *o/e*): lit. *sùkti, sùk-a-me.*
pīst — pīdai, īmt — immai, waist — waidimai.
2. *-na-* (idg. *no/ne*): lit. *gáuti, gáu-na-me.*
gaut — gauni, gaunai; postāt — postānai.
3. infigierter Nasal: *-a-*: *kritaũ — krint-a-me.*
polīnka 'bleibt' — *polāikt*; *sindats* I? *syndens.*
4. *-(s)ta* — (idg. *(s)to/(s)te*: *miszaũ, mìsztame.*
Kein Beispiel, doch vergl. *wīrst* pg. 216.
5. *-ja-* (idg. *i̯o/i̯e*): *gérti, gérjame.*
trinie 'droht' — **trint* (*trinsnan*); *etwērpei — wērpt,*
gēide 'wartet'.
6. Präsens bildendes Element ist *i*: *tùri — turēti.*
turri — turrīt, massi; erlāngi, perlānki?
7. Athematische Verba:
asmai, ēisei, dāst, waisei, etskīsai.

B. Abgeleitete Verba.

1. Der Präsensstamm hat *-a-*:
   a. Suffix *-ina — int*: lit. *alsinù alsìnti.*
   mukinna — mukint, gewinna — gewint, sadinna,
   sadint u. s. w.
   b. Suffix *-ena -enti.*
   Beispiele fehlen.
2. Der Präsensstamm hat *-ja-* oder die Endungen treten an den Auslaut des Stammes (diese Klassen sind im Preussischen nicht zu scheiden).
   a. Verbalstamm auf *ā*:
   maitā, wuitiā, kaltzā, perbānda, bia; lāiku, dwigubbū, teikut.
   b. Verbalstamm auf *-ů-*:
   Fehlt im Pr.
   c. Verbalstamm auf *-au-*:
   wūkawi, rickawie, dinkauimai, surgaui, wēraui, gerdawi u. a.
   d. Verbalstamm auf *-ī-*:
   madli, grīki, crixtia, zu *madlit, grīkit, crixtit.*

e. Verbalstamm auf *-ē-*:
*druwē — druwīt, milē — milȳt, seggē — seggīt, wargē — *wargīt, dergē — *dergīt.*

f. *-ā-* im Präsensstamm, *ī* im Infinitiv.
billā — billīt, quoitā — quoitīt, stallā — stallīt.

Imperativ.

Der idg. Optativ mit *-oi̯-* (vergl. ai. *bhárēṣ*, gr. *φέροις* got. *baíráis* abg. *beri berĕte* lit. *te-sukē*) hat im preuss. wie im slav. die Funktion als Imperativ übernommen. Man findet ihn also in sehr zahlreichen Formen erhalten:
immais 'nimm', *immaiti* 'nehmt' — *īmt*.
tickinnaiti 'machet', zu *tickint*; *erpilninaiti* 'erfüllt', *rīpaiti* 'folget' — *rīpt*, *tūlninaiti* 'mehret', *mukinaiti* 'lehret', *gerbais* 'sprich' zu *gērbt*, *gerbaiti* 'sprechet'; *smūninais* 'ehre'.

Aus I *wedais* 'führe', *mukinayty* 'lehret', *ymaity* 'nehmet' neben *jmmaity*; aus II *ymayti*, *ymmayti*.

Bei den *-i̯o*-Verben, sowie bei den abgeleiteten auf *ī*, *ē* erscheint dafür *-i̯ei*.

dellieis 'teile', *draudieiti* 'wehret', *poieiti* 'trinket', *iranckeis* 'erlöse', *kurteiti* 'reizet', *klausieiti* 'höret', *dereis* 'siehe', *poskuleis* 'ermahne', *crixteiti* 'taufet', *etwerpeis* 'vergib', *pokuntieis* 'behüte', *kīrdeiti* 'höret', *etwerreis* 'öffne'. In *turriti* 'habet', *seggītei* 'thut', *endirīs* 'sieh', *milȳti* 'liebt', *kirdȳti* 'hört', *billītei* 'sprecht', *laukȳti* 'sucht' kann einerseits *ī*, *ȳ* für *ei* stehen, doch können natürlich auch einfach indikativische Formen mit untergelaufen sein. Aus I *atwerpeis isrankeis pugeitty segeitty crixtity*, II *etwerpeis isrankeis puieiti segeyti crixtity*. Merkwürdig ist der Imperativ von *ēit*: *Jeis* 'gehe', *ieiti* 'geht', I *Jeitthy*, *pergeis* II *Jeiti*. Prothese von *j*, wie sie wohl litauisch dialektisch vorkommt, anzunehmen, hindert der Umstand, dass dieselbe im Preuss. dann einzig und allein bei diesem Wort vorkäme. Die richtige Erklärung gibt Brugmann Grdr. II 911: „**i̯o*- scheint im preuss. Opt. 2. Sg. *jeis*, 2. Pl. *jeiti* vorzuliegen“, so erklären sich die Formen aus **i̯oi̯s*, **i̯oi̯tē*.

Der Imperativ zu *asmai* lautet *seisei* 'sei', *seīti* 'seid': *seisei* kann wohl eine Doppelsetzung von dem einfachen zu erwartenden *sei* sein, wie sie auf baltischem Sprachgebiet ja nicht selten vorkommt. Doch auffällig ist der Diphthong: *ei* für zu erwartendes *ai*, und das konsequent. Die Schwierigkeit wird vielleicht so zu lösen sein, dass man annimmt, ursprünglich haben noch einst die Optative zu den athematischen Formen mit *-i̯ē- ī* bestanden, also etwa Formen, die den ind. *syā́s*, *syā́ta*, *syā́t*, mit durchgehendem *-i̯ē-* entsprachen. Aus diesen wurde ein Stamm **si̯o-* abstrahiert, und dazu ein Opt. mit *-oi-* gebildet, der **si̯eiti*, *seiti* wurde wie **j-oi-ti* zu *jeiti*.

Wenn *-ai-* an die *ā*-St. trat, so entstand *-ai-*, also *ettrais*, *attrāiti*; *dāis*, *dāiti*: vergl. alit.: *tedarai* zu *dāro*, *žinait* zu *žino*.

Dass *-eis*, *-eiti* bisweilen für *-ais*, *-aiti* auftritt, bedarf jetzt kaum noch der Erklärung. *īdeiti* 'esset' (*ydieyti* II *edeitte* I) neben *īdaiti*; *weddeis* 'führe' (so auch II, während I *weddais* hat).

poauginneiti, *powaidinneiti*, *laustineiti*.

mukinaiti Ench., *mukinaity* I — *mukineyti* II.

immeis neben *immais* (I II immer mit *ai*).

Es ist hier natürlich dasselbe Schwanken nach den *-i̯o*-Verben eingetreten, wie im Ind. Präs.: *immati* 'nehmet' neben *immimai*.

lāikutei 'haltet', *dīnkauti* 'dankt', *waiditi* 'wisset' können irrtümlich gesetzte indikativische Formen sein.

Dagegen sind *teiks* 'stelle', *gerdaus* 'sage', *engerdaus* 'erzähle' interessante Formen, nämlich imperativisch fungierende Injunktive, wie z. B. ai. *dās* 'gib', W. *dā*.

Optativ.

Zwei ganz verschiedene Formationen laufen hier im Preuss. nebeneinander: eine, die dem lit. Futurum ziemlich genau entspricht, und eine andere, die sich mutatis mutandis mit der litauischen Imperativbildung deckt.

I. Die Formation mit *-s*.

Die Endung erscheint in der Gestalt *si*, *se*, *sai*, *sei* (vgl. 199): *-sai* ist die dem alit. *sugaus-ai* entsprechende

Form: d. h. die Partikel-*ai* trat an die Injunktivform *sugaus* aus **sugaust* entstanden. *-si* kann der lit. Futurendung *búsi* (wie *tùri*) direkt entsprechen, während *se* für **si̯a* steht: lit. *búsiame* neben *busime*. Trat an eine dieser letzteren die Partikel *-ai* an, so entstand *-sei* aus **-si̯ai*.

boūsei, *boūse*, *boūsai* zu *boūt*.

galbse, *galbsai* — *galbt*.

pokunsi zu *pokūnst*.

tussīse 'er schweige', *ebsignāsi* 'er segne'.

mukinsusin zu *mukint* steht für **mukinse-sin* oder **mukinsei-sin*, das *u* gibt keinen Sinn. *dāsai*, *dāse*, *audāsei* zu *dāt*.

III 22 *audāsin* 'er geschehe' ist eine falsche Form für *audāse-sin* wie I II *audaseisin*, *audaseysin* deutlich kund thun. Aus II ist noch *pareysey* 'es komme' und *wirse* 'er werde' zu nennen: auch hier schon die Doppelheit *-sey -se*.

II. Die Formation mit *-lai*.

Die Partikel *lai* (lett. *lái* Bielenstein II 164 lett. *lái diws dů̊d*; auch lit. „žemaitisch" um Memel für *te-* üblich: *laigul* 'es sei' für *tegul* (Kurschat Gr. § 1160) tritt wie im Lit. *-k*, *-ki* an den Infinitivstamm: *quoitīlai* 'er wolle', *turrīlai* 'er solle', *schlūsilai* 'ich möge dienen', *ēilai* 'er gehe', *imlai* 'er nehme', *musīlai* 'er möge', *boulai* 'er sei', *auskiēndlai* 'er gehe unter', *pagattewinlai* 'er bereite', *lemlai* 'er bricht', *isrānkilai* (für *isrāikilai* konjiciert) 'er erlöse'.

Und ganz wie zu lit. *dů̊'k* ein *dů̊'kime*, *dů̊'kite* geschaffen wurde (vgl. Brugmann Grdr. II 844), so wurde auch ein *quoitīlai* konjugiert. So entstanden *quoitīlaisi* 'du wollest', *quoitīlaiti* 'ihr wollet', *turrīlaimai* (so wohl für *turrīlimai* zu lesen) 'wir müssten'.

Praeteritum.

Das preuss. Präteritum stimmt im wesentlichen mit dem litauischen überein. Auch hier haben Injunktive von sekundären Verbalstämmen auf *-ā-* und *-ē-* die präteritalen Funktionen übernommen.

lasinna 'er legte', lit. etwa **lažino* aus **lažinā t*; *endeirā* 'er sah an', *imma*, *immats* mit angefügtem *-ts*, wie in *asti-ts*, 'er nahm'; *kūra* 'baute'.

ē-St. liegen vor in *weddē* 'führte', lit. *vēdė*, *ismigē* 'er entschlief', *bē* 'er war', abg. *bě* aus **bhu̯ēt*, *pertraūki* 'verschloss', lit. *tráukė*.

Ein fundamentaler Unterschied gegen das Litauische besteht darin, dass die abgeleiteten Verba sich nie des *-i̯o*-Suffix zur Bildung des Präteritums bedienen wie etwa lit. *kýbojau*, *tekėjau*. Sondern es heisst: *ebsignā* 'er segnete', *teikū* 'schuf', *poglābu* 'er herzte', lit. *globóti*, *dīnkauts* 'er dankte'.

billē 'nannte' ist vielleicht das reguläre Präteritum auf *ē* zu *billā* — *billīt*, wie *sākė* zu *sakaũ* — *sakýti*. Daneben trat dann aber *billāts*, *billā* ein, wohl weil auch im Präsens *ē* mit *ā* wechselte.

Häufig trat *-ai* an: *postāi* 'ward' — **postā-ai*, *widdai* 'sah' — **widdā-ai*, *signai* 'segnete', *perpīdai* 'sie brachten', *dai* 'er gab, liess' aus **dā-ai*.

bēi, *bei* 'war', ist aus **bē* + *ai* entstanden.

laipinna 'ich befahl' = *laipinna* 'er befahl'. Es ist natürlich im Anschluss an das Präsens der *ā*-Verba aus **laipinnā-ā* entstanden, gleich wie lit. **sukaũ* aus **sukō-u* nach *lìndau* aus **lindō-u*. *billai* 'ich sprach' wird gleich **billā* + *ai* sein. Sonstige Personen des pr. Präteritums kommen nicht vor.

I. II. bieten eine neue Form in *prowela* (Ench. *prawilts*) 'sie verrieten'.

I. hat *ymmits*, *jmmitz* neben Ench. *imma*, *immats*. *i* kann *ē* sein, und so weist dieser Katechismus auf eine dem lit. *ėmė* wenigstens im Ausgang genauer entsprechende Form. Die gleiche scheint II. in *ymmeits*, *ymmeyts* zu haben, doch scheint an ein **imē* hier noch *-ai* getreten zu sein (daraus *ymmei-* wie *bēi*); die Form entspräche dann *daits*, *daitz* I, *dayts*, *daits* II. Dass *ā* sekundär auf *imma* gekommen ist, kann man schon daraus ersehen, dass nicht **immāts* erscheint. Eine solche Form scheint II *lymuczt* zu sein 'brachs', wogegen in I *limatz* bereits wieder die Ausgleichung zeigen könnte. *līmauts* des Ench. ist fehlerhaft. *byla*, *bilats* II, *bela*, *belats* I entsprechen dem Ench. *billā*, *billāts*.

Ist *dinkovats* I neben *dīnkauts* Ench. *dinkautzt* II etwa eine Form wie lit. *rė̃kavo* zu *rė̃kauti*?

Leider sind uns, wie man sieht, nur wenig Formen des Prät. erhalten, so dass manche Frage, die man stellen möchte, unerledigt bleiben muss. So z. B. warum *kūra* gegenüber lit. *kúrė*, *migē* gegenüber lit. *mìgo*? Was war ursprünglicher: *billē* oder *billā*? Warum lit. *ėmė* und preuss. *ymmi-ts* und wie ist ihr Verhältnis?

VERBALNOMINA.

I. Participia.

1. Part. Praes. Act. Es wird wie in allen idg. Sprachen mit dem *-nt*-Suffix gebildet: ai. *bhárant*, gr. *φέρων*, got. *baírands*, lit. *vežą̃s*; ebenso pr. *sīdans* 'sitzend', *sīdons* dafür 15; II hat *syndens* von einer nasalinfigierten Präsensbildung.

niaubillīntis 'des Unmündigen', *nidruwīntin* 'den Ungläubigen' sind Bildungen wie lit. *mylį̃s*, nach dem Infinitiv auf *-īt*. *stānintei*, *staninti* 'stehend' (45; 47: fem. oder adv.?) wird zu seinem *ī* durch Übertragung gekommen sein wie *postānimai*, ebenso *rīpintin* 'folgend', *rīpimai* aber Imper. *rīpaiti*. Was *-ton* in *rīpintinton* (*madlin*) ist, ist nicht klar. Etwa ein Anhängsel wie *-ts* in *asti-ts*, nur hier im Accusativ? Was *warguseggīentins* 'die Übelthäter' betrifft, so könnte man es sich, vorausgesetzt, dass es so sicher überliefert, etwa als eine Analogiebildung vom Inf. *seggīt* aus denken, nach den Denom. auf *-īt* die ihr Präsens mit *i̯o*-bildeten (*as crixtia* 'ich taufe'). So entstand *seggīentins* nach **crixtī-jen-tins*. *waitiāintins* mag immerhin ein Fehler für **waitiāntins* sein (lit. *jė́szką̃s*): man gerät sonst zu leicht in Gefahr auf Grund immer je einmal falsch überlieferter Formen abenteuerliche Kombinationen aufzustellen.

skellānts 'schuldig' findet sich 5 mal, *dīlants* 'arbeitend' 2 mal. Dies können, wie Leskien Dekl. 21 bemerkt, sehr wohl vokalische Bildung wie die lett. auf *-ůts* für **ůtis* sein.

sindats I kann demnach ein Fehler für *sindants* sein. Denkbar ist freilich auch, dass der Übersetzer 'sitzet' verstand (was an der Stelle auch vollkommen einen Sinn giebt) und so übersetzte, dann stünde *sinda-ts* wie *asti-ts*.

Ein sicheres Femininum ist in *gywāntei* 'lebend' erhalten: vgl. lit. *sukantì*; das preuss. weist auf andere Betonung. *ei* für *i im* Auslaut war schon mehrfach vorgekommen.

2. Part. Praes. Pass.

Eine einzige Form ist hier im Preuss. überliefert, die aber deshalb von hohem Interesse ist, weil sie eine alte uridg. Bildungsweise zeigt: *poklausīmanas* 'erhöret' : 27. *stawīdas madlas ast steismu Tāwan endangon . . . poklausīmanas*. Unmittelbar zu vgl. ist ai. *-mānas*, z. B. *yájamānas*: beide gehen auf **-monos* zurück, das zu gr. *-μενος* vgl. *ἀζόμενος* im Ablaut stand.

3. Part. Praes. Act.

Joh. Schmidt, Das Suffix des Part. Pf. Act. KZ. 26, 329 ff.

Brugmann, Grdr. II 410—414.

Die Bildung des Part. Pf. Act. geschah vermittelst des Suffix *-u̯es-*, führt Brugmann a. a. O. aus; der Nom. Sg. Mask. lautete teils auf *-u̯ōs*, gr. *εἰδώς*, teils auf *-u̯ēs* aus, so ursprünglich im Lit. Die schwachen Kasus haben *-us-*, die Tiefstufe des Suffixes, ai. *vidúṣas*, lit. *gimusio*, preuss. *gimmusin*. Lit. *-vēs* kam zu seinem Nasal unter dem Einfluss des Part. Präs. aus *-ans*, *-ąs*. „Von gleicher Art ist preuss. *-wuns*, *-ons*, (*-uns*, *-ans*), ob aber auch hier *-u̯ēs* zu Grunde lag, dessen *e*-Vokal nach der Aufnahme des Nasals durch den vorausgehenden *u̯*-Laut zu *o*(*u*) wurde, oder ob von idg. *-u̯ōs* auszugehen ist, lasse ich unentschieden". Ich möchte die letztere Möglichkeit befürworten, denn für einen Einfluss des *w* auf einen *e*-Laut fehlen Zeugnisse. Die Entwickelung im Preuss. war dann etwa folgende: **u̯ōs* nahm wie das Lit. **u̯ēs* den Nasal auf. Aus **u̯ōns* wurde *-wans*, und dafür giebt es noch eine ganze Anzahl von Belegen, vgl. *laipinnans*, *enimmans*, *gemmans*, *naunagemmans*, *pergūbans*, *etskīans*. Der Ausfall des *w* ging wie im Lit. vor sich. Dann drang aus den obliquen Kasus *u* in die Endung, und verdrängte das *a*; so entstanden: *klantīwuns*, *murrawuns*, I *atskīwuns*, *taikowuns*, II hat *etskyuns*, *aulauns*; *w* scheint zwischen Vokalen geschwunden: *isrankīuns*, *dāuns*, *boūuns*, *seggīuns*, *peruūkauns*. Hier ist *u* rein bewahrt. Nach Konsonant dagegen ist *-uns* häufig zu *-ons* geworden (vergl. *-ton* im Inf. aus *-tum*; *dangon*, *ainonts*, lit. *vënunta*) : *swintinons*, *palaipinnons*, *stīnons*, *etwiērpons*, *grīmons*, *gemmons* u. s. w. *-uns* findet sich nicht gerade selten: *potickinnuns*, *prawedduns*, *swintinnuns*, *ranguns*, *enmiggunss*. II hat 5 mal *ons*, I 4 mal *-uns*, nur 1 mal *ons*.

Deklinierte Formen dieses Particips sind selten: *aulausē* f. 'tot', mit *ē*, wo im Lit. *-i* erscheint, also nach Art von *semmē*. *ainangimmusin* ist ein regelrechter Akk. Msk. lit. *gìmusį*, *aulauwussens* 'die Toten' I steht für **aulauwussins*, II *aulaunsins* mit sekundärer Übertragung des *n* aus dem Nom. Sg. in die Obliquen. *aulauūsins* 18 neben *aulausins* hat fälschliche Verrückung des ¯ erfahren: liest man *aulaūusins*, so kommt eine durchaus richtige Form heraus. *ioūs wīrstai immusis* . . . *aupallusis* möchte ich für Formen der *i*-St. nach dem Akk. etwa gebildet halten: also wie lit. *vāgys* gebildet. So entsteht eine für die Stelle auch grammatisch passende Form.

Was dagegen Formen wie *embaddusisi* 'sie stecken' 80 und 'es steckt' 82 sind, ist mir völlig rätselhaft. Sie sehen so aus wie Formen dieses Particips, ohne dass sie indes dem deutschen Text nach dort hinpassen.

4. Part. Praet. Pass.

Es ist das bekannte idg. *-to*-Particip über dessen Bildung nichts Sonderliches zu bemerken ist. *pomests* 'unterworfen', lit. *mēstas* zu *metù*, *animts*, fem. *imtā*, lit. *im̃tas*, *imtà*.

prawilts 'verraten' : *prowela* I II 'sie verrieten'. Von

abgeleiteten Verben: *posinnāts*, lit. *žinótas*, *perklantīts*, *enlaipints*, *laikūts*.

In II erscheint, wie bei dem *-ts* des Präteritums, noch ein *t* dahinter: *enquoptzt*, *skresitzt*, *dæczt* neben *crixteits*, *swintits*, *deiwuts*; ob es wirklich gesprochen wurde, erscheint demnach fraglich.

Infinitiv.

Drei Endungen gehen ganz prämiscue, ohne dass einer von ihnen eine besondere Bedeutungsnüance innewohne, neben einander her:

— twei — ton — t
dātwei — daton — dāt
billītwei — billīton — billīt
madlitwei — madliton — madlit
poūtwei — poūton — poūt.

Im Ench. ist *-t* die allerhäufigste Endung, dann kommt *-twei*, endlich *-ton*.

Cat. I hat *-t* gar nicht, neunmal *-twey*, einmal *-tun*; II ebenfalls keinmal *t*: 8 mal *twey*, 2 mal *-ton*.

-ton ist wie längst erkannt, dem idg. Infinitiv auf *-*tum* gleichzusetzen: ai. *dhātum*, lat. *conditum*, lit. *dėtų* (*dėtumbime* Opt.), abg. *dětъ* : *-un* findet sich noch in *isprestun*, *maitātunsin*, I *waitiatun*.

-twei ist immer mit dem ai. inf. *dhātave* ʻzu setzenʼ verglichen worden. Die Gleichheit ist indessen keine vollständige. *-twei*, neben dem wohl gelegentlich *-e* (*īstwe*) oder *i* (*crixtitwi*, *sūndintwi*), wie auch sonst für *ei*, erscheint, kann natürlich nicht *-*twai* sein. Sondern es scheint der Dativ eines Nomens auf *-*twē* (vgl. Voc. *artues* ʻSchiffsreiseʼ, *preartue* ʻPflugreuteʼ, *nurtue* ʻHemdʼ, *coestue* ʻBürsteʼ) hier vorzuliegen.

Am schwierigsten sind die Formen auf *-t* zu beurteilen: ein *dāt laikūt* ist äusserlich gleich einem lit. lett. *důt*.

Doch wenn man die Sachlage überschaut, so sieht man, dass die Gleichung nur eine scheinbare ist. Lit. lett. zeigen noch durch ihr vor dem Reflexiv erscheinendes -*ē*, dass *ei* die Endung war, das aus -*ēi* entstanden; *dektè* die Nebenform führt auf **dektḗ* zurück. Beides kann aber im Preuss. nicht ohne weiteres vorgelegen haben: denn weder würde -*ei* noch *ē* gefallen sein können. Diphthonge und lange Vokale sind in der Endung auch stets bewahrt. Man müsste dann etwa annehmen, dass ein gestossen betontes *ē*, also etwa **dātḗ* zunächst zu *ī* wurde, also **dātī*, dann verkürzt wurde, und das kurze *i* von **dāti* schliesslich fiel. Das wäre dann ein Vorgang, der zwar nur bei dieser Kategorie von Beispielen stattgefunden hätte, der aber doch wohl noch unbedenklicher wäre als die Annahme, das kurze Lok.-*i* der konson. Stämme wäre auf die *i*-St. analogisch übertragen worden, und sei dann abgefallen. Vielleicht liegt in Grunaus Infinitiv *meicte* 'schlafen' (lit. praes. *mēgù*) ein solches *ē* vor: freilich kann bei der Aufzeichnung des Grunau auch *e* ebenso gut für *i* geschrieben sein. Einen Anhaltspunkt für die eine oder die andere Ansicht besitzen wir in der Form nicht. Dass hinter dem *t* ein Vokal gefallen — das einzige, was daraus zu ersehen — ist natürlich ohnehin klar.

DAS ELBINGER VOCABULAR.

	Got (169a)	Deywis
	Engel	Rapa
	Hemel	Dangus
	Gestirne	Lauxnos
5	Morgenstn'	Deynayno
	Sebengest'ne	Paycoran
	Sunne	Saule
	Monde	Menig
	Wulken	Wupyan
10	Helle	Pyculs
	Tufel	Cawx
	Jor	Mettan
	Somer	Dagis
	Wītter	Semo
15	Herbist	Assanis
	Woche	Sawayte
	Sontag	Nadele
	Montag	Ponadele
	Dinstag	Wissaseydis
20	Mittewoche	Possissawaite
	Donirstag	Ketwirtice[1]
	Fritag	Pentnix[2]
	Sonnobent (169b)	Sabatico
	Erde	Same
25	Leym	Laydis
	Sant	Sixdo
	Let	Layso
	Berg	Grabis
	Grunt	Dambo
30	Tal	Padanbis[3]
	Grabe	Rawys
	Steyn	Stabis
	Vūer	Panno
	Kole	Anglis
35	Vuncke	Soanxti
	Brant	Knaistis
	Assche	Pelanne
	Stopassche	Plieynis
	Rouch	Dumis
40	Brodim	Pore
	Hiczcze	Gorme
	Vuerstant	Goro
	Glut	Sari
	Flamme	Lopis
45	**Luft**	Wins
	Nebel (170a)	Kupsins
	Reyn	Aglo
	Mercline	Melcowe
	Reynen	Suge
50	Donner	Percunis

[1] es steht Ketwirtire. [2] Pentinx. [3] oder Padaubis?

	Dunreyn	Grumins		Nasezule	Gremsle[8]
	Bliczce	Mealde		Rocz	Snoxtis
	Wint	Wetro		Munt	Austo
	Hayl	Keytaro	90	Obirlippe	Ponasse
55	Sne	Snaygis		Lippe	Warsus
	Is	Ladis		Czan	Dantis
	Vrost	Passalis		Czanfleysch (171a)	Dantimax
	Ryf	Grosis		Czunge	Insuwis
	Wasser	Wundan	95	Gume	Dangus
60	See	Assaran		Kele	Cosy
	Tych	Wurs		Gurgel	Gurcle
	Vlys	Ape		Wange	Laygnan
	Reynflis	Salus		Kinne	Scalus
	Borne	Apus	100	Irstebart	Wanso
65	Hab	Mary		Bart	Bordus
	Mer	Juriay[1]		Hals	Winsus
	Mensch	Smonenawins[2]		Halsoder	Stroio
	Houpt	Glawo		Schulder	Pette
	Hoer (170b)	Scebelis	105	Achsel	Caymoys
70	Czophor	Kexti		Schuld'blat	Pettis
	Swarte	Scordo[3]		Rucke	Rikisnan
	Hirnschedel	Kerpetis		Ruckeoder	Pettegislo
	Gehirne	Strigeno		Arm	Irmo
	Marg	Musgeno[4]	110	Elboge	Alkunis
75	Hirnuel	Pleynis		Mus	Peles
	Scheitel	Arglobis		Und'arm	Woltis
	Stirne	Ballo[5]		Vűst	Kuntis
	Genicke	Pergalwis		Dume	Instixs
	Nacke	Passoles	115	Vinger	Pirsten
80	Ouge	Agins		Knobel (171b)	Krumslus[9]
	Sehe	Weydulis		Nagel	Nagutis
	Wimpro	Bruwi[6]		Brust	Kraclan
	Ore	Ausnis		Citczcze	Spenis
	Orsmalcz	Dinskins?[7]	120	Seyte	Grauwus[10]
85	Naze	Nozy		Ribbe	Grawwe
	Naseloch	Noseproly		Buch	Weders

[1] Luryay. [2] Smonenawis. [3] Stordo. [4] Mulgeno. [5] Batto. [6] Wubri. [7] ohne i-Zeichen; drusknis?? [8] Gremsde. [9] Krumstus. [10] Granwus.

	Nabel	Nabis
	Hercze	Seyr
125	Leber	Lagno
	Lunge	Plauti [1]
	Milcze	Blusne
	Nyre	Inxcze
	Darm	Grobis
130	Wanst	Drastus
	Manchuelt	Tulawortes [2]
	Mage	Weders
	Smer	Instran [3]
	Bloze	Dumsle
135	Galle	Dolu
	Lenden	Strannay [4]
	Arsbel	Pomnan
	Huffe	Culczi
	Dy	Slaunis
140	Kny (172a)	Klupstis
	Schene	Aulis
	Wade	Yccroy [5]
	Enkel	Kulnis
	Gelenke	Kinklei ? ? [6]
145	Vues	Nage
	Vůssale	Pamatis
	Verse	Pentis
	Vůsbret	Plasmeno
	Czee	Nagepristis
150	Czeballe	Sperclan [7]
	Rump	Nowis
	Lebin	Giwato
	Sele	Dusi
	Vleysch	Menso
155	Beyn	Caulan
	Hewt	Keuto [8]
	Snuppe	Welgen
	Calde	Ennoys
	Wunde	Eyswo
160	Blut	Crauyo
	Blo	Melne
	Bůle	Gunsix
	Hawe	Kirtis
	Stych (172b)	Boadis
165	Slag	Brọkis
	Wurf	Metis
	Val	Kruwis
	Tot	Golis
	Vater	Towis
170	Muter	Mothe
	Altvat'	Thetis
	Altmut'	Ane
	Brud'	Brote
	Swester	Swestro
175	Brud'kint	Sunaybis
	Ṿetter	Thewis
	Oͤme	Awis
	Mume	Moazo
	Stiffater	Patowelis
180	Stifmut'	Pomatre
	Stifson	Passons
	Stiftacht'	Poducre
	Geuatter	Komaters
	Sweir	Tisties
185	Wirt	Ludis
	Wirtyne	Ludini
	Man (173a)	Smoy
	Wip	Genno
	Kint	Maldenikis
190	Son	Wayklis
	Knecht	Gewineis
	Jûcvrowe	Mergo
	Hůs	Buttan
	Kleet	Clenan

[1] Planti. [2] Tusawortes. [3] Justran? [4] Straunay. [5] Yttroy. [6] Kimchel (Kunchel?) [7] Spertlan. [8] Kento.

195	Swelle	Pocorto
	Stend'	Sulis
	Stuccze	Stacle
	Want	Seydis
	Winkel	Lunkis [1]
200	Balke	Sardo [2]
	Sparre	Sparis
	Gebel	Pellekis
	Wĕterhan	Gertis
	Dach	Stogis
205	Suller	Riclis
	Bret	Lubbo
	Bône	Talus
	Kammer	Kamerto
	Bette	Lasto
210	Thôre	Warto
	Grosthor	Dauris
	Phorte (173b)	Lapiwarto
	Fenster	Lanxto
	Rochloch	Accodis
215	Fenst'leit	Perstlanstan
	Stûl	Clumpis
	Barkenstul	Creslan
	Bank	Sosto
	Tychs	Stalis
220	Stobe	Stubo
	Ouen	Stabni
	Vuermûer	Kamenis
	Hert	Pelanno
	Brantrute	Proglis
225	Ase	Passupres
	Stal	Staldis
	Krippe	Rindo
	Rofe	Aboros
	Sewstal	Seweynis
230	Troc	Pracartis

	Schewne	Calene
	Banse	Coaris
	Tenne	Plonis
	Bark	Ilmis [3]
235	Schewer	Steege
	Ackermā(174a)	Artoys
	Ack'r	Samyê [4]
	Stucke	Gasto
	Morgen	Moargis
240	Vorch	Redo
	Reen	Asy
	Bete	Lyso
	Pflug	Plugis
	Sech	Wagnis
245	Schar	Pedan
	Schene	Miskilis
	Strichbret	Glenptene
	Stercz	Laipto
	Reutel	Preartue
250	Pflugbom	Wadule
	Rincke	Grandis [5]
	Orschyt	Walis
	Selen	Pleske
	Deysel	Teansis [6]
255	Egde	Aketes
	Somen	Semen
	Wint'korn	Seamis
	Rocke	Rugis
	Weyse	Gaydis
260	Som'weyse (174b)	Dagagaydis
	Gerste	Moasis
	Hawer	Wyse
	Bonen	Babo
	Erweis	Keckers
265	Mon	Moke
	Herse	Prassan

[1] so kann man wohl lesen für limkis. [2] Sando. [3] oder Ilinis. [4] zu lesen Samyen. [5] Graudis. [6] Teausis.

	Venchel	Kamato
	Hanf	Knapios
	Senf	Garkity
270	Wicken	Wickis
	Linsen	Licutkekers
	Raten	Cunclis[1]
	Trespe	Pure
	Stuppel	Stranibo[2]
275	Halm	Craysi
	Er	Wolti
	Grane	Ackons
	Korn	Syrne
	Sprew	Pelwo
280	Oberker	Auklextes
	Eftrich	Perwios
	Wesen	Wayos
	Gras (175a)	Schokis
	Gromot	Attolis
285	Ror	Drogis
	Schilf	Blensky
	Bruch	Pelky
	Mosebruch	Pãnean[3]
	Hew	Crays
290	Klee	Wobilis
	Nessel	Noatis
	Klette	Clattoy
	Krewtecht	Soalis
	Wayn	Abasus
295	Rat	Kelan
	Volge	Scritayle
	Nabe	Nabis
	Achze	Assis
	Schene	Miskils
300	Arme	Slaune
	Langwyt	Arwarbs
	Rungestoc	Kalpus
	Runge	Keleranco
	Tuncbret	Grawyne
305	Witte	Greanste[4]
	Vlechte	Corbis[5]
	Slete (175b)	Slayo
	Rẙtslete	Wessis
	Sletekuffe	Slayan
310	Sletebeyn	Stibinis
	Eunitcze	Scaydy[6]
	Commot	Paddis
	Leitseyl	Aclocordo
	Seyl	Wirbe
315	Geysel	Brusgis
	Môle	Malunis
	Quirne	Girnoywis
	Quirnestab	Mandiwelis
	Moelsteyn	Malunastabis[7]
320	Flutrinne	Auwirpis
	Moelrat	Malûakelā[8]
	Molspille	Spaustan[9]
	Getrip	Nawetto
	Bicke	Scurdis[10]
325	Molekaste	Tarbio
	Vmmelouf	Surturs
	Tham	Suppis
	Weer	Takes
	Becker	Peccore
330	Bachûs	Umnode
	Bacofen(176a)	Vumpîs[11]
	Ouenschufel	Pectis[12]

[1] Tunclis. [2] Strambo. [3] zu lesen Pannean. [4] Greauste. [5] Torbis. [6] Staydy. [7] Malunastabis zu lesen; eine Ligatur für -is. [8] lies Malunakelan. [9] Spanstan. [10] Sturdis. [11] zu lesen Vumpnis. [12] Pettis, Peccis?

	Kerwisch	Klexto
	Schôrstange	Passortis
335	Meel	Meltan
	Clyen	Clines
	Teyg	Snigslo [1]
	Teigtrok	Gnode
	Brot	Geytye
340	Gropbrot	Sompisinis [2]
	Kuche	Lugis
	Pletcze	Plinxne
	Stroczel	Stroskeilis
	Wecke	Solthe
345	Vlade	Kalso
	Zeeb	Baytan
	Garbret'	Aubirgo
	Kuchin	Kukore
	Erintop	Nagotis
350	Erdentop	Swixtis
	Bosetop	Podalis
	Tegel	Pantweko
	Sybetop	Siduko
	Sturtcze	Abstocle
355	Kessel (176b)	Catils
	Messigkessel	Warene
	Becken	Medinice
	Kelle	Birkakarkis
	Leffel	Lapinis
360	Creugel	Lanctis
	Vuerschene	Trumpstis
	Brotspis	Pagaptis
	Spis	Aysmis
	Schussel	Mynsowe
365	Mulde	Galdo
	Stulpschussel	Wogonis
	Hoke	Ansis
	Kethe	Ratinsis
	Hackemess'	Kalopeilis
370	Vuerysen	Panustaclan
	Vuersteyn	Nagis
	Czunder	Pintys
	Wetsteyn	Glosto
	Vleysch	Menso
375	Sitevleysch	Claywio
	Spek	Saltan
	Juche	Juse
	Smalcz	Taukis
	Vnslit (177a)	Sloyo
380	Smer	Mynsis
	Wurst	Laitian
	Kretzem	Karczemo
	Bier	Piwis
	Malcz	Piwamaltan
385	Treber	Piwemtis [3]
	Heuen	Dragios
	Gest	Spoayno
	Schenkbir	Scinkis
	Wynber	Woragowus
390	Wyn	Winis
	Hoñig	Meddo
	Mete	Alu
	Bôte	Drawine
	Stande	Standis
395	Deckel	Abstoclen [4]
	Wôlger	Noploz
	Tonne	Kanowe
	Czappe	Wînis
	Spunt	Dulsis
400	Krug	Kragis
	Glas	Sticlo
	Becher	Kiosi
	Refe	Dongo
	Herre (177b)	Rikis

[1] Singslo. [2] Sompisinis lässt sich auch handschriftlich rechtfertigen.
[3] Piweuitis? [4] Abstotten.

405	Konîg	Konagis
	Ritter	Waldwico
	Leman	Laukinikis
	Vrier	Tallokinikis
	Gebuer	Kumetis
410	Heer	Kragis
	Reise	Karyago
	Lėger	Liscis [1]
	Schifreise	Artwes
	Lantwer	Prio
415	Geschrey	Wackis
	Herschaw	Caryawoytis
	Bannir	Caryangus [2]
	Wofen	Sarwis
	Bronigen	Brunyos
420	Helm	Salmis
	Schilt	Staytan
	Sper	Kelian
	Sperschaft	Kellaxde
	Swert	Kalabian
425	Schede	Sarxtes
	Knoff	Kugis
	Gehilcz	Digno
	Stechmess(178a)	Stakameczeris
	Ros	Russis
430	Hengest	Sirgis
	Keynhêgest	Sweriapis
	Pflugpfert	Sweykis
	Kobele	Kaywe
	Volle	Arwaykis
435	Iūgekobel	Rapeno
	Ezel	Asilis
	Mûl	Weloblundis
	Vole	Maldian
	Czeldêpfedt	Wilenikis
440	**Seteler**	Balgninix
	Satel	Balgnan
	Vorbûge	Pagrimis
	Afterreife	Pastagis
	Polstir	Papimpis
445	Satilbom	Bugo
	Sticledd'	Sargasaytan [3]
	Stegerefe	Lingo
	Filcz	Tubo
	Bintrime	Tarkue
450	Czom	Brisgelan
	Halfter	Auclo
	Gebys (178b)	Sbango [4]
	Czogel	Nolingo
	Weber	Tuckoris
455	Gewant	Milan
	Laken	Pastowis
	Varbe	Woapis
	Ele	Woaltis
	Wyes	Gaylis
460	Swarcz	Kirsnan
	Grow	Sywan
	Blow	Golimban
	Rot	Wormyan
	Gel	Gelatynan
465	Brun	Cucan
	Gemenget	Maysotan
	Gestreift	Roaban
	Grune	Saligan
	Schere	Scrundus
470	Nolde	Ayculo
	Czwirn	Schutuan
	Fadem	Awilkis
	Schroter	Scrutele
	Hût	Kelmis
475	Mantel	Pelkis
	Kurse (179a)	Lactye

[1] Littis. [2] Cinyangus. [3] Largasaytan. [4] Slango.

	Roc	Wilnis
	Pelcz	Kisses
	Hemde	Nurtue
480	Bruch	Broakay
	Hosen	Lagno
	Sacken	Peadey
	Slower	Drimbis
	Sydenslewir	Silkasdrimbis[1]
485	Gurtel	Saninsle
	Rincke	Sagis
	Bûtel	Kuliks
	Vederbette	Plauxdine
	Pfôl	Pobalso
490	Kussen	Balsinis
	Lylach	Ploaste
	Bette	Lasto
	Decke	Loase
	Wepe	Pasto
495	Badelach	Kekulis
	Schuwert	Schuwikis
	Hewt	Keuto
	Leder	Nognan
	Stefel	Pusne
500	Schuch	Kurpe
	Hosenled'(179b)	Kymis
	Rime	Paccaris
	Schaft	Aulinis
	Vorvûs	Galwo
505	Sole	Pamatis
	Querder	Ausalgis[2]
	Drot	Schumeno
	Noet	Widus
	Leiste	Curpelis[3]
510	Ale	Ylo
	Gerwer	Mynix
	Lo	Dumpbis

	Smyt	Wutris
	Smede	Autre
515	Esse	Kamenis
	Blosebalk	Moasis
	Anebôs	Preicalis[4]
	Hamer	Cugis
	Smedestoc	Curpis
520	Czange	Raples
	Stol	Playnis
	Ysen	Gelso
	Golt	Ausis
	Silber	Siraplis
525	Kupper	Wargien
	Messing(180a)	Cassoye
	Bley	Alwis
	Czeen	Starstis
	Sindir	Auwerus
530	Slifstein	Tackelis
	Czymerbẙl	Wedigo
	Barte	Romestue[5]
	Axe	Bile
	Sulaxe	Kersle
535	Nebiger	Granstis
	Durchslag	Dalptan
	Slos	Somukis
	Nayl	Cramptis
	Veder	Sbecl̄is
540	Kethe	Ratinsis
	Haspe	Aloade
	Vesser	Panto
	Hufysen	Lattaco
	Hufnagil	Sagis
545	Notstal	Lisytyos
	Senze	Doalgis
	Sychel	Piuclan
	Spate	Lopto

[1] Silkasdrūb'. [2] Ansalgis. [3] Turpelis. [4] Preitalis. [5] Romescue.

	Howe	Kersle
550	**Beder**	Stubonikis
	Loser (180b)	Crauyawirps
	Loskop	Ragusto
	Queste	Twaxtan
	Louge	Sirmes
555	Bat	Specte
	Emer	Wumbaris
	Kam	Coysnis
	Schere	Scrundos
	Burste	Coestue
560	**Vysch**	Suckis
	Hecht	Liede
	Bresme	Locutis
	Lachs	Lasasso [1]
	Czandis	Starkis
565	Oel	Angurgis
	Quappe	Wilnis
	Stoer	Esketres
	Smerle	Smerlingis
	Welz	Kalis
570	Czerte	Seabre
	Slye	Linis
	Persk	Assegis
	Ploccze	Brunse
	Bore	Palasassis [2]
575	Hering	Sylecke
	Carpe (181a)	Sarote
	Bleye	Blingis
	Grundel	Grundalis
	Stint	Malkis
580	Mut'losen	Blingo
	Hälpvischz	Dubelis
	Tobel	Stroysles [3]
	Rape	Rapis
	Krebis	Rokis
585	Dursch	Sweikis
	Walt	Median
	Pusch	Gudde
	Dameraw	Wangus
	Heyde	Sylo
590	Eche	Ausonis
	Echele	Ģile
	Buche	Bucus
	Buchecker	Buccareisis
	Haynbuche	Scoberwis [4]
595	Leynbôm	Stuckis
	Tanne	Addle
	Kynbôm	Peuse [5]
	Harcz	Sackis
	Iwenbom	Inwis
600	Birke	Berse
	Linde (181b)	Lipe
	Erle	Alskanke [6]
	Wide	Witwan
	Horwyde	Glossis
605	Struchwyde	Apewitwo
	Espe	Abse
	Hasele	Laxde
	Eynholz	Kadegis
	Dorn	Kaules
610	Ebirbôm	Karige
	Spilbôm	Wosigrabis
	Vulbôm	Smorde
	Hartrogeli	Sidis
	Wirsenholcz	Kerberse
615	Appelbom	Wobalne
	Appel	Woble
	Birnbaum	Crausy
	Birne	Crausios
	Pflumê	Sliwaytos
620	Kirsen	Wisnaytos

[1] Lalasso. [2] Palasallis. [3] oder Scroysles. [4] Stoberwis. [5] Pense. [6] abskande.

	Krichen	Krichaytos
	Pors	Wissene
	Kellerhals	Scanulonx[1]
	Wiltnisse	Paustre
625	Ulmo (182a)	Wimino
	Rustere	Skerptus
	Esche	Woasis
	Bom	Garian
	Wurczele	Sagnis
630	Ast	Wipis
	Rone	Saxsto
	Bole	Grandico
	Stok	Kalmus
	Klocz	Trupis
635	Stecke	Queke
	Stange	Kartano
	Struch	Kirno
	Somirlatte	Dagoaugis[2]
	Rute	Riste
640	Schyt	Luckis
	Spon	Scolwo[3]
	Splitt'	Spelanxtis
	Rinde	Saxtis
	Bast	Lunkan
645	Maser	Winis
	Mispel	Emelno
	Tyer	Alne
	Wesant	Tauris
	Ewer	Wissambs'[4]
650	Elint (182b)	Braydis
	Hircz	Ragingis
	Hinde	Glumbe
	Ree	Sirwis
	Wiltpfert	Paustocaica
655	Ber	Clokis
	Czidelber	Caltestisklokis
	Wulf	Wilkis
	Vochz	Lape
	Hase	Sasnis
660	Eichhorn	Weware
	Hermel	Gaylux
	Wesele	Mosuco
	Mart	Caune
	Tufelskint	Naricie
665	Wildekatcze	Paustocatto
	Luchs	Luysis
	Otter	Vdro
	Bever	Bebrus
	Hamster	Duckis[5]
670	Dachz	Wobsdus
	Varre	Lonix
	Ochze	Curwis
	Kû (183a)	Klente
	Kalb	Werstian
675	Bok	Wosux
	Czege	Wosee
	Czickel	Wosistian[6]
	Schoff	Camstian
	Ster	Awins
680	Schepcz	Scabs[7]
	Lam	Eristian
	Swin	Swintian
	Beer	Cuylis[8]
	Burg	Nomaytis
685	Suwe	Skewre
	Ferkel	Prastian
	Milch	Dadan
	Kese	Suris
	Puttir	Anctan
690	Suwermilch	Ructandadan
	Lap	Raugus
	Mulken	Sutristio[9]

[1] Stanulonx. [2] Dagoangis. [3] Stolwo. [4] lies Wissambris. [5] Dutkis. [6] Wolistian. [7] Stabs. [8] Tuylis. [9] für suiristio??

	Masse	Sulo
695	Kobilmilch	Aswinan
	Suszemilch	Poadamynan
	Jeger	Medies
	Hasengarn (183b)	Sasintinklo
	Hayn	Korto
700	Jayt	Medione
	Wynt	Curtis
	Leethunt	Slidenikis
	Vorlouf	Scalenix
	Hunt	Sunis
705	Wacker	Wuysis
	Horn	Ragis
	Vogel	Pepelis
	Konigelyn	Prestors
	Grif	Ankis? [1]
710	Are	Arelie
	Wye	Pele
	Falk	Valx
	Rotilwye	Pelemaygis
	Habich	Gertoanax
715	Sperwer	Sperglawanag
	Kranch	Gerwe
	Storch	Gandarus [2]
	Swane	Gulbis
	Rėger	Geeyse
720	Gans	Sansy
	Ente	Antis
	Rabe (184a)	Warnis
	Kro	Warne
	Holckro	Bucawarne
725	Tale	Kose [3]
	Alester	Sarke
	Ruche	Coswarnis [4]
	Nachtegal	Salowis
	Drosele	Tresde
	Amsele	Seese
730	Czimar	Picle
	Kukug	Geguse
	Star	Doacke
	Lirche	Werwirsis
	Stegclicz	Singuris
735	Cziske	Czisix [5]
	Vincke	Swibe
	Goldamer	Sixdre
	Meyze	Sineco
	Sperling	Spurglis
740	Swalme	Sinicuto
	Ertswal^{e}	Krixtieno
	Specht	Genix
	Grunespecht	Melato
	Swarczspecht	Kraclo [6]
745	Kleinespecht (184b)	Aytegenis
	Nusbickel	Sarpis
	Wedehoppe	Prapolis
	Wedewal	Sealtmeno [7]
	Snerker	Droanse
750	Grasemucke	Soakis
	Kriwittze	Peempe
	Brochvogel	Semeno
	Sneppe	Geasnis
	Groseneppe	Slanke
755	Warkringel	Warnaycopo
	Wasserhůn	Witwago
	Wasserrabe	Geauris
	Tůcher	Kerko
	Kleinetůch'	Gegalis
760	Mewe	Starnite
	Tewbe	Poalis
	Ringeltůbe	Keutaris
	Hane	Gertis

[1] Aukis. [2] Gandams? [3] Kote. [4] Colwarnis. [5] Czilix. [6] Kracto.
[7] Scaltmeno?

Henne	Gerto
765 Kůchel	Gertistian
Beerhun	Medenixtaur-
Birghun	Tatarwis[wis[1]
Rephun	Laucagerto
Haselhun (185a)	Bruneto
770 Wachtel	Penpalo[2]
Bacstelcze	Kylo
Ysenbart	Apisorx
Pfouwe	Powis
Slange	Angis
775 Notir	Anxdris
Eudexe	Estureyto
Werre	Poaris
Blintsleche	Glosano
Crothe	Gabawo
780 Vrosch	Crupeyle[3]
Webil	Gramboale
Flige	Muso
Mucke	Cussis[4]
Hůtflige	Pistwis

785 Regenworm	Slayx
Made	Girmis
Bene	Bitte
Humele	Camus
Wespe	Wobse
790 Horlitcze	Sirsilis
Omese	Saugis
Werld (185b)	Swetan
Lant	Tauto
Kristenheit	Kristionisco[5]
795 Heidenschaft	Pagonbe
Stat	Mestan
Dorf	Caymis
Anger	Sparyus
Weyk	Pintis
800 Styg	Lonki
Weyde	Posty
Czůn	Sardis

Explicit per manus petri Holczwesscher de mai'enburg.

[1] Tatarwis? [2] Perpalo vielleicht zu lesen. [3] Trupeyle. [4] Tussis. [5] Kristionisto.

VORBEMERKUNG.

Die in Klammern gesetzten Zahlen bedeuten die Seitenzahlen der Originalhandschrift: *a* die erste Kolumne deutschpreussisch, *b* die zweite.

Die fettgedruckten Worte bedeuten den Anfang einer neuen Begriffsgruppe: sie sind im Original durch grössere Initialen von roter Farbe kenntlich gemacht. Ein feiner Strich deutet an, dass ein Nasal einzuschalten ist, während ein etwa wie ein Apostroph aussehender Strich ein *r* bedeutet.

-is wird bisweilen am Wortende durch eine sehr verschnörkelte Ligatur gegeben: sie ist hier aufgelöst. Im Text des Vokabulars habe ich sicher notwendige Verbesserungen ausgeführt, stets aber in der Anmerkung angegeben, worin die Schreibung des Vokabulars von der durch die Etymologie geforderten Änderung abweicht.

Über die Äusserlichkeiten des Vokabulars vergl. Nesselmann, Ein deutsch-preussisches Vokabularium aus dem Anfange des 15. Jhd., 1868, pg. 1—5, und die Berichtigungen und Nachträge von Bezzenberger GGA 1874, St. 39, pg. 1224 ff. Nesselmann, Apr. Monschr. VI 315 ff., wo er das Vokabular, wie es uns vorliegt, als eine Abschrift erweist.

Das Vokabular hat in Paulis „Preussischen Studien“ I KSB VI 411 ff. und II KSB VII 155 ff. eine sehr gründliche und treffliche Behandlung gefunden: ich kann mich daher hier vielfach kürzer fassen und auf die Ergebnisse jener Studien einfach verweisen.

LAUTLEHRE.

1. balt. *i*

= idg. *i* und in *ir, il, im, in* als Vertreter der son. Nas. und Liq.

Im Voc. *i* und gewöhnlich mit *i* geschrieben:

widus 'Naht': lit. *vidùs* le. *widus* 'Mitte', ai. *vidhyati* 'durchbohrt'.

bitte 'Biene': lit. *bìtė* le. *bite*.

tisties 'Schwäher': abg. *tьstь*.

stibinis 'Schlittenbein': lett. *stibin'i* 'Stützhölzer der Schlitten'.

Vor *r*, *l*, *n*:

kirsnan 'schwarz': abg. *črъnъ* ai. *kṛṣṇa*.

pirsten 'Finger': lit. *pìrsztas* lett. *pirksts* abg. *prъstъ*.

wilkis 'Wolf': lit. *vìlkas* lett. *wilks* abg. *vlъkъ* ai. *vṛka*.

gile 'Eichel': lit. *gìlė* lett. *dſile*.

pintis 'Weg': abg. *pątь* lat. *pons* gr. *πάτος* 'Pfad'.

Dafür wird bisweilen *y* geschrieben:

sylo 'Heide': lit. *szìlas*.

syrne 'Korn': lit. *žìrnis* 'Erbse'.

pintys 'Feuerschwamm': lit. *pìntis*.

wyse 'Hafer': lit. *avižà*.

sylecke 'Hering': lit. *sìlkė*, lett. *silkis*.

mynix 'Gerber': lit. *minìkas* 'Treter' (vergl. lett. *ādu mīt* 'gerben').

Die vereinzelt auftretende Schreibung mit *e* beweist, dass das *i* geradeso wie in den Cat. und im Ench. ein offenes war.

meltan 'Mehl': lit. *mìltai* le. *milti*.

skerptus 'Rüster': lit. *skirpstus* 'Rotbuche'.

seweynis 'Schweinstall': lett. *siwenis* 'Ferkel'.

warene 'Messingkessel': lit. *varìnė* 'von Kupfer'.

2. balt. *ī*

aus idg. *ī*; preuss. durch *i*, *y* bezeichnet: *y* bedeutet aber nicht, wie schon aus obigem ersichtlich, eine Länge.

witwan 'Weide': lit. *výti* 'winden', *výtis* 'Weidengerte', le. *wītûls* 'Weidenbaum', gr. *ἰτέα* 'Weide'.

sineco 'Meise', *sinicuto* 'Schwalbe': abg. *sinь* 'blau', russ. *sinica* 'Meise'.

wisnaytos 'Kirschen': lit. *výsznia* russ. *višńa*.

y in: *lyso* 'Beet': lit. *lýsė* 'Gartenbeet', lat. *līra* 'Furche'.

sywan 'grau': lit. *szỹvas* abg. *sivъ*.

pyculs 'Teufel' zu *pỹkti* 'zornig werden', le. *Pīkals*.

slywaitos 'Pflaumen': lit. *slyvà* 'Pflaume', *slỹvas* 'Spille' (wohl entlehnt), russ. *sliva*.

ylo 'Ahle': lit. *ylà* lett. *īlens*.

Einmal steht *ie* in *liede* 'Hecht': was aber, vergleicht man lit. *lydekà*, auch nur *ī* bedeuten kann.

Zweimal findet sich ein Diphthong für *ī*: *seweynis* 'Schweinestall' hat wohl das Suffix *-īno-*: lat. *suīna* 'Schweinefleisch', abg. *sv-inъ* 'vom Schwein', vergl. lit. *avỹnė* 'Schafstall', *angỹnas* 'Natternest'.

Ebenso wird *gewineis* 'Knecht' wohl nichts anderes sein als ein **gewinīs* 'Arbeiter' zu *gewint* Ench. 'arbeiten': lit. *pinỹs* zu *pìnti* 'Flechter'.

Freilich stehen diese beiden Worte zu vereinzelt, als dass man dem preuss. des Voc. die Neigung langes *ī* zu diphthongieren daraufhin zuschreiben dürfte, die in den Cat. und Ench. vorhanden war.

3. Balt. *u*

entspricht idg. *u* und (vergl. Bezzenberger BB XVII 213 ff.) vor *r*, *l*, *m*, *n* der Tiefstufe zweisilbiger Wurzeln. Es ist für gewöhnlich im Voc. durch *u* gegeben.

sunis 'Hund': von der schw. Stammform *k̑un-* gebildet: ai. *śunas* gr. *κυνός* got. *hunds* lit. *szuñs*.

glumbe 'Hindin': lit. *glùmis* 'hornlos'.

buttan 'Haus': lit. *bùtas*.

kulnis 'Enkel': lit. *kulnìs* 'Ferse, Hacke'.

tuckoris 'Weber': abg. *tъkati* 'weben'.

Vor *r*, *l*:

curpis 'Schmiedestock': lit. *kùrpė* 'Schuh', gr. *κρηπίς*.

gurcle 'Gurgel': lit. *gurklỹs* 'Kropf' lett. *gurklis* 'Kehle', gr. *βιβρώσκω* 'verzehre'.

grumins 'Dunreyn': lit. *gruménti* 'leis donnern', gr. *χρόμαδος* 'Knirschen'.

sulo 'Matte': lit. *sulà* 'abfliessender Baumsaft', ai. *salilá* 'Wasser'.

Anlautendes *u* erhält einen Vorschlag von *v*:

wutris 'Schmied': abg. *vъtrь*, zu *autre* 'Schmiede', lit. *j-ùtryna* 'Schloss einer Thür'.

wundan 'Wasser': Ench. *unds*, żem. *undů*.

wumbaris 'Eimer', etwa ein **wund-baris* oder entlehnt aus poln. *vęborek*?

vumpnis 'Ofen' (aber *umnode*): gr. *ἰπνός*, das J. Schmidt vergl., liegt wohl zu fern.

Auf der offenen Aussprache dieses *u* beruhen die daneben begegnenden Schreibungen mit *o*:

possi-sawaite 'Mittwoch': lit. *pùsė* 'die Hälfte'.

lonx in *scanulonx* 'Seidelbast' neben lit. *lùnkas*, Voc. *lunkan* 'Bast'.

arg-lobis 'Scheitel': abg. *lъbъ* 'Schädel'.

komaters 'Gevatter': abg. *kъmotrъ*.

konagis 'König': lit. *kùningas*.

Im Auslaut *meddo* 'Honig': ai. *madhu* gr. *μέθυ*.

panno 'Feuer' neben *panu-staclan*.

Unsicherer sind Fälle wie *drogis* 'Rohr': lit. *drùgis* 'Fieber'; 'Schmetterling'; russ. *drognut'* abg. *drъgati* 'zittern'; *dolu* 'Galle': lett. *duls* 'trübe, dunkelfarbig', *passoles* 'Nacken', etwa zu *sulis* lit. *szùlas* 'Ständer'?

4. Balt. *ū*.

Es entspricht idg. *ū*; im Voc. steht gewöhnlich *u*.

juse 'Brühe': lit. *júszė* 'Fischsuppe' ai. *jūṣa* 'Fleischbrühe' lat. *iūs*.

schutuan 'Zwirn', *schumeno* 'Draht', *schuwikis* 'Schuhmacher': ai. *syūtám* lit. *siúti* abg. *šiti* 'nähen'.

pure 'Trespe': lit. *púrai* 'Winterweizen', lett. *pūri*, gr. *πυροί* abg. *pyro*.

poducre 'Stieftochter': lit. *pódukra*.

malunis 'Mühle': lit. *malūnas*.

In *passons* 'Stiefsohn' lit. *pósūnis* erscheint einmal *o*, wohl wegen der Unbetontheit; vergl. *sunaibis* 'Bruderkind'. Das einfache Wort „Sohn“ fehlt merkwürdiger Weise geradeso wie „Tochter“.

5. Balt. *e*

= idg. *e*. Im Voc. erscheint dafür *e* und *a*.

berse 'Birke': lit. *béržas* abg. *brěza*.
kersle 'Axt': lit. *kertù kir̃sti* 'hauen'.
meddo 'Honig': ai. *madhu* lit. *medùs*.
werstian (aus **wersistian*): lit. *verszis* lat. *verres*.
median 'Wald': lit. *mẽdis* 'Baum', lett. *mesch*, und so sehr häufig.

Im Anlaut erscheint *a*:

addle 'Tanne': lit. *ẽglė* poln. *jodła*.
aketes 'Egge': lit. *ekė́czios*.
alne 'Tier': lit. *élnis* 'Hirsch'.
alkunis 'Ellbogen': lit. *elkúnė*.
assanis 'Herbst': abg. *jesenь*.
assaran 'See': lit. *ẽżeras* abg. *jezero*.
assegis 'Bars': lit. *eżegỹs* Kaulbars'.
asy 'Rein': lit. *eżė̃*.
aswinan 'Pferdemilch': alit. *aszva*, ai. *aśva*.

Doch auch im Inlaut steht *a* oft genug für *e*: *assanis*, *assaran* kommen hier mit ihrem zweiten *a* in Betracht, ausserdem:

galdo 'Mulde': lit. *gélda*.
ladis 'Eis': lit. *lẽdas*.
lattaco 'Hufeisen': **led-teka* vergl. lit. *ledżingà*.
raples 'Zangen': lit. *rẽplės*.
ratinsis 'Kette': abg. *retęžь*.
same 'Erde': lit. *żẽmė* (*samyen* 'Acker' dazu).
pelanne 'Asche': lit. *pelenaĩ*.
pelanno 'Herd': lit. *pelẽnė*.
starkis 'Zand': lit. *stérkas*.
tackelis 'Schleifstein': lit. *tekė̃las*.
tatarwis 'Auerhuhn': lit. *teterwa* 'Birkhuhn', *tẽterwinas* Birkhahn'.
weware 'Eichhorn': lit. *võverė*.
arelis 'Adler': lit. *erẽlis*.
wayos 'Wiesen': lit. *vejà* 'Rasen'.

Endlich noch die Lehnwörter *nadele* 'Sonntag' lit. *nedělia* poln. *niedziela*; *ponadele* 'Montag' lit. *pānedėle* poln. *poniedżiałek*.

ea erscheint in *teansis* 'Deichsel', *greanstis* 'Bohrer': *tęsti* 'spannen', *gręszti* 'drehen': Pauli wird Recht haben, wenn er hier *ea* (wie später *oa*) als einen Ausdruck für den schleifenden Ton nimmt. *pcempe* 'Kiebitz' ist mit seinem *ee* auffällig: lit. *pémpė*: ein schleifender Ton liegt hier nicht vor, man müsste denn annehmen, dass zwischen dem lit. und dem preuss. eine Abweichung bestand.

6. Balt. *ē*

= idg. *ē*: Im Voc. in der Mehrzahl der Fälle *e* geschrieben:

eristian 'Lamm': lit. *éras*, russ. *jarina* 'weisse Wolle von Lämmern'.

creslan 'Barkenstuhl' d. i. 'Lehnstuhl': lit. *krėslas* 'Stuhl', lett. *krēsls* 'Lehnstuhl', russ. *krěsla*.

semen 'Samen': lit. *sėmenys* 'Saat', lat. *sēmen*.

thewis 'Vetter': lit. *tėwas* 'Vater'.

thetis 'Greis': lit. *tėtùžis*.

weders 'Bauch': lit. *vėdaras* lett. *wēders*.

wetro 'Wind': lit. *vėtra* 'Sturm', lett. *wētra* abg. *větrъ*.

In Lehnwörtern aus dem slav. *svetan* 'Welt': abg. *světъ*, *nadele*, *ponadele* zu *dělo* 'Werk'; *mestan* zu *město* 'Stadt'.

Das *ee* in *steege* 'Schauer': zu *stėgti* 'decken', *seese* 'Amsel': lit. *szészė* wird wohl, wie schon Pauli bemerkt, als einfaches langes *ē*, so auch im Dtsch. *heer*, *weer*, *ree*, aufzufassen sein, wie wohl auch *wosee* 'Ziege'.

Zweifelhaft kann man sein, ob *seabre* 'Zärte', *geasnis* 'Schnepfe', *peadey* 'Socken' hierher gehören.

Für ersteres könnte man ein **zēbre* aus lit. *żobrŷs*, *żõbrio* erschliessen. *geasnis* möchte ich mit lett. *dſēsnis* 'schwarzer Storch, Reiher' vergleichen, *peadey* stimmte zu lit. *pėdà* 'Fusstapfe', lett. *pēda* 'Fusssohle'.

Dann stünde also *ea* für *ē*. Doch sicher ist das nicht, da für ersteres auch **zabre* möglich wäre und letzteres zu lit. *pădas* 'Fusssohle' gehören könnte; somit stünde *ea* für *ā*? Eine Entscheidung wird da kaum möglich sein.

Sicher dagegen ist, dass in einer ganzen Reihe von Fällen ein *ey* (*iey*, *eey*) für *ē* steht.

plieynis 'Stopasche': lit. *plěnys*, *plěnių*, lett. *plēne* 'weisse Asche auf Kohlen'.

pleynis 'Hirnuel': lit. *plėnė* neben *plėvė* 'dünne Haut unter der Eierschale, auf der Milch', lett. *plēwe* 'dünnes Häutchen'.

seyr 'Herz': gr. *κῆρ*, Ench. *sīran*.

geeyse 'Reiher': lett. *dſēse* 'Reiher'.

crupeyle 'Kröte': lit. *-ėlė* wie *kirmėlė* 'Wurm'.

eyswo 'Wunde': abg. *jazva* und **ězva*.

Dreimal erscheint *i*, und zwar in

riclis 'Söller': lit. *rěklas* 'Lucht'.

lisytyos 'Notstall': abg. *lěsa* 'Hürde', poln. *lěsica* 'Gitterkasten'.

slidenikis 'Leithund': russ. *slědnik*, *slědničatь* 'die Spur eines Wildes verfolgen'. Dieses Wort sowohl als das vorige können entlehnt sein. Vergeblich sucht man nach dem Grunde, weshalb so oft ganz richtig *e* für *ē* erscheint, doch in 7 absolut sicheren Fällen ein *ey*.

Man wird nichts anderes annehmen können, als dass *ey* den Laut des sehr geschlossenen, dem deutschen Ohr vielleicht etwas fremd klingenden *ē* nachahmen sollte. Dass *i* dafür stehen konnte (auch im Auslaut *ape-apy*), begreift sich leichter.

7. Balt. *a*.

Es entspricht 1. idg. *a*, 2. idg. *o*. Es ist im Preuss. des Vok. auch meist durch *a* gegeben.

1. *artoys* 'Ackersmann'; *preartue* 'Reutel': lit. *árti* 'pflügen' gr. *ἀροῦν* lat. *arare*.

awis 'Oheim': lit. *avýnas* russ. *uj* aus **av-jos* lat. *avus* ags. *éam*.

assis 'Achse': lit. *aszìs* 'Achse' abg. *osь* lat. *axis* ai. *akša* gr. *ἄξων* ahd. *ahsa*.

ponasse 'Unterlippe': *nozy* 'Nase': hier scheint *ă* vorzuliegen wie in lit. *nasraĩ* neben *nósis*; ebenso *pomatre* 'Stiefmutter' *mothe* 'Mutter'.

2. *dagis* Sommer': lit. *dãgas* "Erntezeit', zu *dègti* 'brennen'.

dantis 'Zahn': lit. *dantìs* lat. *dens*.

dangus 'Himmel, Gaumen': lit. *dangùs* zu *deñgti* 'decken'.

dalptan 'Meissel': abg. *dlato* aus **dolptom*.

sari 'Glut': lit. *żarýjos* abg. *zorja*; *żerĕti* 'glühen'.

warsus 'Lippe': got. *vairilos*.

Und so liessen sich noch eine Menge Beispiele geben. Verhältnismässig sehr häufig tritt *o* für dieses *a* ein: und zwar ist sein Auftreten insofern an bestimmte Bedingungen geknüpft, als es bis auf einen Fall nur nach Gutt. und Labial erscheint, die ja, wie man sich aus dem Ench. erinnern wird, überhaupt einen ziemlich einschneidenden Einfluss auf den preussischen Vokalismus ausgeübt haben.

wobse Wespe': lit. *vapsà* ahd. *wafsa* abg. *vosa*.

wormyan 'rot': Gr. *warmun*; Cat. *urminan*.

tulawortes 'Manchuelt', *wortes* zu *verczù*, *vartýti*: 'mannigfach Gewundenes'.

wolti 'Ähre': lit. *váltis* 'Haferrispe' klr. *volot* 'Ähre', russ. dial. *volot'* 'das obere Ende einer Garbe mit den Ähren'.

smorde 'Faulbaum': russ. *smoroda*, *smorod* 'Johannisbeere', zu *smrъdĕti*, lit. *smirdĕti* 'stinken': vergl. lit. *smirdėlė* 'Zwergholunder'.

mosuco 'Wiesel': lit. *mażùkas* 'Weindrossel', zu *mãżas* 'klein'. — Nach Guttural: *scolwo* 'Span' lit. *skeliù* 'spalte'. *corto* 'Gehege': gr. κάρταλος lat. *crates* got. *haurd* ai. *káṭa* 'Geflecht'.

pocorto 'Schwelle', vielleicht dazu.

corbis 'Korb', deutsches Lehnwort.

gorme 'Hitze': gr. θερμός lat. *formus* ai. *gharmá*.

scordo 'Schwarte': abg. *skora* 'Rinde', russ. *skora* 'Rinde, Bast'.

Nur in *-sorx* in *apisorx* 'Eisvogel' neben *sarke* 'Elster' lit. *szárka* ist die obige Bedingung nicht erfüllt; *dongo* 'Refe' abg. *dąga* 'Boden, Bodenbrett im Fass' scheidet deshalb aus, weil es direkt aus dem poln. *dąga* entnommen sein kann.

In *doalgis* 'Sense' lit. *dalgis*,

droanse 'Snerker'?

moargis 'Morgen', deutsches Lehnwort.

mealde 'Blitz', abg. *mlъnija* „fulgur": preuss. **malde* oder **melde*? mag *oa* wieder eine Bezeichnung für den geschleiften Ton sein.

8. Balt. *ā*

1. = idg. *ā*, 2. = idg. *ō*. Im preuss. Katech. und Ench. *a*, nach Gutt. und Labial zu *ū*, im Vok. beide zu *ō*

1. *mothe* 'Mutter': Ench. *mūti* lit. *mótė* abg. *mati* lat. *māter*.

brote 'Bruder': lat. *frāter*, gr. *φράτωρ* Ench. *brāti*.

nozy 'Nase': lit. *nósis* lat. *nāsus*.

plonis 'Tenne': lit. *plónas* 'flach' lat. *plānus* 'eben'.

maysotan 'Gemengt': lit. *maĩszo-me*.

nagotis 'Erintopf': lit. **nagótas*.

mynsowe 'Schüssel' (zu *mynsis* 'Schmeer') wie lit. *rankóvė* 'Ärmel' zu *rankà* 'Hand'.

melcowe 'Mercline' zu got. *milhma* 'Wolke'.

posty 'Weide': abg. *pasti*, lat. *pascō* 'weide'.

Die fem. auf *-ā* im pr. auf *-o*: *udro* 'Otter' — lit. *údra* ai. *udrā́*, so konsequent.

2. *stogis* 'Dach': lit. *stógas* zu *stēgti*.

towis (Ench. *tāwas*): lit. *tė́was*; *patowelis* 'Stiefvater'.

sosto 'Bank' zu *sēsti*, lit. *sóstas* 'Sitz'.

kiosi 'Becher': abg. *čaša* aus **kēsa*.

schokis 'Gras': lit. *szẽkas* 'Heu'.

nognan 'Haut, Leder': lit. *nů́gas* 'nackt', idg. **nog-* **nōg-*.

smonenawins 'Mensch': wie Leskien Nom. 354 ausführt, zunächst von einem Stamme **zmōnen-* durch *-awa-* sl. *-ovo-* weitergebildet. Vergl. lit. *żmónes*, Ench. *smūni*, *smūnents*. Was das *-i-nas* betrifft, so ist dasselbe an *smonenawa-* angetreten wie an *smūnent-*: *smūnentinan*: es ist das lit. Amplifikativsuffix *-inas*, vergl. *výrinas* 'Mann' neben *výras*.

Was *smoy* 'Mann' betrifft, so ist seine Bildung rätselhaft: möglich, dass es so gar nicht richtig überliefert. Jedenfalls darf man es nicht mit lit. *żmů* vergleichen: eine Sondervertretung von lit. *ů* im preuss. gibt es nicht: vergl. *nognannů'gas*. Wer weiss, ob nicht *smoy* falsch für **smoa* (s. die folgenden) oder **smon* steht? Doch eine Entscheidung darüber ist nicht möglich.

In einer Reihe von Fällen begegnet man *oa* als Vertreter von balt. *ā*. Und zwar erscheint diese Lautgruppe in einer Anzahl Fälle, wo sich die lit.-lett. Parallele bietet, unter dem geschleiften Ton:

moazo 'Muhme': lit. *mõsza* 'des Mannes Schwester'.

ploaste ('lylach'): lit. *plõsztė* 'Umnehmelaken', abg. *plaštь* 'Mantel ohne Ärmel'.

soalis 'Kräuticht': lit. *žõlės*.

boadis 'Stich': zu *badýti* 'stechen', wie *žõdis* zu *žadėti*.

coaris 'Banse' zu *kárti* 'hängen', lit. **kõris*.

noatis 'Nessel': lett. *nātra* 'Nessel', lit. *noterẽ*.

loase 'Decke': lit. *lazaĩ* 'Deckstücke beim Strohdach'.

poalis 'Taube': gr. *πελειά* 'Taube'.

woapis 'Farbe': abg. *vapъ*.

doacke 'Star': ahd. *tāha* 'Dohle' lassen keine bestimmte Entscheidung zu.

woaltis: lit. *ů'lektis* hat gestossenen Ton: doch ist erstens die Bildung abweichend, zweitens kommt auch ein *ŭoltis* vor; *woasis* 'Esche', lit. *ů'sis* russ. *jasen'* aus **ēsenis* bleibt dann als die einzige Ausnahme übrig.

Jedenfalls sieht man aus dem Vok. ebenfalls wieder, dass man für einen dem lit. *ů* entsprechenden Laut keine Beispiele finden kann. Denn *woasis* geht auf **wōsis* zurück, wie *noatis* auf **nōtė* lit. *noterẽ*.

9. Diphthonge.

a) balt. *ei*

= idg. *ei̯*; lit.-lett. *ei*, *ė*. Im preuss. findet sich nur *ei*, von *ē* keine Spur.

deywis 'Gott': lit. *Dėvas* ai. *devá*.

deynayno 'Morgenstern', von *deyno* 'Tag': lit. *dėnà* Ench. *deinā*: gebildet mit Suff. *-aino-* vergl. *rudenainis* 'herbstlich', *dēvainis* 'simulacrum'.

weidulis 'Augapfel': lit. *veizdėti*; Nesselmann gibt *akẽs pavýdulis* an.

bucca-reisis 'Buchecker': lit. *rë̃szutas* lett. *rẽksts*. 'Haselnuss'.

geitye 'Brot, Ench. *geits*: abg. *žito* 'frumentum'.

peilis 'Messer' (auch in *kalopeilis* 'Hackmesser'): lit. *peĩlis* 'Messer'.

seydis 'Wand': abg. *zidati* „condere", serb. *zid* 'Mauer', lit. *žë̃sti* 'formen', lett. *ſist* 'einen Ofen mit Lehm verschmieren'.

Einen einfachen *i*-Laut findet man in *kylo* 'Bachstelze': lit. *kë́lė*, *lipe* 'Linde' lit. *lë́pa* lett. *lípa*. *sixdo* 'Sand': lit. *žë̃gzdros* 'Grand'.

Es ist wohl das Allerwahrscheinlichste, hier anzunehmen, dass *i* für das sehr eng gesprochene *ei* geschrieben worden ist. Ähnliches kam ja auch im Ench. vor. So hat man wohl auch *preartue* 'Reutel' als für **preiartue* und *semo* 'Winter' als für **seimo* lit. *žëmà* lett. *ſima* abg. *zima* gr. *χειμών* geschrieben zu betrachten. Was *seamis* 'Winterkorn', das doch wohl sicher dazu gehört (vergl. serb. *ozim* 'Wintergetreide' zu *zima*), mit seinem *ea* bedeutet, ist schwer zu sagen: dass *ea* für *ei* geschrieben werden konnte, ist doch wenig glaublich.

b) balt. *ai*

entspricht idg. *oi̯* und *ai̯*: lit. lett. *ai* und *ë*. Im Vok. *ai*.

snaygis 'Schnee': lit. *snẽgas* abg. *sněgъ* got. *snaiws*.

maysotan 'Gemengt': lit. *maiszýti*, idg. *moi̯k̑-*.

caymis 'Dorf': lit. *kẽmas* got. *haims*, idg. *quoi̯-mo-*.

aysmis 'Spiess': lit. *ë̃szmas* lett. *isms*, gr. *αἰχμή*.

saytan in *sargasaytan*: lit. *sẽtas* 'Strick', *pásaitis* 'verbindender Riemen', abg. *sětь*.

braydis 'Elch': lit. *brẽdis* lett. *bridis*.

slayx 'Regenwurm': lit. *slẽkas* lett. *sliks* 'zäher Schleim'.

playnis 'Stahl': lit. *plẽnas*.

laipto 'Pflugsterz': lit. *lẽptas* 'Steg'.

ayte-genis 'Kleinespecht', etwa lett. *áita* 'Schaf'?

arwaykis 'Füllen', *wayklis* 'Sohn': lit. *vaĩkas* 'Knabe, Sohn'; *vaikẽlis*.

Gutt. und Lab. machen wieder ihren verdumpfenden Einfluss geltend in:

caryawoytis 'Heerschau': eigentllich wohl 'Ansprache an das Heer', denn *woytis* stimmt zu Ench. *waitiāt* 'sprechen', abg. *veštati*, *věšte* „senatus".

coysnis 'Kamm', *coestue* 'Bürste'. Abg. *česati* 'kämmen', das oft verglichen wurde, ist fernzuhalten, denn es weist auf **kes-*, was sich mit **kais-* nicht vereinen lässt. Dazu gehört lit. *kasztùvas* 'Pferdestriegel'. Mit dem pr. Wort möchte ich lit. *kaiszu*, *kaiszti* 'schaben', *kaiszýti* 'mehrfach umherstecken' vergleichen.

caymoys 'Schulter': lett. *kamischi* 'Schultern', weist auf **kamais-*. Ob die erste Silbe von *caymoys* richtig überliefert ist? Man möchte dem lett. nach **cammoys* erwarten.

Rätselhaft ist mir das *oy* von *girnoywis* 'Handmühle'; nach abg. *žrъny*, got. *quairnus* sollte man etwas wie **girnūwis* erwarten.

In vier Worten hat *ai* eine ganz auffällige Vertretung durch *-oa-*:

roaban 'gestreift': lit. *raĩbas*.

moasis 'Gerste': lit. *mĕžiei*.

moasis 'Blasebalg': abg. *měchъ* 'Schlauch, Sack', ai. *mēṣa* 'Widder'. Ob lit. *máiszas* dazu gehört, ist fraglich. Kurschat gibt die doch etwas abliegende Bedeutung: „aus Schnüren gestricktes Heunetz'.

spoayno 'Gest': abg. *pěna* 'Schaum', ahd. *feim*, ai. *phēna*, lat. *spūma* aus **spoįmā*.

Eine ratio für dieses Auftreten lässt sich nicht finden. Es bleibt durchaus unersichtlich, warum es *caymis* — aber *roaban* heisst. Man wird sofort daran erinnert, dass auch in gewissen lit. Dialekten *å* für gestossenes *ái* erscheint: Bezzenberger BB, IX 282 ff. *dåkts* für *dáiktas*, *åszkų* für *áiszkų*, *kålis* 'Fell' für *káilis*; Bommelsvitte: *våks* 'Kind — *våikìns*. Da fragt es sich, ob nicht diese Formen auch im Preuss. etwa dialektische waren. Wir wissen ja leider über die Entstehung des Vok. gar nichts, es wäre ja nicht unmöglich, dass mehrere Dialekte hierin zusammengeflossen sind. So kämen vielleicht die 7 sehr auffälligen *ey* für *ē* auf Rechnung eines andern Dialekts. Doch das sind Vermutungen, die sich kaum wahrscheinlich machen, geschweige denn beweisen lassen.

c. baltisch *au*

entspricht idg. *eu̯ ou̯ au̯*. Im Voc. erscheint *au* in

plauti 'Lunge': lit. *plaũczei* abg. *pl'ušta*, gr. *πλεύμων*.

taukis 'Fett': an. *þioh* 'Schenkel'.

tauto 'Land': got. *þiuda*, osc. *tovto*.

lauxnos 'Gestirne': av. *raoxšna-* 'glänzend', alat. *losna* 'Mond' aus **lou̯csnā*.

tauris 'Wesant': an. *þió'rr* 'Stier', lat. *taurus*.

Ganz eigentümlich mit ihrem *eu* sind:

keuto 'Haut': lat. *cutis*, lit. *kiautaĩ* 'Getreideschalen von Roggen, Weizen' (dazu *keutaris* 'Ringeltaube')?

peuse 'Fichte': gr. *πευκη*.

skewre 'Sau' (Grunau: *skawra*): Etymologie dunkel.

geauris 'Wasserrabe': lett. *gaura* 'Gänsesägentaucher' ist noch einfach zu erklären: *e* kann Erweichung oder schleifenden Ton ausdrücken.

Für *peuse*, *keuto* vermutet Burda eine „Erweichung" aus *iau* Für das letztere Wort ist solche wegen lit. *kiautaĩ* denkbar, aber bei *peuse* hat man dafür keinen Anhalt. Ausserdem bemerkt Burda selbst, dass lit. *kiáune* 'Marder' preuss. *kaune* heisst. Dieser Vorgang erinnert ganz an *neuwenen* und *krœuwiey* in II. War auch dieser Vorgang ein dialektischer?

KONSONANTISMUS.

Von einer umfassenden Vergleichung der Konsonanten des Vok. mit denen der anderen Sprachen kann hier füglich abgesehen werden. Nur einige Punkte bedürfen der Besprechung.

I. Gemination.

Nach kurzem Vokal wird wie im Ench. und den Kat. Geminata geschrieben.

keckers 'Erbse', *buttan* 'Haus', *suppis* 'Damm', *meddo* 'Honig', *lubbo* 'Brett', *genno* 'Weib', *pellekis* 'Giebel'.

Doch auch nicht konsequent, denn *bucca* hat neben sich *buca*; *keckers* — *kekers*, *panno* — *panu*.

Pauli handelt hierüber VI 439/442 ganz ausführlich und führt alle Beispiele auf. Ich bemerke dazu nur, dass *lubbo* 'Brett' neben *tubo* 'Filz' keine Inkonsequenz ist, denn ersteres ist lit. *lùbos* 'bretterne Stubendecke', letzteres lit. *tūbà* mit *ū*.

II. Tenuis und Media.

Es scheint fast so, als ob der Aufzeichner des Vokabulars auf diesem Gebiet nicht ganz sattelfest war, es finden sich nämlich eine ganze Reihe von Verstössen.

agnis 'Auge': lit. *akìs* Ench. *ackis*.

girmis 'Made': lit. *kirmis*, *kirmėlė*.

sagnis 'Wurzel': lit. *szaknìs*.

laygnan 'Wange': ir. *lecco* „cheek".

jagno 'Leber': lit. *jèknos* lett. *aknis*.

siraplis 'Silber': Ench. *sirablan*, lit. *sidābras*.

mandiwelis 'Quirl': zu *mętą*, lit. *mentùre*.

gremsle 'Knorpel': lit. *kremslė*.

siduko 'Siebtopf' neben lit. *sëtas* 'Sieb' darf man ihm nicht ohne weiteres als Fehler anrechnen, denn wie Leskien, Nom. 520 bemerkt, könne man zu *si-* 'sieben' (*sijóti*) eine Iterativbildung mit *d* denken, von der das Wort herkäme.

Von den Beispielen, die Pauli aufführt, sind zu streichen *stibinis*, das zu lett. *stibines* gehört, nicht zu *slipinas*, und auch *grosis*, das ich zu abg. *gradъ* 'Hagel', aus **grād-sis* entstanden, stellen und von *kruszà* trennen möchte.

cruwis 'Fall' hat das Vok. mit dem Ench. gemeinsam (*krūt* 'fallen'): vergl. pg. 167.

III. *j*.

jusc 'Juche' hat *j* im Anlaut, wo *juryay*, *jagnos* durch Verschreibung *l* zeigen.

Im Inlaut wird *j* durch *i* oder *y* ausgedrückt: *wayos*: lit. *vejà*, *piuclan* — lit. *piáuti* 'schneiden', *garian* 'Baum': lit. *gìria*.

Bisweilen steht *g*: *saligan* 'grün', lit. *żãlias*, *wargien* 'Kupfer': lit. *vãrias*, *kragis* 'Heer' — lit. *kãrias*, pr. *carya*; *kugis* kommt im lit. selbst als *kújis* und *kúgis* vor.

In *medies* 'Jäger' (alit. *medijas*), *tisties* 'Schwager', *artoys* 'Pflüger': lit. *artójis*, *kalabian* 'Schwert', lit. *kalavìjas*, ist *j* gar nicht ausgedrückt.

IV. *dl* und *tl*.

Für *dl* nur *addle* 'Tanne': poln. *jodła* lit. *ẽglė*.

Während *dl* geblieben ist, ist *tl* deutlich zu *cl* geworden: *stacle*, *piuclan*, *kraclan*, *aclo-* für *auklo*: *spertlan* kann ein Fehler sein, wenn man die Schreibungen *yttroy* für **yccroy*, lett. *ikri*, *staydy* für *scaydy*, *preitalis* für *preicalis* beachtet.

Demnach scheinen auch hierin Ench. und Voc. dialektisch zu differieren: im Ench. war *tl* geblieben: (*-sentlīuns*.)

V. Nasale.

Dieselben sind wie im Ench. vor Sibilanten gewahrt: *ansis* 'Haken': lit. *ąsà*, *sansy* 'Gans': lit. *żąsìs*; *menso* 'Fleisch': abg. *męso*, *ratinsis* 'Kette': abg. *retęzь*, *wanso* 'Bart': abg. *vąso*.

VI. Vorschlag von *w*.

Nicht nur *u*, sondern auch *ō* erhält einen *w*-Vorschlag.

woble 'Apfel': lit. *obůlỹs*, *wobalne* 'Apfelbaum': lit. *obelìs*

wobzdus 'Dachs': lit. *obszrùs*; *wosee* *wosistian* *wosux* 'Ziege, Zicklein, Bock': lit. *ożỹs*, *ożiùkas*.

woasis lit. *ů'sis*; *woaltis*, *woltis*: lit. *ů'lektis*.

wobilis 'Klee' neben lett. *ābuls* lit. *dóbilas*.

Pott macht KSB VI 118 darauf aufmerksam, dass lett. *ābuls* für altes *dābuls* (Stender lett. Wb. 'obsolet') durch Anlehnung an *ābuls* 'Apfel' zu stande gekommen sei, an welche Früchte die runden roten Kleeköpfe erinnerten. Wenn dem so ist, so würde auch das *w* von *wobilis* durch Anlehnung an *woble* erklärbar.

VII. Zischlaute.

idg. *k̑*, *g̑*, *g̑h* werden zu *s*, *z*; beide durch *s* (dafür auch *z*) wie das alte idg. *s* bezeichnet.

saule 'Sonne': lit. *sáulė*, *gislo* 'Ader': lit. *gýsla*.

brisgelan 'Zaum': lit. *brìzgelas*; *nozy* 'Nase': lit. *nósis* (wie in *welz* für *wels*).

s = idg. *k̑* in:

sunis: lit. *szů̃*, *szuñs*; gr. κυν-ός.

assis 'Achse': lit. *aszìs* lat. *axis*.

reisis 'Nuss': lit. *rë́szutas*.

s = idg. *ĝ*, *ĝh* in:

same: lit. *žẽmė*.

sansy: lit. *žąsìs* ahd. *gans*.

soalis 'Kräuticht': lit. *žolẽ* W. *ĝhel-* u. s. w.

sch liegt in *schumeno* 'Draht', *schutuan* 'Zwirn', *schuwikis* 'Schuhmacher' vor: lit. *siúti* 'nähen', also scheint *si̯* hier zu *š* geworden zu sein.

Wie in *schokis* 'Gras' lit. *szẽkas*, das *sch* entstanden, ist nicht recht klar. Vielleicht lag **siokas* neben *szẽkas*, wie *kiosi* neben **kēša-* *čaša*; und *schokis* entstand aus **si̯ōkis*?

In *culczi* 'Hüfte', ebenso wie in *stakamecczeris* 'Stechmesser' bedeutet *cz* (lit. *kùlszis*) wohl nur scharfes *s* (vergl. *kaltza* Ench.). In dem Lehnwort *karczemo* 'Krug' kann es wie in *czisix* 'Zeisig' unser *z* bedeuten.

VIII. Wechsel von *ks* und *s*.

Durch die baltischen Sprachen geht ein Wechsel zwischen

gž(*z*) — *ž*(*z*)

ksz(*ks*) — *sz*(*s*)

der Art, dass die eine Sprache in demselben Wort *ks* hat, wo die andere *s*, und so entsprechend *gz* — *z*. Es fehlt darüber noch an Untersuchungen.

So lit. *lìzdas* le. *ligzds*.

„ *rë́szutas* le. *rìksts*.

„ *žẽgždras* neben *žẽždras*.

So im preuss.

klexto, *auklextes* 'Kehrwisch', Oberkehr': lit. *klastýti* 'kehren', *nů́klastos*.

plauxdine 'Federbett': lit. *plaužd̀inis*.

kexti 'Zopfhaar', wenn zu *kasà* 'Flechte'.

laxde 'Hasel': lett. *lag/da*: lit. *lazdà*.
plinxne 'Flinse' — dial. *plinse*.
Umgekehrt:
ausis lit. *áuksas* 'Gold'.
instixs . le. *īkstis* 'Daumen'.
riste lit. *rýksztė* 'Rute'.
pirsten le. *pirksts* lit. *pìrsztas*.
plasmeno lett. *pleksne* 'Rist'.

IX. Liquidametathese.

Den Beschluss bilde der Hinweis darauf, dass die Verbindungen Vok. +*l*, *r* bisweilen — wieder ohne ersichtlichen Grund — Metathese erleiden.

glawo 'Kopf', *galwo* 'Vorschuh': lit. *galvà*, *pergalwis* 'Genick'.
kragis 'Heer': *caryago*, *caryawoytis*.
prastian 'Ferkel': lit. *par̃szas*.
grabis 'Berg': in Ortsnamen sonst *garbs*.
pirsten 'Finger': *nagepristis* 'Zeh': lit. *pìrsztas*.

Man kann für das Lit. nur auf Lehnwörter verweisen, die bisweilen gleiche Umstellung erleiden (Brückner, Litsl. St. I 61): *tramýna* 'Termin', *skrobiti* — *skorbiti* 'Wäsche stärken', *šlémas* und *szelmas* 'Schlamm'.

FORMENLEHRE

wenn man mit diesem Namen die Betrachtung der an Auswahl nicht gerade reichen Kasusformen belegen darf, die ein Vok. darbieten kann.

I. Die msc. *o*-Stämme lauten im Vok. zum überwiegenden Teil auf *-is* aus:

snaygis 'Schnee': lit. *snẽgas* lett. *snigs* abg. *sněgъ*.
wilkis 'Wolf': lit. *wil̃kas* lett. *wilks*.
deywis 'Gott': lit. *Dẽvas* lett. *Dëws*.

Es brauchen natürlich hier nicht alle aufgeführt zu werden: vergl. Pauli KSB VII 183 ff., wo dies mit peinlicher Genauigkeit geschehen ist.

Es ist klar, dass dieses *-is* eine Mittelstufe zwischen *-as* und gänzlichem Schwinden des Vokals bedeutet. Solche Mittelstufen kommen auch in lit. Dialekten vor. Vergl. Schleicher, Donaleitis 335, wo er nach Baranovskis Angaben über dessen Mundart (von Anykszczei) berichtet: „Während im preuss.-litau. das *a* der Endung des *-as* der nom. Sg. der männlichen *-a*-St. in der gewöhnlichen Sprache stets schwindet oder voll als reines *a* ausgesprochen wird, findet hier weder das eine noch das andere statt. Es wird vielmehr überall für dies *a* ein dunkler Halbvokal gesprochen, das bulg. *ъ*: man spricht *pónъs vilkъs*". Das *i* muss schon ziemlich reduziert gewesen sein, da es z. B. mit blossem *-s* wechselt in *miskils* und *miskilis* 'Schiene' und eine ganze Reihe von Worten auch ohne das *i* erscheint:

cawx 'Teufel' lit. *kaũkas*, *slayx* 'Regenwurm' lit. *slëkas*, *wosux* 'Ziegenbock' lit. *ożiùkas*, *kuliks* 'Beutel' lit. *kulìkas*, *catils* 'Kessel', lit. *kãtilas*, *gertoanax* 'Hühnerhabicht', *pyculs* 'Hölle', *caymoys* 'Achsel' für **kamoysis*. In *sperglawanag* 'Sperber'. fehlt eine Endung ganz. Die Ligatur für *-is* ist hier jedenfalls weggefallen.

II. Die nicht ablautenden *-i̯o*-Stämme:

medies 'Jäger': Mielcke, Deutsch-lit. Wb. *medìjas*, *tisties* 'Schwager' abg. *tьstь* scheint auch von dieser Art zu sein.

esketres 'Stör' kann auch hierher gehören. Vergl. lit. *erszkëtris* neben *erszkëtras* 'Stör, Walfisch'.

III. Die mit *i* ablautenden *-i̯o*-St.

Sie sind recht zahlreich, vergl. Pauli § 207 bis 217.

doalgis 'Sense': lit. *dalgis, io.*

kirtis 'Hieb': lit. *kirtis, kirczio.*

wessis 'Schlitten': lit. *vãżis, io.*

braydis 'Elentier': lit. *brëdis.*

artoys 'Pflüger': lit. *artójis.*

Ob auch Worte wie lit. *-ỹs, -io* im Preuss. vorhanden waren, lässt sich deshalb schwer entscheiden, weil *i* und *ī* in der Schreibung nicht geschieden wird. Solche wären etwa:

cuilis 'Eber' — lit. *kuilỹs.*

kadegis 'Wachholder' — lit. *kadagỹs.*

assegis 'Bars' — lit. *ežegỹs.*
sirsilis 'Hornisse' — lit. *szirszlỹs.*
clokis 'Bär': lit. *lokỹs.*
rikis 'Herr' Ench. *rikỹs.*
Vielleicht ermöglicht *gewineis* 'Arbeiter', wenn aus **gewinỹs*, die Entscheidung zu Gunsten von *-ys*. *gewineis* wie *seweinis* für **siwinas.*

IV. *i*-Stämme (Pauli § 217—223).

Sie gehen ebenfalls auf *-is* aus und sind natürlich auch nur mit Hilfe der verwandten Sprachen zu ermitteln.
angis 'Schlange': lit. *angìs, angẽs.*
antis 'Ente': lit. *ántis, ántës.*
assis 'Achse': lit. *aszìs* lat. *axis.*
anglis 'Kohle': lit. *anglìs, anglẽs.*
dantis 'Zahn': lit. *dantìs, dantẽs.*

V. *u*-Stämme (Pauli § 173—176).

Die msc. *u*-St. lauten auf *-us* aus: es gibt ihrer eine ganze Reihe:
raugus 'Lab': lit. *ráugus.*
dangus 'Himmel': lit. *dangùs.*
bebrus 'Bieber': lit. *bẽbrus.*
wobzdus 'Dachs': lit. *obszrùs.*
skerptus 'Rüster': lit. *skirpstus.*
bucus, *kalmus*, *abazus* weichen gegenüber lit. *bũkas, kélmas, ãbażas* ab; *winsus* 'Hals', *wangus* 'Paradies' haben nichts direkt Vergleichbares.

Neutrale *u*-St. sind jedenfalls: *alu* 'Met', ags. *ealu*, an. *ǫl*, lit. *alùs*; *panu-staclan* 'Feuerstein', *panu* zu got. *fōn* 'Feuer'. Daneben *panno* 'Feuer'; das zeigt, dass jedenfalls auch *aglo* 'Regen': gr. *'αχλύς*, *meddo* 'Honig': ai. *mádhu* solche Neutra auf *u* sein werden. Für *dolu* 'Galle' fehlt eine Parallele.

VI. Die Kons. Stämme.

semen 'Same': lat. *sēmen* gr. *ἧμα*, lit. *sẽmen-ys* 'die Saaten'.

dadan 'Milch': ai. *dadhi* 'geronnene Milch'.

seyr 'Herz': gr. *κῆρ* aus **κηρδ-*.

smoy 'Mensch': lit. *žmů*: doch was bedeutet das *oy*?

Nicht sicher ist man bei *mothe* 'Mutter': vergl. Ench. *mūti*. Doch da *brote* 'Bruder' wohl noch ein **brotē* sein muss, so kann auch *mothe* seine alte Flexion gewahrt haben.

Unsicher ist, ob *wundan* 'Wasser': lit. *vandů* und *pirsten* 'Finger' konsonantische Stämme sind.

menig 'Mond' (so ist deutlich zu lesen) ist vollends ganz unklar. Vermutungen, wie es lauten würde, könnte man ja viele aufstellen: doch keine hätte die geringste Gewähr für Richtigkeit. Jedenfalls kommt man mit *menius*, das Nesselmann Thes. 103 vorgeschlagen hat, auch nicht weiter. Pauli schlägt *meniz* vor.

irmo stimmt zu abg. *ramę*. Es könnte also immerhin eine Bildung wie lit. *akmů* sein.

VII. Die *ā*-Stämme (Pauli § 131—138).

Sie enden durchweg auf *o*:

mergo 'Magd' lit. *mergà*.

menso 'Fleisch': lit. *mėsà*.

udro 'Otter': lit. *údra*.

glawo 'Kopf' lit. *galvà*.

genno 'Weib' russ. *žená*.

Abweichungen gegen das Lit. kommen vor: z. B. *sosto* 'Bank' lit. *sóstas* 'Sitz', *crauyo* 'Blut' (Ench. *krawia*): lit. *kraũjas* u. a.

Über *rapa* 'Engel', das — wäre es ein fem. mit seinem *a* — einzig dastünde, weiss ich nichts zu sagen. Weder ist Piersons Vermutung (der „eugel" (Kröte) für „engel" verlesen sein lässt und das Wort zu *ropùžė* stellt) im geringsten wahrscheinlich, noch auch Bezzenbergers scharfsinnige Etymologie, der es zu *rīpt* 'folgen' stellt, es also als „Folgegeist" an. *fylgja* fasst, dazu angethan, unbedingten Glauben zu finden.

Was das *o* selbst betrifft, so halte ich es für den direkten Nachkommen von idg. *ā*: die Länge ist bewahrt, wie auch noch in vielen Fällen im Ench.: *tennā mensā*

Crixtisnā etwerpsnā; *gallū* u. a. (entgegen Pauli § 80); die Gründe folgen unten).

VIII. Die *ịē*-Stämme.

Sie sind in grosser Menge vorhanden (§ 147—166). Die gewöhnliche Endung ist *e*:

lape 'Fuchs' — lit. *lãpė*.
kurpe 'Schuh' — lit. *kùrpė*.
bitte 'Biene' — lit. *bitė̃*.
same 'Erde' — lit. *žẽmė*.

Auch Fälle wie *lipe* 'Linde': lit. *lëpa*, *nage* 'Fuss' abg. *noga*, *laxde* 'Hasel' lit. *lazdà*, *warne* 'Krähe' lit. *warna*, *wobse* neben *vapsà* 'Wespe' scheint Pauli mit Recht hierher zu rechnen. Solcher Wechsel der *ā*- und *ē*-Stämme ist namentlich im Lettischen in grosser Ausdehnung zu beobachten.

Nicht selten findet sich *i*, *y* für dieses *ė*: so in *asy* 'Rain' lit. *ežė̃*, *culczi* lit. *kùlszė*, *pelki* lit. *pélkė* 'Bruch', *mary* lit. *mãrės* 'Haff', *dusi* 'Seele' lit. *dúszė* und *duszià*, *crausy* lit. *kráuszis* 'Birne'; *wolti*, lit. *váltis* 'Ähre', *nozy* lit. *nósis* 'Nase', *sansy* lit. *żąsìs* 'Gans', *kiosi* russ. *čáša* 'Becher'.

arelie 'Adler' und *geytie* 'Brot' hält Pauli für fem. auf *ịā* (168), indem *j* bereits assimilierend auf das *ā* eingewirkt und den Übergang in *o* verhindert habe. Dem widersprechen aber die beiden neutra plur. *slayo* 'Schlitten', *suiristio* 'Molken' (so möchte ich doch fast mit Schmidt und Burda wegen abg. *syrište* lesen. Es gibt zwar ein lit. *sutìrsztinti* 'dickflüssig machen', und selbst die Metathese wäre bei dem Vorhandensein von *pristis* neben *pirsten* nicht auffällig: doch findet sich sonst das *su*- nicht): hier ist *ō* nach *j* geblieben, also hätte man **arelio*, *geytyo* zu erwarten. Daher möchte ich mit Nesselmann Verschreibung für das Wahrscheinlichste halten: *arelis* wäre dann gleich lit. *erẽlis*, und *geytis* deckte sich mit Ench. *geits*, acc. *geitin*.

IX. Die Neutra auf *-an*.

Es ist Burdas Verdienst, zuerst (KSB 6, 403 ff.) gegen Nesselmanns bedenkliche Ansicht über die Formen auf *-an* im Vokabular (Vok. pg. 7: die Sprachverderbung hätte sich hier bereits soweit ausgedehnt, dass der acc. für den nom.

eintreten konnte!) darauf aufmerksam gemacht zu haben, dass in diesen preuss. Formen auf *-an* Neutra auf idg. *-om* stecken, wie die verwandten Sprachen ausweisen:

assaran 'See': abg. *jezero.*
pedan 'Pflugschar': gr. *πηδόν* 'Ruderschaufel'.
creslan 'Lehnstuhl': abg. *krěslo.*
kelan 'Rad': russ. *kolo.*
prassan 'Hirse': abg. *proso.*
mestan 'Stadt': abg. *mesto.*
lunkan 'Bast': abg. *lyko.*
dalptan 'Meissel': abg. *dlato.*

Das Suffix *-tan* abg. *-to* erkennt er noch in *-maltan* 'Malz' *č. mláto, meltan* 'Mehl', *spaustan* 'Wehr'. Ebenso *-tuan*, abg. *-tvo* in *schutuan* 'Zwirn'. Ebenso könnte man *witwan* 'Weide' (neben *witwo*) auffassen: ja, vielleicht ist *-witwo* in *apewitwo* „Strauchweide" der Pl. gegen *witwan*, dem einzelnen Weidenbaum.

Auch *maldian* 'Füllen', *eristian*, *wosistian* u. d. übrigen Tierjungen erkennt er für Neutra; nicht auffällig sind die neutralen Adjektive: *wormyan, saligan* u. s. w. als Farbennamen, wie z. B. Ench. *labban.*

Auch *samyen* 'Acker', *swetan* 'Welt', *kaulan* 'Stengel' wird man, obwohl neutrale Entsprechungen fehlen, ruhig für Neutr. halten dürfen.

So findet sich, wie auch bei einem Vok. zu erwarten, kein Akkusativ: bis auf *agins* 'Auge' und *ausins* 'Ohr', die als acc. pl. daher um so auffälliger erscheinen. Wie kommt der Übersetzer hier zum Acc. plur.? Da möchte ich zunächst darauf aufmerksam machen, dass im Vok. deutlich *ausnis* zu lesen ist. Bezzenberger bemerkt a. a. O. 1237: „Das *i*-Häkchen steht allerdings über dem dem schliessenden *s* unmittelbar vorhergehenden Strich, ist aber mehrfach falsch gesetzt". Vielleicht ist die Lesart *ausnis* doch beizubehalten und auch *agnis* 'Auge' zu ändern (*gn* für *kn* wie in *lagno laygnan sagnis*). Dann könnten in diesen Formen Bildungen von hoher Altertümlichkeit vorliegen. Joh. Schmidt macht (Neutra 109) darauf aufmerksam, dass die ursprünglich einsilbigen neutralen Stämme **aus-* 'Ohr, *ōk- ok-* 'Auge' in den Obliquen teils den einfachen Stamm, teils eine nasale Erweiterung desselben zeigen: wie z. B. ai. *ās* lat. *ōs* ai. gen. *āsnás* neben *āsás* lag, so got. *ausins* zu gr. *οὔατος*, *augins* ai. *akṣṇás*: auf dieser nasalen Erweiterung nun könnten die preuss. Formen *ausnis* und *aknis* beruhen. Die Formen *akis* *ausis* sind dann, wie Schmidt will, aus den Dualformen ohne *n*-Erweiterung abg. *oči uši* hervorgegangen. Im Ench. steht zwar schon wie im lit. *akis* (*ackis*, acc. *ackins*), doch ist das doch auch viel jünger. Und es wäre ja möglich, dass noch Formen ohne *n* (z. B. der Dual *aki*) daneben existierten, die dann schliesslich den Sieg davon trugen.

Plural.

Von den *o*-St. kommt er nur selten vor:

broakay 'Kniehosen', *strannay* 'Lenden' (lit. *strėnos*); *oy* steht in *clattoy* 'Kletten', *yccroy* 'Waden': auch sonst begegnet man ja *oy* für *ai*.

Ein Plur. der -*i̯o*-St. liegt in *juriay* 'Meer' vor (lit. *júrės*): *peadey* 'Socken' (Pauli § 170) ist ungewiss, da nichts Verwandtes zu vergleichen möglich; *i* für *ei* in *plauti* 'Lungen': lit. *plaũczei*, *garkity* 'Senf', lit. *garstýczei* ist nicht auffällig.

Ein Pl. der *i*-St. mag in *dauris* 'Thor' gegenüber *dùrys* lit. vorliegen.

Die fem. *ā*-Stämme haben -*os* für altes idg. -*ās*: keine Spur der im Ench. stattgehabten Neubildung nach den msc. ist hier zu finden.

wayos Wiesen' lit. *vejōs*.
brunyos 'Harnisch' lett. *brun'as*.
lauxnos 'Gestirne' av. *raoxšna-* lat. *losna*.

und zahlreiche andere (Pauli § 180 185).

Für *apus* 'Born', *salus* 'Regenbach', *auwerus* 'Sinter', *scrundus* (neben *scrundos*) 'Schere' nimmt Pauli auch -*os* an, für das hier *u* geschrieben sei. Der Bedeutung nach ist, ausser etwa bei *scrundus*, kein zwingender Grund dafür vorhanden. Es können sehr wohl *u*-St. sein, die ja im Vok. noch ziemlich reichhaltig vertreten sind. Ausserdem haben wir kein Beispiel, in dem *u* für *ō* erscheint ausser eben diesen. Wohl aber erscheint *o* für *ŭ*: vergl. namentlich *meddo*, *panno* neben *panu*: da liegt es doch wohl näher *scrundos* für *scrundus* geschrieben anzusehen.

Die -*i̯ē*-St. haben -*es*: *raples* 'Zange' lit. *rẽplės*, *aketes* 'Egge' lit. *akė́tės*; *peles* 'Mus' — *pẽlė́s* u. a.

Plurale von Neutren auf -*an* liegen vor in: *slayo* 'Schlitten' neben *slayan* 'Schlittenkufe', *warto* 'Thür' (vergl. abg. *vrata*), vielleicht in *apewitwo* neben *witwan* und *lauxto* 'Fenster' neben *perstlanstan* 'Fensterflügel'; *suiristio* neben abg. *syrište* 'Molken'.

BETONUNG.

Pauli handelt darüber § 76—86. 88. 124. Er kommt zu dem Resultat, dass das „Pomesanische“, wie er den Dialekt des Vok. nennt, die Betonung auf der Stammsilbe durchgeführt habe.

Seine Gründe sind die folgenden:

1. Der Schreiber gebraucht im Deutschen die Geminata nach kurzem Vokal in der Wurzelsilbe. Da die Geminata im pomesan. auch nur in Wurzelsilben nach kurzem Vokal stünde, so sei auch hier dieselbe stets betont gewesen.

2. Das -*as* der msc. *o*-St. erleide stets Schwächung zu -*is*; ebenso das *ā* der fem. zu *o*, das *ē* der -*i̯ē*-St. oftmals zu *i*.

Sie sind beide nicht stichhaltig.

In der Gemination ist der Schreiber, wie Pauli selbst bemerkt, nicht konsequent. *buccareisis* neben *bukawarne*, *keckers* — *lituckekers*, *panno* neben *panu*. Für Pauli kämen in Betracht *bitte* — *bitẽ*, *katto* — *katẽ*, *pettis* — *petìs*, *attols* — *atólas*, *lubbo* — *lubà*.

Aber gegen ihn sprechen wiederum: *same* — Ench. *semmē*, *stubo* — *stubà*, *geguse* — *gegužẽ*, *alu* — lit. *alùs*, *asy* — lit. *ežẽ*; *medione* — lit. *medžiónė*. Da könnte man sagen: das Unterbleiben der Gemination zeigt, dass hier wie im lit. nicht Betonung der ersten Silbe stattfand; *pelanne* lit. *pelẽnė* führt Pauli selbst an. Auf die Gemination ist also nicht zu bauen; Pauli legt auch selbst mehr Gewicht auf den zweiten Punkt.

Dass das *-as* stets zu *-is* geschwächt ist, beweist nichts: endbetonte *-o*-St. gibt es im Litauischen auch nicht mehr.

Das Femininum hat nach Pauli eine Schwächung seines *ā* zu *o* erlitten. Er beweist dies durch Berufung auf Komposita:

Wie *maluna-stabis* zu *malunis* ist *crauyawirps* von *crauyo* gebildet:l it. *naujavedis* 'Neuvermählter' und *galvażudys* 'Mörder'.

Neben *dagagaydis* stehe *dagoaugis* zu *dagis* 'Sommer'. So erscheine auch *gertoanax* zu *gerto* 'Huhn'. *o* sei also auch hier verdumpftes *a*.

Ich vermag nicht einzusehen, dass das ein Beweis für Paulis Ansicht ist. Ebenso wenig, wie ich das *o* von *-wortes, wolti, wohse* (s. 253) für dasselbe halte wie in *mothe, brote*; wie ich *i* in *stibinis* (lett. *stibines*) nicht für dasselbe halte wie in *witwan* und *u* in *sunis* für dasselbe wie in *schutuan*, ebenso wenig brauche ich das *o* in *dago-augis* für dasselbe wie in *genno* zu halten. *dago-augis* kann wohl *o* für *a* haben (Guttural geht vorher!); für *gertoanax* ist das nicht einmal nötig anzunehmen, da es eine Bildung wie lit. *sziksznósparnis* 'Lederflügler', d. i. 'Fledermaus' sein kann. Und wenn ferner *o* für *a* stünde, so wäre doch die Konsequenz, mit der es in den fem. Ausgängen erscheint, geradezu verblüffend. Warum findet man n i e *a* wie in den Kompositen (*dagagaydis* neben *dagoaugis*)? Daher bleibe ich bei der Ansicht, dass das *o* der Endung der fem. ebenso wie in den Stammsilben (*mothe, brote*) direkt idg. *ā* vertritt.

Endlich der letzte Punkt: die Verdumpfung von *ē* zu *i, y*. Die Feminina auf *e* erscheinen in der grossen Mehrzahl der Fälle mit *e*, daneben mit *i*; in der Komposition wechselt *e* mit *i*, also: *ape-witwo* neben *ape*, aber *api-sorx*, *lape* aber *lapiwarto*, *wosee* aber *wosigrabis*, *possisawaite* lit. *pùsė*; auch umgekehrt *nozy* aber *nose-proly*. Kein *i* in *pelemaygis* neben *pele*, *nagepristis* neben *nage*, *pette-gislo* neben *pette*. In einzelnen Worten erscheint *i*: in *pelki* lit. *pélkė*, *asy* lit. *eżě*, *culczi* lit. *kùlszė*, *dusi* lit. *duszià*, *mary* lit. *mãrės*, *kiosi* russ. *čáša*, *wolti* lit. *wáltis*, *nozy* lit. *nósis*, *sansy* lit. *żąsis*. *crausy* lit. *kráuszis* (*kexti*, *soanxti*, *ludini* ohne genaue Entsprechung). Gesetzt immerhin *i* trete als Schwächung von *e* auf (was ja dann ganz sporadisch geschähe), so würde Pauli doch nur *asy* lit. *eżě* zu seinen Gunsten anführen dürfen, denn sonst liegt der Ton ja auch bei allen im lit. auf der Stammsilbe. Und auf das Zeugnis eines einzelnen Worts darf man nichts geben, Abweichungen in der Betonung kommen ja häufig genug vor (vergl. gerade bei dieser Wortklasse: lit. *żemė* — pr. *semmē*; *duktě* aber *duckti*). Ausserdem fehlte gerade bei diesem Wort eines der Paulischen Kriterien: warum steht nicht **assy* mit Geminata wie *assaran* lit. *ẽżeras*?

Man beachte ausserdem, dass in *riclis*, *lisytyos*, *slidenikis* *i* deutlich für *ē* steht, dass *ey* auch vielleicht (7 mal auftretend) eine *i*-Ähnlichkeit des *ē* bekundet, und man wird auch dem Auftreten von *i* für *e* in Endsilben die Beweiskraft für Stammsilbenbetonung absprechen müssen.

Überhaupt kann ich nichts im Vok. entdecken, was für eine solche spräche; anderseits aber auch nichts, was dawider wäre. Wahrscheinlich nur ist es, dass auch im Vok. der freie Hochton bestand, da er im Ench. deutlich vorhanden war. Wenn dieses ihn noch, obwohl die Preussen dort rings von Deutschen umgeben und schon auf ein Minimum reduziert waren, bewahrt hat, wie viel mehr sollte man das von dem Vokabular erwarten, dessen uns vorliegende Handschrift allein wohl z w e i Jahrhunderte jünger ist als die Aufzeichnung des Ench. und das vielleicht in seiner schriftlichen Fixierung bis in die Zeiten reicht, da der Orden eben das Land betreten hatte (vergl. Bezzenberger GGA 1879, 644 Anm., der das Vok., leider ohne bisher genaueres darüber veröffentlicht zu haben, ins 13. Jahrhundert setzt)?

Zum Schluss folge noch eine Vergleichung der Dialekte des Vok. und des Ench. Die wichtigsten Unterschiede sind:

A. lautliche:

1. Balt. *ā* erscheint im Ench. als *ā* (ausser nach Gutt. und Lab.) im Vok. als *o*, das, wenn schleifend betont, *oa* geschrieben wird.

2. Von *ā* nach Gutt. und Lab. für diesen Laut findet sich keine Spur im Vok.

3. Ebensowenig lässt sich daselbst das Gesetz, dass gestossenes *ē ī* wird, geschleift betontes erhalten bleibt, konstatieren.

4. Dem Ench. und II (I hat einmal *wuschts*) ist der Vorschlag von *w* vor *o*- und *u*-Vokalen fremd, während er im Vok. durchgehends eintritt.

5. Das *-as* der msc. *a*-St. erscheint im Vok. zu *is* reduziert, während es im Ench. teils als *-as* erhalten ist, gewöhnlich aber das *a* verloren hat.

B. formelle.

1. Der alte Plural der *ā*- und *ē*-St. auf *-ās* und *-ēs* ist im Vok. (*-os* und *-es*) voll gewahrt, während im Ench. Umbildung nach den *o*-St. eingetreten ist.

2. Konsonantische Stämme wie *semen welgen pirsten*; *irmo*, *seyr* sind im Voc. erhalten; ebenso auch *brote*. Im Ench. ist in *smunents*, *emmens*, *kērmens* Neubildung eingetreten; *seyr* hat *sīras* gen., *sīran* acc., setzt also einen nom. **sīrs* voraus.

ANHANG.

DAS PREUSSISCHE VOKABULAR DES GRUNAU.

In den Jahren 1517 bis 1526 schrieb der Dominikanermönch aus Tolkemit Simon Grunau seine „Chronika und beschreibung allerlüstlichenn, nützlichsten und waren historien des namkundigen landes zu Prewssen“, woselbst er im dritten Traktat, 2. Kap. § 2 ein kurzes altpreussisches Wörterverzeichnis von 100 Vokabeln gibt. Über das Handschriftenverhältnis vergl. man Bezzenberger GGA 1226 a. a. O., da von der Ausgabe „Simon Grunaus Preussische Chronik“ = „Die Preuss. Geschichtsschreiber des XVI. und XVII. Jahrhunderts Band I“ nur erst Bd. I herausg. v. Perlbach 1876 und Bd. II von Perlbach, R. Philippi u. Wagner 1889 erschienen sind, Bd. III, der eine Einleitung bringen soll, noch aussteht.

Grunau nimmt es mit der Wahrheit nicht zu genau, daher man denn an sein Vokabular auch nur mit grösster Reserve herantreten kann. So kommt es ihm z. B. gar nicht darauf an, dem gläubigen Leser ein masslos korrumpiertes lettisches Vaterunser, in das er nur zwei preussische Wörter eingeschoben hat, als teuflisches Gebet der alten Preussen (Traktat III, Kap. 2 § 3) aufzutischen, welches Bielenstein und Fick KSB VIII 3 und Bezzenberger, Lit. und lett. Drucke II, pg. 47 ff. wiederhergestellt haben.

Ich gebe anbei den Text des Grunau nach der Ausgabe von Perlbach Bd. I, pg. 92 u. 93.

Fol. 38b.

Preusch.	Deutzsch.	Preusch.	Deutzsch.
devus	goth	angol	engil
maysta	stadt	ludysz	mensch
cayme[1]	dorf	camnet[3]	pferdt
clynth[2]	ein ku	songos[4]	hundt
rickie	herꝛe[5]	nalko[6]	holtz[7]
wunda	wasserre	wydra	wynth
pewo	bier	galbo	hauptt
ruggis	rockke	rancko	handt
gayde[8]	gerste	noye	beine
wayse	wesze	wilna	rock
wisge	habir	northe	hembde
geytko[9]	brott	licte	lichte
sawse	tröyge	gotte	ein haus[10]
pogeys	trinck	saycka	sack
walge	esseth	gerbaisa	beichten
wynis[11]	spey	grekoy	sunde
plateys[12]	bezall	kyrkoy	kirchen
cragge	kanne	pastnygo[13]	fasten
skawra	sau[14]	keckirs[15]	arwes
debica	gros	pentes[16]	weg.

[1] H caymo. [2] H cluth. [3] H camnel. [4] H sangor. [5] A hundt ausgetr. [6] N. conj. malko. [7] H holen. [8] geyde N. [9] H geyto. [10] H haut, N. conj. botte. [11] N. und H wyms. [12] H plawis. [13] pastnigo C pafoygu H. [14] H skawca. [15] H kekyris. [16] H peines weck.

Preusch.	Deutzsch.	Preusch.	Deutzsch.
gemia[1]	hausfrau	meicte	schlaffen
merga[2]	iungckfrau	sal[3]	saltz
dochti	tochtir	chelmo	hutt
tawe	vater	gertis	huen[4]
mette[5]	iar	abbas	wagin
sur[6]	keze	sneko	sznee
peile[7]	messer	salta	kalth[8]

[1] genna N. [2] fehlt H. [3] H salli. [4] H hundt. N. liest geytis, Codd. gertis; vergl. Vok. [5] fehlt H. [6] H sus iar. [7] peyle C. [8] H. halt,

salme	stro	licuti[1]	klein
luncka[2]	acker	supana	braut
meida[3]	hechtt	haltnyka	kindt
lynno	flox	muti[4]	mutter
gnabsem[5]	henff	schostro	schwester
scuto	czwirn	labbis	guth
woykello	knecht	aucte	potter
calte	ein margk	crayse	brey[6]
peisda	der arsch	pawtte	eier
lapynna	gebott	skuna[7]	swein
pipelko	vogil	byla	beil.

Fol. 39a.

Preusch.	Deutsch.	Preusch.	Deutsch.
comatter[8]	gefatter	moska	leimet
kyrteis	slo	angle	nolden
sanday[9]	gee weg	glasso	glas
dyrsos gyntos	fromman	merguss	mayth
manga	hure	corpe	schuch
		pomeleis	leck
tickers[10]	ein richter	deyen	tag
ny koytu[11]	wiltu nit	ymays	nim
wabelcke[12]	eppil	saydit	hut dich
		pirmas	zum irsten.

Preusch.	
eykete[13]	kom her
mangoson	hurenkindt
maytter	schalck
jest	er ist
gosen	ein dreck
warmun[14]	roth.

---

[1] H. iurti. [2] H. puncka. [3] H. heida. [4] H. mutte. [5] gnapsem C, H gnabsen. [6] fehlt H. [7] skunna Schrein. [8] H comatir. [9] H saudey geehinweg C. [10] H tirters Wächter. [11] ni koyten H. [12] N. wabelcko. [13] N. eukete, H eugeke. [14] H warum.

Ein Blick auf dieses Vokabular zeigt, dass es nicht gerade einladend ist, sich an die Betrachtung der augenscheinlich sehr verderbten und ungenau aufgezeichneten Worte zu machen.

Einen eigentlichen Dialekt scheinen die Formen nicht zu repräsentieren: dies passt auch ganz für den umherwandernden Bettelmönch, der bald hier, bald dort ein Wort auffing. *rancko lynno galbo scuto* stimmen mit ihrem *o* zum Vok.; doch *wydra, merga, peisda, manga* zeigen das *a* des Ench. *muti* ist die Form des Ench., *wabelcke* ist weder die des Vok. (*woble*) noch die zu erwartende des Ench. (*ūble*).

Die *o*-St. schwanken in der Endung wirr durcheinander: *dewus* – *pirmas* — *gertis*: *angol* und *abbas* sind einfach die poln. Formen.

cayme gaide sawse haben ein rätselhaftes *e*: *pewo geytko woykello* ebenso unklares *o*. Die *e*-St. haben teils *e*, teils *i*: *wisge, noye* (*noge*) *northe* (*nurtue*) *licte peile corpe*: *dochti* — *duktē, muti* lit. *mótė*.

grekoy kyrkoy können Plurale sein: *merguss* vielleicht für n. pl. lit. *mergos*?

Interessant sind die Verbalformen.

pogeys 'trink': Imper. Ench. *pojeiti*.

plateis 'zahl', richtiger Imp. zu einem **platit*, poln. *placić*.

ymays 'nimm' Ench. *immais* zu *imt*.

kyrteis 'schlage', lit. *kertù*: Vok. *kirtis* 'Hieb'.

pomeleis 'leck': Nesselmann denkt an lit. *pamylěti* (frz. *baisez mon cul*): doch das liegt wohl zu fern. Es heisst „jemd seine Liebe beweisen". Ich denke an lett. *mēle* 'Zunge', also an **mēlēt* 'lecken'.

eykete ist eine lit. Form: *eĩkite*; das Gleiche gilt wohl von *walge* 'esset': lit. *válgyti*. *gerbaisa* ist vielleicht ein *gerbais* 'sprich'?

wyms 'spei' (wenn so für *wynis* zu lesen) kann eine Bildung wie *teiks*, also ein alter Injunktiv sein.

saydit ist unklar; *lapynna* 'Gebot' kann 3. Sg. praet., Ench. *polaipinna* sein.

ny koitu, meicte sind schon erwähnt (pg. 270. 261).

sanday 'geh fort' möchte ich in *sandau* bessern 'von hier fort' Ench. **schandau*, wie *stwendau*.

jest ist wieder (wie z. B. *schostro* 'Schwester') einfach die polnische Form. —

Das Grunausche Vokabular hat also nur sehr untergeordneten Wert: es trägt kaum etwas Neues zu den übrigen Quellen bei, muss aber selbst aus ihnen oft genug verbessert werden. Jedenfalls erfüllte es auch in dieser unvollkommenen Gestalt Grunaus bescheidenen Zweck, der es hinsetzte „Domit imant moge begreiffen, und Preusch ein besonder sprache sey" und diente zur Illustrierung von Grunaus naiver, aber nicht unzutreffender Schlussbemerkung, in der er dem preuss. sozusagen seine Stellung unter den Nachbarsprachen anweist: „Unnd so ist abe zunemen, wie Preusch eine sonderliche sproche hott, und der Pole im nix vorstehet, der Littau gantz wenigk".

ETYMOLOGISCHES WÖRTERBUCH

DER

PREUSSISCHEN SPRACHE.

A.

abbai 'beide' *abbans* acc.: lit. *abù* le. *abi* abg. *oba*: gr. *ἄμφω* lat. *ambō*.

abasus V. 294. Gr. *abbas* 'Wagen': entlehnt aus poln. *obóz*; lit. *ãbazas* ebenfalls entlehnt 'Heerlager, Heer'.

aber Cat. I: das deutsche Wort.

aboros V. 228 'Raufe': entlehnt aus p. *obora* 'Viehhof'; lit. *abarà* 'Hofraum' desgl.

abse 'Esche' V. 606: le. *apse* abg. *osina* ahd. *aspa* lit. *apuszis*.

ader, *adder*: aus dem deutschen; wie im ostpreuss. Dialekt für 'oder' und 'aber'.

addle V. 596 'Tanne': lit. *ẽglė* aus **edlė*, poln. *jodla*.

aglo V. 470 'Regen' für *aglu*: gr. *ἀχλύς* 'Nebel, Wolke': *akh-* neben *ak-*? in *ãklas* 'blind', lat. *aquilō* 'Nordwind'.

ayculo V. 470 'Nadel': gr. *αἶκλοι· αἱ γωνίαι τοῦ βέλους* Hesych. abg. *igla* wäre nur zu vgl. wenn es für *ayyulo* verschrieben.

ains 'ein', acc. *ainan*, gen. *ainassei*, dat. *ainesmu* fem. *ainā*: lit. *vẽnas* abg. *inъ* lat. *oinos* gr. *οἰνή* 'Eins auf dem Würfel' got. *ains*.

ainonts 'Jemand': acc. *ainontin*, gen. *ainontsi*, dat. *ainontsmu*: lit. *vĕnuntas* 'einzig', *vĕnunta* 'jemals'. *niainonts* acc. *niainonton* 'niemand'.

erains dat. *erainesmu* 'Jeder'. *er* 'bis': le. *ikwins* 'jeder', *ik* 'bis'.

niains, *niainan*; gen. *niainessa*; *niainā* f. 'kein'.

ainat 'allezeit': lit. *vĕnàt* 'einzig, nur'. *terains* 'allein'.

aysmis V. 363 'Spiess': lit. *ěszmas* le. *ēsms* ‚hölzerner Bratspiess'; gr. *αἰχμή*.

aytegenis V. 363 'Kleinspecht': Pierson vermutet 'Spitzenspecht' (mhd. *kleine* 'Spitze') und vergleicht lit. *ĕtis* Spitze (so wäre dann Kurschat's *jėtis* zu lesen). Möglich auch zu lett. *aita* 'Schaf': ai. *etaša* 'bunt, Antilope', ved. *etā* 'schnelles Tier'.

aketes V. 255 'Eggen': lit. *akĕtės*, *akĕczios*, *ὀξίνα* Hes; lat. *occa* cambr. *ocet* ahd. *egida*.

ackis 'Auge'; *ackins* acc. pl. Voc. 80 *agnis*: lit. *akìs* le. *azs* abg. *oko* gr. *ὄσσε* aus **oqi̯e*, *ὄσσομαι* lat. *oculus* ai. *akši*.

ackywistu, *akiwysti*, *ackewystin* 'öffentlich': p. *očyvisty* 'augenscheinlich' der Bildung nach vergleichbar.

aclo-cordo V. 313 'Leitseil'; für *auclo-cordo*: lett. *áukla* 'Schnur'; *cordo* aus poln. *corda*.

accodis V. 214 'Rauchloch': zu abg. *kaditi* 'räuchern', ai. *kad*, lit. *kodýlas* 'Weihrauch'.

ackons V. 277 'Granne': got. *ahana* lat. *agna* gr. *ἄχνη*, lit. *akŭ'tas* le. *akůts*.

algas gen. 'Lohn': lit. *algà*, ai. *arghá* 'Wert, Arbeitslohn', gr. *ἀλφή* 'Arbeitslohn', W. *alĝh*.

algeniks in *deināalgeniks* 'Tagelöhner'.

alkīnisquai dat. sg. v. **alkīnisku* 'Kummer, eigtl. Hunger', zu *alkīns* 'nüchtern': lit. *álkstu álkti* 'hungern', le. *salkt* aus *issalkt* entnommen, abg. *alkati*, *lakati*.

alkunis V. 110 'Ellenbogen': lit. *alkúnė* le. *elkůns*, ai. *aratni-*, lat. *ulna*, got. *aleina*, gr. *ὠλένη*.

alne V. 647 'Tier': abg. *alnь*, *alnija*; r. *lan'* lit. *élnis* 'Hirsch' gr. *ἐλλός* 'junger Hirsch', cymr. *elain* 'cerva'.

aloade V. 541 'Haspe': gr. *ἄλως* für *ἅλως* 'Rundung des

Schildes, Windung der Schlange, Garnwinde'; lit. *vytùvas*.

alskanke V. 602 für *abskande* 'Erle'; zu *als* vgl. lit. *alksnis*, *ẽlksnis* abg. *jelьcha* ahd. *elira*. Das zweite ist vielleicht *kanke* 'Baum', lett. *kůks*?

altars, *altari*: 'Altar', das deutsche Wort.

alu V. 392 'Met': lit. *alùs* le. *alus* ags. *ealu* an. *ǫl*.

alwis V. 527 'Blei': lit. *al̃vas*, le. *alwa* 'Zinn', russ. *olovo*.

amsis 'Volk' gen. acc. *amsin*: lit. *ámžias*, alt *amužias* 'lange Zeit, Lebensdauer der Menschen'.

ane V. 172 'Altmutter': lit. *anýta* 'Schwiegermutter', ahd. *ana* 'avia' lat. *anus* 'alte Frau' gr. *ἀννίς· μητρὸς ἢ πατρὸς μήτηρ* Hes.

anga 'ob': alit. *angu* Fortunatov KSB 8, 114.

angis V. 774 'Schlange': lit. *angìs* le. *ůdſe* 'Otter' r. *už* ai. *áhiṣ̌* lat. *anguis*.

angle 'Nolden' Gr. für *aigle*? s. *ayculo*.

anglis V. 34 'Kohle': lit. *anglìs*, le. *ůgle* abg. *ąglь* ai. *aṅgāra*.

angol Engel Gr. das poln. *an'ol*.

angsteina, *angstainai* 'frühe': lit. *ankstì* 'früh', zu *ą-* in *āklas* 'blind, trübe', lat. *aquilus* gr. *ἀγκράς* 'blödsichtig': wie got. *uhtwō* Morgenzeit zu lit. *ùksta* 'wird trüb Wetter', *unksna* 'Schatten'?

angurgis V. 365 'Aal': lit. *ungurỹs* abg. *ągorištь*: lat. *anguilla*, gr. *ἴμβηρις· ἔγχελυς* Hes. Wie das *-gis* aufzufassen, ist unklar.

ankis V. 708 'Greif', oder *aukis*?

anktan 'Butter', Gr. *ancte*: lat. *unguen* umbr. *umen* air. *imb* ai. *añj* 'salben' ahd. *ancho*.

anxdris V. 775 'Natter': lit. *anksztiraĩ* 'Finnen', le. *angsteri* 'Maden'.

ansis V. 367 'Haken': lit *ąsà* le. *ůsa* lat. *ansa* ai. *aṃsa*.

antars 'der andere', *ānters*, *antrā*, *āntran*, *antersmu*: lit. *añtras* lett. *ōtrs* got. *anþar* ai. *antarás*.

antis V. 720 'Ente': lit. *ántis* lat. *anas*, *anatis* ahd. *anut* ai. *ātiṣ̌* 'Wasservogel', gr. *νῆσσα*; klr. *ut'a*.

ape V. 62 'Fluss': lit. *ùpė*, le. *upe*, ai. *āp*, *ap* 'Wasser' gr.

ὀπός 'Saft'. *apewitwo* V. 605 'Strauchweide', *apisorx* 'Wasserelster' d. i. 'Eisvogel'.

apus V. 64 'Born', wohl auch dazu.

arelis V. 709 für *arelie* 'Adler': lit. *erẽlis* russ. *orel* le. *erglis* gr. *ὄρνις* 'Vogel', got. *ara* 'Aar' corn. *er* 'Adler'.

arrien acc. von *are*: lett. *are* 'Ackerland', ebenso wie

artoys V. 236 'Ackersmann': lit. *artójis*, abg. *ratajь*, zu lit. *ariù*, le. *aŕu*, abg. *orati* got. *arjan* lat. *arare*, gr. *ἀροῦν*; *pre-artue* V. 249 'Pflugreute'.

artwes V. 413: 'Schiffsreise': an. *ár* 'Ruder', ai. *aritra* 'Steuerruder', gr. *ἐρέτης* 'Ruder', lit. *ìrti* 'rudern'.

arcan 'Arche' aus dem dtsch.

arwaykis V. 434 'Füllen'; *ar-* ist abg. *orь* č. *oř* 'Pferd'.

arwis 'wahr', n. *arwi*; *isarwis*; *arwiskai* 'zwar', *perarwiskai* 'gewisslich': abg. *ravьnъ* 'gleich', aus **orvьnъ*; vgl. *tẽsà -ìsztisas* 'gestreckt'; ai. *ṛjú* 'eben' zur Bedeutung.

as 'ich' (K. II *es*) siehe *es*.

assanis V. 14 'Herbst': abg. *jesenь*, got. *asans* 'Erntezeit'.

assaran V. 60 'See': lit. *ẽžeras* le. *eʃars* abg. *jezero*.

assegis V. 572 'Bars': lit. *ežegŷs* 'Kaulbars', p. *jaždž*.

asy V. 241 'Rain': lit. *ežẽ*, le. *eʃcha*.

asilis V. 436 'Esel': lit. *ãsilas* abg. *osьlъ*, aus d. Germ. got. *asilus*, das wieder aus lat. *asinus* entlehnt ist.

assis V. 298 'Achse': lit. *aszìs* le. *ass* abg. *osь*: ai. *akṣas* gr. *ἄξων* lat. *axis* ahd. *ahsa*.

asmus '8te'; acc. *asman*: alit. *ãszmas* abg. *osmъ*: idg. **ok̑(t)mo*.

astin 'Ding; Handlung'. Zu W. *es-* 'sein'? ai. *asti* in *svasti-* 'Wohlsein'?

aswinan V. 694 (*dadan*) 'Pferdemilch': lit. *aszvà* 'Stute' ai. *aśva-* gr. *ἵππος* lat. *equus* got. *aiƕa-tundi* 'Dornstrauch', as. *ehu*.

attolis V. 284 'Grummet': lit. *atólis* le. *atals* abg. *talija* 'grüne Zweige', lat. *tālea* 'Reis, Setzling' gr. *τῆλις* 'Hülsengewächs'.

au- 'weg, ab': lett. *au-* abg. *u-* lat. *au-* ai. *ava* gr. *αὖτις*; *αὐερύω* 'ziehe zurück'.

augints 'erzogen'; *auginnons*; *auginneiti* imp.: lit. *augìnti*, le. *audſēt*: zu *áugu* 'wachse': lat. *augeo* 'vermehre', got. *aukan* 'mehre', ai. *ugrá* 'kräftig', *ōjas* 'Kraft'.

augis V. 638 in *dagoaugis* dazu: ai. *ōjas*.

āūgus 'geizig'; vielleicht zur selben Wz.

auclo V. 541 'Halfter': le. *aukla* 'Schnur, Leine'.

aucktai-rikyskan 'Obrigkeit', *aucktimmien* 'Vorsteher', *aucktimmiskū* 'Obrigkeit', *aucktimmiskai*; acc. *-skan*: zu lit. *áukštas*, got. *auhuma-*.

aulinis V. 503 'Stiefelschaft'; *aulis* V. 141 'Schienbein': lit. *aũlas* 'Stiefelschaft', zu *aũti* 'Schuh anziehn' abg. *obują*, lat. *induo*: gr. *αὐλός* 'Röhre', abg. *ulijь* 'Bienenstock'.

ausins 'Ohr', acc. pl., Voc. 83 *ausnis*: lit. *ausìs* le. *auss* abg. *ucho* lat. *auris* gr. *οὖατα* got. *ausō*.

ausis V. 523 'Gold'; *ausin* acc.: lit. *áuksas* lat. *aurum* aus **ausum*.

ausonis V. 590 'Eiche': lit. *áužůlas* le. *ůſůls*; vgl. auch Zubatý BB 18, 258.

austo V. 89 'Mund'; *austin* acc.: abg. *usta* le. *ůsta* 'Hafen' lat. *austium*, av. *aoštra* 'Lippen'.

autre V. 514 'Schmiede' (*woutris* für *utris* 'Schmied'): lit. *jùtryna* 'festes Schloss'; abg. *vъtrь* 'faber'.

awins V. 679 'Widder': lit. *ãvinas* le. *auns* abg. *ovьnъ* zu *awis* lat. *ovis* gr. *ὄις*.

awis V. 177 'Oheim': lit. *avýnas* r. *ujь* aus **aųjь* lat. *avus* ags. *éam*.

B.

babo V. 263 'Bohne': abg. *bobъ* lat. *faba*.

bad- in *embaddusisi* 'sie stecken': lit. *badýti* le. *badīt* abg. *boda*, *bosti*, *badati* lat. *fodiō* gr. *βόϑρος* 'Grube'.

baytan V. 346 'zeeb' zu russ. *cěp* 'Kette' also 'Bretzel'?.

balynan V. 441 'Sattel'; *balgninix* V. 440 'Sattler': lit. *balnas*, *balniniñkas*.

ballo V. 77 'Stirn' nach Bezzenberger aus *batto* zu verbessern: gr. *φαλός* 'Stirnstücke am Helm' ai. *bhāla* 'Stirn'.

balsinis V. 490 'Kissen'; *pobalso* V. 489 'Pfühl': le. *balsens*, *balsins* 'Stütze, Stützenverband am Pflug'; *balsts*, *balsne* 'Unterstützung'.

en-bāndan 'unnütz': lit. *bandà* 'Herde, Nutzen'.
perbānda 'versucht', *perbandāsnan*: lit. *bandýti*; le. *baudīt* (?)
pobanginnons 'bewogen': lit. *bingstù* 'mutwillig werden', *prabangà* 'Übermass'.
baudint 'wecken'; *etbaudinnons*: caus. zu *budē*: ai. *bhodáyate* abg. *buditi*.
bhe 'und' (I *bha, bah, ba* II *bhæ, bhe*): lit. *beĩ*.
bebbint 'spotten'; *bebbinnimai*: le. *bibinat* S. 118.
bebrus V. 608 'Biber': lit. *bẽbrus* le. *bēbris* abg. *bebrъ* ags. *beovor*, lat. *fiber*, gall. *Bibr-acte*.
beggi 'denn': *bhe* + part. *gi*.
berse V. 600 'Birke': lit. *béržas* le. *berse* abg. *brěza* ahd. *birihha* ai. *bhūrja* lat. *fraxinus* 'Esche'; **bhr̥ĝ*.
biātwei 'fürchten', *bia*: *biāsnan* 'Furcht': lit. *bijótis*, le. *bītis*; ai. *bhiyānā́*; *pobaiint* 'strafen: lit. *bajùs* 'fürchterlich', ai. *bháyate*, abg. *bojati sę*.
bile V. 533; *byla* Gr.: 'Axt'; aus d. dtsch. *bīl*, lit. *býlė*.
billīt sprechen; *billē*, *billā*, *billi* 'spricht'; *billīuns*; *billīton*, *billēmai*; *billā billē* 'sprach' (I *bela* II *byla*); *billā-ts* (I *belats* II *bilats*, *bylaczt*); *billīsna* 'Spruch'; acc. *billýsnans*: lit. *bilti* 'zu reden anfangen'; le. *bilſchu*, *bilst* 'reden'; lit. *bylóti* 'reden'.
birga-karkis V. 358 'Kelle'; *aubirgo* V. 347 'Garkoch': le. *birga* 'Qualm', ai. *bhr̥jjáti* 'röstet', gr. *φρύγω*.
biskops; acc. pl. *biskopins*: Lehnwort.
bītai 'Abend'; *bītas-īdin* 'Abendmahl' (I *betten eden*, *bietis eden*; II *bitans ydi*, *bytis ydi*): gr. *φαιός* 'dämmerig'?
bitte 'Biene': lit. *bitė̃* le. *bite*; zu **bhei̯-* 'beben' oder **bhī* 'wohnen': Johansson JF II 225.
blensky V. 286 'Schilf'.
blingo V. 580 'Mutterlose'; *blingis* V. 577 'Blei'.
blusne V. 127 'Milz': lit. *blužnė̃*, *blužnìs*: Gf. (*s*)*bl̥ĝhn-* aus *spl̥ĝhn-*: gr. *σπλήν*, *σπλάγχνα* 'edle Eingeweide', ai. *plihan* abg. *slezena* lat. *lien*.
boadis V. 164 'Stich' s. *bad-*.
bardus V. 101 'Bart': lit. *barzdà*, le. *barda*, *barſda*, abg. *brada* ahd. *bart* lat. *barba*.
braydis V. 650 'Elch': lit. *brẽdis* le. *brids*.

brand- in *pobrandīsnan* 'Beschwerung'; *pobrendints* 'beschweret', *brende-kermnen* 'schwanger': lit. *bręstu*, *bréndau bręsti* 'Körner ansetzen, reifen'; le. *bristu* 'quellen'; lit. *brendůlỹs* 'Kern'; *bréndinti* 'reifen lassen'; *brandùs* 'körnig'.

brote V. 173 'Bruder', *brāti*: lit. *broter-ēlis* abg. *bratrъ* ai. *bhrā́tā* gr. φράτωρ got. *brōþar*; *bratrīkai* 'Brüder'.

brewingi 'förderlich'; *brewinnimai* 'wir fördern': le. *brīws* 'frei'; also für *briwint*? Vgl. *walnennint* bessern, lit. *válnas* 'frei'; vgl. pg. 119.

brisgelan V. 450 'Zaum': lit. *brìzgelas* abg. *brъzda* engl. *bridle*, ahd. *brittel*. *zd* zu *zg* ist unklar.

broakay V. 480 'Hosen'; aus dial. *brōk* entlehnt; kelt. lat. *braccae*; abg. *bračina*.

brokis V. 165 'Hieb': für **brukas* zu *brùkti* 'einzwängen'; le. *brūze* 'Strieme, Schramme'; *braukis* Sz. „ictus".

bruneto V. 769 'Haselhuhn': lit. *briúnas* 'braun'.

brunyos V. 419 'Brustharnisch': wie le. *brun'as* aus germ. got. *brunjō*; air. *bruinne* 'Brust'. Entlehnt ist auch abg. *brъnja*.

brunsis V. 573 'Pletze': lit. *brunszìs*.

bruzgis V. 315 'Geissel': lit. *brùzgas* 'Stumpf von abgehauenem Gesträuch'?

boūt 'sein': *boūuns*; *boūlai*; *boūse* (auch *oū*, *au*, *ou*): *busennis*, *bousennis*; acc. *bousennien* 'Stand'; praet. *bē bēi* aus **bhuēt* abg. *bě*: lit. *búti* ai. *bhū-*, *bhávati*; gr. φύω, lat. *fūturus*, dazu *prabutskas* 'ewig'.

budē 'sie wachen': lit. *budḗti* abg. *bъděti* idg. *bheudh-* 'wachen': ai. *bṓdhāmi* 'erwache', gr. ἐ-πυϑ-όμην got. *anabiudan* 'befehlen'.

bugo V. 445 'Sattelbaum' aus dtsch. *satel-boge* entlehnt.

bucca-reisis, V. 593 'Buchecker'; *buca-warne* V. 723 'Holzkrähe': lit. *búka* 'Buche', russ. *buk* aus dem dtsch.

būrai 'schüchtern': ob falsch für *dūrai*? Wo nicht zu lit. *biaurùs* 'schrecklich'.

burwalkan 'Bauernhof': lit. *búras* aus dem dtsch. *walkan* ist unklar.

buttan acc. Haus; *buttan* V. 193; Gr. *bolte* für *gotte*? lit.

bùtas, le. *bute*, got. *bauan* 'wohnen'. Zahlreiche Ableitungen: *buttarikians*, *buttastapali*, *buttastaws*, *buttantaws*, *buttetāws*, *buttitāws*; *butsargs* 'Haushälter'.

buwinaiti: lit. *buvinėti* 'hier und da ein Weilchen bleiben'; *būvis* 'bleibender Aufenthalt'.

D.

dāt 'geben'; *dāton*, *dātwei*; *dāuns*; *dāts*, *dāton*; *dāse*, *dāst*; *dāsai*, *dase*, *dasei*; *daits* 'gab'. *days*, *dāiti*; *audāt sien* 'sich begeben, geschehen'; *po-endāst sien* 'er begibt sich'; *perdāton* 'hingegeben'; *sendāt* 'zusammenfügen'; *podāton* 'gegeben'. *dāian*, *dāians* 'Gabe'; *perdāsan* 'Ware': lit. *dů́ti* le. *dût* abg. *dati* gr. *δίδωμι* ai. *dadāmi*; zu *perdāsan* vgl. gr. *παραδίδωμι* 'verkaufe; *dāian* ai. *dāya-* 'Gabe'.

dabber 'noch': lit. *dabaȓ* 'jetzt'.

dadan V. 687. 690 'Milch' *ructan dadan*: ai. *dadhán* 'saure Milch', nom. *dádhi*.

dagis V. 13 'Sommer'; *daga-gaydis* V. 260 'Sommerweizen'; *dago-augis* V. 638 'Sommerlatte': lit. *dãgas*, *dagà* 'Erntezeit'; ai. *nidāghá* 'Hitze, Sommer'; zu lit. *degù*; got. *dags* 'Tag' = 'heisse Zeit'.

dalptan V. 506 'Durchschlag': abg. *dlato* aus **dolbtom*, ahd. *delban delfan* 'graben'.

dambo V. 29: 'Grund' *padambis* V. 30 'Thal': gr. *θάπτω*, *τάφρος* ahd. *tumphilo* le. *dûbė* 'Grube'.

dangus V. 3 'Himmel'; V. 95 'Gaumen'; *dangon*, *dangan*, *dengan*: lit. *dangùs* zu *deñgti* 'decken'.

dantis V. 92 'Zahn' *danti-max* V. 93 'Zahnfleisch': lit. *dantìs* lat. *dens* gr. *ὀδούς ὀδόντος* as. *tand*.

dauris V. 211 'Thor': lit. *dùrys* le. *duris* got. *daur* 'Thor, Thüre', gr. *θύρα*. Das Preuss. hat Hochstufe.

debīkan 'gross' acc., *debeikan*: eine Weiterbildung eines *deb-*, das mit *dob-* in abg. *dobrъ*: ahd. *tapfar* 'schwer, gewichtig' (vgl. auch abg. *debelъ* „crassus") ablautet.

dēigi 'auch': eine Bildung vom St. *dis*, *din* wie lit. *taĩgi* zu *tàs*.

dēiyiskan 'mild': lett. *dewigs* 'freigebig'?

deicktas, *deicktan*, *-on*: 'etwas, Ding, Stelle': lit. *dáiktas* andere Ablautsstufe, dasselbe; zu *dýgti* 'keimen' = 'hervorstechen', *dẽgti* 'stechen'.

deinā 'Tag'; *deinan*, *deinans*; Gr. *deyen*; *deinennin*, *deinennien* 'täglich'; *deineniskan*, *deinenisku* dasselbe, *deininan* 'täglich' I *deyninan* II: lit. *dënà* let. *dìna* ai. *dina* . *deynayno* V. 5 'Morgenstern': vgl. abg. *dьnьnica* zu *dьnь*.

deirīt 'sehen', *endeirīt*, *endÿrītwei*, *endirīsna* 'Ansehen'; *dereis* 'sieh': lit. *dairýtis* 'sich umblicken', *dýru dyrëti* 'gaffen'.

deiws V. 1 'Gott' *deywis*; Gr. *dewus*; gen. *deiwas*, acc. *deiwan*, pl. *deiwans*, vocat. *deiwe*: *deiwiskai* 'göttlich', *nideiwiskan* 'Abgötterei', *deiwūts* 'selig', *deiwūtiskai*, *deiwūtisku* 'Seligkeit'; *deiwutiskai* 'selig', *epdeiwutints* 'beseligt': lit. *Dẽvas* le. *Dẽws* ai. *devá* lat. *deivos*.

delli 'etliche', gen. pl. Ench. 51.

dellieis 'teile', *dellīks* 'Teil', acc. *dellīkan*: lit. *dalýti*, *dalìs*; *dalỹkas*; ir. *daliu*.

dengnennis 'himmlisch', *dengnenneniskans* acc. pl. siehe *dangus*; *dengniskas* 'himmlisch'.

dergē 'sie hassen'; *dergēuns*: lit. alt *dergėti*, *padirgti* 'hassen'.

erdērkts 'vergiftet': lit. *der̃ktas* 'besudelt', *darkùs*; mhd. *zürchen* 'caccare'.

dessimton, *dessimtons* 'zehn'; *dessīmts*, *dessīmton* 'der Zehnte': lit. *dẽszimtis*, *deszim̃tas*, abg. *desętь desętъ*, lat. *decem*, *decimus*, got. *taihun*, *taihunda*.

nādewisin für *nādwisin?* (vgl. *stessemu* für *stesmu*): zu *dvẽsti* 'atmen, hauchen', lat. *bēstia* 'Tier'.

di, *dei* 'man'; acc. *din*, *dien*; *dins*, *diens*: av. ap. *diš*, *dim*.

digno V. 427: 'Gehölz': lit. *digsnìs* zu *dẽgti?*

dīlan, *dÿlan*; *dīlas* gen. 'Werk', aus sl. *dělo* entlehnt; auch *dīlants* 'Arbeiter': abg. *dělati*, *dīleitiskan* 'Hantierung' für *diseitiskan?* *dīlinai* 'bewirkt', *dīlnikans* acc. 'Arbeiter'.

ding- in *podingai* 'gefällt', *podingan*, *podingausnan* 'Gefallen': lit. *mán dìng* 'mir scheint', *padìngti* 'gefallen'.

dīnkaut 'danken', *dīnkaumai* 'wir danken', *dinkauti* 'danket'; *dinkausnan* 'Dank', *dīnckun* 'Dank': entlehnt aus poln. *dzięka*, *dziękovać*.

dinskins V. 84 'Ohrschmalz'?
dirbinsnan 'Zittern': lit. *drebëti* 'zittern', im preuss. Tiefstufe.
dyrsos gyntos 'from man' Gr. etwa zu
dīrstlan 'stattlich': ai. *dhṛṣṇúṣ* 'mutig' W. *dhers-* lit. *dr̃įsti* 'mutig werden'.
senditans 'gefaltet' (*rānkans*); *sen senditmai rānkān?* 'mit gefalteten Händen'. Eigentlich 'zusammengelegt': lit. *dëti* abg. *děti* gr. *τίθημι* ai. *dhā-*.
doacke V. 732 'Star': ahd. *tāha* 'Dohle'.
doalgis V. 546 'Sense': lit. *dalgis* le. *dalgs* an. *telgja* 'schnitzen'.
dochti Gr. 'Tochter' s. *duckti*.
dolu V. 135 'Galle': le. *duls* 'dunkelfarbig, trübe'?
dongo V. 403: 'refe' abg. *dąga*; aus poln. *dąga* entlehnt.
dragios V. 386 'Hefen': abg. *droždije*, an. *dreggr* gr. *ταραχή* alb. *drā*.
drastus V. 130 'Wanst'.
draudieiti 'wehret', *driāudai* 'sie drohten': lit. *draudžiù*, *draũsti* 'wehren'.
draugi- (in *draugiwaldūnen*, *sendraugiwēldnikai*): lit. *draũgas* 'Gefährte', le. *draugs* abg. *drugъ*.
drawine V. 393 'Beute, wilder Bienenstock': lit. *dravìs* 'Waldbienenstock', le. *drawa*, lit. *drāvininkas* 'Beutner': vgl. gr. *δρῦς*, *δόρυ* 'Baum'.
drimbis 'Schleier'; *silkas drimbis* V. 483 'Seidenschleier': lit. *stāldrimbė* 'Tischtuch', *apdrim̃belė* 'Umhang' ahd. *trembil* 'pallium'.
droanse V. 749 'Snerker': le. *grisle* liegt fern.
drogis V. 285 'Rohr': abg. *drъgati* 'zittern', lit. *drùgis* 'Fieber, Schmetterling'.
drūktai 'fest', *drūcktawingiskan* acc. 'strenge': lit. *drútas* žem. *drúktas* 'fest, stark'; lat. *forctis*; *podrūktinai* 'ich bestätige'.
druwi, *druwis* 'Glaube'; *druwīt*, *druwē* 'glauben': *druwingin* 'gläubig'; *na-podruwīsnan* 'Vertrauen'; I *dröffs*, *drowe*, II *drowy* 'ich glaube': ahd. *triuwa* got. *triggva* 'Treue', gr. *δροόν*. *ἰσχυρόν*. *Ἀργεῖοι* Hes.
dubelis V. 581 'Halbfisch: aus dtsch. 'Döbel'.
duckis V. 669 'Hamster': le. *dūkans* 'dunkelfarbig, braun'?

duckti 'Tochter', Gr. *dochti*: lit. *duktẽ* abg. *dъšti* ai. *duhitar* gr. *θυγάτηρ* got. *daúhtar*.

dulsis V. 399 'Spund': lit. *dùlas* 'hölzernes Stäbchen zum Einlegen der Ruder'; le. *duli* 'Zapfen'.

dumis V. 39 'Rauch': lit. *dúmai* le. *dūmi* abg. *dymъ* ai. *dhūmas* gr. *θυμός* 'Leidenschaft, Mut' lat. *fūmus*.

dumpbis V. 512 'Lohe': abg. *dąbъ* 'Eiche'; vgl. r. *dub* 'Eiche u. Gerberlohe'.

dumsle V. 134 'Harnblase': lit. *dùmti* 'wehen, treiben', *dùmplės* 'Blasbalg'; abg. *dъmą dąti* ai. *dhmāyate* 'bläst'.

dūrai 'schüchtern': abg. *durьnъ* 'wild', gr. *θοῦρος* 'ungestüm', ai. *dhoráti* 'trabt': lit. *dùrnius* aus d. Slav.

dūsi V. 153 'Seele', *dūsin* acc., *doūsin* wie lit. *duszià* entlehnt aus poln. *duša*. *dūsaisurgawingi* 'Seelsorger'.

dwai 'zwei': lit. *dvì* abg. *dvě*.

dwigubūt 'zeifeln', *dwigubbū*; *perdwibugūsnan* (für **dwigubūsnan*): *dwigubus* gen. sg. 'doppelt': lit. *dvìgubas* 'zweifältig', abg. *dvogubь*; *gъnąti* 'biegen'; le. *gubstu* 'sich beugen'.

E.

eb-: *ebimmai*, *ebsentlīt ebsignāt*: auch *ab-*: abg. *obъ*, lit. *ab-*, ai. *abhi*.

ebangelion aus dem Deutsch.

ēit 'gehen'; *ēisei* 'du gehst'; *perēit* 'kommen'; *jeiti* 'gehet': lit. *eimì* gr. *εἶμι* ai. *ēmi* lat. 2 sg. *eis*; *pareīngiskai* 'in Zukunft'; *iseissannien*, *eneissennien* 'Ausgang, Eingang'.

eyswo V. 159 'Wunde': abg. *ězva*, *jazva*.

emelno V. 646 'Mistel': lit. *ẽmalas āmalas* le. *āmals* 'Mistel' r. *oméla* 'Mistel'.

emmens 'Name': Ench. *emnes* acc. *emnen emnan*: vgl. Bartholomae BB XVII, 132: acymr. *enw*, alb. *emёn* abg. *imę* aus **ņmę*.

en 'in': lat. *in* gr. *ἐν* lit. *į* aus **ņ*.

engels 'Engel', aus dem Dtsch.; le. *engelis*.

ennoys V. 158 'Fieber': 'calde': lit. *ýnis* 'Reif', abg. *inije* „*νιφετός*".

ensus 'umsonst': russ. *vsuje* 'umsonst', abg. *sujь* 'eitel'.

ep- in *ep-deiwutint*, *ep-kieckan*, *epwarrisnan*: ai. *api* gr. ἐπί lit. *ap-*.

er 'bis', *ergi*, *arg-* in *arg-lobis* 'Scheitel': vielleicht zu lit. *ir*, vgl. ahd. *unte* „bis".

eristian V. 681 'Lamm': lit. *ëras* le. *jērs* gr. ἔριον 'Wolle', ἔριφος 'Böckchen', serb. russ. *jarina* 'weisse Lämmerwolle'.

es 'ich' II für *as* Ench.: lit. *esz*, *àsz*, le. *es*, abg. *azъ* aus **ēg(h)-*, lat. *ego* gr. ἐγώ got. *ik*.

esse 'von': *esteinu* 'von nun an'; I *assa*, II *assæ*, *haese*; vielleicht zu lat. *ex* gr. ἐξ.

essei 'du bist', *estei* 'ihr seid'; gewöhnlich *ast* 'ist', *asmai* 'bin' u. s. w.: lit. *esmì* le. *esmu* abg. *jesmь*, lat. *est* gr. ἐσμί ai. *asmi*.

esketres V. 507 'Stör': lit. *erszkëtris* 'Walfisch', *erszkëtras* 'Stör', abg. *jesetrъ* russ. *osetr*.

estureyto V. 776 'Eidechse': abg. *jašterъ* r. *jaščur* 'Haselmaus'.

et- *at-*: lit. *at-* abg. *otъ* ai. *átas*.

euangelistai aus d. Dtsch.

eukete Gr. wohl falsch für lit. *eikite*.

F.

falsch- *widekausnan* I, aus dem Dtsch.

G.

gabawo V. 779 'Kröte': abg. *žaba* 'Frosch' aus **gēba*, ahd. *quappe* ai. *jabh* 'hiare'.

gadint 'verderben', *pogadint*: lit. *gadìnti*, *pagadìnti* zu *géndu* *gęsti* 'entzwei gehen' ahd. *quât* 'böse, hässlich, verderbt'; mhd. *kot*, *quât*.

gaydis V. 259 'Weizen' u. *daga-gaydis*: zu *gai-* 'weiss' in *gaylis*, lit. *gai-drùs*: wie germ. *hwaitja-* 'Weizen' zu *hwīta* 'weiss', wegen des weissen Mehls.

gaylis V. 459 'weiss': lit. *gai-drùs* 'hell, klar'.

gaylux V. 661 'Hermelin': eine Weiterbildung davon.

gallan 'Tod', V. 168 *golis*, *gallintwei* 'töten'; *gallans* 'die

Toten': lit. *giltinẽ* 'Todesgöttin', *gélti* schmerzen'; as. *quala* 'Qual' ags. *cwellan,* engl. *kill* 'töten'; ahd. *quilu* 'crucior'.

galbt 'helfen'; *pogalban* 'Gehilfin', *pogālbenikan* 'Heiland': lit. *gélbėti*, *pagalbà* 'Hilfe', le. *gelbēt* 'helfen'.

galdo V. 365 'Mulde': lit. *gélda* ahd. *gellita*, vielleicht aus d. Dtsch. *gelde*, *gelte* entlehnt.

gallū 'Haupt', acc. *galwan*; Gr. *galbo*; V. 70 *galwo* „vorfues", *glawo* V. 68 'Haupt': lit. *galvà* le. *galwa* abg. *glava* an. *kǫllr* „caput", russ *golovy* 'Vorschuhe'.

gandarus V. 716 'Storch': lit. *gañdras* abg. *gąda gąsti* „canere" č. *hudry-hudry* 'schnelles Reden, Klappern'; *hudrovati* 'schreien' (vom Truthahn).

gāntsan, *gantzei* 'ganz' aus dem Dtsch.

pagaptis V. 362 'Bratspiess'; *pagaptin* 'Geräte, Zeug': zu *gabénti* 'herbeischaffen'?

garian V. 628; *garrin* 'Baum': lit. *girė* 'Wald' abg. *gora* 'Berg', av. *gairi*, ai. *giri*, gr. *βαρύες· δένδρα.*

garkity V. 269 'Senf': aus poln. *gorczyca*; lit. *garstyczei.*

gasto V. 238 „stucke", le. *pa-gasts* 'Herrschaftsgebiet', abg. *pogostь* „regio"; *gāstos* 'Name des Kirchdorfs Heinrichswalde'.

gattawint 'bereiten': lit. *gātavas* le. *gataws* 'fertig': lit. *gatāvyti* abg. *gotoviti* 'bereiten': zu alb. *gat* 'bereit', *gatuań* 'bereite zu'.

gaut 'empfangen', *augaut*, *pogaut*, *engaut*: lit. *gáunu*, *gáuti* 'empfangen' le. *gauju gaut* 'fangen'.

geasnis V. 753 'Schnepfe': le. *dſēsnis* 'Storch, Reiher'.

geauris V. 757 'Wasserrabe': le. *gaura gūra* 'Gänsesägentaucher'.

geeyse V. 718 'Reiher': le *dſēse.*

gegalis V. 759 'kleiner Taucher': le *gaigale gaigalis* 'Taucher', lit. *gaĩgalas* 'Enterich', r. *gogol* 'Quakente'.

geguse V. 731 'Kuckuck': lit. *gegužẽ*, le. *dſeguſe.*

gēide 'sie warten'; *giẽidi*; *sengydi* 'er erlange', *sengidaut* 'erlangen': lit. *geidžiù*, *geĩsti* 'begehren', abg. *židą* 'warte', mhd. *gīten* 'habgierig sein', ahd. *gīt* 'Geiz' got. *gaidw* 'Mangel'.

geits 'Brot'; *geytys* (für *geytye*) V. 339; acc. *geitin*, *geitien*: abg. *žito* 'Frucht, Getreide', ags. *cīđ* mhd. *kīt* 'Sprössling'.

gelatynan V. 464 'gelb': lit. *gel̃tas*, *geltónas* le. *dſeltens* ai. *harita* av. *zaʼrita* abg. *žlъtъ* 'gelb'.

gelso V. 522 'Eisen': lit. *geležìs*, le. *dſelſe* abg. *želězo*, gr. *χαλκός* aus **ghl̥ĝh-*.

gemmons 'geboren' *gemton* 'gebären' (?); *gimton*, *ainangimmusin*; *gimsenin* 'Geburt', *pērgimnis*, *prēigimnis*: u. a.: lit. *gim̃ti* le. *dſimt* 'zur Welt kommen' gr. *βαίνω* ai. *gam-* lat. *veniō* got. *qiman*.

geminton (*ainan-*) 'eingeboren': lit. *gamìnti* le. *dſemdēt*.

genna Gr. *genno* V. 188; *gennan*, *gannan* 'Weib': *genneniskan* 'weiblich', *gannikan* 'Fräulein': abg. *žena*, ai. *gnā*, *janī*; gr. *γυνή* böot. *βανά* got. *quinō* air. *ben*, gen. *mnā*: gr. *μνάομαι*.

genix V. 742 'Specht'; auch in *aytegenis* 'Kleinespecht': lit. *genỹs*, le. *dſenis*.

gerbt 'sprechen', *prēigerbt* 'vorsprechen': lit. *garbẽ* 'Ehre', *gerbaisa* Gr. 'Beichten'?

gerdaut 'sagen', *engerdaut* 'sage an' *po-*, *prei-*: lit. *gir̃sti* 'vernehmen', *girdė́ti* 'hören', **gard-sas*, *gar̃sas* 'Stimme': ai. *járate* 'tönt', ahd. *queran*.

gerto V. 764 'Henne', *gertis* 763. 203 'Hahn, Wetterhahn': Gr. *gertis* für *geytis* etwa lit. *ger-* in *gérvė*, *ger-szė* 'Reiher'; *gertistian* V. 765; *gerto-anax* V. 713 'Hühnerhabicht'.

gerwe V. 715 'Kranich': lit. *gérvė*, le. *dſerwė*, abg. *žeravь*.

gewinna 'sie arbeiten'; *gewineis* V. 191 'Knecht' s. pg. 135.

gīdan 'Schande': lit. *gė́da*, *nigīdings* 'schamlos'.

gile V. 591 'Eichel': lit. *gìlė*, abg. *želądь* gr. *βάλανος* arm. *kaɫin* lat. *glans*, *glandis*.

gillin 'tief', acc. fem.: lit. *gilùs* le. *dſilsch*: gr. *θέλυμνον* 'Grundlage', *προθέλυμνος* 'von Grund aus'.

ginnis nom. Pl. (zu **ginē?*), *ginnins* acc. 'Freunde', *ginniskan* 'Freundschaft', *ginnewings*, *ginnewingiskan* 'freundlich': Gr. *gyntos* (in *dyrsos gyntos*)?: lit. *ginù* 'hüten, beschützen'.

girtwei 'loben', *girsnan* 'Lob, Leumund', *pogirrien* 'Lob', *pogirsnan*: lit. *giriù gìrti*, ai. *gṛṇā́mi, gūrtí-* 'Lob'.

girbin 'Zahl': abg. *žrěbьjь*, r. *žerebej* 'Los'.

girmis 'Made': für *kirmis* V. 786: lit. *kirmis* 'Wurm', *kirmėlė̃* 'Schlange', abg. *črъvь*, ai. *kṛmiṣ*, air. *cruim*.

girnoywis V. 317 'Quirl': lit. *gìrnos* 'Mühle' le. *dſirnus* abg. *žrъny* got. *qairnus* an. *kvern*.

gislo 'Ader', in *pette-gislo* V. 108: lit. *gýsla*, le. *dſīsle* abg. *žila* lat. *filum* aus **fīslum*.

gijwans 'die Lebendigen'; *giwato* V. 152 'Leben' (lit. *gyvatà* abg. *životъ*); *giwei* n. sg., acc. *giwan*, *geiwin*; *giwē, giwagiwīt* 'Leben': lit. *gývas* ai. *jīvá* lat. *vīvus* got. *qius*; le. *dſīwût*, abg. *živą žiti* 'leben'; poln. *żywić*.

glabū in *poglabū* 'umarmte': lit. *globóti*, ags. *clippan* 'umfassen', ahd. *klāftara* 'Mass der ausgestreckten Arme'.

glands 'Trost', *glandint* 'trösten': lit. *glóstyti*, le. *glāstīt* 'streicheln'? *glandewingei* 'getrost'.

glasso 'Glas' Gr. aus d. Dtsch.

glenptene V. 247 'Strichbrett'.

glodano V. 778 'Blindschleiche': lit. *glodenà*, le. *glûdens*.

glossis V. 604 'Korbweide': lit. *glû'snis* oder *glósnis*.

glosto V. 373 'Wetzstein': lit. *glóstyti*, le. *glāstīt* 'streicheln'; lit. *galą́sti* 'wetzen'; le. *galûds* 'Wetzstein'.

glumbe V. 652 'Hinde': lit. *glùmis* 'hornlos'; gegenüber *ragingis* 'Hirsch' = „gehörnt".

gnabsem 'Hanf' bei Grunau: 'Hanfsamen'.

gnode V. 338 'Teigtrog': abg. *gnětěti*, ahd. *chnetan* ags. *cnedan*.

golimban V. 462 'blau': lit. *gelumbė* 'blaues Tuch', russ. *golubyj*.

goro V. 42 „vuerstant", *garrewingi* 'brünstig': lit. *gāras* 'Dampf', le. *gars* abg. *gorją, goręti*.

gorme V. 41 'Hitze': gr. *θερμός* 'warm' lat. *formus* ahd. *warm* ai. *gharmás* 'Glut'.

gosen 'ein Dreck'. Gr.

grabis V. 28 'Berg': in Ortsnamen *-garbs*: abg. *grъbъ*, gr. *κορυφή*.

grabis in *wosigrabis* V. 611 'Hagebuche': russ. *grab* serb. *grab* poln. *grab* dasselbe.

gramboale V. 781 'Webel'. Ob nicht etwa *vamboale* zu lesen: dann vgl. sich lit. *vambolē* 'Mistkäfer', *wambolis* neben *vābalas, wabuolas* (Leskien Nom. 495).

grandan 'Bräutigam'.

grandico V. 632 'Bohle': lit. *grandà grìndys*; abg. *gręd*ъ 'Balken'.

grandis V. 251 'Ring': lit. *grandis* 'Armband', ahd. *kranz.*

granstis V. 535 'Bohrer': lit. *grę̃szti* 'bohren', le. *grīsnis* 'Drillbohrer', *grīst* 'drehen'.

graudīt in *engraudīs* 'erbarmen': lit. *graudùs* 'herzbewegend', *graũsti* 'wehmütig thun'.

grauwus V. 120 'Seite', *grauwe* V. 121 'Rippe' (*grabwe?*) *grawine* V. 304 'Tunkbrett'?

greanste V. 305 'Strick': lit. *grężiù, grę̃szti* 'drehen', le. *grīst,* lit. *grį̃sztė* 'Wickel', le. *grīste* 'Zusammengedrehtes'.

grēiwa -kaulin 'Riebe': ai. *grīvā* 'Nacken', abg. *griva*, oder *krēiwa* = 'krumm'? lit. *kreĩvas.*

gremsle V. 87 'Nasenknorpel': für *kremsle,* vgl. lit. *kremslẽ* 'Knorpel'.

grēnsings 'beissig' s. pg. 170.

grīkan acc. 'Sünde', Gr. *grecoy*; *grīkit* 'sündigen', *grikaut* 'beichten', *grikausna* 'Beichte'; *grīkenix* 'Sünder': aus dem sl. (abg. *grěch*ъ) entlehnt wie lit. *grēkas*, le. *grīks*; lit. *grēkáuti* 'beichten', *grēszyti* 'sündigen'.

grīmons 'gesungen', *grīmikan* 'Lied': abg. *grimati* 'tönen', gr. βρέμω 'tose', ags. *ceorm* ahd. *karmen* 'Wehklagen'.

grimis in *pagrimis* V. 442 'Brustriemen'.

grobis V. 129 'Darm': lit. *gróbai* 'Gedärme'.

grosis 'Reif' V. 58: abg. *grad*ъ 'Hagel'.

grumins V. 51 'dunreyn': lit. *grumẽnti* 'leis donnern', abg. *gr*ъ*měti*, gr. βροντή **brom-tā.*

grundalis V. 578 'Gründling': lit. *grùndelis*, aus dem Dtsch.

gruntan 'Grund', *grunt-powīrpun*: aus d. Dtsch.

gūbons 'gegangen'; *pergūbans*: abg. *gybati* „movere" gr. κοῦφος 'leicht'.

gudde V. 587 'Gebüsch': lit. *gùd-karklis* 'Saalweide'; serb. *gùdura* 'enges Thal' wenn nicht aus magyar. *gugyor*.
gulbis V. 717 'Schwan': lit. *gùlbis* le. *gulbis* abg. *goląbь* 'Taube' (lit. *balandis* 'Taube' abg. *lebędь* 'Schwan').
gulsennien 'Schmerz': zu *-gulti* 'sich legen'.
gunturei 'führen': lit. *genù gìnti* 'treiben', ai. *han* 'schlagen' abg. *gъnati*, ai. *jū, junāti* 'treibt'.
gunsix V. 162 'Beule': lit. *gùžas* 'Beule'?
gurīns 'arm': zu lit. *gurti* 'bröckeln', le. *gurt* 'ermatten', le. *gurdens* 'matt'.
gurcle V. 97 'Gurgel': lit. *gurklŷs*, abg. *grъlo* lit. *gérti* 'trinken'. gr. *βιβρώσκω* 'verzehre'.

H.

höfftmannin 'Hauptmann', dtsch. Lehnwort.

I.

īst 'essen', *īduns* 'gegessen'; *īdeiti* (I *edeitte*, II *ydieiti*): lit. *ëdmi*, *ësti* le. *ēst* abg. *jamь*, *jasti*; lat. *ēdō*; *īdis* 'Speise' abg. *ědь*, *jadь*, lit. *ėdis* 'Frass' (I *eden* II *ydi*).
ikai, *ickai* 'wann, ob': *ik* + *kai* 'jedesmal wenn'.
iccroy V. 142 'Waden': le. *ikri* russ. *ikry*.
ylo V. 510 'Ahle': lit. *ylà* le. *īlens* ahd. *āla* ai. *ārā* 'Pfriem'.
ilga, *ilgi* 'lange'; *kuilgimimai* — *stuilgimi* 'wie lange — so lange': lit. *ìlgas* le. *ilgs*; abg. *dlъgъ* ai. *dīrghá*.
ilmis V. 234 'Scheune'.
imt 'nehmen'; *imma, imts, imtā*: *ebimmai*, *enimton*, Gr. *ymays* Ench. *inmais* 'nimm': lit. *imù*, *im̃ti*, abg. *imą*, *jęti*, aus **ṇmō*, lat. *emō* von W. *nem-* 'zuteilen', gr. *νέμω* 'teile aus' got. *nima* 'nehme'. *enimmewings* 'angenehm'.
inxcze V. 128 'Niere': lit. *ìnkstas* le. *īkstis* abg. *isto*, *istese* 'testiculus', pl. *istesa* 'renes', lat. *inguen*, ahd. *ancwaiz* 'pustula'.
instran V. 133 'Schmeer': an. *ístra* 'Fett, Schmeer'.
īnsan 'kurz': le. *īſs*.
instixs 'Daumen': le. *īkschkis*, zu *īkss* neben *īss*? lit. *nykszty̆s*.

insuwis V. 94 'Zunge': abg. *językъ*, lit. *lëžùvis* für **įžuvis* nach *lëžiù* 'lecke'.
inwis V. 599 'Eibenbaum'.
ir 'auch': lit. *ir̃*.
irmo V. 109 'Arm': abg. *ramo* neben *ramę* 'Schulter', ai. *īrmás* av. *ar^ema* lat. *armus* ahd. *aram*.
is 'aus': lit. *ìsz* le. *is* abg. *izъ*.

J.

ja aus dem Dtsch.
jagno für *lagno* zu lesen V. 125 'Leber': lit. *jeknos* le. *aknis*, *akne* ai. *yakr̥t* lat. *jecur* gr. *ἧπαρ*.
jau 'je': lit. le. *jau*.
jaukint 'üben': lit. *jaukìnti* 'gewöhnen', zu *jùnkti* 'gewohnt werden'; abg. *v-yknąti* 'gewohnt werden', got. *biūhts*.
jumprawan 'Jungfrau' I *junckfrawen* II *jungprawen*: aus d. Dtsch.
juryay V. 66 'Meer', *jūrin* Ench.: lit. *júrės* le. *jūŗa* lat. *ūrīna* an. *úr* zu ved. *vār* 'Wasser'.
joūs jaus 'ihr' *joūson*, *jūmans*, *joūmas*: lit. *jūs* le. *jūs* av. *yūš* got. *jūs*.
juse V. 377 'Fleischbrühe': lit. *jūszė* 'schlechte Suppe', ai. *yūṣa* 'Brühe', abg. *jucha* gr. *ζύμη* 'Sauerteig' lat. *jūs*.

K.

kaūubri 'Dornen'?
kabīuns wīrst 'wird hangen': lit. *kabù kabëti*.
kadegis V. 608 'eynholz': lit. *kadagỹs*, zu abg. *kaditi* 'räuchern'.
kaden, kadden 'wann': lit. *kadà*, *kadángi* 'weil'.
caican V. 654 'Pferd', in *pausto-c.*: le. *kaikaris* 'Schindmähre'.
kailūstiskan 'Gesundheit': abg. *cělъ*, *cělostь* got. *hails*, vielleicht auch gr. *κοῖλυ· τὸ καλόν·* Hes.
kaimīnan 'Nachbar': lit. *kaimýnas*, le. *kaiminsch* zum folgenden
caymis V. 797 'Dorf', *cayme* Gr. 'Dorf': lit. *kẽmas* le. *zīms* (lit. *kaimas* ist vielleicht preuss. Lehnwort) got. *háims* abg. *pokojь* 'Ruhe'. Auch *kāima-luke* 'sucht heim'.
caymoys V. 105 'Achsel'; ob nicht *cammoys* wegen le. *kamischi* 'Schultern'?

prakāisnan 'Schweiss': lit. *prākaitos* 'Schweiss', *kaitrà* 'Glut': *kaistù kaĩsti* 'heiss werden'.

enkaitītai 'angefochten': le. *kaite* 'Schaden, Leid, Plage', *kaitēja* 'es fehlt mir'; *kaitināt* 'ärgern, necken'.

kaywe V. 433 'kobele': le. *kēwe* stimmt nicht.

kackint 'greifen'; *kackinais* 'reiche dar': lit. *kankù kàkti* 'wohin gelangen', *kākinti* 'gelangen lassen'.

kalabian V. 424 'Schwert'; *kalbīan*: lit. *kalavijas.*

calene V. 231 'Scheune'.

kalis V. 569 'Wels': mhd. *wels* aus **hwalis,* ahd. *wẹlira* 'Walfisch'.

kalmus V. 633 'Stock': lit. *kelmas* 'Stumpf'?

kalo-peilis V. 369 'Hackmesser': lit. *kalù kálti* le. *kalt* 'schmieden'.

kalpus V. 302 'Rungenstock': lit. *kalpa* 'eins der zwei Querhölzer am Schlitten'.

kalso V. 345 'Fladen'.

kalsīwingiskan 'lauter' (falsch übersetzt); *kaltzā, kelsāi* 'sie lauten': gr. *καλέω* aus **καλέσω,* lat. *calare.*

calte 'ein Margk' Gr.

caltestis-klokis V. 656 'Zidelbär'.

kamato V. 267 'Fenchel'.

kamenis V. 222. 515. 'Feuermauer': lit. *kãminas* abg. *kamina.* Stammt es aus poln. *komin?*

kamerto V. 208 'Kammer': aus dem Dtsch. wie lit. *kamarà.*

camnet 'Pferd' Gr.

camstian V. 678 'Schaf'.

camus V. 788 'Hummel': lit. *kamãnė* let. *kammins* 'Erdbiene'.

kanxts, in *ni-* 'unhübsch'; *kanxtā* 'fein', *kānxtai* 'züchtig': zu le. *kōschs* aus **kansis* 'hübsch, fein, zierlich'; *kānxtin* acc. 'Zucht', *kanxtinsna* und *kanxtisku.*

kanowe V. 397 'Tonne': poln. *konew* 'Kanne'.

karyago V. 11 'Heereszug'; *kariawoytis* V. 416 'Heerschau': *kariausnan* 'Kampf': lit. *kãrias* 'Krieg', le. *karsch,* abg. *kara* 'Zank, Streit', ap. *kāra* 'Heer', got. *harjis*; lit. *kariáuti* 'kriegen'.

karige V. 610 'Ebirboem'.

paccaris V. 502 'Riemen': lit. *kariù, kárti* 'aufhängen'.

birga-karkis V. 358 'Kochlöffel': le. *karûte* 'Löffel'.

kārtai 'bitter': lit. *kartùs* zu *kertù* 'schneiden'; vgl. gr. *πικρός*; ai. *kaṭú* 'herb'.

kartano V. 636 'Stange': lit. *kartē̃*, le. *karts*.

pracartis V. 230 'Trog': lit. *prākartas* 'Krippe', zu *kárti* 'hängen'?

karczemo V. 382 'Krug': lit. *karczamà* aus p. *karčma*, wr. *korčma*.

kas, quai; kasmu; quai, neutr. *ka; kāi, kan*: lit. le. *kàs* ai. *kas* Relativpronomen.

kasschis 'Schoss': deutsch 'Kasse'.

cassoye V. 526 'Messing'.

catto V. 665 'Katze': lit. *katē̃* le. *katins* abg. *kotьka* lat. *catus*.

catils V. 355 'Kessel': lit. *kātilas* le. *katls* aus germ. got. *katils* (das aus *catīnus* stammt) entlehnt, wie auch abg. *kotьlъ*.

cawx V. 11 'Teufel': lit. *kaukaĩ*.

caulan V. 155; nom. *kaulei*, pl. *kaulins*: lit. *káulas* le. *kauls* 'Stengel, Knochen'; lat. *caulis* 'Stengel', gr. *καυλός*.

kaules V. 609 'Dorn': lit. *kaulìnės* 'Hagedorn', le. *kaulenāji* 'Steinbeerenstrauch'.

caune V. 663 'Marder': lit. *kiáunė* le. *zauna* russ. *kunica* serb. *kuna*.

kāupiskan 'Handel': abg. *kupiti* 'kaufen': aus dem germ. got. *kaupōn* 'Handel treiben', wie abg. *kupiti*.

enkausint 'anrühren': lit. *kùszinti* le. *kustēt* 'anrühren'; lit. *kuszė́ti* 'sich rühren'.

keiserin 'Kaiser', aus dem Dtsch.

keytaro V. 54 'Hagel'.

keckers V. 264; Gr. *keckirs* 'Erbse', *licutkekers* 'Linsen': le. *kekkars* 'Traube' (entlehnt), lit. *kekē̃* lat. *cicer*.

kexti V. 70 'Zopfhaar': abg. *kosa* 'Haarflechte', lit. *kasà* ahd. *hār* an. *haddr*, ags. *heord;* abg. *česati* 'kämmen'.

kekulis V. 495 'Bademantel': le. *zekulis* 'Troddel, Quaste', ai. *kukūla* 'Hülle', lat. *cuculleus* 'Kapuze' got. *hakuls* 'Mantel'.

kelan V. 295 'Rad': *keleranco* V. 303 'Runge' = 'Radhand'; *maluna-kelan* 'Mühlrad': abg. *kolo, kolese*.

kelian V. 422 'Speer'; *kellaxde* V. 423 'Speerschaft'.

kelks 'Kelch' aus dem Dtsch.

kelmis V. 474; *chelmo* Gr. 'Hut': got. *hilms* ahd. *helm*: das Preuss. scheint entlehnt.

kerberse V. 614 'wirsenholz': lit. *kẽras* 'Baumstumpf' le. *zers* 'Strauch'.

kērdan 'Zeit': abg. *čréda* 'Wechsel'; got. *hairda*, ahd. *herta* 'Herde, Wechsel'; ai. *śardha-* 'Schar, Herde' weicht im gutt. ab.

kerko V. 758 'Taucher': lit. *karkiù*, *kárkti*, le. *kerzu kerkt* 'quarren'; lat. *querquedula*; gr. *κέρκος* 'Hahn' ir. *cerc* 'Ente'; gr. *κέρκαξ*· ἱέραξ, *κερκιθαλίς*· ἐρωδιός ai. *karkara-* 'Rebhuhn'.

kērmens 'Leib, Körper': ai. *śarman-* 'Bedeckung' stimmt im gutt. nicht; vielleicht *cor-pus* zu vergleichen. Dazu *kēr-meniskan*, *enkerminints*, *kermeniskans* „fleischlich"; abg. *črěvъ*.

kerpetis V. 72 'Hirnschädel': abg. *črěpъ* ahd. *scirbi* 'Scherbe'; ai. *karpara*.

kersle V. 534. 549 'Axt'; *kyrteis* 'schlage' Gr. *kirtis* V. 163 'Hieb': lit *kertù*, *kir̃sti*, le. *zertu zirst* 'hauen', lit. *kirtỹs* le. *zirtins* 'Hieb'.

kettwirts 'der 4 te', *ketwirta* fem: lit. *ketvir̃tas*, le. *zeturtàis*, abg. *četvrъtъ*, gr. *τέταρτος* ai. *caturthás*.

ketwirtice V. 21 'Donnerstag' (für *ketwirtire*): r. *četvertok*: lit. *ketver̃gas*; aus dem sl.

keuto V. 156. 497 'Haut': lat. *cutis* ahd. *hūt* gr. *κύτος* lit. *kiautaĩ* 'Hülsen'.

keutaris V. 762 'Ringeltaube' zu vorigem?

ep-kieckan, wohl *epkeickan* 'Laster' zu lesen: lit. *keikiù keĩkti* 'fluchen, schmähen'.

kylo V. 771 'Bachstelze': lit. *kẽlė*, lett. *zîlawa*, lit. *kylė́ti* 'ein wenig aufheben', gr. *κίλλουρος* aus **κίλια*, gr. *κίω* 'sich bewegen'.

kymis V. 501 'Hosenleder'.

kimchel V. 144 etwa *kinklei* 'Gelenk' zu lesen?: lit. *kìnka* 'Kniegelenk', *kenklė̃* 'Kniekehle'.

erkīnint 'erledigen'.

kiosi V. 402 'Becher': abg. *čaša* 'Becher'.

kirdīt 'hören', *kīrdimai*: durchweg mit *k*: lit. *girdéti*, le. *dſirdēt*. Das *k* ist unerklärt.

kīrkin acc. 'Kirche'. Gr. *kyrkoy*: aus dem Dtsch.

kirno V. 637 'Strauch': lit. *kìrna* 'Strauchband' russ. *čerenok* 'Propfreis'; lat. *cornus* gr. *κράνον* 'Kornelkirsche'.

kirscha 'über', *kērscha*: abg. *črěsъ* 'ultra' lit. *skeřsas* 'quer', lat. *cerro* 'Querkopf', gr. *ἐπικάρσιος* 'schräg'.

kirsnan V. 460 'schwarz': ai. *kṛṣṇa*, abg. *črъnъ*.

kisses V. 478 'Pelz': abg. *koža* 'Haut, Pelz'.

kīsman 'die Weile': abg. *čěsъ*, daraus lit. *czēsas*. *kīsmingiskai* 'zeitlich'.

kittan, *kittans* 'andere': lit. *kìtas* le. *zits*.

claywio V. 375 'Seitenfleisch'?: lit. *klìvas* 'krumm'.

klantīt 'fluchen', *klantemmai* 'wir fluchen': abg. *klьnq*, *klęti*, *klętva* 'Fluch', aus **klontīt*.

clattoy V. 292 'Klette' aus d. Dtsch.

klausīton, *klausēmai*: lit. *klausaũ klausýti*, le. *klausīt* 'hören, gehorchen': abg. *sluchъ*, ai. *śravanam*, lat. *inclutus*, gr. *κλυτός*, got. *hliuma*: Im balt. weicht der gutt. ab. Dazu *klausīwings* 'Beichtiger', *poklusmai poklusmingiskai* 'gehorsam'.

klexto V. 333 'Kehrwisch': lit. *klastýti* 'abfegen', *auklextes* 'Oberkehr': lit. *nůklastaĩ* 'Getreideabfegsel'.

clenan V. 194 'Kleet'.

klente V. 673 'Kuh'; Gr. *clynth*: russ. *kl'áča* 'Schindmähre'.

clines V. 336 'Kleien': lit. *klýnės*, le. *klijas* aus dsm dtsch.

auklipts 'verborgen': gr. *κλέπτω* lat. *clepo* got. *hlifa* 'stehle'.

clokis V. 655 'Bär'; *caltestisklokis* 'Zidelbär': lit. *lokỹs* le. *lāzis*: woher aber das *k* des pr.?

clumpis V. 216 'Stuhl': abg. *kląpь* 'scamnum'.

klupstis V. 140 'Knie': lit. *klumpù klùpti* 'niederknien', *klúpoti* 'knieen' le. *klupt* 'straucheln'.

knaistis V. 36 'Brand': ahd. *ganehaista* für *gahnaista*, *gneiss*; an. *gneisti*.

knapios V. 268 'Hanf', Gr. *gnabsem*: lit. *kanāpės* le. *kan'epe*: abg. *konoplja* lat. *cannabis* ahd. *hanaf*: altes Lehnwort, dessen Ursprung dunkel.

kniēipe 'schöpft'.

coaris V. 232 'Banse': zu *kariù kóriau kárti* 'hänge'.

coestue V. 559 'Bürste': *coysnis* V. 558 'Kamm': lit. *káiszu, káiszti* 'schaben', *kaiszýti* 'hin und her stecken'.

komaters V. 183 'Gevatter'; Gr. *comatter*: abg. *kъmotrъ*.

konagis V. 405 'König': lit. *kùningas* 'Pfarrer', le. *kungs* 'Herr', aus d. Dtsch.

kopts, enkopts 'begraben': lit. *kapóti* le. *kapāt* 'graben', abg. *kopati* gr. *κάπετος* 'Grube', lat. *capulus* 'Sarg'.

corbis V. 306 'Korbgeflecht': r. *korob*; aus dem Dtsch. *korb*.

cordo 'Strick' in *aklo-cordo* (s. d.): poln. *korda*.

korto V. 698 'Gehäge': gr. *κάρταλος* 'Korb' lat. *crātes*, got. *haúrds*, ai. *kaṭa* 'Geflecht'.

cosy V. 96 'Kehle': lit. *koserė̃* 'Luftröhre'; *kósiu* 'huste' ags. *hwósta*, ai. *kā́sati*.

kose (für *kote*) V. 724 'Dohle': lit. *kû'sas* le. *kûsa*.

coswarnis (für *colwarnis*) V. 726, 'Saatkrähe', zu vorigem.

kragis V. 410 'Heer', siehe *carya-*.

kragis V. 400, Gr. *cragge*: 'Krug': lit. *krãgas* 'Kanne'.

crays V. 289 'Heu', *craysi* V. 275 'Halm'. Gr. *crayse*: vielleicht ahd. *hrīs* 'Zweig', got. *hrisjan* 'schütteln'.

kracco V. 744 'Schwarzspecht': lit. *krakis*; *kárkti* le. *krākt* russ. *krakat'* 'krächzen'.

kraclan V. 118 'Brust' zu vorigem.

cramptis V. 539 'Nagel': Dtsch. *krampe*?

crauyo V. 160 'Blut'; *krawia* Ench.: lit. *kraũjas* abg. *krъvь* ahd. *hrā*, ai. *kravyam* 'rohes Fleisch'; dazu *crauyawirps* V. 551 'Aderlasser'.

crausy V. 617 'Birnbaum': lit. *kráuszis*; *crausios* V. 618 'Birnen': lit. *kráuszė*.

creslan V. 217 'Lehnstuhl': lit. *krė́slas* 'Stuhl', abg. *krěslo*, le. *krēsls*.

krichaytos V. 621 'krichen': lit. *krýkė* 'kleine Pflaumenart', aus dem Dtsch. mhd. *krieche* (ahd. *chriachboum*), ndl. *kriek* 'Pflaumenschlehe': im letzten Grunde auf **graeca* zurückzuführen.

crixtitwi 'taufen'; *as crixtia* 'ich taufe'; *crixti-laiskas* 'Taufbuch'; *crirtissenien* 'Taufe' *crixtisnā* dass. *crixtnix* 'Täufer':

lit. *krìksztyju*; le. *kristīt*; aus d. Sl. wr. *chrescic'*. russ. *krestit'*.

crixtiānai 'Christen', *crixtiāniskas* 'christlich'; *crixtiāniskan* 'Christenheit', *kristionisco* V. 794 'Christenheit' poln. *chres'c'jan chres'c'janka*.

krixtieno V. 741 'Erdschwalbe': lit. *kregżdě* 'Schwalbe'.

krūt 'fallen': *kruwis* V. 167 'Fall': S. pg. 167.

krumslus V. 116 'Knebel': lit. *krumslÿs* 'Knöchel', le. *krumslis*.

crupeyle V. 780 'Frosch': le. *krups* 'Kröte'; *kraupis* 'Kröte'; 'Krätze, böser Hautausschlag'; daher dazu noch lit. *krůpė* 'Blatter, Pocke'.

kugis V. 426 'Degenknauf'; *cugis* V. 518 'Hammer': lit. *kúgis* und *kujis*.

cuylis V. 683 'Eber': lit. *kuilÿs*, le. *kuilis*.

cucan V. 465 'braun'.

kukore V. 348 'Küche': lit. *kùkorius* 'Koch', poln. *kuchař*; das pr. ist wie das lit. entlehnt.

kuliks V. 487 'Beutel, Tasche': lit. *kulìkas* le. *kula*, lat. *culleus* 'lederner Sack'.

kulnis V. 143 'Enkel': lit. *kulnìs*, *-ĕs* 'Ferse, Hacke'.

culczi V. 138 'Hüfte': lit. *kùlszis*, *kùlszė* 'Hüfte'.

kumetis V. 409 'Bauer': lit. *kùmetis* 'Instmann', abg. *kъmetь*.

kūmpinna 'hindert', *etkūmps* 'wiederum': lit. *kum̃pas* 'krumm', ai. *kumpa* 'lahm', got. *hamfs*, gr. *καμπή* 'Biegung'.

cunclis V. 272 'Raden': poln. *kąkol*, lit. *kūkalei*, le. *kůkali*.

kūnt in *pokūntons*, *pokūnti* 'pflegt', *pokuntieis*; *pokūnst*.

kuntis V. 113 'Faust': lit. *kùmstė* 'Faust'?

kupsins V. 46 'Nebel': lit. *kvāpas* 'Dampf' lat. *vāpor* le. *kupēt* 'rauchen'.

kūra 'baut': lit. *kuriù kùrti*, gr. *κραίνω* 'bewirke', lat. *crēare*, ai. *tuvi-kūrmí* 'mächtig wirkend'.

kurpe V. 509 'Schuh'; Ench. *kurpi* Gr. *corpe*: lit. *kùrpe* le. *kurpe* gr. *κρηπίς*.

curpelis V. 509 'Leisten': lit. *kurpālius*.

curpis V. 519 'Schmiedestock'; alle zu *kurpe*, vgl. gr. *κρηπίς* 'Schuh und Sockel'.

kurteiti 'irret': lit. *kvarczyti* 'belästigen, quälen'.

curtis V. 700 'Windhund': lit. *kùrtas* le. *kurts* abg. *chrъtь*, ags. *hryþþa*; das balt. aus dem sl., dieses aus dem germ.

kurwis V. 672 'Ochse'; *kurwan* acc. Ench.: lit. *kárvė* gr. *κεραός* lat. *cervus* 'Kuh'.

kuslas 'schwach', *kuslaisin*: lit. *kùszlas* le. *kusls* 'schwach, schlecht von Gewächsen'; *kust* 'schmelzen, tauen, ermüden'.

qāits 'Wille'; *quāitings* 'willig'; *quoitīt* 'wollen', *labbaiquoitīsnan* 'Wollust'; *poquoitīsnan* 'Begehren', *quoi* 'will': lit. *kvëczù kvė̃sti* 'einladen', lat. *invītus* gr. *κοῖται* 'Gelüste', ai. *kēta*. *quoi* aus **quoi̯t* ist 3. sg. zu **quois*, das in lat. *vīs* vorliegt.

queke V. 635 'Stakel': le. *tschuka* 'Knüttel'?

po-quelb-ton 'knieend': got. *hvilftri* 'Bahre', an. *hvelfa*, ahd. *welban* 'wölben'.

L.

labban 'wohl, gut'; *labbas* 'gut'; Gr. *labbis* 'Gut'; *labbisku* dass. *labbings* 'gütig': lit. *lābas* 'gut', *lōbis* 'Besitz', gr. *ἔλαβε* 'nahm'; ai. *lábhate* 'erfüllt, besitzt', gr. *λάφυρον* 'Beute'.

ladis V. 56 'Eis': lit. *lẽdas*, le. *ledus* abg. *ledъ*; zu gr. *λίθος* wie z. B. mhd. *kisel* „Kieselsteine" und „Schlosse" bedeutet?

lagno V. 481 'Hosen'.

laydis V. 25 'Lehm': alb. *l'eϑ-ði* 'feuchter Ton'.

laygnan V. 98 'Wange': abg. *lice*, ir. *lecco*; (*laycnan* zu bessern).

laikūt 'halten' (*erlaikut*, *prei-*, *po*): lit. *laikýti*, zu *lik-*, *lėk-*; gr. *λοιπός* 'übrig'; *aulāikings* 'enthaltsam'.

lailīsnan 'Marter': le. *lîls* 'gross, schlank', s. S. 145.

laims 'reich': lit. *láima* 'Glück', *laimùs* 'glücklich'; le. *laime laimīgs*. *laimingiskai* 'reichlich'; ebenso *laimiskan*.

laipinnans 'befohlen'; *laipinna* 'befahl' Gr. *lapynna*; *polaipinne* 'beginnen'; *polaipīnsan* 'Befehl', *pallaips* 'Gebot'; *pallaipsītwei* 'begehren': lit. *lëpiù lė̃pti*, gr. *λίψ· ἐπιθυμία* Hes., gr. *λίπτω* 'begehren'.

laipto V. 248 'Pflugsterze': lit. *lėptas* 'Steg'?

layso V. 27 'Letten' etwa zu *laydis* aus **laid-sā*?

laiskas 'Buch', *laiskan*: lit. *laĩszkas* 'Blatt, Zettel'.

laitian V. 381 'Wurst': č. poln. *jelito* 'Darm'?

laxde V. 607 'Hasel'; *kellaxde* 'Speerschaft': lit. *lazdà* 'Hasel und Stock'; le. *laq/da, la/da* dasselbe; alb. *l'aiϑï*.

lactye V. 476 'kurse'.

landan 'Speise'.

erlāngi 'erhebe'; *lāngiseilingins* 'einfältig': lit. *lingů'ti* 'schweben', s. p. 143.

lāngewingiskai 'einfältig', *langwingiskai*: zu lit. *leñgvas* 'leicht'? vgl. *lengvỹbe* 'Sanfmut'.

perlānkei 'gebühret': lit. *perleñkis* 'Anteil', *lankýti* 'zukommen'; *lānkinan deinan* 'Feiertag'.

lanxto V. 213 'Fenster'; *perstlanstan* 'Fensterladen': lit. *lángas*, le. *lůgs*; zu *langóti* 'schweben'.

lanctis V. 360 'creugel': lit. *lenkiù* 'biege', *lenktė̃* 'Biegung'.

lape V. 658 'Fuchs': lit. *lãpė*, le. *lapsa*; Hes. ἀλωπά·ἡ ἀλώπηξ; *lapiwarto* V. 212 'Pforte'.

lapinis V. 359 'Löffel': gr. λοπάς 'Schale, Schüssel', gr. λέπω 'schäle'.

lasasso V. 553 'Lachs'; *palasassis* V. 574 'Bore': lit. *lasziszà* 'Lachs' le. *lasis*, russ. *losos'*, ahd. *lahs*.

lasinnuns 'geleget', *lasinna* 'legte': abg. *ležati* 'liegen', *ložiti* 'legen', got. *lagjan*: das Preuss. weist auf *ĝ*. *palasinson* 'Kapitel': wie lit. *padėjimas* zu *dėti*.

lasto V. 209. 492 'Bett': lit. *lastà* 'Brutnest', le. *lāksts* dasselbe.

lattaco V. 543 'Hufeisen': zu lit. *lė̃das* u. *tekù* 'laufen', vgl. lit. *ledżįgà* zu *żengiù*.

aulaūt 'sterben', *aulausennien*: lit. *liáutės* 'aufhören'; gr. λύω löse; ai. *lū* 'zerreissen'; got. *fraliusan* 'verlieren'.

lauks 'Feld', *laukan* acc. *lauca-gerto* V. 768 'Rebhuhn': (le. *lauku irbe* 'Rebhuhn'): lit. *laũkas* le. *lauks* ai. *lōká* 'freier Raum, Welt'; lat. *lūcus* ahd. *lōh* 'Bruchwald'.

laukīt 'suchen', *luke* 'sucht': lit. *láukiu, láukti* 'warten, erwarten'; *lukù lukėti*; le. *lūkůt* 'schauen', gr. λεύσσω 'sehen'.

laukinikis V. 407 'Lehnsmann': lit. *laukiniñkas* 'Landmann'.

lauxnos V. 4 'Gestirne': av. *raoxšna-* 'leuchtend' alat. *losna* 'Mond' aus **loucsna*; gr. λευκός ahd. *liehsen*.

laustineiti 'demütigt euch'. *laustīngins* 'demütig', von **lausta* 'Betrübnis': lit. *liustù* 'traurig werden'. *laūstīngiskan* 'Demut'.

liede V. 561 'Hecht': lit. *lydekà* le. *līdaka, līdeks*.

lieiton 'gegossen', *pralieiton* (einmal *līuns*): lit. *lëju lëti* 'giessen', le. *leiju lit*, abg. *liją liti*.

līgan, *lÿgan* 'Urteil, Gericht'; *līgint* 'richten': lit. alt *lygus* 'Gericht', *lygùs* 'gleich', le. *līdſens*, got. *galeiks* 'gleich'.

polīkins 'bescheret', (wohl *polīkuns*); *polāikt* 'bleiben', *polīnka* 'bleibet': lit. *lëkù likti* 'lassen, übriglassen', lat. *linquō*, gr. λείπω ἔλιπον; abg. *otъlěkъ* 'Überbleibsel'.

licte 'Licht' Gr.: lit. *liktìs*, aus dem Dtsch.

licuts 'klein', *licutkeckers* (für *lituckeckers*) V. 271 'Linse' (= kleine Erbse').

limtwei 'brechen': le. *limt* 'unter einer Last zusammenbrechen', abg. *lomiti* 'brechen'; gr. νωλεμές 'ununterbrochen'.

linno 'Flachs' Gr.: lit. *lìnai* le. *lini* abg. *lьnъ*.

lindan 'Thal' zu *lendù*, lit. *lìndynė* 'Schlupfwinkel'.

lingo V. 447 'Steigbügel'; *nolingo* v. 453 'Zügel': lit. *lingů'ti* 'schweben, wiegen'.

linis V. 571 'Schleie': lit. *lýnas*, le. *līns* sl. *linь*; gr. λινεύς 'ein Meerfisch', ahd. *slio* 'Schleie'.

lipe V. 601 'Linde': lit. *lëpa* le. *lipa* sl. *lipa*.

līse 'kriecht', *līsuns* 'gefahren': abg. *lězą lěsti* 'kriechen', le. *lēſs*, *lēſns* 'flach'; le. *lēſchāt* 'rutschen'.

lyso V. 242 'Beet': lit. *lýsė* abg. *lěcha* 'Ackerbeet', lat. *līra* 'Furche' ahd. *leis*, nhd. *geleise*.

lisytyos V. 545 'Notstall': serb. *lèsa* 'crates', poln. *lesica* 'Gitterkasten'; wohl entlehnt.

listis V. 412 'Lager'; zu einem **lest* zu *lasint*, wie *lasto* 'Bett'?

loase V. 493 'Bettdecke': lit. *lazaĩ* 'Deckstücke'.

lobis 'Schädel' in *arglobis* V. 76 'Scheitel': *arg-* ist = Ench.

ergi bis (*surgi* 'um'): abg. *lъbъ* 'Schädel', wie lit. *peȓgalvis* 'Genick' gebildet.

locutis V. 562 'Brassen'.

lonix V. 671 'Stier': lit. *lóné* 'Hirschkuh', abg. *lanь* (vgl. *kurwis*: lat. *cervus*).

lonki V. 800 'Fusssteig'; zu *lenkiù?*

lopis V. 44 'Flamme': le. *lāpa* 'Kienfackel', gr. *λαμπρός* 'leuchtend'; cymr. *llachar* 'glänzend', ir. *lassair* 'Flamme'.

lopto V. 548 'Spaten': lit. *lopetà* le. *lāpsta*, r. *lopata.*

lūb in *lubilaiskas* 'Traubuch', *lūbnigs*, *lūbeniks* „copulator"; *salūbsna* 'Ehe', *salubiskan* 'ehelich', *sallūbs* 'Gemahl': entlehnt aus dem sl.: poln. *ślubić* 'geloben, sich trauen lassen'; *śľub* 'Gelöbnis, Trauung': lit. ebenfalls entlehnt *saluba* Nesselm.; *szlūbas* 'Trauung' (auch *sallaūbai, sallaūbiskan* mit Diphth.)

lubbo V. 206 'Brett': lit. *lubà*, le. *luba* 'ein Vorbau'.

ludini V. 186 'Wirtin'; *ludis* V. 185 'Wirt'; Gr. *ludysz* 'Mensch': le. *l'audis* 'Mensch', abg. *ljudije*, mhd. *liut* 'Volk': zu W. *ludh* 'wachsen': got. *liudan*, got. *svalauþs* 'so gross', ai. *rṓdhati* 'wächst'.

lugis V. 341 'Kuchen'.

luysis V. 666 'Luchs': lit. *lúszis*, le. *lūsis* Luchs.

luckis V. 640 'Holzscheit': nsl. *luč* 'Holzscheit' serb. *luč* r. *luča* 'Kien'.

lunkan V. 644 'Bast'; *scanu-lonx* 'Seidelbast': lit. *lùnkas* le. *lūks* abg. *lyko.*

lunkis V. 199 'Winkel': lit. *lankà* 'Thal' zu *leñkti* 'biegen'.

M.

maddla 'Bitte', *maddlan*, *maddlin*; *madlīt* 'bitten': lit. *maldà*: aus dem poln. *modla, modlić*: da sonst nicht das *dl* gegenüber dem lit. erklärt werden könnte; *madlisna* 'Gebet'; *madlikan* 'Gebetlein'.

mais 'mein': abg. *mojь.*

maygis l. *pelemaygis.*

maysotan V. 466 'gemengt': lit. *maiszýti* le. *maisīt* 'mischen'; abg. *měsiti* lat. *misceō* aus **micsceo*, ai. *miśrá.*

maysta 'Stadt' Gr.: vielleicht die dem abg. *město* urverwandte Form; V. 796 *mestan*, lit. *mëstas* sind entlehnt.

maitātun sin 'sich nähren'; *pomaitāsnan* 'Nahrung': lit. *maitìnti* 'ernähren', lit. *mintù misti* 'sich erhalten'.

maytter Gr. 'Schalck'.

maitint 'verlieren', *ismaitinton* 'verloren': lit. *maità* 'Aas', le. *maitât* 'verderben', got. *maidjan* 'verfälschen'.

nomaytis V. 684 'Borg': lit. *maĩtelis* 'Mastschwein', zu *maitât*.

max in *dantimax* V. 93 'Zahnfleisch': le. *maks* 'Beutel, Tasche', *makstis* 'Scheide'; lat. *maxilla* 'Kinnbacken'. Zur Bedeutung vgl. gr. *οὖλον* 'Zahnfleisch': *οὖλις* 'verhüllend', *οὐλάς* 'Ranzen'.

maldai nom. pl. 'jung'; *maldaisei* 'Jünger', *maldūnin* 'Jugend', *maldenikis* V. 189 'Kind'; dazu auch *malnīks*? *maldūnin* 'Jugend'.

maldian V. 438 'Füllen': abg. *mladę mladenьcь* 'Kind'; *mladъ* 'jung', aus **moldъ*.

malko für *nalko* Gr.: lit. *málka* 'Holz'.

malkis V. 579 'Stint'.

maltnyka Gr. für *haltnyka* 'Kind', s. *maldai*.

maltan, in *piwamaltan* V. 384 'Malz', aus d. Dtsch.

malunis V. 316 'Mühle': *maluna-kelan*, *maluna-stabis*: lit. *malūnas* lit. *malù málti* le. *malt* mahlen, abg. *mьlinъ*; *meljq mlěti*, ir. *melim*, lat. *molo*, got. *malan*.

mandiwelis V. 318 'Quirl': für *mantiwelis*: zu poln. *mątew* abg. *mątiti*, lit. *męsti* 'turbare', *mentùrė* 'Quirl', ai. *mánthati* 'rührt', an. *mǫndull* 'Drehholz'.

manga 'Hure' Gr. *mangoson* 'Hurensohn': lit. *iszmanginis*, *mangininkas* stammt aus dem preuss.: gr. *μάγγανον* 'Trugmittel', *μαγγανεύω* 'betrüge', lat. *mango* 'Aufputzer'.

mary V. 65 'Haff': lit. *mãrės*; abg. *more* 'Meer' got. *marei* lat. *mare*.

martan 'Braut', *martin*: lit. *marti*, le. *marscha* 'des Bruders Frau' gr. *Βριτόμαρτις* 'dulcis virgo'; gr. *μεῖραξ*, ai. *maryaká* 'Männchen'.

massais 'weniger': lit. *mãžas*, le. *maſs* 'klein'.

massi 'kann', *musīlai* 'möge': abg. *mogą*, gr. *μᾶχος* lat. *magnus*; das preuss. weicht wieder im Gutt. ab.

mattei, en mattei 'in Massen': aus dem Dtsch.

mealde V. 52 'Blitz': abg. *mlъnija* ai. *mṛdhnāti* 'reibt heftig, vernichtet'; *mardhana* 'das Zermalmen' an. *mjølnir* 'Thors Hammer'.

medenix taurwis V. 766 'beerhun' (für *tatarwis*? le. *medens, mednis* 'Auerhahn', zu

median V. 586 'Wald': lit. *mẽdis* 'Baum', le. *me/chs* 'Wald'. Dazu *medies* V. 696 'Jäger': lit. alt. *medijas*, heute *medėjas*; *medione* V. 699 'Jagd': lit. *medžiónė*.

medinice V. 357 'Becken': abg. *mědьnica* wohl entlehnt.

meddo V. 391 'Honig': lit. *medùs* le. *medus* abg. *medъ* ai. *madhu* gr. *μέθυ* ahd. *metu, mitu*.

melato V. 743 'Grünspecht': lit. *meletà*.

meleis in *pomeleis* Gr. 'leck': le. *mēle* 'Zunge'.

melcowe V. 48 'Merzline': got. *milhma* Wolke.

melne V. 161 'blauer Fleck': le. *melns* 'schwarz' ai. *malina* 'schmutzig', dazu *mīlinan* 'Flock': ahd. *māl*, got. *mēljan* 'schreiben'.

meltan V. 335 'Mehl': lit. *miltai*, le. *milti* 'Mehl'; gr. *ἀλέω*, aus **m̥léi̯o* 'mahle', s. *malunis*.

menentwey 'führen' I; *menisnan* I 'Gedächtnis', *pominīsnan*; *auminius* 'bedrängt' (eigentlich betrübt): lit. *miniù* 'gedenke', abg. *mьnją* 'meine', ai. *mányate* 'meint'; *manyúṣ* (pr. *-minius*) 'zornig', gr. *μαίνομαι*; vgl. zu *emnen menentwey* lit. *ką kókiu vardù pramiñti* 'jemand mit Namen nennen'.

menig V. 8 'Mond': lit. *mėnů* le. *mēnes* gr. *μήν* ahd. *māno*; verschrieben.

mensā 'Fleisch',; *menso* V. 154. 374: ai. *māṃsa-* 'Fleisch', got. *mimz* lat. *membrum* aus **mēmsrom* abg. *męso*, le. *mīsa*. Lit. *mėsà* entlehnt aus *m'aso*.

mēntimai 'wir lügen': abg. *mętą męsti* 'turbare', gr. *μάτην* 'vergeblich': (vgl. *prowela-*), *ματή* 'Fehler, Vergehen'.

mergu Gr. *merguss*, V. 192 *mergo* 'Jungfrau': lit. *mergà*, air. *merch*.

mes 'wir': lit. *mẽs* le. *mes*.

mestan V. 796 'Stadt' s. *maysta*.

pomests 'unterworfen', *metis* V. 166 'Wurf': lit. *metù mèsti*, le. *mest*, abg. *mětati*; *pomettewings* 'unterthan'. Dazu auch *pamatis* V. 146. 505 'Fusssohle, Sohle': lit. *pãmatas* le. *pamats*.

ismigē 'entschlief', *enmigguns* 'eingeschlafen'; Gr. *meicte* 'schlafen'; *maiggun* acc. 'Schlaf': lit. *mingù mìgti*, lett. *mīgu migt*, lit. *mẽgas*, le. *migs*.

mixkai 'deutsch'.

mīls 'lieb'; *mӯlan* 'Liebe'; *milӯt* 'lieben': lit. *mẽlas*, *mylẽti*, le. *mīli* 'lieb, gern'; *mīlēt*, *mīlût* 'gern haben'; abg. *milъ* 'lieb, wert'; lit. *méilė* 'Liebe'; gr. μιλίσσω 'besänftige', μείλιχος 'sanft'.

milan V. 455 'gewant': lit. *mìlas* 'Tuch' le. *mila* 'grobes Bauernkleid' gr. μαλλός 'Zotte'.

mynix V. 511 'Gerber': lit. *mìnti* 'treten', *minìkas* 'Treter', le. *minu mīt*, *ādu mīt* 'gerben'.

mynsis V. 380 'Schmeer'; *mynsowe* V. 364 'Schüssel'.

ermīrit, *pomīrit*; *pomīrisna* 'Gedanke': abg. *měryti*, p. *mierzyć* 'ermessen'; wie lit. *mẽryti* aus dem slav.

miskilis V. 246; *miskils* V. 299 'Schiene'.

mistran 'Fürst': Aus dem dtsch. *meister*.

moargis V. 239 'Morgen'. Aus d. dtsch.

moazo V. 178 'Muhme': lit. *mõsza* 'd. Mannes Schwester', le. *māse* 'Schwester'.

moasis V. 516 'Blasebalg': abg. *měchъ* ai. *meṣá* Widder, Fell, Schlauch'; an. *meiss* 'Weidenkorb'.

moasis V. 261 'Gerste'; Gr. *mayse* fälschl. 'Weizen': lit. *mẽžei* let. *mi/chi*.

moke V. 265 'Mohn': abg. *makъ* gr. μήκων, ahd. *māgo*.

moska Gr. 'leimet': r. *mazka* 'Tünche'?

mosuco V. 662 'Wiesel': lit. *mažùkas* 'Weindrossel', beide zu *mãžas*.

mothe V. 170 'Mutter', *māti* Ench.: lit. *mótė* 'Weib', le. *māte* abg. *mati*, lat. *māter* dor. μάτηρ, as. *modar*.

aumūsnan 'Abwaschung': abg. *myti*, lit. *máudyti* 'baden', gr. μύδος 'Nässe', μυδαλέος 'feucht', mnd. *mūten* 'das Gesicht waschen'.

muisieson 'grösseren', S. pg. 211.

wissemūkin 'mächtig'; *mukint* 'lehren', *mukinsnan* 'Lehre', *mukinewis* 'Lehrer', *mukinnewingins*: lit. *móku*, *mokė́ti* 'vermögen'; *mokìnti* 'lehren', le. *māzīt*, gr. *μάκαρ*, *μήκιστος*.

murrawuns 'gemurret' aus dem dtsch.

muso V. 782 'Fliege': lit. *musė̃* le. *mūscha*, abg. *mъcha* gr. *μυĩα* aus **musįā*, lat. *musca*.

musgeno V. 74 'Mark': abg. *mozgъ* 'Mark', lit. *mazgóti* 'waschen', ai. *majján* 'Mark', *májjāmi* 'tauche unter'.

musīngis s. *massi*, *musīlai*.

N.

na 'nach, gemäss'; *no*: wie lit. *nů̃-nù*: abg. *na*, gr. *ἄνω*.

nabis V. 123 'Nabel', V. 297 'Nabe': le. *nāba* 'Nabel', ai. *nābhis*, *nābhīlam* 'Nabenvertiefung'; *nábhya* 'Radnabe' ahd. *naba* lat. *umbō*, *umbilīcus* gr. *ὀμφαλός*.

nadele V. 17, wie lit. *nedėlė* 'Sonntag' aus dem sl. poln. *niedziela*.

nage V. 145 'Fuss'; *nagepristis* V. 149 'Zeh', Gr. *noye* 'Bein', abg. *noga* 'Fuss'.

nagis V. 371 'Feuerstein': lit. *tìt-nagas?*

nagotis V. 349: 'erintop, Topf mit Füssen', zu *nage*.

nagutis V. 117 'Fingernagel': lit. *nagùtis* zu *nāgas* le. *nags*; abg. *nogъtъ*; ahd. *nagal*; lat. *unguis*, gr. *ὄνυξ* ai. *nakhá* 'Nagel am Finger'.

naktin 'Nacht': lit. *naktìs* le. *nakts* abg. *noštь*, gr. *νύξ*, lat. *nox*, *noctis*, got. *nahts*, ai. *nakta- nakti-*.

naricie V. 664 'tufelskint' d. i. 'Iltis': klr. *noryća* 'Fischotter'; abg. *norьcь* 'Taucher'; r. *norka* 'Feldmaus', *norok*; zu lit. *nérti*: *įsinérti* 'einschlüpfen'.

nauns 'neu': lit. *naũjas* abg. *novъ*, got. *niujis*, gr. *νέος*, lat. *novus* ai. *nava*. Anlehnung an *jáunas* im Suffix; *naunīngs* 'Neuling', *ernaunīsnan* 'Erneuerung'; I hat *nawans*.

nautin, *nautien* 'Not': got. *nauþs* 'Zwang, Not', ahd. *nōt*.

neggi 'noch' nach *ni*: lit. *negi*, le. *ned/*.

neikaut 'wandeln': lit. *nýkti* 'vergehen', abg. *niknąti* 'germinare' *ničati* 'pronum esse' *ničь* 'pronus'.

nertien 'Zorn'; *ernertīt* 'erzürnen': lit. *nir̃sti* 'zornig werden', *nar̃sas* 'Grimm'; *nartìnti* 'erzürnen'.

newīnts 'der 9te:' lit. *deviñtas*, abg. *devętъ*, got. *niunda*.

ni 'nicht': wohl abg. *ně*, idg. **nē*.

noatis V. 291 'Nessel': lit. *noterė̃*, le. *nātres*, ahd. *nezzila*.

nognan V. 458 'Leder': lit. *nů'gas* 'nackt', got. *naquaþs*, abg. *nagъ*; ai. *nagná*.

nozy V. 85 'Nase': lit. *nósis*; *nose-proly* V. 86 'Nasloch'; ai. *nāsa* lat. *nāsus*. *ponasse* 'Unterlippe' hat *a* wie *nasraĩ* 'Nüstern', ahd. *nasa*, abg. *nosъ*, ai. *nas*.

nowis V. 151 'Rumpf': abg. *navь* 'mortuus', le. *nāwe* 'Tod', *nāwēt* 'töten, got. *naus* 'Leichnam'.

nurtue V. 151 'Hemde'; Gr. *northe*: zu *nérti* 'einschlüpfen', vgl. *į kùrpes įsinérti* 'sich Schuhe anziehen'; *ìsznara* 'von Schlangen oder Krebsen abgelegte Haut'.

P.

pa- po-; *po* 'unter, gemäss': lit. *põ*, *pa-* gr. *ἀπό*.

paddis V. 312 'Kummetgeschirr': lit. *pādžei* 'Schragen'?

paggan 'wegen'.

pagār 'neben': le. *gar'am* 'entlang, vorbei', *garsch* 'lang'.

pagonbe V. 795 'Heidenschaft', *pogūnans*, *poganens* 'Heiden': aus poln. *poganin* entlehnt.

paikēmai, *aupaickīt* 'betrügen': lit. *paĩkas* 'schlecht dumm'; *paikùmas* 'Unverstand', žem. 'Heuchelei, Betrug'.

paycoran V. 6 'Siebengestirn'?

packe 'Friede'; *packan* acc.; *packawingi* 'friedlich', *packīwingiskan* vgl. S. 153.

pannean V. 288 'Moosbruch': got. *fani* 'Kot', ahd. *fenna, fenni* 'Sumpf'.

panno V. 33 'Feuer'; *panu-staclan* V. 370: got. *fōn* an. *funi* 'Feuer'.

pansdau 'nachher, darauf', *pansdaumannien* acc. 'der letzte': zu lit. *pàs*, lat. *pone*, *post*?

panto V. 542 'Fessel': lit. *pántis* abg. *pąto* zu *pinù pìnti*; *pьnq pęti* 'flechten'.

pantweko V. 352 'Tiegel': der erste Teil etwa zu *panno*, indes der zweite?

paps 'Pfarrer': aus dem sl. r. *pop*, abg. *popъ*; lat. *papa*.

pasto V. 494 'Wepe': zu *paszýti* 'zupfen', *kůdělį p.* 'einen Wickel zupfen'.

pastauton 'fasten': aus dem sl. *postiti sę*; lit. *pāstininkauti*, Gr. *pastnygo*.

pastowis V. 456 'Laken': abg. *postavъ* 'Gewebe', poln. *postaw* 'Stück Tuch'.

patti 'Frau' in *waispattin*, *pattiniskun* I 'Ehe': ai. *pati* 'Herr', gr. *πόσις* 'Gemahl', lit. *patì-* 'Frau', *pàtis* 'Ehemann', got. *faþs* 'Herr'.

pausan 'wegen', *esse pausan* 'von wegen': lit. *pùsė* 'Hälfte', le. *puse* 'Hälfte, Seite'.

pausto 'wild' in *paustocaican* V. 654, *pausto catto* V. 624; *paustre* 'wiltnisse' (?): lit. *pústas* aus dem sl. *pustъ*, mit dem das pr. urverwandt.

pawtte Gr. 'Eier': lit. *pa͂utas* le. *pauts* ai. *pota* 'Tierjunges'; *putrá* 'Sohn'.

peadey V. 482 'Socken': lit. *pėdà* 'Fussspur' oder *pādas*? 'Fusssohle'.

pedan V. 245 'Pflugschar': gr. *πηδόν* 'breites Ende des Ruders'.

peilis in *kalopeilis*; Gr. *peile* 'Messer': lit. *peĩlis*.

peisāt 'schreiben', *popeisāuns*; *peisāi* 'sie schreiben': abg. *pisą*, *pisati*; lit. *pĕszti*, gr. *ποικίλος* 'bunt', got. *filufaihs*, ai. *peśas* 'Gestalt'; dazu *peisālei* 'Schrift'.

peisda Gr. 'Arsch': lit. *pyzdà*, sl. *pizda* 'cunnus, vulva', eigentlich 'Gesäss': ai. *pīḍa*, *pīḍáyati* aus *pĭ-zd-ėįe-ti*, gr. *πιέζω* aus **πι-σεδ-ιω*.

peccore V. 329 'Bäcker', aus poln. *pekarz*.

pecku 'Vieh': ai. *paśu*, lat. *pecu* got. *faihu*, lit. *pėkus* 'Vieh': wieder Abweichg. des Gutt.

peckūt, *popeckūt* 'behüten': poln. *opieka* 'Obhut', *opiekować* 'behüten'; abg. *pešti sę* 'sorgen'.

pelanno V. 223 'Herd': lit. *pelẽnė* 'Feuerherd'; *pelanne* V. 37 'Asche': lit. *pelenaĩ* le. *pelni*.

peldīuns 'erworben': lit. *pelnýti* le. *pelnīt* ai. *paṇas* 'Einsatz', abg. *plěnъ* 'Beute'.

pele V. 710 'Weihe': gr. *πολιός* 'grau', *πελιος* 'schwarz-blau', *πελιδνός* 'dunkelfarbig'.

pellekis V. 202 'Giebel': lit. *pelekà* 'Fischschwanz'?

pelemaygis V. 202 'Turmfalk': zu *pele* und *maygis* zu le. *maigt*, *maidſīt* 'drücken, klemmen', also 'Mausklemmer'.

peles V. 119 'Muskel': lit. *pelě̃* le. *pele* 'Maus' und 'Muskel'.

pelky V. 287 'Bruch': lit. *pélkė* le. *pelze* 'Wasserpfütze', gr. *παλκός* 'Sumpf', alb. *pelk* 'Weiher, Regenpfütze'.

pelkis V. 475 'Mantel': ahd. *flech* 'Fetzen' le. *plezis* 'Gewand'.

pelwo V. 279 'Spreu': lit. *pelaĩ* le. *pelus*, abg. *plěva* gr. *πάλη* 'feines Mehl', lat. *palea* ai. *palāvas*.

peempe V. 751 'Kiebitz': lit. *pémpė*.

penningans 'Geld': aus dem Dtsch. 'Pfennig'.

penckts, *piēnkts* 'Fünfter': lit. *peñktas*, abg. *pętъ*, gr. *πέμπτος*.

pentinx V. 22 'Freitag': aus dem sl. poln. *piątek*; wohl *pentnix* zu lesen.

pentis V. 147 'Hacke': lit. *péntis* abg. *pęta*.

per 'für, vor, durch': lit. *per̃* le. *par* lat. *per* gr. *περὶ* ai. *pari-*.

pērdin 'Futter': zu *periù perė́ti* 'brüten' (d. h. hegen, pflegen)?

percunis V. 50 'Donner': lit. *perkúnas* le. *perkûns*; ursprünglich „der Eichen-Gott" lat. *quercus*, ahd. *forha*.

perōni 'Gemeinde', *perōniskan* 'gemein'; *pȳrin* 'Gemeinde', *empȳrint* 'versammeln', *emperri* 'zusammen, *en empȳreisku* 'in Summa': weit verbreitete Sippe im Preuss., doch etymologisch unklar.

perpalo 'Wachtel' (für *penpalo* V. 770): abg. *prěpelъ*, prov. *perpelitze*.

perstlanstan V. 215 'Fensterladen, Vorfenster', zu *pirsdau* 'vor'.

perwios V. 281 'Eftrich, Hintergetreide'.

pette V. 104 'Schulter'; *pettis* V. 106, 332 'Schulterblatt, Ofenschaufel'; *pettegislo* V. 108 'Ruckeoder'; *perpettas waitiāt* 'Afterreden': lit. *petìs* 'Schulter'.

peuse V. 597 'Fichte': gr. *πεύκη* ahd. *fiuhta*; lit. *puszìs*.

pīst 'tragen'; *pīdimai* 'wir bringen'; *pūdauns* 'hat getragen' (Abl. *pēd- pōd*): ahd. *fazzon* 'ergreifen, aufladen'? an *fǫt* 'Kleider'.

picle V. 7 0 'Ziemer'.

pyculs V. 10 'Teufel'; ***pikullan***; I ***pekollin***: lit. *pykulas* le. ***pīkals*** 'Zorngott'; zu ***pỹkti*** 'böse werden', ***pìktas*** 'böse'.

pilnan 'voll', ***erpilninaiti*** 'erfüllet': lit. ***pìlnas*** le. ***pilns*** abg. ***plъnъ*** got. ***fulls*** lat. ***plēnus***, ai. ***pūrna***

papimpis V. 244 'Sattelpolster': lit. ***pam̃pti*** 'schwellen', le. ***pūpe*** 'Polster'.

pintis V. 799 'Weg', Gr. ***pentes*** 'Weg': abg. ***pątь*** lat. ***pons***, gr. ***πάτος*** 'Pfad, ai. ***pánthās***.

pintys V. 372 'Feuerschwamm': lit. ***pìntis***.

pippalins 'Vögel', ***pepelis*** V. 706, Gr. ***pipelko***: redupl. Bildung: ahd. ***fifaltra*** 'Schmetterling', ags. ***fifoldara***: also „flatterndes Tier"; lat. ***papiliō*** 'Schmetterling'; vgl. auch lit. ***pēpala*** le. ***paipala*** 'Wachtel'.

pirmas 'der erste'; ***pirmois***; ***pirmannien***: lit. ***pìrmas*** abg. ***prъvъ*** got. ***fruma*** ai. ***pūrva***.

pirsdau 'vor': abg. ***prěžde*** 'eher', ***prědъ***.

pirsten V. 115 'Finger'; ***nagepristis*** 'Zeh': ***prēipīrstans*** 'Ringe': lit. ***pir̃sztas***, le. ***pirksts*** abg. ***prъstъ***.

pistwis V. 784 'Hundsfliege': abg. ***pьsъ*** 'Hund'?

piuclan V. 547 'Sichel': lit. ***piúklas*** abg. ***pila***: lit. *piáuti* 'schneiden'.

piwis V. 383; Gr. ***pewo*** 'Bier': lit. ***pỹvas*** aus poln. ***piwo***; ***piwamaltan*** V. 384 'Malz', ***piwenitis*** V. 385 'Träber'?

playnis V. 521 'Stahl': lit. ***plĕnas***.

plasmeno V. 148 'Rist': abg. ***plesna*** 'flache Hand', le. ***pleksne***, ***plesde***; lit. ***plasztakà*** dasselbe.

plateys Gr. 'zahl': aus poln. ***placić***.

plauxdine V. 488 'Federbett': lit. ***pláużdinės*** 'Deckbett'.

plauti V. 126 'Lunge': lit. ***plaũczei***, le. ***plauschi***. *plaukschas* 'die Lungen': abg. ***pľušta***, gr. ***πλεύμων***.

pleynis V. 75 'Hirnuel': lit. ***plėnė*** 'Netzhaut, Haut auf der Milch'; le. ***plēwe*** 'dünnes Häutchen'.

pleske V. 253 'Siele': lit. ***pleszkē***,

plieynis V. 38 'Stopasche': lit. ***plĕnys*** pl. 'Flockasche', le. ***plēne*** 'weisse Asche'.

plinxne V. 342 'ein Gebäck': russ. ***blince*** 'Fladen', dtsch. ***plinze*** 'dünner Kuchen': entlehnt?

ploaste V. 491 'Betttuch': lit. *plõsztė* 'Umnehmelaken', abg. *plaštь* 'Mantel'.

plonis V. 233 'Tenne': lit. *plõnas* 'flach' le. *plāns*; ai. *lár* 'Boden, Estrich' an. *flórr* ags. *flōr*; lat. *plānus*.

plugis V. 243 'Pflug': lit. *pliúgas*, abg. *plugъ*; aus dem Dtsch.

poadamynan V. 695 'süsse Milch'?

poalis V. 761 'Taube': gr. *πελειά*.

poaris V. 777 'Werre'.

podalis V. 351 'Mörser': lit. *pů'das*, le. *půds* 'Topf', aus ndd. *pot*.

poducre V. 182 'Stieftochter': lit. *pódūkra*.

pomatre V. 180 'Stiefmutter': lit. *pāmotė*.

pomnan V. 137 'Arsbel'?

ponadele V. 11 'Montag': aus poln. *poniedzialek*.

pore V. 40 'Brodem': abg. *para*; gr. *πίμπρημι, πρήθω*.

possi- 'halb': in *possisawaite* 'Mittwoch': lit. *pùsia* 'Hälfte', le. *puse*.

posty V. 801 'Weide': abg. *pasti*, lat. *pāsco*.

powis V. 773 'Pfau': lit. *póvas* le. *pāws*, lat. *pāvus*; Lehnwörter.

pra 'für, durch'; *pro*: lit. *pra*, abg. *pra* gr. *πρό*.

prapolis V. 747 'Wiedehopf'.

prassan V. 266 'Hirse': abg. *proso*.

prastian V. 686 'Ferkel': lit. *par̃szas* abg. *prasę*, lat. *porcus* ahd. *farh*.

prātin 'Rat': lit. *prõtas* 'Verstand', le. *prāts* 'Wille' siehe *prest*.

preddikausnan 'Predigt'; *preddikerins* 'Prediger': aus dem Dtsch.

prei 'zu': lit. *prẽ*, *pri*, abg. *pri* lat. *prae*.

preikalis V. 517 'Ambos': lit. *prẽkālas* 'Ambos', *preikālas* zu *kálti* 'schmieden'.

preipaus 'hin' s. *pausan*.

prēisicks 'Feind': lit. *prẽszininkas*.

preitlāngus 'gelinde'?

prestors V. 707 'Zaunkönig': zu *pristen* 'Finger', wie lit. *nyksztùkas* zu *nyksztỹs*?

prestun, poprestun 'verstehen', *poprestemmai*: lit. *prantù pràsti* 'werde gewohnt', *suprantù* 'verstehe'; lat. *interpres,* gen. *interpret-is*; got. *fraþi* 'Verstand'.

prio V. 414 'Landwehr'?

prīkan, prīkin 'gegen'; *emprȳki*: abg. *prěko.*

proglis V. 224 'Brandrute': abg. *pražiti* 'rösten', lit. *spragëti* 'im Feuer platzend prasseln' (vom Tannenholz).

proly in *noseproly?*

prūsiskan, prūsiskai 'preussisch'.

prusnan 'Angesicht', *prosnan*: lit. *prusnà* 'Schnauze'.

poūt 'trinken'; *poūis* 'Trunk'; *pugeitty* I *puieyti* II: ai. *papu-* 'Amme', *agrepu-* 'zuerst trinkend' zu W. *pō.*

pure V. 273 'Trespe': lit. *púrai* 'Weizen', le. *pūri*; abg. *pyro* 'Spelt', gr. *πυροί.*

pusne V. 499 'Stiefel'; lit. *pùsznis* bei den Hafffischern, wird ein preuss. Lehnwort sein, da es gerade an der ehemaligen Grenze üblich.

R.

ragingis V. 651 'Hirsch': „der Gehörnte" zu V. 705 *ragis* 'Horn': lit. *rāgas*, le. *rags*, abg. *rogъ.* Dazu auch

ragusto V. 552 'Schröpfkopf': le. *radſinsch, radſināt* 'schröpfen'.

rāms 'sittig': lit. *ramùs* 'ruhig, *rómas* 'sanft', le. *rāms* 'still'; ai. *rāma* 'Lust, Ruhe'; gr. *ἔραμαι,* got. *rimis* 'Ruhe'.

ranguns 'gestohlen', *ranctwei* 'stehlen': ahd. *birāhanen* 'rauben'?

ranco 'Hand' in *keleranco* V. 303; *rancko* Gr.; *rānkan*: lit. *rankà*, le. *rûka*, abg. *rąka* zu *renkiù, reñkti* lat. *runcare* 'gäten' = „zusammenraffen".

isrankīt 'erlösen': eine Vermutung pg. 141.

rapa V. 2 'Engel'?

rapeno V. 435 'junge Stute'.

rapis V. 583 'Rapen'.

raples V. 520 'Zange': lit. *rēplės.*

ratinsis 'Kette': abg. *retęzь*; lit. *rētēžis* ist Lehnwort.

raugus V. 691 'Lab'; lit. *ráugas* 'Sauerteig', le. *rauga*; *rúgti* 'sauer werden' le. *rūgt.*

rawys V. 31 'Graben': abg. *rovъ*, lit. *ravas* 'Strassengraben'.

redo V. 240 'Furche': lit. *rēdas* 'Ordnung': abg. *rędъ*, r. *r'ad* 'Reihe': vielleicht entlehnt.

reddan 'falsch'; *reddewingi*, *reddewydikausnan*; *reddisku*.

reide, *reidei* 'gern': le. *raids* 'bereit, fertig', das aus germ. *garaids* stammt; *reidewaisines* 'gastfrei'.

reisan 'Mal': le. *reise* 'Reihe, Ordnung', aus dem dtsch. *reise*.

reisis 'Nuss' in *buccareisis*: lit. *rēszutas*, le. *riksts* abg. *orěchъ*.

reckenausnan 'Rechenschaft'; dtsch. Lehnwort.

retenīkan 'Heiland', *rettīweniskan* desgl.

rīgewings 'hadersüchtig'.

rīks 'Reich', *rīki*; *rikaut* 'herrschen', *rickaūsnan* 'Regierung'; *rikis* V. 404; *rickÿs, rickÿan* (ein **rikējas?*); *aucktairikÿsan*: aus dem dtsch. entlehnt, *rīks*, das wieder aus dem Kelt. entlehnt ist.

rikisnan V. 107 'Rücken'.

riclis V. 205 'Söller': lit. *rēklus*.

rindo 'Krippe': lit. *rindà*.

rinkt 'sammeln', *senrīnka*: s. *ranco*.

rīpt 'folgen'; *serrīpimai* 'wir erfuhren': etwa ein **rēpt* zu lit. *rópti* 'fertig werden', *įsirópti* 'eindringen'?

senrists 'verbunden'; *rēist* 'verbinden': lett. *rēschu*, *rist*; lit. *rìszti*. Dazu

riste V. 639 'Rute': lit. *rýksztė* le. *rīkste*.

roaban V. 467 'gestreift': lit. *raības* le. *raibs* 'bunt'.

rokis V. 584 'Krebs': abg. *rakъ*.

romestue V. 532 'Barte'.

rugis V. 258 'Roggen', *ruggis* Gr.: lit. *rugeĩ* le. *rudſi*, r. *rožь*, *rži* 'Roggen'.

rūkai, *rūkans* 'Kleider': aus poln. *rucho* entlehnt.

rundyls 'Weinsäufer'.

russis V. 429 'Ross', *russas* gen. 'Ross': aus dem dtsch.

S.

sabatico V. 23 'Sonnabend': entlehnt wie lit. *sabatà* neben *subatà* aus p. *sobota*.

ensaddinnons, *ensadinsnan*, *sadinna* 'setzet': got. *satja*, ai. *sādáyati*; lit. *sodìnti* abg. *saditi*.

sagis V. 486. 544 'Schnalle, Hufnagel': zu lit. *segù* 'hefte', ai. *sájati*, lit. *sagtis*, le. *sakts* 'Heft, Schnalle'.

sagnis V. 629 'Wurzel': lit. *szaknìs* le. *sakne*.

saydit Gr. 'Hutdich'.

saycka Gr. 'Sack'.

saytan 'Riemen': in *sargassaytan* V. 446: lit. *pásaitas* neben *sẽtas*, le. *saite* 'Band, Schnur': abg. *sětь*, ai. *setuṣ* 'Band, Brücke'.

sackis V. 598 'Harz': lit. *sakaĩ* le. *swekis* abg. *sokъ*.

sacraments; *sacramentan*: aus d. dtsch.

saxsto V. 631 'rone': lit. *szakà* 'Ast', *szakalỹs* 'Splitter'.

saxtis V. 643 'Rinde': lit. *sagscha* 'Decke', für **sagtja*.

sal Gr. 'Salz': le. *sāls*, abg. *solь*, got. *salt*, lat. *sal*, gr. *ἅλς*.

ausalgis V. 506 'Querder' = steifes Hackleder.

saligan V. 468 'grün': lit. *żãlias* le. *falsch* abg. *zelije* 'Grünes', *zelenъ* 'grün'; lat. *helvus* ahd. *gelo*, gr. *χλοή*.

sālin 'Kraut'; *soalis* V. 293 'Kräuticht': vgl. lit. *żolẽ* le. *sāle*.

passalis V. 57 'Frost': lit. *pászalas* lit. *szalù*, *szálti*, le. *salt* 'frieren': ahd. *kalt*, got. *kalds*, lat. *gelidus*.

salme Gr. 'Stroh': le. *salmi*, abg. *slama* gr. *κάλαμος* 'Rohr', lat. *culmus* 'Halm' ahd. *halam*.

salmis V. 42 'Helm': lit. *szal̃mas* abg. *šlěmъ* got. *hilms*: Alte Entlehnung aus dem Germ.

salowis V. 727 'Nachtigal': r. *salovej*.

salta Gr. 'kalt': lit. *száltas* le. *salts* s. *passalis*.

saltan V. 376 'Speck': etwa in *paltan* zu bessern? lit. *páltis* russ. *polot'* 'Speckseite'?

salus V. 63 'Regenbach': ai. *saras* 'Wasser' gr. *ἕλος* 'Sumpf'.

same V. 24 'Erde', *samyen* 'Acker' V. 237 'Acker': *semmē*, *semmin*; *semmai sammay* 'nieder': lit. *żẽmė* le. *seme* abg. *zemlja*, gr. *χαμαί*; lat. *hemōn*.

sanday Gr. 'geh weg': **schandau* 'von hier fort'?

saninsle V. 485 'Gürtel', abg. *sъvęslo* n. 'Band'; aus **n̥ghslo-*; W. *an̂gh-* 'schnüren', gr. *ἄγχω*, abg. *ązlъ* 'Knoten'.

sansy V. 719 'Gans': lit. *żąsis*, le. *ſůss*: ahd. *gans*, ai. *haṃsa*- lat. *anser*; sl. *gąsь* aus dem germ.

sardis V. 802 'Zaun': lit. *żardas* 'Stangengerüst'; abg. *žrъdь* 'lange Stange'; dazu *sardo* (für *saudo* 200) 'Balken'?

butsargs 'Haushalter': lit. *sárgas*, le. *sargs*, siehe *sergīt*.

sari V. 43 'Glut': lit. *żarýjos* 'Glut', *żerëti* 'glühen', abg. *zar'a*.

sarke V. 725 'Elster': lit. *szárka*, r. *soróka*.

sarxtes V. 425 'Schwertscheide': lit. *szar̃kas* 'Kleidungsstück'.

sarote V. 576 'Karpfen': lit. *żarotas* 'schimmernd'?

sarpis V. 746 'Nusspicker': le. *swirpis* 'Steinbeisser', *swarpts* 'Bohrer.

sarwis V. 418 'Waffen': lit. *szarvaĩ*, aus got. *sarva* 'Rüstung' entlehnt.

sasin-tinklo V. 697 'Hasengarn', zu

sasnis V. 659 'Hase': ahd. *haso*, ai. *śaśa* (für **śasá*) air. *ceinach*.

sātuinei 'sättigst': lit. *sotùs* le. *sāts* air. *sāiþ* lat. *satietas* got. *sōþs*, lat. *satur* gr. *ἄατος* 'unersättlich'.

saugis V. 791 'Ameise'.

saule V. 7 'Sonne': lit. *sáulė* le. *saule*, gr. *ἥλιος* lat. *sōl* ai. *sūrá* got. *sauil*.

sausā, *sausai* 'trocken'; *sawse* Gr.: lit. *saũsas* le. *sauss* abg. *suchъ* gr. *αὖος* 'dürr', ndd. *sōr* ags. *séar*.

sawaite V. 18 'Woche': in *possisawaite* 'Mittwoch'; Laukischken: *sawaite* für *nedëlė* 'üblich; aus dem pr. jedenfalls entlehnt.

sbeclis V. 539 'Feder': lit. *żebeñklas* 'Knebel' lett. *ſchabēklis*.

auschaudīt 'vertrauen', *auschaudē*; *auschaudīsnan* 'Vertrauen', *auschaudīwings*.

auschautins 'Schulden'.

schis 'dieser'; acc. *schin*, *schien*; dat. *schismu*, gen. *schisse*: (II *sis*): lit. *szìs* le. *schis*, idg. *k̑i*-.

schlāit 'sondern'; 'ohne'; *schklait*, *sclait*; *schlāitiskan* 'in Sonderheit', *schlāits* 'sondern'; *schklāits*; *schlāits* 'schlecht': lit. *sklaidaũ sklaidýti*: 'zerstreuen'; *sklaidùs* 'zerstreut'?

schlūsitwei 'dienen', *schlūsisna schlūsien* 'Dienst', *schlūsingisku* 'dienstlich'; *schlūsnikai* 'Diener'; *schlūsnikin* acc. 'Dienerin': entlehnt aus poln. *służyć* wie lit. *slūžyti*.

schokis V. 283 'Gras': lit. *szẽkas*, le. *sēks* 'Grünfutter'.

schostro Gr. 'Schwester': poln. *siostra*.

auschpāndimai 'wir dringen ab'; dtsch. 'spannen'?

schumeno V. 507 'Draht', *schutuan* V. 496 'Zwirn', Gr. *scuto*,

schuwikis V. 496 'Schuhmacher': lit. *siúti* 'nähen', le. *schūt*; lit. *siuwikas* 'Schneider'; gr. *κασσύω*, *κάσσυμα* 'Schuhwerk', lat. *suo*, got. *siujan* abg. *šiti*, ai. *syūtás*.

seabre V. 570 'Zärte': lit. *żobrỹs*, le. *ſēbris*.

sealtmeno V. 748 'Wiedewal, Pirol'.

seamis 'Winterkorn': č. *ozim* 'Wintergetreide'.

seggīt 'thun', *seggē seggēmai*: zu lit. *segù* 'heften'? s. *sagis*; *segīsna* 'Thun'.

seydis V. 198 'Wand': abg. *zidъ* 'murus', *zьdati*, *zidati* 'bauen', lit. *żė́sti* 'formen, bilden'.

seilin 'Ernst, Fleiss'; *seilewings* 'fleissig', *seilisku* 'Andacht'; *noseilin* acc. 'Geist': abg. *sila* 'Kraft, Stärke', ai. *śīla* 'Charakter'; lit. *sylà* ist dem sl. entlehnt.

seimīns 'Gesinde': lit. *szeimýna* le. *saime* abg. *sěmьь* „mancipium": lat. *ceivis*, got. *heiwa-frauja* 'Hausherr', ahd. *hīwo* 'Gatte': ai. *śevá* 'hold, lieb', le. *sēwa* 'Weib'.

seyr V. 124 'Herz'; *sīran*: gr. *κῆρ*, *καρδία* lit. *szirdìs* le. *sirds* abg. *srъdьce*.

semo V. 15 'Winter': lit. *żëmà*, le. *ſima*, ai. *hēman*, gr. *χειμών* abg. *zima*.

semen V. 256 'Saat': lit. *sëmenys* pl. abg. *sěmę* gr. *ἧμα* lat. *sēmen* ahd. *sāmo*: zu *sëti*.

semeno V. 752 'Brachvogel': lit. *sėmenėlė* 'Hänfling'.

sen 'mit': ai. *sam*, abg. *sъ* auz **som*, lit. *są-*, lett. *sa-*.

sentlīuns 'bezeichnet': lit. *żeñklas*, gr. *γιγνώσκω*, ai. *jānāmi*, lit. *żinóti*.

septmas 'der 7te': alit. *sẽkmas*, ai. *saptamá* lat. *septimus*; idg. **septmó*.

sergīsnan in *ab-* 'Schutz': lit. *sergėti*, abg. *strěgą strěšti*, lat. *servare*.

seese V. 729 'Amsel': lit. *szészė*.

seweynis V. 229 'Schweincstall': le. *siwens* 'Ferkel', **sivýnas*.

sīdons 'sitzend': I. *sindats* II. *syndens*: (abg. *sędą*) lit. *sė́sti* 'sich setzen', *sėdė́ti* 'sitzen' le. *sēst* 'sitzen', abg. *sědati* 'sich setzen': lat. *sēdeo*, ai. *sad-*, gr. ἕζω aus **sedįō*; ἧσται 'sitzt'.

sidis V. 613 'Hartriegel': r. *svidina, svidovnik*.

siduko V. 353 'Siebtopf': lit. *sė́tas* 'Sieb', le. *sits* 'Sieb', abg. *sito*.

signāt 'segnen'; *ebsignāsnan* 'Segen': aus dem p. *żegnać* wie lit. *żegnóti*.

sixdo V. 26 'Sand': lit. *žė̃gzdras* 'Kies'.

sixdre V. 737 'Goldammer'.

sylo V. 589 'Heide': lit. *szìlas* le. *sils*.

sylecke V. 575 'Häring': lit. *sìleke*, le. *silkis*.

silkas (ob nicht *silkis*? der gen. müsste wohl im Dialekt des Voc. *silkōs* heissen, wenn da schon jene Neubildung aufgekommen wäre!) in *silkas-drimbis* V. 484 'Seidenschleier': lit. *szilkaĩ* „Seide", russ. *šelk*.

sinnat in *ersinati* 'kennen' *posinnāts*: lit. *żinóti*, le. *ſināt*, abg. *znati*, gr. γιγνώσκω lat. *gnosco*, *nōtus*; air. *gnáth* 'bekannt': ai. *jānāmi*; ahd. *kunnan*, *irchnāan* 'erkennen'.

sineco V. 738 'Meise'; *sinicuto* V. 740 'Schwalbe': abg. *sinь* 'blau', r. *sinica* 'Meise'.

singuris V. 734 'Stieglitz': le. *schīgurs* 'Sperling'.

siraplis V. 524; *sirablan* 'Silber': abg. *srěbro*, lit. *sidābras*, got. *silubr*.

sirgis V. 430 'Hengst': lit. *żir̃gas*, le. *ſirgs* zu *żer̃gti* 'schreiten'.

sirmes V. 554 'Lauge': lit. *szármas* le. *sarms*.

syrne V. 278 'Korn': lit. *żìrnis* 'Erbse' le. *ſirns* abg. *zrъno*, got. *kaurn* lat. *grānum*.

sirsdau 'unter, neben': abg. *srěda* 'medium'; le. *serde* 'Mark'.

sirsilis V. 790 'Hornisse': lit. *szirszlŷs* le. *sirsis* abg. *šrъšenь* ahd. *hornuȥ* lat. *crābrum*.

sirwis V. 653 'Reh': lit. *szìrvas* 'grau', abg. *srъna* 'Reh'.

sywan V. 461 'grau': lit. *szývas* 'schimmelicht', abg. *sivъ* 'grau': ai. *śyāva-* 'dunkel'.

scabs V. 680 'Schöps': poln. *skop*, abg. *skopiti* 'castrieren', gr. κόπτω 'schlagen', κόπις 'Messer'.

scalenix V. 712 „vorlauf": lit. *skalìkas* 'Jagdhund', *skályti* 'bellen'; gr. σκύλαξ 'junger Hund'.

skallīsnan 'Pflicht', s. *skellānts*.

scalus V. 99 'Kinn': lit. *skeliù*, *skélti* 'spalten'?

scanu-lonx V. 623 'Seidelbast': *lonx* zu *lunkan*, *scanu-*: lit. *skanùs* 'süss, wohlschmeckend'.

skawra Gr., V. 685 *skewre* 'Sau'?

scebelis V. 69 'Haar': got. *skuft* 'Haupthaar'.

skelanxtis V. 642 'Splitter': lit. *skeliù*, *skélti* 'spalten', le. *schkelt*.

skellānts 'schuldig, *skallīsnan* 'Pflicht'; *paskullīt*, *paskollīt* 'ermahnen': ahd. *skal*, got. *skulan* 'schuldig sein'; lit. *skolà* 'Schuld', *skelė́ti* 'schulden'.

skerptus V. 626 'Rüster': lit. *skir̃pstus* 'Rotbuche'.

skīt 'aufstehen', *etskīt*, *etskīmai*; *atskīsnan*: vgl. pg. 119; dazu auch *skystan*, *skystinnons*, *skīstiskan*.

skiēnd in *auskiēndlai* „er gehe unter"; dazu *auskandints*: lit. *skęstù*, *skendaũ*, *skę̃sti* 'untergehen'; *skandinù*, *skandìnti* 'ertränken'; gr. σκινθός 'untertauchend'.

scinkis V. 388 'Halbbier': lit. *skìnkis*, aus d. Dtsch.

scoberwis V. 594 'Hagebuche': le. *skābarde*?

scolwo V. 64 'Span': le. *skals* 'Span', lit. *skalaĩ* zu *skélti*.

scordo V. 71 'Kopfhaut': abg. *skora* 'Haut, Fell'.

skrempūt in *senskrempūsnan* 'Runzel': ahd. *schrimpfan* 'schrumpfen'; gr. κάρφω 'einschrumpfen lassen'.

scrīsits 'gekreuzigt', *skrīsin* 'Kreuz': poln. *křyž*.

scritayle V. 296 'Radfelge': lit. *skrìtas* 'Felge', le. *skritulis* 'Rad'; lit. *skrė̃ti* 'im Kreise drehen, rotieren'.

scrundus V. 469. 558 'Schere': ahd. *scrintan*, *scrant* 'bersten', ai. *kṛntáti* 'zerschneidet'.

scrutele V. 473 'Schneider': aus d. Dtsch. *schroter*.

skūdan, *schkūdan* 'Schaden': poln. *škóda*; lit. *iszkadà*, das sl. stammt wieder aus d. Dtsch.

scurdis V. 324 'Birke': abg. *oskrъdъ*.

slayx V. 785 'Regenwurm': lit. *slė̃kas*.

slayo V. 307 'Schlitten': *slayan* V. 309 'Schlittenkufe': lit. *szlãjos* 'Schlitten'.

slango V. 452 'Gebiss', wohl *sbango* zu lesen: lit. *żabángas* 'Fallstrick'.

slanke V. 754 'Grauschnepfe': lit. *slankà* le. *slûka* 'Waldschnepfe', č. *sluka*.

slaunis V. 139 'dy' = 'Oberschenkel'; *slaune* V. 300 'arme': ai. *śroniş*, lat. *clūnis* an. *hlaun*.

slidenikis V. 701 'Leithund': r. *slědnik, slědničat'* 'die Spur eines Wildes verfolgen'; wohl entlehnt.

slywaytos V. 619 'Pflaumen': lit. *slyvà slỹvas* 'Spille' abg. *sliva*, ahd. *slēa*.

sloyo V. 379 'Unschlitt': lit. *lãjus*, abg. *lojь*.

smerlingis V. 568 'Schmerle': lit. *szmerlė*, wie das pr. entlehnt.

smoy? V. 187 'Mann': lit. *żmũ*.

smonenawins V. 67 'Mensch; *smūni* 'Person', *smūnentin*, *smūnentinan*: lit. *żmónės*, lat. *hemōn* got. *guma*.

smorde V. 612 'Faulbaum': lit. *smiȓdas* 'Stänker', *smirdėti* 'stinken' abg. *smrъděti*: lit. *smirdėlė* 'Attich', r. *smorod* 'Faulbaum'.

smūnin 'Ehre'; *smunint*, *somonentwey* 'ehren', zu *smonenawins* vgl. p. 152.

snaygis V. 55 'Schnee': lit. *snēgas* abg. *sněgъ* got. *snaiws* lat. *nix, nivis*; Gr. *sneko* wird wohl keine echt preuss. Form sein.

snigslo V. 337 'Teig': ai. *snih*, air. *snige*.

snoxtis V. 88 'Rotz': lit. *snókszti* 'schnarchen', le. *schnākt*.

soakis V. 750 'Grasmücke'?

soanxti V. 35 'Funke'.

passoles V. 79 'Nacken': lit. *szùlas* 'Ständer'?

solthe V. 344 'Wecke'?

sompisinis V. 340 'grobes Brot': abg. *pišьnъ* 'ἄλφιτον'.

somukis V. 537 'Schloss': abg. *zamъkъ*.

sorks in *apisorx* 'Eisenbart', siehe *sarke*.

sortis in *passortis* 'Schürstange' V. 334: lit. *żeriù, żérti, pażérti* 'das Feuer schüren'.

sosto V. 218 'Bank': lit. *sóstas* 'Sitz'; zu *sīdons*.

spagtan, 'Bad'; *specte* V. 555; *spigsnā, spīgsnan*.

sparis V. 201 'Sparen': lit. *spāras*, le. *spare*.

sparyus V. 798 'Dorfanger': lit. *nusparis*.

sparts 'stark', *spartin* 'Kraft', *schpartina* 'stärkt': le. *spars* 'Energie, Wucht'; lit. *spiriù*, *spìrti* 'mit dem Fuss ausschlagen'; *spartisku* 'Stärke'.

spaustan V. 322 'molspille': lit. *spáusti* 'drücken, pressen', *spaustùvas* 'Kelter'.

spenis V. 119 'Zitze': lit. *spenỹs*, mhd. *spen*, an. *speni* 'Zitze'; ahd. *spene-varh* 'Spanferkel'.

spergla-wanag V. 714 'Sperber'; *spurglis* 'Sperling' V. 739: mhd. *sperke*, got. *sparva*, Hes. *σπέργουλος · ὀρνιθάριον ἄγριον*; le. *spirgt* 'munter sein'.

sperclan V. 150 'Zehballen': lit. *spiriù*, *spìrti*, gr. *ἀσπαίρω* 'zucke'; ai. *sphur*, *sphuráti* schlägt aus', gr. *σφυρόν* 'Ferse, Knöchel'.

spoayno V. 387 'Schaum': abg. *pěna*, lit. *spáine* 'Schaumstreifen', lat. *spūma*, ahd. *feim*, ai. *phenas*.

stas, *stan*; *stesse*, *steise* u. s. w. Demonstr.: idg. **k̑to-*: lit. *sztaĩ*.

stātwei, *stāuns*; *postānimai*: abg. *stanq*, *stati*; lit. *stóti*, le. *stāt* 'stellen'; gr. *ἵστημι*, ai. *tiṣṭhāmi*; *statint* 'stellen': lit. *statýti*; *stallā* *stallīt* 'stehen', *stallan* 'Tisch'; *stalis* V. 219 hatten wohl idg. *stə.*: vgl. ai. *sthitá* abg. *stolъ* 'thronus'.

stabis V. 32 'Stein'; *malunastabis* 'Mühlstein'.

stabni V. 221 'Ofen': wie *kamenis* zu abg. *kamy*, so zum vorigen.

pastagis V. 443 'afterreife'?

staydy V. 311 oder *scaydy* 'Eunitze'?

staytan V. 421 'Schild': abg. *štitъ*?

stakamecczeris V. 228 aus dem dtsch. 'Stechmesser'.

staclan V. 197 'Stütze': lit. *stāklė*, le. *staklis* 'Pfahl'.

staldis V. 219 'Stall': lit. *staĩdas*.

standis V. 394 'Stande', aus dem dtsch.

starkis V. 564 'Zant': lit. *stérkas*, le. *starks*.

starnite V. 760 'Möwe': ags. *stern*, an. *þerna* 'Seeschwalbe'.

starkis V. 528 'Zinn'?

steege V. 235 'Scheuer': lit. *stĕgti* 'decken', gr. *στέγω* lat. *tegō*.

stibinis V 310 'Schlittenbein': le. *stibini* 'Stützhölzer'; lit. *stēbiù, stēbti* 'in die Höhe strecken', gr. *στιβαρός* 'fest'
sticlo V 401 'Glas' lit. *stìklas*, abg. *stьklo*, got. *stikls*: das balt.-sl. stammt aus dem Germ.
stinsennien 'Leiden', *stīnuns* 'gelitten': lit. *stenėti*, le. *stenēt*, abg. *stenati*.
postippan 'ganz': lit. *stiprùs* 'stark, kräftig'
stogis 'Dach': s. *steege*: lit. *stógas*. Dazu auch *abstocle* V 354. 395 'Deckel'
stranibo V 274 'Stoppeln': abg. *strъnь* 'Halm'; *strъnište* 'Stoppelfeld'
strannay V 136 'Lenden' lit. *strėnos* 'Kreuz'; abg. *strana* 'Seite'
streipstan 'Glied' alit. *straipstis*; *straĩpsnis* 'Stufe'
strigeno V 73 'Gehirn': abg. *strьženь* 'medulla'
strigli 'Disteln': ahd. *strīhhu* 'streiche', abg. *strišti* 'tondere'
stroio V 103 'Halsader'
stroysles V 582 'Halbfisch'?
stubo V 220 'Stube' lit. *stubà*, aus Dtsch. 'Stube' Dazu *stubonikis* V 220 'Bader'
stuckis V 595 'Leinbaum'
stūndicks 'Stündlein, aus d. Dtsch.
stūrnawiskan 'Ernst', *stūrnawingiskan*, *stūrintickrōms* 'eifrig' lat. *strenuus*, gr *στρηνής* 'rauh, stark'; russ. *staratśa* 'sich bemühen'
sups, subban 'selbst': idg. **su̯e-bho*, zu **su̯e-* 'sein'; ai. *sabhā* 'Dorfgemeinde'
suge V 49 'reyn'
suckis V 560 'Fisch' *suckans* Ench.: lit. *žùkmistras* 'Fischmeister'; *žuvìs* 'Fisch'; le. *ʃiws*; arm. *jukn.*
sulo V 693 'Matte': lit. *sulà* 'fliessender Baumsaft', le. *sula* 'Flüssigkeit', ai. *salilá* 'Wasser'
sulis V 196 'Ständer'; Dtsch. *sūle*?
soūns 'Sohn'; *soūnan*: lit. *sūnùs* abg. *synъ* ai. *sūnúš* got. *sunus*, dazu *passons* V 181 'Stiefsohn', lit. *pósunis*.
sunaibis V 175 'Bruderkind'
sūndin, sūndan 'Strafe'; *sūndintwei* 'strafen' abg. *sądъ* 'Gericht', *sąditi* 'richten'

sunis V. 706 'Hund'; Gr. *songos*: lit. *szuñs* gen., le. *suns*, gr. *κυνός*, ai. *śunas* got. *hunds*.
suppis V. 327 'Damm': abg. *sъpъ* 'cumulus'.
passupres V. 225 'ase': lit. *supù*, *sùpti* 'wiegen'?
supūni 'Hausfrau', Gr. *supana*: aus poln. *župana*, entlehnt wie lit. *żiupõnė*.
surgaut 'sorgen'; *surgawingi* 'Sorger': aus d. dtsch.
surgi 'um': lit. *żùrlė* 'windende Pflanze'?
suris V. 688; *sur* Gr. 'Käse': abg. *syrъ*.
surturs V. 326 'Umlauf' 'Wasserbecken an der Mühle'; *sur-* 'um' und *-turs* zu lit. *tverìù*, *tvãras* gr. *σορός* 'Urne'.
sutristio vielleicht *suiristio* V. 692 'Molken': abg. *syrište*.
swais 'sein'; *swaian*: abg. *svojь*.
swāigstan 'Schein'; *erschwāigstint* 'erleuchten': lit. *żvaigzdē* le. *ʃwaigʃne*, abg. *zvězda* 'Stern'.
sweikis V. 585 'Dorsch'.
sweykis V. 432 'Pflugpferd'?
sweriapis V. 421 'Keyenhengest' entlehnt aus p. *swieřepa* 'Stute' abg. *sverěpъ*.
swestro V. 171 'Schwester': lit. *sesů*, abg. *sestra*, ai. *svasā* u. s. w. *w* vielleicht durch dtsch. Einfluss.
swetan V. 792 'Welt'; *swītan* Ench., *swītewiskan* 'weltlich', entlehnt aus d. sl. abg. *světъ*; lit. *světas*.
swibe V. 736 'Fink': lit. *sziubė*.
swixtis V. 350 'erdentop'.
swints 'heilig', *swintint*, *swintiskan* 'Heiligung', *swintickens* 'die Heiligen': lit. *szveñtas*, abg. *svętъ* av. *speñta*; got. *hunsl* 'Opfer'.
swintian V. 682 'Schwein': abg. *svinija*.
swīrins 'Tiere': lit. *żvėrìs*, le. *ʃwērs* abg. *žvěrь*, gr. *θήρ* aeol. *φήρ* lat. *fērus* 'wild'.

T.

tackelis V. 530 'Schleifstein': lit. *tekēlas*, le. *tezēls*.
takes V. 328 'Wehr': le. *tazs* 'Fischwehr'.
tālis, *tāls* 'ferner': lit. *tolì*.
tallokinikis V. 408 'Freier': lit. *talokas* 'erwachsen', abg. *tělę*, gr. *τᾶλις* 'Maid'.

talus V. 207 'Fussboden': ai. *tala* 'Ebene, Fläche', abg. *tьlo*, lit. *tìlės* 'Bodenbrettchen im Kahn'.

tans 'er'; s. pg. 202.

tapali 'Tafel' aus d. dtsch.

tarbio V. 325 'Mühlkasten'?

tārin 'Stimme'; *attrātwei* 'antworten', *ettrais* 'antworte': ai. *tāras* 'laut', gr. τορός; lit. *tariù tar̃ti* 'sprechen'.

tarkue V. 449 'Bindriemen': lat. *torqueo*.

tatarwis V. 767 'Birkhuhn': lit. *tetérva*, *tēterwinas* russ. *teterev*, gr. τετράων; ταττύρος 'Fasan'; an. *þiđurr*; ai. *tittiri* 'Rebhuhn'.

taukinnons 'gelobt': Eine Vermutung s. pg. 148.

taukis V. 378 'Schmalz': lit. *taukaĩ* le. *tauks* abg. *tukъ*; ahd. *dioh* 'Schenkel'.

tauris V. 648 'wesant': lit. *tauris*, abg. *turъ* gr. ταῦρος lat. *taurus* an. *þiórr* 'Stier'.

tauto V. 793 'Land'; *tautan*: lit. *tauta* 'Oberland', le. *tauta*; got. *þiuda*, umbr. *tota*, *tuta*, air. *túath*.

tāwas 'Vater', *tāwiskas* 'väterlich'; *towis* V. 169: lit. *tėvas*; *patowelis* V. 179 'Stiefvater': lit. *patévas*.

tawischan, *tauwyschien* (II) 'den Nächsten': le. *tūws* 'nahe'.

teansis V. 254 'Deichsel': lit. *tęsti* 'dehnen', lat. *tēmo* aus **tens-mō*.

teīks 'stelle'; *teickut* 'schaffen'; *teikūsnan* 'Schöpfung', *enteikūsnan*' Ordnung'. *taykowuns* I: lit. *taikýti* 'fügen', *tìkti* 'passen'.

teisi 'Ehre'; *teisint* 'ehren', *teisiskan* 'Ehrbarkeit', *teisingi* 'wert': lit. *tēsùs* 'gerade', *tēsà* 'Wahrheit', *téisinti* 'rechtfertigen'.

tēmpran 'teuer': lit. *tempiù*, *tem̃pti* 'durch Ziehen dehnen'.

per-tenginnons; *tengninton* 'den Gesandten': abg. *tęgnąti* 'ziehen, dehnen'.

per-tennīuns 'säumen': W. *ten*: ai. *tanóti* 'dehnt aus', gr. τείνω 'spanne'.

tiēnstwei 'reizen': lit. *tęsti*, got. *þinsan* ai. *taṃsati* 'hin- und herzerren'.

entēnsits 'gefasset'; zum vorigen?

enterpo 'es nützt', *anterpinsquan* 'nützlich': gr. τέρπομαι "erfreue mich'; ai. *tarp* 'sich sättigen', lit. *tar̃pti* gedeihen', le. *terpinât* 'verbessern'.

testaments aus dem dtsch.

thetis V. 171 'Altvater': lit. *tė̃tis*, le. *tẽtīts*, gr. τέττα; abg. *teta* 'Tante', ai. *tatás* 'Vater', alb. *tatε* 'Vater, Grossvater'.

thewis V. 176 'Vetter': s. *tāwas*.

tickars 'recht'; Gr. *tickers* 'Richter'; *tickrōmien* 'gerecht'; *prei tickromien* 'zur Rechten': lit. *tìkras* 'recht', *tìkti* passen'.

tickint 'machen', *tickinnimai*: lit. *tikinti* 'geraten lassen'.

patickots 'empfangen': got. *þigja*.

tinclo V. 697 'Netz': lit. *tìnklas*, le. *tīkls*.

tīrts, *tirti* 'der Dritte': ai. *tṛtīya*, lat. *tertius*; lit. *trẽczias* abg. *tretijь*.

tisties V. 184 'Schwäher': abg. *tьstь*.

tlākut 'dreschen', aus poln. *tłočyć* entlehnt.

tols 'Zoll', *tollin*: aus d. dtsch.

trapt 'treten', *ertreppa* 'übertreten': lit. *trèpti* 'stampfen', abg. *trepati* 'palpare' gr. τραπέω 'keltern'.

pertraūki 'verschloss': lit. *táukiu*, *tráukti* 'ziehen'.

tresde V. 728 'Drossel': lit. *strãzdas*, le. *straſds*.

trinsnan 'Rache'; *trinie* 'droht', *trintawinni* 'Rächerin', *trēnien* 'das Drohen': lit. *trinù trìnti* 'reiben'?

pertrincktan 'verstockt': lit. *trenkù triñkti* 'stossen', got. *þreihan* 'drängen', ahd. *dringan*.

troskeilis V. 343 'Stritzel'?

trumpstis V. 361 'Feuerschaufel'.

trupis V. 634 'Klotz': abg. *trupъ* 'truncus'.

tu 'du' und *toū*: idg. **tū* und **tu*.

tubo 'Filz': lit. *tūbà* le. *tūba*; aus nord. *þōba* entlehnt an. *þōfi* 'Filz' an. *þøfa* 'drängen, walken', ai. *tapati* 'peinigt'.

tuckoris V. 454 'Weber': abg. *tъkati*.

tūlan, *toūlan* 'viel': lit. *túlas* 'mancher', abg. *tylъ* 'Nacken, Wulst', ai. *tūla* 'Rispe'; *tūlnint* 'mehren'.

tuldīsnan 'Freude': Entlehnung aus dem germ., got. *dulþs* 'Fest'; *dult* ahd. 'Jahrmarkt'?

turīt, turrītwei 'haben': lit. *turėti* le. *turēt* 'haben, sollen', zu *tvérti* 'fassen, halten'.

tūsimtons 'Tausend': aus **tūs-simts* wie germ. *þūs-chundi*; lit. *túkstantis*.

tussīse 'er schweige'; *tusnan* 'stille': ai. *tūṣṇīm* 'still'; abg. *potuchnąti* 'quiesco'.

twais 'dein': abg. *tvojь*.

twaxtan V. 553 'Badequast': an. *þvęgill* ahd. *duuahilla* mhd. *dwehele* (ob nicht *twaxlan*?)

U.

udro V. 667 'Otter': ai. *udrá*, lit. *údra*, le. *ūdris*, ahd. *ottar*.

ucka Verstärkungspartikel beim Superlativ: got. *auhuma*.

ūlint 'kämpfen' aus **wōlint*: wohl ahd. *wuol* 'Niederlage', mhd. *walstat*.

unds 'Wasser', *undan* V. 59 *wundan*, Gr. *wunda*: lit. *vandů̃*, żem. *undů̃* le. *ūdens*; ahd. *wato-* abg. *voda*; gr. *Ἀλοσ-ύδνη*; lat. *unda* aus **udna*.

unsai 'auf': abg. *vysokъ* 'hoch' *vyše* 'höher'.

urs 'alt'; *uraisin*, *uraisei* 'die Eltern': lit. alt *voras*.

urminan 'rot'; V. 463 *wormyan*, Gr. *warmun*.

uschts 'sechster': Tiefstufe zu idg. **ųek̑-*.

W.

wabelcko Gr. siehe *woble*.

wadule V. 250 'Pflugbaum': *vedù vèsti* 'führen'; *wagnis* V. 244 'Sech': gr. *ὀφνίς· ὕννις*; lat. *vōmes*, ahd. *waganso*, air. *fecc* 'Spaten', **vegh-nā*.

waist 'wissen', *waidimai*; *powaisennis* 'Gewissen': gr. *οἶδα*, got. *vait*, abg. *vědě* 'weiss'.

waidint, *waidinnons* 'gezeigt'; *powaidinsnan* 'Unterweisung': lit. *vaidìntis* 'erscheinen'.

waidleimai ebenfalls, zu *waid-* 'wissen'?

waix 'Knecht', *wayklis* V. 190 'Sohn'; Gr. *woykello* 'Knecht': lit. *vaĩkas*, *vaikẽlis*; auch *arwaykis* dazu.

waisines in *reide- w.* 'gastfrei': lit. *vėsznì* 'Gast', *vėszėti* 'zu Gast gehen', le. *wisis* 'Gast': ai. *pariveśáyati* 'bewirtet'.

waispattin 'Hausfrau': lit. *vészpatis*, ai. *viśpatiṣ*; gr. *Ϝοῖκος*, lat. *vicus*.

waitiāt 'reden', *caryawoytis* 'Heerschau': abg. *věštati*.

wayos V. 282 'Wiesen': lit. *vejà* 'Rasen'.

wackītwei 'rufen'; *perwūkauns* 'berufen'; *wackis* V. 415 'Geschrei': *powackīsna* 'Aufgebot': ai. *vacas*, gr. *ἔπος* 'Stimme', ahd. *giwahan* 'erwähnen', lat. *vocare*.

waldniku dat. 'König': lit. *valdýti*, abg. *vladą* got. *valda*: *dh*-Weiterbildung von W. **u̯el-* 'wollen'.

waldūns 'Erbe'; *wēldnikai*, eben dazu; *weldīsnan* 'Erbe': lit. *paveldėti*.

waldwico V. 406 'Ritter' aus sl. *vladyka* 'dominus'.

walge Gr. 'esset': lit. *válgyti*.

walis V. 252 'Orschyt'?

valx V. 171 'Falke' aus dem Dtsch.

walnennien 'das Beste', *walnint*, *walnennint* 'bessern': lit. *válnias* 'frei'.

wanax 'Habicht': *gertoanax*, *sperglawanag*: lit. *vãnagas* le. *wanags*.

wangan 'Ende', *wangint* 'enden', *wangiskan* 'endlich', lit. *véngiu*, *véngti* 'meiden', *ãtvanga* 'Ruhe, Rast'.

wangus V. 588 'Damerau': got. *vaggs* 'Paradies', an. *vangr* 'Feld'.

wanso V. 106 'Bart': abg. *vąsъ*.

arwarbs V. 301 'Langbaum'?

warene V. 356 'Kessel': lit. *varìnė* 'aus Kupfer', *vãrias*, le. *warsch*.

warei, *warrin* 'Gewalt', *warewingin* 'mächtig', *epwarrīsnan* 'Sieg': le. *ware*, *warēt*; abg. *varją*, *variti*.

wargs 'schlecht'; 'Leid, Übel': lit. *var̃gas* 'Not', abg. *vragъ* 'Feind'; *var̃gti* 'sich quälen', le. *wargs* 'siech', *wargt* 'elend sein'; *wargē mien* 'thut mir leid', got. *vargs*.

powargsennien 'Reue'; *powargan*.

wargien V. 525 'Kupfer': lit. *vãrias*.

warnaycopo V. 755 'Würgengel'; *warne* V. 722 'Krähe'; *warnis* V. 721 'Rabe'; *warnins* Ench.: lit. *var̃nas*, *várna*; russ. *vóron*, *voróna*; ai. *varṇa* 'Farbe'.

-wārst mal: lit. *var̃stas* 'Pflugwende'.

warsus V. 91 'Lippe': got. *vairilos*.

warto 210 'Thor'; Ench. *wartin*: lit. *vartaĩ* le. *warti*, abg. *vrata* zu *vérti* 'auf- und zumachen'.

wartinna 'er wendet sich' *powartīsnan* 'Bekehrung': lit. *vartaũ*, *vartýti*, abg. *vratiti* zu *vèrsti* 'wenden', lat. *vertō* got. *vairþan*.

weddums 'geführt', *westwei* 'führen': lit. *vedù vèsti*, abg. *vedą vesti*, ai. *vadhūṣ* 'Braut'.

weders V. 122. 132 'Bauch, Magen': lit. *vėdaras*, le. *wēders*.

wedigo V. 531 'Zimmerbeil': lit. *vedegà* le. *wedga* 'Brechstange'.

weydulis V. 81 'Augapfel': zu *veizdėti* 'sehen'; Ness. *akẽs pavýdulis*.

wēisin 'Frucht', *wēysewingi* 'fruchtbar': lit. *vaĩsius* 'Frucht', *veislė̃* 'Brut'.

welgen V. 157 'Schnupfen': abg. *vlaga* 'Feuchtigkeit', *vlъgъkъ* 'feucht'; lit. *vilgyti* 'feuchten'; ahd. *welk*, *wolkan*; ir. *folcaim* 'netze'.

weloblundis V. 437 'Maultier': aus poln. *wielbłąd*.

etwerreis 'öffne', *etwiriuns*: lit. *veriù*, *vérti*; abg. *vьrą*, *vrěti*; lat. *aperiō* aus **apụeriō*; umbr. *verof-e* 'in portas'.

weraut 'währen', aus d. dtsch.

prewerīsnan 'Notdurft', *prewerīngiskan* u. s. w.?

etwērpt 'vergeben', *prowiērptei* 'lasset': lit. *verpiù veřpti* 'spinnen'; vgl. gr. *ῥάπτω*; *powīrps* 'frei, los', *auwirpis* 'Flutrinne' *crauyawirps* 'Aderlasser'.

werstian V. 674 'Kalb': lit. *veřszis*, le. *wersis*, ai. *vṛṣan*, gr. *ἄρσην*, lat. *verrēs*.

werts 'wert'; *wertīngs*, *wertīngiskan*, *wertīwings* aus dem dtsch.

wertemmai 'wir zaubern': zu lit. *verczù veřsti* 'drehen', lat. *vertō*?

auwerus V. 529 'Sinther': lit. *verù viřti*, le. *werulis* 'Hammerschlag'.

werwirsis V. 753 'Lerche': lit. *vėversỹs*.

wessals 'fröhlich': le. *wesels* 'gesund', abg. *veselъ*, ai. *vatsalá* 'zärtlich'; *wesselingi* fröhlich; *wesliskan* 'Freude'.

wessis V. 308 'Schlitten': lit. *vežù vèžti*, abg. *vezą vesti*.

wetro V. 53 'Wind': lit. *vėtra* le. *wētra* 'Wind' abg. *větrъ*.
nawetto V. 323 'Getriebe': lit. *vėtau vėtyti* 'schwingen'.
weware V. 660 'Eichhorn': lit. *voverė̃* le. *wāweris* abg. *věverica*; vgl. Leskien Abl. 267.
widdai 'er sah': idg. *u̯id-*, lit. *pavìdalas* 'Erscheinung', gr. *ϝίδμεν* got. *witum*; ai. *vidmá*.
wīda-: *kawīdas*, *stawīds*, *kittawīds*, *ainawȳdei*, *wissawīdin*: lit. *vȳdas* 'Gestalt'; *wydikausnan* 'Zeugnis'.
widdewū 'Wittwe', ai. *vidhávā* abg. *vьdova* lat. *vidua*, ahd. *wituwa*, gr. *ἠΐθεος* 'unvermählt'.
widus V. 508 'Naht': lit. *vidùs* le. *widus* 'Mitte'; ai. *vidhyati* 'durchbohrt'.
wickis V. 270 'Wicken: lit. *vìkei*, aus dem dtsch.
prawilts 'verraten', *prowela* 'sie verrieten': lit. *vilstù*, *vilti*, le. *wilt* 'betrügen'; le. *welts* 'vergeblich', ahd. *welti*, ai. *vṛthā* 'vergeblich'.
wilenikis V. 439 'Zelter'?
wilkis V. 657 'Wolf': lit. *vil̃kas* le. *wilks* abg. *vlъkъ* ai. *vṛkas* got. *wulfs*.
wilnis V. 477; *wilna* Gr. 'Rock': lit. *vìlna* le. *wilna* 'Wolle', abg. *vlъna* got. *wulla*, ai. *ūrṇā*.
wilnis V. 566 'Quappe': le. *wilnis* 'Pilz'?
wimino V. 645 'Ulme'.
wyms Gr. 'spei': lit. *vémti* le. *wemt* ai. *vámiti* lat. *vomō*.
wins V. 45 'Luft'; *winnen* 'Wetter' zu
winna 'heraus', *iswinadu* 'auswendig': ai. *vinā* 'ohne', abg. *vьně* 'heraus'.
winis V. 390, *wynan* 'Wein' altes Lehnwort.
wīngriskan 'List': lit. *vingrùs* 'krumm', *vingis* 'Krümmung'.
winnis V. 398 'Zapfen': lit. *vìnis* 'Zinke'; *winis* V. 645 'Maser' ist vielleicht identisch.
winsus V. 102 'Hals'.
winūt 'beschuldigen'; *etwinūt* 'entschuldigen' aus poln. *winić* entlehnt.
wipis V. 630 'Ast'.
wyrs 'Mann': lit. *výras* le. *wīrs*, lat. *vir* ai. *vīrá* 'Held'.
wyrikan 'Männlein', *wyrinan* 'Männin'.
wirbe V. 314 'Seil': abg. *vrъba*, lit. *vir̃bas* 'Reis'.

wirds 'Wort': lit. *vardas* lat. *verbum* got. *waurd*.
wirst 'wird', *wirstmai*: lit. *virstù virsti* 'zu etwas werden'; got. *vairþan*.
wissas 'all': lit. *visas* le. *wiss* abg. *vьsъ*.
wissambers V. 649 'Auerochs'. S. Leskien Nom. 312.
wissaseydis V. 19 'Dienstag'.
wyse V. 602 'Hafer'; Gr. *wisge*: lit. *avyžà* 'Hafer', abg. *ovьsъ*.
wissene V. 622 'Porst'.
wisnaytos V. 620 'Kirschen': lit. *výsznia* abg. *višn'a*.
powÿstin 'Ding': zu W. *ųeįd-*.
witwan V. 603 'Weide'; *apewitwo*: gr. *ϝιτέα*, lat. *vītis* 'Rebe', ahd. *wīda*; lit. *výti* 'winden'.
witwago V. 756 'Wasserhuhn'.
woaltis V. 458 'Elle'; *woltis* 'Unterarm': lit. *ů'lektis*, gr. *ὠλένη*, *ὠλλόν*, ai. *aṇiṣ* 'Beinteil über dem Knie', got. *aleina*, lat. *ulna*.
woapis V. 457 'Farbe': abg. *vapъ*.
woasis V. 627 'Esche': lit. *ů'sis* le. *ů'sis* abg. *jasika* ahd. *askr*.
wobalne V. 615 'Apfelbaum'; *woble* V. 616 'Apfel': lit. *obůlÿs* le. *ābůls*, W. *jabloko*, lit. *obelìs*, le. *ābele*, r. *jablon'* 'Apfelbaum'.
wobilis V. 290 'Klee'; vgl. pg. 260.
wobsdus V. 670 'Dachs': lit. *obszrùs*, le. *āpsis*.
wobse V. 789 'Wespe': lit. *vapsà* ahd. *wafsa* abg. *osa*.
wogonis V. 366 'Stulpschüssel': lit. *vogónė* 'Butterbüchse'.
wolti V. 276 'Ähre': lit. *váltis* 'Rispe'; wr. *volot'* 'Ähre', klr. *volot*.
woragowus V. 389 'wynber'?
wortes in *tulawortes* V. 313 'manchuelt': lit. *vartýti* 'kehren', vgl. *powartīsnan* 'Bekehrung'.
wosee V. 676 'Ziege': lit. *ożÿs*; le. *āsis*; *wosigrabis* 'spilboem', *wosistian* V. 677 'Zicklein'; *wosux* V. 675 'Ziegenbock'.
wubri V. 82 'Wimper' wohl aus *bruwi* verschrieben? lit. *bruvìs* abg. *brъvь* ai. *bhrūṣ* gr. *ὀφρῦς*, ahd. *brāwa*.
wuysis V. 704 'wacker'.
wumbaris V. 556 'Eimer' aus poln. *węborek*?
wupyan V. 9 'Wolke'.

wurs V. 61 'Teich': ai. *vār* 'Wasser'; an. *vǫr* 'Meer', gr. *οὐρέω* 'harne'.
wutris V. 513 'Schmied': abg. *vъtrь*.

Z.

czisix V. 735 'Zeisig' aus dem Dtsch.
zuit (für *suit*, wie *kaltzā* neben *kelsāi*) 'genug' aus poln. *syt*: Ench. 37: *pansdau — zuit* 'alsdann — genug'.

NACHTRAG.

Nachdem der Druck vorliegender Arbeit schon vollendet war, ging mir durch die grosse Güte Prof. Fortunatovs in Moskau, für die ich ihm auch an dieser Stelle meinen ergebensten Dank sage, seine Untersuchung „Udarenie v prusskom jazykě“ zu. Ich ersehe aus derselben mit Freude, dass ich in nicht wenigen Punkten ganz unabhängig zu gleichen Resultaten mit dem ausgezeichneten Sprachforscher gelangt bin. Ich hoffe, demnächst an anderem Ort auf gewisse abweichende Ergebnisse näher eingehen zu können.

BERICHTIGUNGEN.

pg. 113 Z. 17 v. o. füge hinzu XVIII, 10. Anders über *sūndan*, doch mich nicht überzeugend, Lorentz a. a. O. 12.

pg. 144 Z. 15 v. o. lies **qoįmos*.

pg. 157 Z. 19 v. o. lies av. *spenta*.

pg. 161 Z. 7 v. o. und pg. 325 Z. 11 v. u. lies av. *spenta*.

pg. 161 Z. 1 v. u. lies av. *zam-*

pg. 167 Z. 1 v. u. lies Ableitungen.

pg. 170 Z. 17 v. u. lies „lit." statt „hist."

FSC
www.fsc.org
MIX
Papier | Fördert gute Waldnutzung
FSC® C083411

Kolibri 360 GmbH
Ferdinand-Jühlke-Straße 7
99095 Erfurt, Deutschland
produktsicherheit@kolibri360.de